目次

自分にあった学習法を見つけよう!

成績アップのための学習メソッド

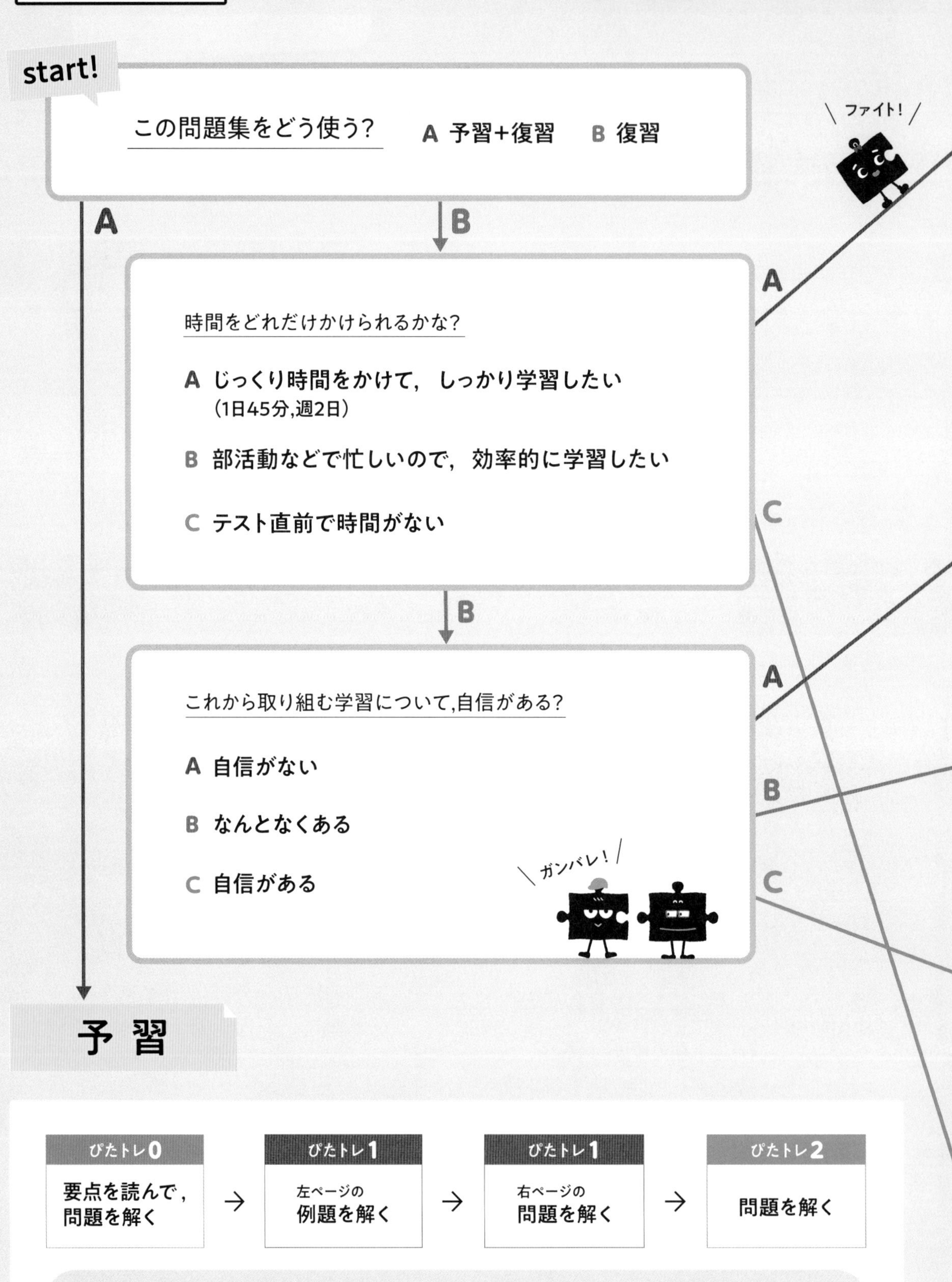
start!
この問題集をどう使う?　A 予習+復習　B 復習
ファイト!
A
B
時間をどれだけかけられるかな?
A じっくり時間をかけて，しっかり学習したい
(1日45分,週2日)
B 部活動などで忙しいので，効率的に学習したい
C テスト直前で時間がない
A
C
B
これから取り組む学習について,自信がある?
A 自信がない
B なんとなくある
C 自信がある
A
B
C
ガンバレ!

予習

ぴたトレ0		ぴたトレ1		ぴたトレ1		ぴたトレ2
要点を読んで，問題を解く	→	左ページの例題を解く	→	右ページの問題を解く	→	問題を解く

わからない時は…学校の授業をしっかり聞いて解決! → 残りのページを 復習 として解く

復習

目安の時間には,丸付けや見直しの時間も含まれているよ。

日常学習

じっくりコース (1日45分,週2日)

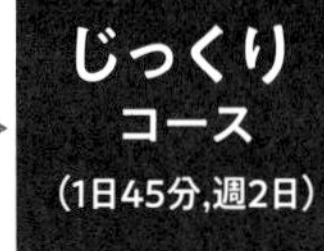

- **ぴたトレ0**: 要点を読んで，問題を解く
- → **ぴたトレ1** (45分)
  - 左ページの例題を解く
    - ↳ 解けないときは 考え方 を見直す
  - 右ページの問題を解く
    - ↳ 解けないときは ●キーポイント を読む
- → **ぴたトレ2** (45分): 問題を解く
  - ↳ 解けないときは ヒント を見る ぴたトレ1 に戻る
- → **ぴたトレ3** (45分): テストを解く
  - ↳ 解けないときは ぴたトレ1 ぴたトレ2 に戻る
- → **教科書のまとめ**: まとめを読んで，学習した内容を確認する

定期テスト予想問題や別冊mini bookなども活用しましょう。

時短 A コース

- **ぴたトレ1** (45分): 問題を解く
- → **ぴたトレ2** (30分):  よく出る だけ解く
- → **ぴたトレ3**: 時間があれば取り組もう!

時短 B コース

- **ぴたトレ1** (20分): 右ページの よく出る 絶対理解 だけ解く
- → **ぴたトレ2** (45分): 問題を解く
- → **ぴたトレ3** (45分): テストを解く

時短 C コース

- **ぴたトレ1**: 省略
- → **ぴたトレ2** (45分): 問題を解く
- → **ぴたトレ3** (45分): テストを解く

＼めざせ,点数アップ!／ テスト直前コース

- 5日前 **ぴたトレ1**: 右ページの  よく出る 絶対理解 だけ解く
- → 3日前 **ぴたトレ2**:  よく出る だけ解く
- → 1日前 **定期テスト予想問題**: テストを解く
- → 当日 **別冊mini book**: 赤シートを使って最終確認する

コースがきまったら,4~5ページを見てみよう ➡

成績アップのための 学習メソッド

《 ぴたトレの構成と使い方 》

教科書ぴったりトレーニングは,おもに,「ぴたトレ1」,「ぴたトレ2」,「ぴたトレ3」で構成されています。それぞれの使い方を理解し,効率的に学習に取り組みましょう。
なお,「ぴたトレ3」「定期テスト予想問題」では学校での成績アップに直接結びつくよう,通知表における観点別の評価に対応した問題を取り上げています。

学校の通知表は以下の観点別の評価がもとになっています。

- 知識 技能
- 思考力 判断力 表現力
- 主体的に 学習に 取り組む態度

ぴたトレ0 スタートアップ

各章の学習に入る前の準備として,これまでに学習したことを確認します。

学習メソッド
この問題が難しいときは,以前の学習に戻ろう。あわてなくても大丈夫。苦手なところが見つかってよかったと思おう。

ぴたトレ1 要点チェック

基本的な問題を解くことで,基礎学力が定着します。

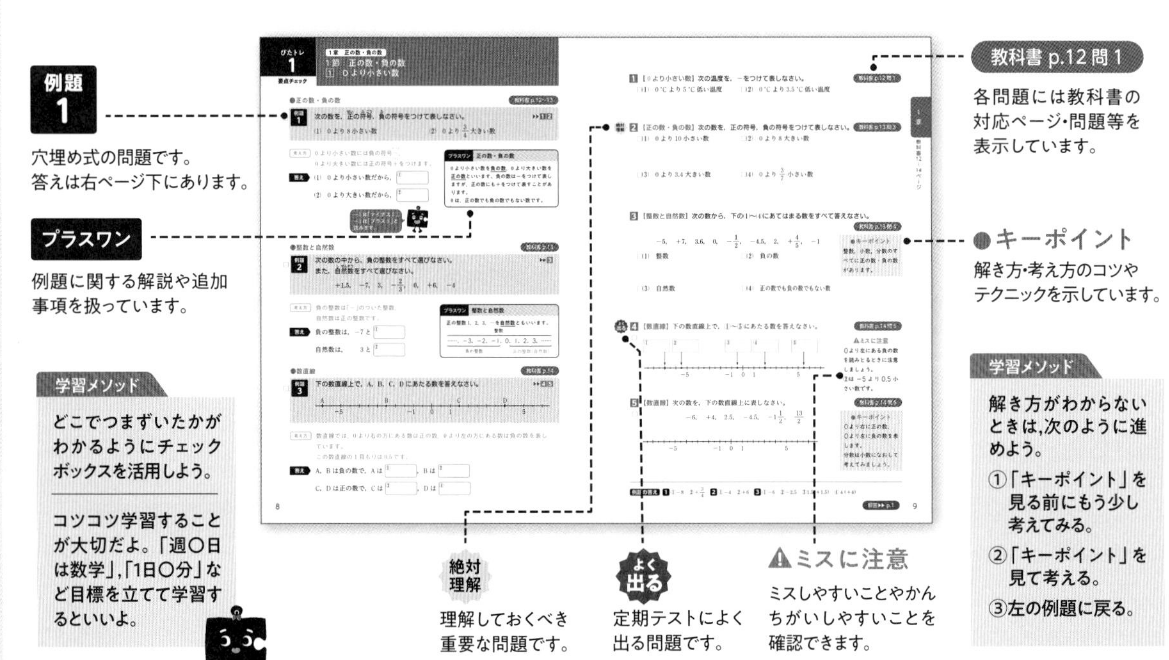

例題1
穴埋め式の問題です。
答えは右ページ下にあります。

プラスワン
例題に関する解説や追加事項を扱っています。

学習メソッド
どこでつまずいたかがわかるようにチェックボックスを活用しよう。

コツコツ学習することが大切だよ。「週○日は数学」,「1日○分」など目標を立てて学習するといいよ。

絶対理解
理解しておくべき重要な問題です。

よく出る
定期テストによく出る問題です。

ミスに注意
ミスしやすいことやかんちがいしやすいことを確認できます。

教科書 p.12 問1
各問題には教科書の対応ページ・問題等を表示しています。

キーポイント
解き方・考え方のコツやテクニックを示しています。

学習メソッド
解き方がわからないときは,次のように進めよう。
①「キーポイント」を見る前にもう少し考えてみる。
②「キーポイント」を見て考える。
③左の例題に戻る。

ぴたトレ2 練習

理解力・応用力をつける問題です。
解答集の「理解のコツ」では実力アップに欠かせない内容を示しています。

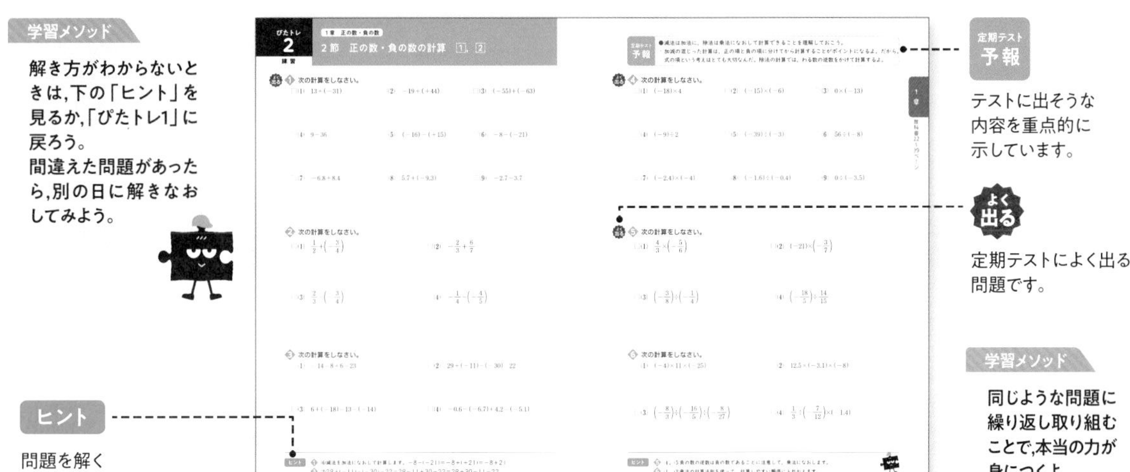

学習メソッド

解き方がわからないときは,下の「ヒント」を見るか,「ぴたトレ1」に戻ろう。
間違えた問題があったら,別の日に解きなおしてみよう。

ヒント

問題を解く手がかりです。

定期テスト予報

テストに出そうな内容を重点的に示しています。

よく出る

定期テストによく出る問題です。

学習メソッド

同じような問題に繰り返し取り組むことで,本当の力が身につくよ。

ぴたトレ3 確認テスト

どの程度学力がついたかを自己診断するテストです。

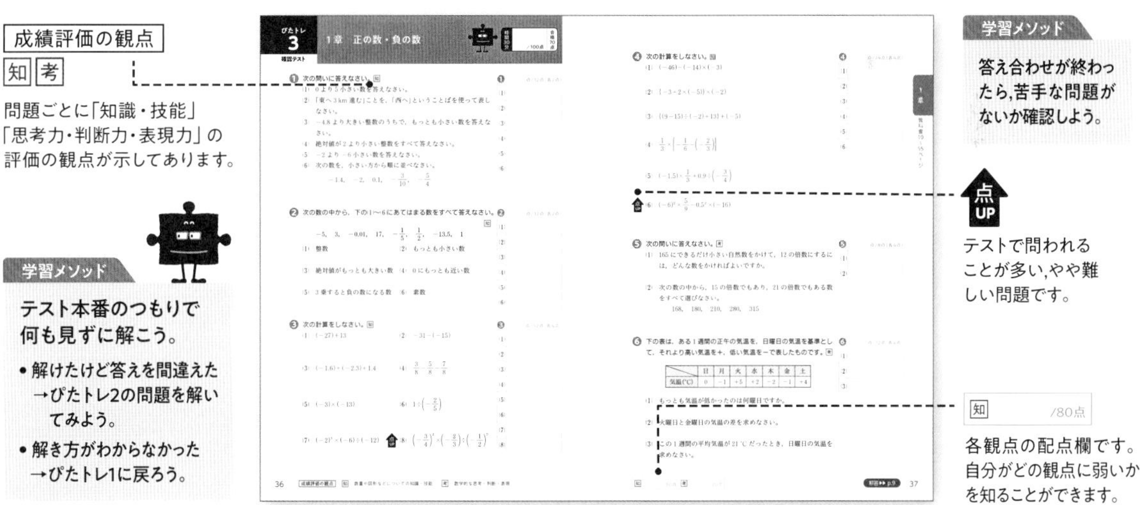

成績評価の観点

知 考

問題ごとに「知識・技能」「思考力・判断力・表現力」の評価の観点が示してあります。

学習メソッド

テスト本番のつもりで何も見ずに解こう。

- 解けたけど答えを間違えた→ぴたトレ2の問題を解いてみよう。
- 解き方がわからなかった→ぴたトレ1に戻ろう。

学習メソッド

答え合わせが終わったら,苦手な問題がないか確認しよう。

点UP

テストで問われることが多い,やや難しい問題です。

知 /80点

各観点の配点欄です。自分がどの観点に弱いかを知ることができます。

教科書のまとめ

各章の最後に,重要事項をまとめて掲載しています。

学習メソッド

重要事項をしっかり見直したいときは「教科書のまとめ」,短時間で確認したいときは「別冊minibook」を使うといいよ。

定期テスト予想問題

定期テストに出そうな問題を取り上げています。
解答集に「出題傾向」を掲載しています。

学習メソッド

ぴたトレ3と同じように,テスト本番のつもりで解こう。
テスト前に,学習内容をしっかり確認しよう。

ぴたトレ 1 要点チェック

0章　算数から数学へ

1節　整数の性質

●倍数と約数

教科書 p.10～12

□ **例題 1** 150は，150=3×50と表すことができます。次の ア ～ ウ には「約数」「倍数」のどちらがあてはまりますか。 ▶▶1

・150は3の ア であり，50の イ でもある。

・3と50は，150の ウ である。

考え方　150=3×50の式から，約数，倍数の関係を考えます。

答え　ア…150は，3に50をかけた数だから，150は3の ① です。

イ…150は，50に3をかけた数だから，150は50の ② です。

ウ…150は3でも50でもわりきれるから，3と50は150の ③ です。

●素数

教科書 p.12

□ **例題 2** 1から30までの整数のうち，素数（そすう）を小さい順にすべて答えなさい。 ▶▶2

考え方　1から30までの整数を，いくつかの自然数（しぜんすう）の積で表します。そのとき，1とその数自身の積でしか表せない数を見つけます。

答え　①, 3, 5, 7, ②, ③, 17, ④, 23, ⑤

プラスワン　自然数，素数

1以上の整数を**自然数**といいます。
2, 3, 5, …のように，1とその数自身の積でしか表せない自然数を**素数**といいます。
1は素数ではありません。

●素因数分解

教科書 p.12～13

□ **例題 3** 60を素因数分解（そいんすうぶんかい）しなさい。 ▶▶3 4

考え方　次の方法㋐，㋑のどちらかで求めます。

答え　方法㋐　下のように素数との積を考えていき，その素数の積をつくる。

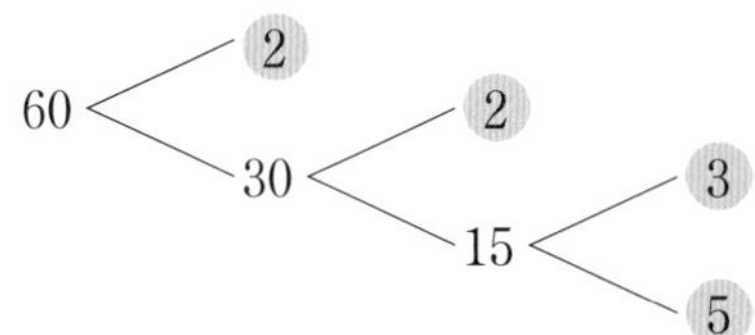

60=2× ① × ② ×5

プラスワン　素因数分解

120=2×2×2×3×5
のように，自然数を素数だけの積で表すことを**素因数分解**といいます。

方法㋑　右のように素数で順にわり，その素数の積をつくる。

60=2× ③ ×3× ④

2) 60
2) 30
3) 15
　 5

1 【倍数と約数】28 は 4×7 と表すことができます。次の □ には「約数」「倍数」のどちらがあてはまりますか。 教科書 p.12 Q

① 4 は 28 の □ である。　② 28 は 7 の □ である。

③ 28 は 4 の □ である。　④ 7 は 28 の □ である。

絶対理解 **2** 【素数】次の数のうち，素数を小さい順に答えなさい。 教科書 p.12 問2

1，3，6，10，11，15，18，21，23，24，
29，33，35，37，40，42，43，46，47，50

●キーポイント
1と2, 3, …の倍数（その数自身を除く）を消していきます。

3 【素因数分解】次の(1)，(2)の数について，□ にあてはまる数や式を入れて素因数分解しなさい。 教科書 p.13 Q

□(1) 36

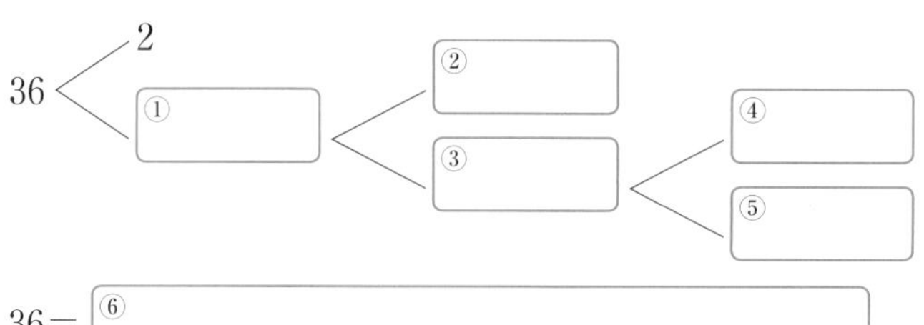

36＝⑥

□(2) 54

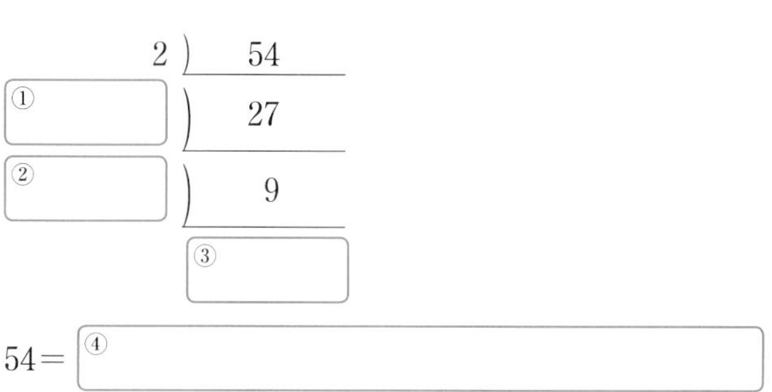

54＝④

絶対理解 **4** 【素因数分解】次の数を素因数分解しなさい。 教科書 p.13 Q

□(1) 12　□(2) 20　□(3) 63

●キーポイント
素数でわっていきます。どんな順にわってもかまいません。

例題の答え **1** ①倍数 ②倍数 ③約数 **2** ①2 ②11 ③13 ④19 ⑤29
3 ①2 ②3 （①3 ②2） ③2 ④5 （③5 ④2）

解答▶▶ p.1

ぴたトレ 0 スタートアップ

1章　正負の数

□不等号　◀小学3年

$\frac{8}{8}=1$のように，等しいことを表す記号＝を等号といい，

$1>\frac{5}{8}$ や $\frac{3}{8}<\frac{5}{8}$ のように，大小を表す記号＞，＜を不等号といいます。

□計算のきまり　◀小学4〜6年

$a+b=b+a$　　$(a+b)+c=a+(b+c)$

$a\times b=b\times a$　　$(a\times b)\times c=a\times(b\times c)$

$(a+b)\times c=a\times c+b\times c$　　$(a-b)\times c=a\times c-b\times c$

1 次の数を下の数直線上に表し，小さい順に書きなさい。　◀小学5年〈分数と小数〉

$\frac{3}{10}$, 0.6, $\frac{3}{2}$, 1.2, $2\frac{1}{5}$

0　1　2

ヒント
数直線の1目もりは0.1だから……

2 次の□にあてはまる記号を書いて，2数の大小を表しなさい。　◀小学3，5年〈分数，小数の大小，分数と小数の関係〉

(1) 3 □ 2.9　　(2) 2 □ $\frac{9}{4}$

(3) $\frac{7}{10}$ □ 0.8　　(4) $\frac{5}{3}$ □ $\frac{5}{4}$

ヒント
大小を表す記号は……

3 次の計算をしなさい。　◀小学5年〈分数のたし算とひき算〉

(1) $\frac{1}{3}+\frac{1}{2}$　　(2) $\frac{5}{6}+\frac{3}{10}$

(3) $\frac{1}{4}-\frac{1}{5}$　　(4) $\frac{9}{10}-\frac{11}{15}$

(5) $1\frac{1}{4}+2\frac{5}{6}$　　(6) $3\frac{1}{3}-2\frac{11}{12}$

ヒント
通分すると……

4 次の計算をしなさい。

(1) $0.7+2.4$　(2) $4.5+5.8$

(3) $3.2-0.9$　(4) $7.1-2.6$

← 小学 4 年〈小数のたし算とひき算〉

ヒント
位をそろえて……

1章

5 次の計算をしなさい。

(1) $20\times\frac{3}{4}$　(2) $\frac{5}{12}\times\frac{4}{15}$

(3) $\frac{3}{8}\div\frac{15}{16}$　(4) $\frac{3}{4}\div12$

(5) $\frac{1}{6}\times3\div\frac{5}{4}$　(6) $\frac{3}{10}\div\frac{3}{5}\div\frac{5}{2}$

← 小学 6 年〈分数のかけ算とわり算〉

ヒント
わり算は逆数を考えて……

6 次の計算をしなさい。

(1) $3\times8-4\div2$　(2) $3\times(8-4)\div2$

(3) $(3\times8-4)\div2$　(4) $3\times(8-4\div2)$

← 小学 4 年〈式と計算の順序〉

ヒント
×，÷や（　）の中を先に計算すると……

7 計算のきまりを使って，次の計算をしなさい。

(1) $6.3+2.8+3.7$　(2) $2\times8\times5\times7$

(3) $10\times\left(\frac{1}{5}+\frac{1}{2}\right)$　(4) $18\times7+18\times3$

← 小学 4～6 年〈計算のきまり〉

ヒント
きまりを使ってくふうすると……

8 次の□にあてはまる数を書いて計算しなさい。

(1) $57\times99=57\times$(①□ − ②□)

$=57\times$①□ $-57=$ ③□

(2) $25\times32=$($25\times$①□)$\times$②□

$=100\times$②□ $=$ ③□

← 小学 4 年〈計算のくふう〉

ヒント
99=100−1 や 25×4=100を使うと……

解答▶▶ p.1

ぴたトレ **1** 要点チェック

1章 正負の数

1節 正負の数

1 符号のついた数

●正の数・負の数

教科書 p.20

□ **例題 1** +，− の符号を使って，次の温度を表しなさい。 ▸▸1

(1) 0°C より 2.5°C 低い温度

(2) 0°C より 10°C 高い温度

考え方 0°C より低い温度は「−」を，高い温度は「+」を使って表します。

答え (1) 0°C より低い温度だから，

①　　°C

(2) 0°C より高い温度だから，

②　　°C

今まで「2」といっていたのは，「+2」のことです。

プラスワン　正の数・負の数

+2，+3.5 のような数を正(せい)の数といい，正の符号(ふごう)(+(プラス))をつけて表します。

−4，−0.8 のような数を負(ふ)の数といい，負の符号(−(マイナス))をつけて表します。

0 は，正でも負でもない数です。

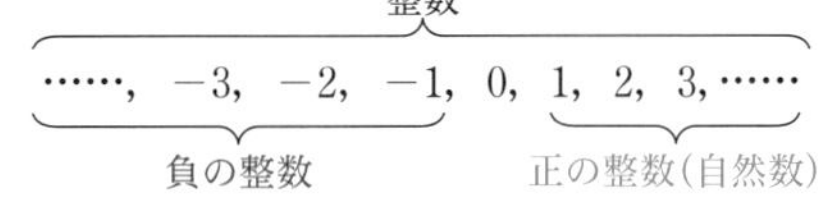

●反対の性質をもつ量の表し方

教科書 p.21〜22

□ **例題 2** 地点 A から北へ 2 km 移動することを +2 km と表すことにすれば，A から南へ 4 km 移動することはどのように表されますか。 ▸▸2 3

考え方 北の方向を正の数で表すので，南の方向は負の数で表します。

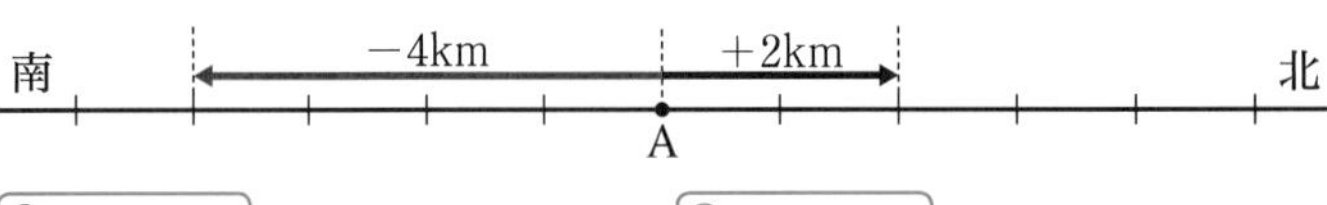

答え ①　　の符号をつけて，②　　km と表される。

プラスワン　南の方向を正の数で表すと

南へ 4 km 移動することを +4 km と表すことにすれば，北へ 2 km 移動することは −2 km と表されます。

●基準とのちがいの表し方

教科書 p.22

□ **例題 3** 右の表は，A 町と B 町に住む中学生の人数を表したものです。それぞれ，去年の人数を基準にして，今年の人数がそれより増えたことを正の数，減ったことを負の数で表しなさい。 ▸▸4

	去年	今年
A 町(人)	87	90
B 町(人)	103	98

考え方 それぞれの町で，基準になる人数とのちがいを考えます。

答え A町…去年より増えている。90−87=3 より，①　　人

B町…去年より減っている。103−98=5 より，②　　人

絶対理解 **1** 【正の数・負の数】次の数のなかから，下の(1)〜(4)にあてはまる数をすべて選んで書きなさい。

教科書 p.20 問2

$$-8,\ -\frac{1}{2},\ +4,\ 0,\ +2.5,\ +9,\ -\frac{8}{5}$$

□(1) 自然数　　□(2) 正の小数

□(3) 負の整数　　□(4) 正の数でも負の数でもない数

●キーポイント
整数だけでなく，小数や分数についても，正の数，負の数があります。

よく出る **2** 【反対の性質をもつ量の表し方】次の□にあてはまることばや数を書きなさい。

教科書 p.21 例1，例2

□(1) 海面の高さを基準の0mとし，高さが海面より高いことを正の数で表すことにすれば，富士山(ふじさん)の標高3776mは，□m，日本海溝(かいこう)の最大水深8020mは，□mと表すことができる。

□(2) 1000円の収入を＋1000円と表すことにすれば，−500円は500円の□を表している。

よく出る **3** 【反対の性質をもつ量の表し方】駅から500m西へ移動することを＋500mと表すことにします。次の問に答えなさい。

教科書 p.22 例3

□(1) 駅から300m東へ移動することは，どのように表されますか。

□(2) ＋200m，−400mは，それぞれどんな移動を表していますか。

4 【基準とのちがいの表し方】右の表は，各地の昨日と今日の最高気温を表しています。昨日の気温を基準にして，それより高いことを正の数で，低いことを負の数で表すことにします。各地の今日の気温を，昨日の気温を基準にして表しなさい。

教科書 p.22 例4

	昨日	今日
札幌(さっぽろ)(°C)	17	14
東京(とうきょう)(°C)	22	24
大阪(おおさか)(°C)	24	23
福岡(ふくおか)(°C)	24	26

□(1) 札幌　　□(2) 東京

□(3) 大阪　　□(4) 福岡

⚠ミスに注意
それぞれの地区の昨日の気温を基準としたとき，これより高ければ＋をつけて，低ければ−をつけて表します。

例題の答え **1** ①−2.5　②＋10　**2** ①負(−)　②−4　**3** ①＋3　②−5

解答▶▶ p.2

1章　正負の数

1節　正負の数
2　数の大小

●負の数をふくめた数直線

教科書 p.23

□ **例題 1** 下の数直線で，点 A，B，C，D に対応する数を書きなさい。 ▶▶1

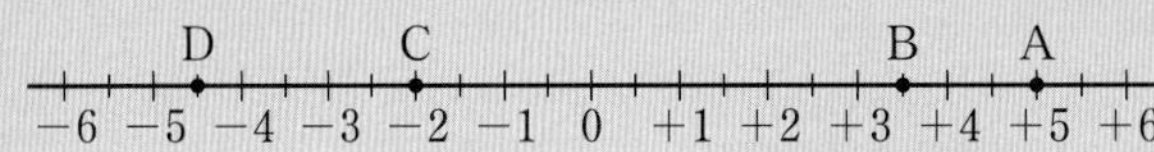

考え方　負の数は，0 から左のほうへ順に −1，−2，…となっています。

答え　大きい 1 目もりは 1，小さい 1 目もりは 0.5 だから，

A ①［　　］，B ②［　　］，

C ③［　　］，D ④［　　］

プラスワン　数直線

直線上に基準の点をとり，数 0 を対応させます。
この点を原点（げんてん）といい，これより右側に正の数，左側に負の数を対応させます。
数直線の右の方向を正の方向，
左の方向を負の方向といいます。

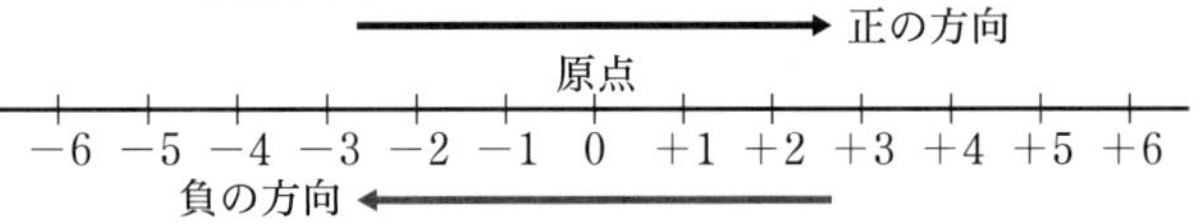

●数直線と数の大小

教科書 p.24

□ **例題 2** 0，+2，−3 の大小を，不等号を使って表しなさい。 ▶▶2

考え方　数直線上で，右にある数ほど大きくなります。

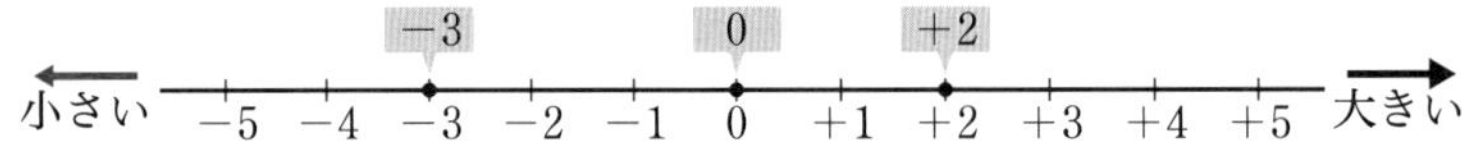

正の数は 0 より大きく，負の数は 0 より小さいです。

負の数 ＜ 0 ＜ 正の数

答え　−3<0，0<+2 だから，①［　　］＜ ②［　　］＜ ③［　　］

●絶対値

教科書 p.25

□ **例題 3** 次の問に答えなさい。 ▶▶3 4

(1)　+6，−4，0 の絶対値（ぜったいち）を書きなさい。

(2)　−5，−8 の大小を，不等号を使って表しなさい。

考え方　(2)　負の数は，下のように絶対値が大きいほど小さくなります。

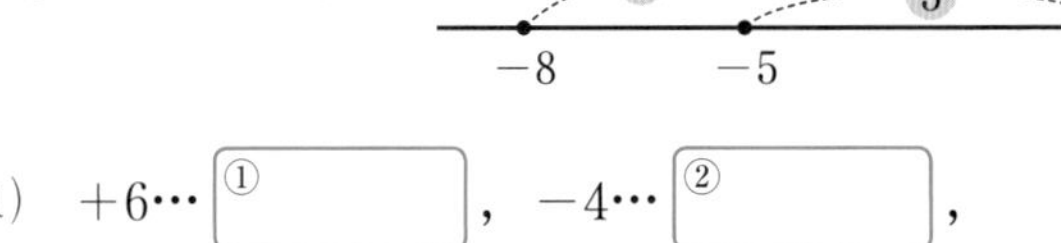

答え　(1)　+6…①［　　］，−4…②［　　］，

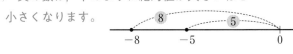

0…③［　　］

(2)　−5 ④［　　］ −8

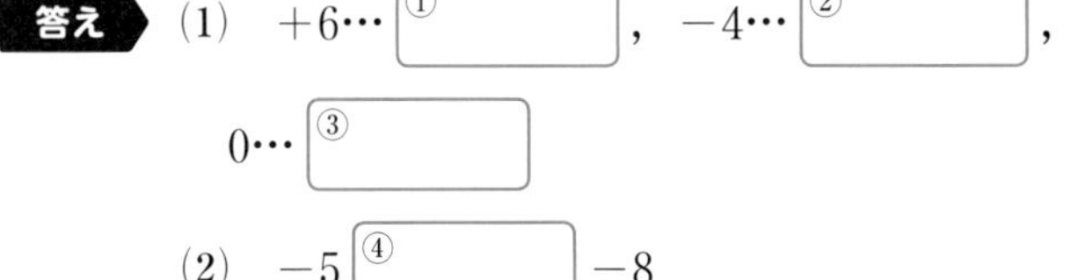

プラスワン　絶対値

数直線上で，ある数に対応する点と原点との距離（きょり）を絶対値といいます。

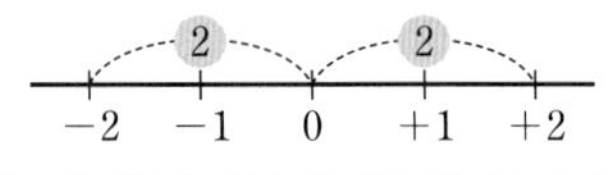

絶対理解 **1** 【負の数をふくめた数直線】下の数直線上で，点 A，B，C，D，E に対応する数を書きなさい。また，次の(1)～(5)の数に対応する点を数直線上にしるしなさい。

教科書 p.23 問 1，問 2

□(1)　-6　　□(2)　$+7$　　□(3)　-3.5

□(4)　$+\frac{9}{2}$　　□(5)　$-\frac{1}{2}$

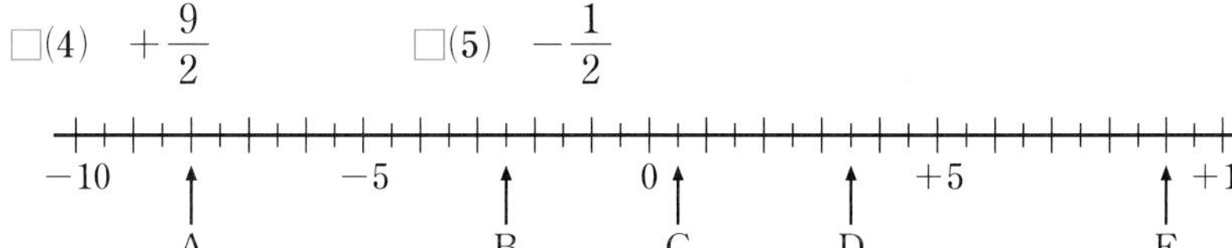

よく出る **2** 【数直線と数の大小】次の各組の数に対応する点を数直線上にしるし，数の大小を，不等号を使って表しなさい。

教科書 p.24 例 1，例 2

□(1)　$+4$，-3

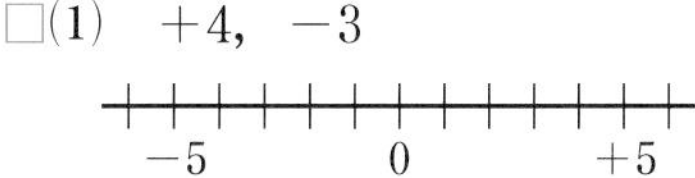

□(2)　-6，-5

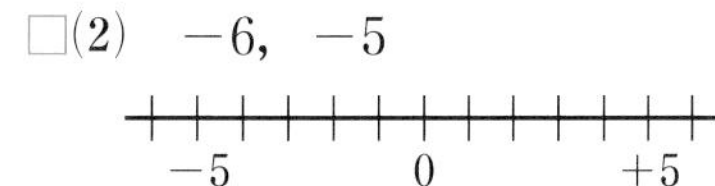

□(3)　$+6$，-2，0

−5　0　+5

□(4)　-1，$+5$，-4

−5　0　+5

ミスに注意
3 つ以上の数をならべるときは，不等号の向きをそろえます。
$0<+2>-3$ ×

3 【絶対値】次の数の絶対値を書きなさい。

教科書 p.25 問 5

□(1)　-6　　□(2)　$+12$　　□(3)　0

□(4)　-0.7　　□(5)　$+2.4$　　□(6)　$+\frac{3}{4}$

●キーポイント
絶対値を求めるには，符号をとります。

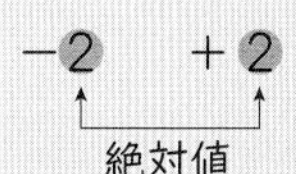

0 の絶対値は 0 です。

4 【絶対値と数の大小】次の各組の数の大小を，不等号を使って表しなさい。

教科書 p.25 問 7

□(1)　-10，-12　　□(2)　-35，-27

□(3)　$-\frac{5}{4}$，-1　　□(4)　-0.75，-1.3

例題の答え **1** ①+5　②+3.5　③−2　④−4.5　**2** ①−3　②0　③+2　**3** ①6　②4　③0　④>

解答▶▶ p.2

1節 正負の数[1], [2]

1 次の数量は，どんなことを表していますか。

□(1) 現在から 5 日後を +5 日と表すことにしたときの，−3 日

□(2) 200 円の値上がりを +200 円と表すことにしたときの，−150 円

2 次のことを，正の数，負の数を使って表しなさい。

□(1) ある建物の高さが基準の高さより 25 m 高いことを +25 m と表すことにしたとき，12 m 低いこと

□(2) ある時刻から 2 時間後を +2 時間と表すことにしたとき，3 時間前

3 次の山の高さを，横岳(よこだけ)の標高 2830 m を基準にして，それより高いことを正の数，低いことを負の数で表しなさい。

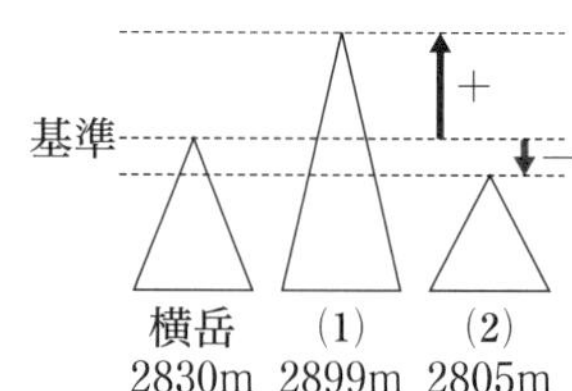

□(1) 赤岳(あかだけ) 2899 m　　□(2) 阿弥陀岳(あみだだけ) 2805 m

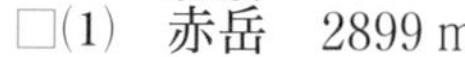

4 下の数直線上に，次の(1)〜(5)の数に対応する点をしるしなさい。

□(1) -4　□(2) $+2$　□(3) -0.5　□(4) $+\frac{7}{2}$　□(5) $-\frac{5}{2}$

−5　0　+5

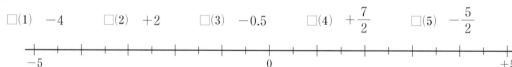

5 下の数直線を使って，次の数を小さいほうから順に書きなさい。

□ $+5.5$，$-\frac{1}{4}$，$+1$，0，$-\frac{13}{2}$，-6.25

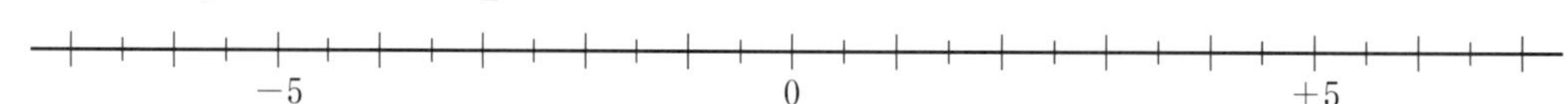

ヒント **1** (1)「〜日後」の反対は「〜日前」。(2)「値上がり」の反対は「値下がり」。
3 2830 m よりどれだけ高いか，低いかを，+，−を使って表す。

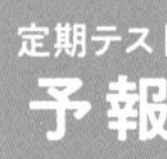

●負の数もふくめた数直線をつくり，負の数，0，正の数の表し方を身につけよう。
数の大小を比べる問題では，数を数直線上にしるしたり，かかなくても頭の中でイメージしよう。負の数は，絶対値が大きいほど，数直線では左にあるから，小さいね。

1章

教科書18〜26ページ

6 次の各組の数の大小を，不等号を使って表しなさい。

□(1) $+5, -7$

□(2) $+2, -3, 0$

□(3) $-0.2, -0.02, +0.1$

□(4) $+\frac{1}{3}, -\frac{1}{4}, -\frac{1}{2}$

7 次の問に答えなさい。

□(1) 絶対値が7である整数をすべて書きなさい。

□(2) 絶対値が5より小さい整数はいくつありますか。

8 次の8つの数について，下の(1)〜(4)にあてはまる数をすべて答えなさい。

$+3, -5, +0.4, -0.5, +6, -14, +\frac{7}{5}, +\frac{1}{2}$

□(1) 絶対値のもっとも大きい数

□(2) 自然数のうち，もっとも小さい数

□(3) 絶対値の等しい数

□(4) 負の数で，もっとも大きい数

9 □ 右の表のAらんの数は，ある日の各地の最高気温を表しています。また，Bらんの数は，Aらんの数をある気温を基準にして，それより高い場合を正の数，低い場合を負の数で表したものです。①，②，③にあてはまる数を書きなさい。

	札幌(さっぽろ)	仙台(せんだい)	東京(とうきょう)	大阪(おおさか)
A	18	22	25	①
B	−7	②	③	+4

ヒント

7 (2)−5より大きく+5より小さい整数で，−5と+5はふくまない。0をわすれないこと。

9 まず，札幌のAらん，Bらんの数から，基準にした気温を考える。

解答▶▶ p.3

ぴたトレ 1 要点チェック

1章　正負の数

2節　加法と減法

1　加法

●同符号の2つの数の和

教科書 p.28

□ 例題1　次の計算をしなさい。　▸▸1

(1)　$(+4)+(+2)$　　(2)　$(-5)+(-3)$

考え方　同符号の2つの数の和は，絶対値の和に共通の符号をつけます。

答え　(1)　$(+4)+(+2)$

$=$ ① $(4+2)$

$=$ ②

(2)　$(-5)+(-3)$

$=$ ③ $(5+3)$

$=$ ④

プラスワン　加法と和

たし算のことを加法(かほう)ともいいます。
加法の結果を和といいます。

●異符号の2つの数の和

教科書 p.29

□ 例題2　次の計算をしなさい。　▸▸2～5

(1)　$(+10)+(-6)$　　(2)　$(+3)+(-9)$

考え方　異符号の2つの数の和は，絶対値の大きいほうから小さいほうをひき，絶対値の大きいほうの符号をつけます。

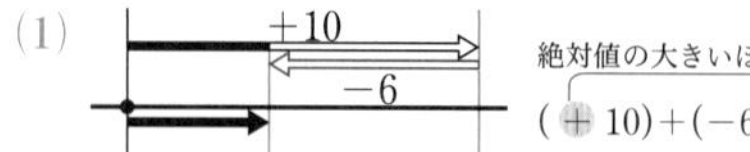

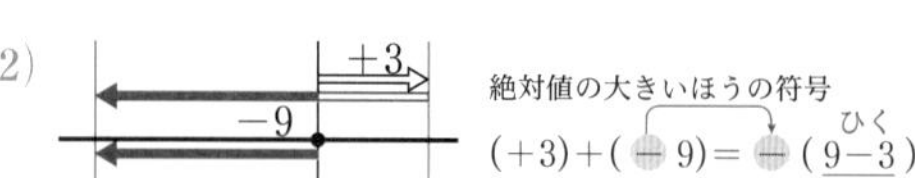

答え　(1)　$(+10)+(-6)$

$=$ ① $(10-6)$

$=$ ②

(2)　$(+3)+(-9)$

$=$ ③ $(9-3)$

$=$ ④

●加法の交換法則と結合法則

教科書 p.31

□ 例題3　次の計算をしなさい。　▸▸6

(1)　$(+8)+(-3)+(+2)$　　(2)　$(-4)+(-13)+(+4)$

考え方　加法(かほう)では，交換法則(こうかんほうそく)や結合法則(けつごうほうそく)が成り立つので，数の順序や組み合わせを変えてくふうして計算します。

答え　(1)　$(+8)+(-3)+(+2)$

$=(+8)+(+2)+(-3)$

$=\{(+8)+(+2)\}+(-3)$

$=($ ① $)+(-3)$

$=$ ②

(2)　$(-4)+(-13)+(+4)$

$=(-13)+(-4)+(+4)$

$=(-13)+\{(-4)+(+4)\}$

$=(-13)+$ ③

$=$ ④

プラスワン　交換法則と結合法則

加法の交換法則
$a+b=b+a$
加法の結合法則
$(a+b)+c=a+(b+c)$

絶対理解 1 【同符号の 2 つの数の加法】次の計算をしなさい。

教科書 p.28 例 1

□(1) $(+7)+(+10)$　　□(2) $(-5)+(-8)$

□(3) $(+4)+(+8)$　　□(4) $(-10)+(-8)$

□(5) $(+18)+(+10)$　　□(6) $(-15)+(-28)$

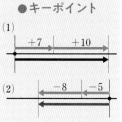

●キーポイント

(1) +7　+10

(2) −8　−5

2 【絶対値の等しい異符号の数の加法】次の計算をしなさい。

教科書 p.29 例 2 (1)

□(1) $(+8)+(-8)$　　□(2) $(-12)+(+12)$

●キーポイント

絶対値の等しい異符号の 2 つの数の和は，0 です。

絶対理解 3 【異符号の 2 つの数の加法】次の計算をしなさい。

教科書 p.29 例 2 (2)(3)

□(1) $(-8)+(+7)$　　□(2) $(+6)+(-5)$

□(3) $(-13)+(+15)$　　□(4) $(+18)+(-24)$

□(5) $(-15)+(+17)$　　□(6) $(+21)+(-35)$

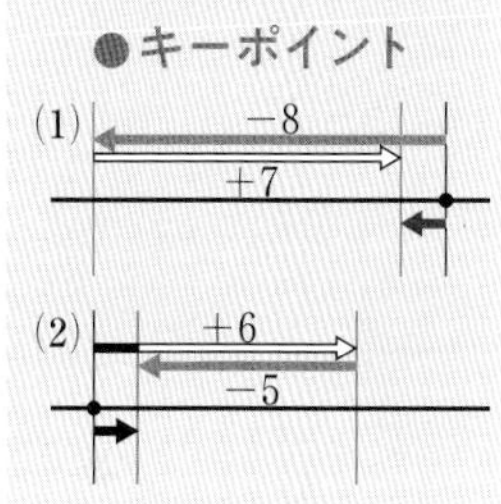

4 【0 との加法】次の計算をしなさい。

教科書 p.30 問 3

□(1) $(-6)+0$　　□(2) $0+(-9)$

5 【小数や分数の加法】次の計算をしなさい。

教科書 p.30 例 3

□(1) $(-4.8)+(-0.9)$　　□(2) $(+0.8)+(-5.3)$

□(3) $\left(+\frac{4}{3}\right)+\left(+\frac{2}{3}\right)$　　□(4) $\left(-\frac{5}{6}\right)+\left(+\frac{2}{9}\right)$

⚠ミスに注意

(4)は通分して計算します。

$$\frac{5}{6}=\frac{5\times3}{6\times3}=\frac{15}{18}$$

$$\frac{2}{9}=\frac{2\times2}{9\times2}=\frac{4}{18}$$

よく出る 6 【加法の交換法則と結合法則】次の計算をしなさい。

教科書 p.31 例 4

□(1) $(+4)+(-7)+(-8)+(+6)$　　□(2) $(-4)+(+8)+(+4)+(+5)$

□(3) $(-3)+(+8)+(+9)+(-8)$　　□(4) $(+5)+(-3)+(-8)+(-5)+(-7)$

例題の答え **1** ①＋　②＋6　③−　④−8　**2** ①＋　②＋4　③−　④−6　**3** ①＋10　②＋7　③0　④−13

解答▶▶ p.4

2節　加法と減法
2　減法

●正負の数の減法を加法になおすこと

教科書 p.32~33

□ **例題 1** 次の減法(げんぽう)の式を，加法の式になおして計算しなさい。 ▶▶1

(1)　$(+6)-(+3)$　　(2)　$(+4)-(-2)$

考え方　(1)　正の数をひくことは，負の数を加えることと同じです。　(2)　負の数をひくことは，正の数を加えることと同じです。

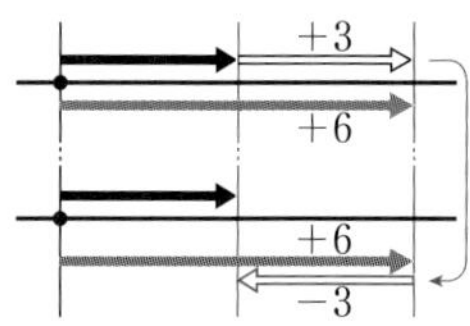

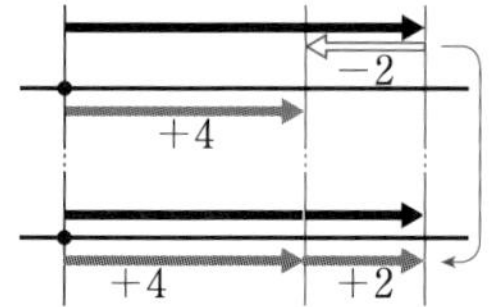

答え　(1)　$(+6)-(+3)$

$=(+6)+($ ① $)$

$=$ ②

(2)　$(+4)-(-2)$

$=(+4)+($ ③ $)$

$=$ ④

プラスワン　減法と差

ひき算のことを減法ともいいます。
減法の結果を差といいます。

●正負の数の減法

教科書 p.32~34

□ **例題 2** 次の計算をしなさい。 ▶▶2 4

(1)　$(+4)-(+5)$　　(2)　$(-3)-(-6)$

考え方　減法を加法になおして，計算します。

答え　(1)　$(+4)-(+5)$

$=(+4)+($ ① $)$

$=$ ②

(2)　$(-3)-(-6)$

$=(-3)+($ ③ $)$

$=$ ④

負の数を学んだから，小さい数から大きい数をひくことができるようになりました。

●0をふくむ減法

教科書 p.34

□ **例題 3** 次の計算をしなさい。 ▶▶3

(1)　$0-(+8)$　　(2)　$0-(-7)$

(3)　$(-10)-0$　　(4)　$(+4)-0$

考え方　(1)(2)　0からある数をひくことは，その数の符号を変えることと同じです。

$0-(+●)=0+(-●)=-●$

$0-(-■)=0+(+■)=+■$

(例)　$0-(+5)=-5$

$0-(-2)=+2$

(3)(4)　どんな数から0をひいても，差ははじめの数になります。

答え　(1)　$0-(+8)=$ ①　　(2)　$0-(-7)=$ ②

(3)　$(-10)-0=$ ③　　(4)　$(+4)-0=$ ④

1 【正負の数の減法を加法の式になおすこと】次の減法の式を，加法の式になおしなさい。

教科書 p.32 Q，p.33 Q

□(1) $(+7)-(+4)$　　□(2) $(+5)-(-8)$

□(3) $(-10)-(+6)$　　□(4) $(-9)-(-2)$

絶対理解 2 【正負の数の減法】次の計算をしなさい。

教科書 p.33 例 1

□(1) $(+8)-(+9)$　　□(2) $(-3)-(-10)$

□(3) $(-7)-(-7)$　　□(4) $(-24)-(-17)$

□(5) $(+5)-(-8)$　　□(6) $(-14)-(+15)$

□(7) $(+10)-(-7)$　　□(8) $(-20)-(+25)$

□(9) $(-17)-(+22)$　　□(10) $(+28)-(-28)$

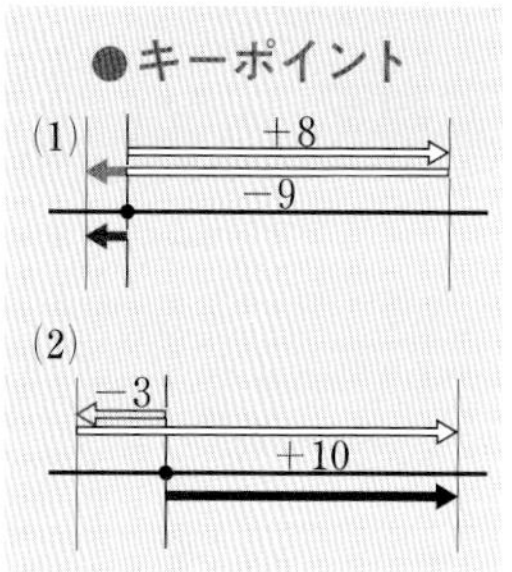

⚠ミスに注意
減法を加法になおすとき，符号が変わるので注意しましょう。

3 【0をふくむ減法】次の計算をしなさい。

教科書 p.34 例 2

□(1) $0-(+13)$　　□(2) $0-(-6)$

□(3) $(-18)-0$　　□(4) $(+7)-0$

4 【小数や分数の減法】次の計算をしなさい。

教科書 p.34 問 3

□(1) $(+0.5)-(+0.7)$　　□(2) $(-2)-(-1.3)$

□(3) $(+4.9)-(-7.5)$　　□(4) $(-5.8)-(-4)$

□(5) $\left(+\frac{5}{4}\right)-\left(+\frac{11}{4}\right)$　　□(6) $\left(-\frac{7}{10}\right)-\left(-\frac{4}{15}\right)$

□(7) $\left(+\frac{3}{7}\right)-\left(-\frac{9}{14}\right)$　　□(8) $\left(-\frac{2}{5}\right)-(-3)$

例題の答え **1** ①−3　②+3　③+2　④+6　**2** ①−5　②−1　③+6　④+3　**3** ①−8　②+7　③−10　④+4

ぴたトレ 1 要点チェック

1章　正負の数

2節　加法と減法
3　加法と減法の混じった計算

●項

教科書 p.35～36

□ 例題1　次の式を加法だけの式になおし，項(こう)をすべて書きなさい。 ▶▶1 2

(1)　$-6+3-9$　　(2)　$4-5-7$

考え方　符号とかっこをつけて表し，加法だけの式になおします。
その式について，符号と数字を調べます。

答え　(1)　$-6+3-9$

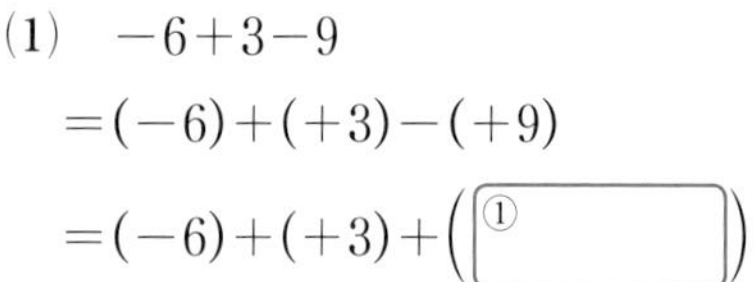

$=(-6)+(+3)-(+9)$ 　符号とかっこをつけて表す

$=(-6)+(+3)+($①$)$ 　加法だけの式になおす

項は，左から順に

②　，③　，④

(2)　$4-5-7$

$=(+4)-(+5)-(+7)$

$=(+4)+($⑤$)+($⑥$)$

項は，左から順に

⑦　，⑧　，⑨

プラスワン　加法と減法の混じった式と項

加法と減法の混じった式は，加法だけの式になおすことができます。
下の（例）の $+5$，-7，$+3$，-4 を，$5-7+3-4$ の式の項といいます。

（例）　$5-7+3-4$

$=(+5)-(+7)+(+3)-(+4)$

$=(+5)+(-7)+(+3)+(-4)$

$5-7+3-4$ の式の項

小学校ではできなかった $4-5$ のような計算もできます。

●加法と減法の混じった計算

教科書 p.36～37

□ 例題2　次の計算をしなさい。 ▶▶3～5

(1)　$6-9+5-8$　　(2)　$-18-(-24)+(-9)$

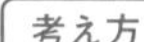

考え方　㋐　まず，かっこと加法の記号＋をはぶいた式になおします。
㋑　次に，交換法則を使って，同符号の数をそれぞれ集めます。
㋒　さらに，結合法則を使って，同符号の数の和を求めます。

答え　(1)　$6-9+5-8$

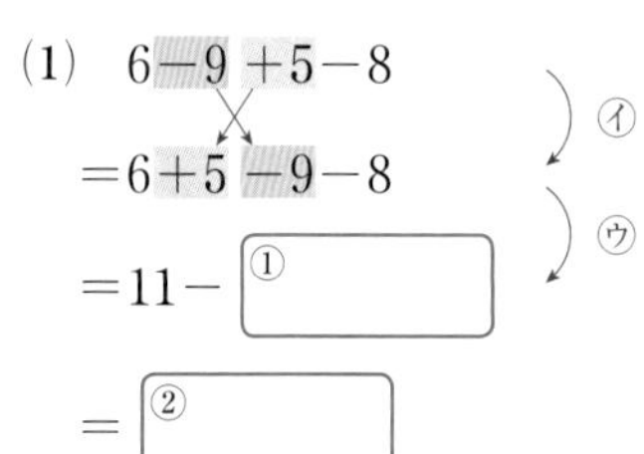

$=6+5-9-8$ 　㋑

$=11-$①　㋒

$=$②

(2)　$-18-(-24)+(-9)$

$=-18+24-9$ 　㋐

$=24-18-9$ 　㋑

$=24-$③　㋒

$=$④

1章

教科書35〜37ページ

1 【項】次の式の項をすべて書きなさい。 教科書 p.35 問 2

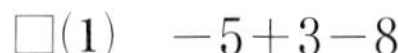

□(1) $-5+3-8$　　□(2) $2-5-3$

□(3) $4-7+9$　　□(4) $-10-6-1$

⚠ミスに注意
加法だけの式になおして考え，符号と数字を答えます。
(例)　4 −5 −7 の項
4，5，7　×
+4，−5，−7　○

2 【かっこと加法の記号 + をはぶいた式】次の式を，加法だけの式になおしてから，項だけを書き並べた式になおしなさい。 教科書 p.36 問 3

□(1) $(-2)+(+3)-(-8)$　　□(2) $(+9)-(-8)-(+11)$

□(3) $(+7)+(-3)+(+1)$　　□(4) $(-10)-(+4)+(-7)$

●キーポイント
式のはじめの項の＋の符号は省略できます。

絶対理解 3 【加法と減法の混じった計算】次の計算をしなさい。 教科書 p.36 問 4

□(1) $-15+4-6$　　□(2) $27-18+15-9$

□(3) $5-9+8-5+10$　　□(4) $-8+36-92+14$

絶対理解 4 【加法と減法の混じった計算】次の計算をしなさい。 教科書 p.36 例 1

□(1) $(-1)-(-1)+5$　　□(2) $8+(-3)-5-(-10)$

□(3) $(-14)+(-32)-(-17)-16$　　□(4) $5-13-(-25)-0-8$

5 【小数や分数の加減計算】次の計算をしなさい。 教科書 p.37 問 6

□(1) $-0.7+0.5-0.9$　　□(2) $2.8-1.6-8.4$

□(3) $0.6+(-1.4)-(-0.5)$　　□(4) $-5.3+(-2.9)-(+1.7)$

□(5) $-\frac{1}{4}-\frac{5}{6}-\frac{2}{9}$　　□(6) $2-\frac{1}{5}-\frac{5}{6}+\frac{3}{4}$

□(7) $\frac{1}{4}-\left(-\frac{2}{3}\right)-\left(+\frac{1}{2}\right)$　　□(8) $\frac{1}{8}+\left(-\frac{5}{6}\right)-\left(-\frac{2}{3}\right)$

例題の答え **1** ①−9　②−6　③+3　④−9　⑤−5　⑥−7　⑦+4　⑧−5　⑨−7　**2** ①17　②−6　③27　④−3

解答▶▶ p.5

2節 加法と減法 1～3

❶ 次の計算をしなさい。

□(1) $(-28)+(-33)$

□(2) $(-38)+(+19)$

□(3) $(+16)-(+42)$

□(4) $(+25)-(-27)$

□(5) $(+5.3)+(-3.6)$

□(6) $(-8.2)+(-1.8)$

□(7) $(-4.8)-(-2.2)$

□(8) $(-0.8)-(+1.2)$

□(9) $\left(-\frac{5}{6}\right)+\left(+\frac{2}{3}\right)$

□(10) $\left(-\frac{3}{10}\right)+\left(-\frac{2}{15}\right)$

□(11) $\left(-\frac{1}{2}\right)-\left(-\frac{2}{3}\right)$

□(12) $(+3)-\left(+\frac{4}{3}\right)$

□(13) $(-0.25)+\left(+\frac{1}{6}\right)$

□(14) $\left(+\frac{2}{3}\right)+(-0.3)$

□(15) $\left(-\frac{1}{6}\right)-(-2.5)$

□(16) $(-0.75)-\left(+\frac{5}{7}\right)$

❷ 次の計算をしなさい。

□(1) $(+5)+(-9)+(-5)$

□(2) $(-8)+(+9)+(-2)+(+13)$

□(3) $(+17)+(-32)+(-68)+(-17)$

□(4) $(-46)+(+28)+(-54)+(+72)$

□(5) $(-5.8)+(+3.2)+(+1.2)$

□(6) $(+8.7)+(-4.5)+(-5.5)$

ヒント ❶ (13)～(16)小数と分数が混じった計算は，小数を分数になおしてから計算する。
❷ 数の順序や組み合わせを変えて，くふうして計算する。

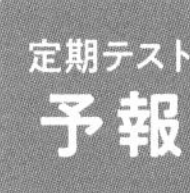

●正負の数の加法，減法の計算のしかたを理解し，項だけを書き並べた式に慣れよう。
「3−4」は「+3（プラス）と −4（マイナス）の和」ととらえよう。3つ以上の数を加えるとき，正の数，負の数どうしをまとめたり，絶対値の等しい異符号の数(和が0になる)をまとめて計算するといいよ。

よく出る ❸ 次の計算をしなさい。

□(1) $15-28$

□(2) $-27-19$

□(3) $2.5-5.8$

□(4) $-1.8+2.6$

□(5) $\frac{7}{6}-\frac{9}{8}$

□(6) $-\frac{7}{9}-\frac{2}{3}$

□(7) $14-30+17-0-15$

□(8) $-15+24+15-78$

□(9) $-0.6+1.2-0.9+2$

□(10) $\frac{1}{7}-\frac{1}{6}+\frac{1}{3}-\frac{1}{6}$

□(11) $0-1.8+\frac{1}{6}+0.75$

□(12) $2-3.5-\frac{1}{4}+\frac{1}{2}$

❹ 次の計算をしなさい。

□(1) $12-(-8)-4+7$

□(2) $15-(-4)+12+(-5)$

□(3) $-2.7+(-1.25)-(+7.3)$

□(4) $-0.25-\left(-\frac{4}{3}\right)-(+1.5)+\frac{4}{3}$

❺ となり合う▭のなかに書かれた数の和が，その上の▭のなかに入ります。次の㋐〜㋖にあてはまる数を書きましょう。

□(1)

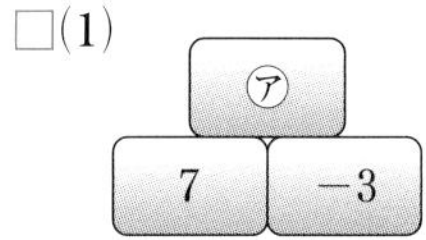

□(2)

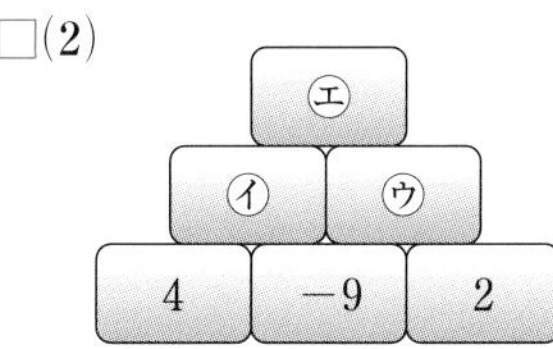

□(3)

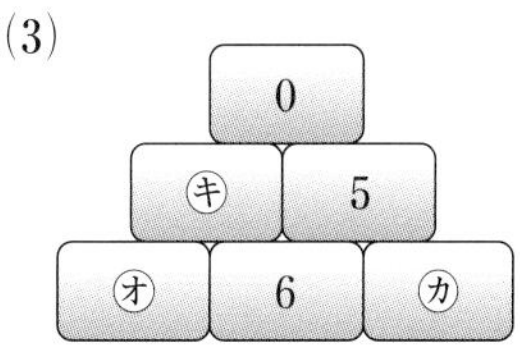

ヒント ❸ (7)〜(12)同符号の数をそれぞれ集める。
❹ かっこと加法の記号 + をはぶいて，項だけを並べた式になおしてから計算する。

解答▶▶ p.6

1章 正負の数

3節 乗法と除法

1 乗法

●正負の数の乗法

教科書 p.41〜42

□ **例題 1** 次の計算をしなさい。 ▸▸1 2

(1) $(-7)\times(-8)$　　(2) $(-12)\times(+4)$

考え方 同符号の2つの数の積は，絶対値の積に正の符号をつけます。
異符号の2つの数の積は，絶対値の積に負の符号をつけます。
そこで，まず積の符号を決め，次に絶対値の積を求めます。

答え (1) $(-7)\times(-8)$
$=$ ① (7×8)
$=$ ②

(2) $(-12)\times(+4)$
$=$ ③ (12×4)
$=$ ④

プラスワン 乗法と積

かけ算のことを乗法(じょうほう)ともいいます。
乗法の結果を積といいます。

●乗法の交換法則と結合法則

教科書 p.43〜44

□ **例題 2** 次の計算をしなさい。 ▸▸3

(1) $2\times(-9)\times5$　　(2) $(-25)\times6\times(-4)$

考え方 積の符号は，負の数が奇数(きすう)個あれば $-$，負の数が偶数(ぐうすう)個あれば $+$ となります。
積の絶対値は，それぞれの数の絶対値の積となります。
数の順序や組み合わせを変えて計算してもよいです。

答え (1) $2\times(-9)\times5$
$=2\times5\times(-9)$
$=(2\times5)\times(-9)$
$=$ ① $\times(-9)$
$=$ ②

(2) $(-25)\times6\times(-4)$
$=(-25)\times(-4)\times6$
$=\{(-25)\times(-4)\}\times6$
$=$ ③ $\times6$
$=$ ④

プラスワン 交換法則と結合法則

乗法の交換法則
$a\times b=b\times a$
乗法の結合法則
$(a\times b)\times c=a\times(b\times c)$

●累乗

教科書 p.45

□ **例題 3** 次の計算をしなさい。 ▸▸4 5

(1) $(-2)^2$　　(2) -2^2

考え方 どの数を2個かけているかに気をつけます。

答え (1) $(-2)^2$
$=(-2)\times($ ① $)$
$=$ ②

(2) -2^2
$=-(2\times$ ③ $)$
$=$ ④

プラスワン 累乗と指数

6×6 は 6^2 と表し，6の2乗(にじょう)(平方(へいほう))，$6\times6\times6$ は 6^3 と表し，6の3乗(立法(りっぽう))といいます。
同じ数をいくつかかけたものを，その数の累乗(るいじょう)といいます。
(例) 6^3 ← 指数(しすう)

絶対理解 **1** 【正負の数の乗法】次の計算をしなさい。 教科書 p.41 例 1，例 2

□(1) $(-3)\times(-6)$　□(2) $(+5)\times(+9)$

□(3) $(+7)\times(+14)$　□(4) $(-2)\times(-18)$

□(5) $(-5)\times(+4)$　□(6) $(+7)\times(-5)$

□(7) $(+12)\times(-3)$　□(8) $(-14)\times(+4)$

●キーポイント
同符号
$(+)\times(+) \to (+)$
$(-)\times(-) \to (+)$
異符号
$(+)\times(-) \to (-)$
$(-)\times(+) \to (-)$

2 【ある数と −1，ある数と 1 や 0 との積】次の計算をしなさい。 教科書 p.42 例 3

□(1) $(-1)\times7$　□(2) $(-8)\times(-1)$

□(3) $(-14)\times1$　□(4) $0\times(-9)$

3 【3 つ以上の正負の数の乗法】次の計算をしなさい。 教科書 p.43 例 5，p.44 例 6

□(1) $(-5)\times18\times(-2)$　□(2) $13\times(-125)\times8$

□(3) $8\times(-9)\times\frac{7}{4}$　□(4) $(-3)\times(-2)\times(-10)$

□(5) $(-5)\times4\times(-3)\times6$　□(6) $\left(-\frac{3}{5}\right)\times(-5)\times\left(-\frac{1}{3}\right)$

⚠ミスに注意
計算の記号と正，負の符号が続くときは，かっこを使います。
(例)　2×-4　✕
　　　$2\times(-4)$　○

よく出る **4** 【累乗】次の計算をしなさい。 教科書 p.45 例 8

□(1) $(-5)^2$　□(2) -3^4

□(3) $(3\times2)^3$　□(4) $5\times(-2^2)$

⚠ミスに注意
(1)は (-5) を 2 個，(2)は 3 を 4 個かけています。

5 【素因数分解と累乗の指数】次の式は，それぞれの数を素因数分解したものです。素因数分解した結果を，累乗の指数を使って表しなさい。 教科書 p.45 問 10

□(1) $81=3\times3\times3\times3$　□(2) $216=2\times2\times2\times3\times3\times3$

例題の答え **1** ①＋　②56　③−　④−48　**2** ①10　②−90　③100　④600　**3** ①−2　②4　③2　④−4

解答▶▶ p.7

3節 乗法と除法
2 除法

●正負の数の除法

教科書 p.46~47

□ **例題 1** 次の計算をしなさい。 ▶▶1

(1) $(-15)\div(-3)$　　(2) $(+10)\div(-5)$

考え方　同符号の 2 つの数の商は，絶対値の商に正の符号をつけます。
異符号の 2 つの数の商は，絶対値の商に負の符号をつけます。
そこで，まず商の符号を決め，次に絶対値の商を求めます。

答え

(1) $(-15)\div(-3)$
$=$ ① $(15\div3)$
$=$ ②

(2) $(+10)\div(-5)$
$=$ ③ $(10\div5)$
$=$ ④

プラスワン　除法と商
わり算のことを**除法**（じょほう）ともいいます。
除法の結果を**商**といいます。

●除法と逆数

教科書 p.48~49

□ **例題 2** 次の計算をしなさい。 ▶▶2 3

(1) $\dfrac{2}{5}\div\left(-\dfrac{7}{3}\right)$　　(2) $\left(-\dfrac{6}{5}\right)\div(-3)$

考え方　正負の数でわることは，その数の逆数（ぎゃくすう）をかけることと同じです。
除法は，逆数の乗法になおして計算することができます。

答え

(1) $\dfrac{2}{5}\div\left(-\dfrac{7}{3}\right)$
$=\dfrac{2}{5}\times($ ① $)$
$=$ ②

(2) $\left(-\dfrac{6}{5}\right)\div(-3)$
$=\left(-\dfrac{6}{5}\right)\times($ ③ $)$
$=$ ④

プラスワン　逆数
2 つの数の積が 1 のとき，一方の数を他方の数の**逆数**といいます。

●乗法と除法の混じった計算

教科書 p.49

□ **例題 3** 乗法だけの式になおして計算しなさい。 ▶▶4

(1) $6\div\left(-\dfrac{10}{7}\right)\times5$　　(2) $(-8)\div(-14)\times7$

考え方　除法を逆数の乗法になおし，積の符号を決めて計算します。

答え

(1) $6\div\left(-\dfrac{10}{7}\right)\times5$
$=6\times($ ① $)\times5$
$=$ ② $\left(6\times\dfrac{7}{10}\times5\right)$
$=$ ③

(2) $(-8)\div(-14)\times7$
$=(-8)\times($ ④ $)\times7$
$=$ ⑤ $\left(8\times\dfrac{1}{14}\times7\right)$
$=$ ⑥

いくつかの正負の数をかけるとき，積は，
負の数が奇数個→－
負の数が偶数個→＋

絶対理解 **1** 【正負の数の除法】次の計算をしなさい。 教科書 p.47 例 1，例 2，問 3

□(1) $(-16)\div(-4)$　□(2) $(+36)\div(+9)$

□(3) $(+48)\div(+16)$　□(4) $(-75)\div(-5)$

□(5) $(-20)\div(+5)$　□(6) $(-36)\div(+18)$

□(7) $(+96)\div(-2)$　□(8) $0\div(-12)$

●キーポイント
同符号
(＋)÷(＋) → (＋)
(－)÷(－) → (＋)
異符号
(＋)÷(－) → (－)
(－)÷(＋) → (－)

2 【逆数】次の数の逆数を求めなさい。 教科書 p.48 例 4

□(1) $-\frac{5}{3}$　□(2) $-\frac{19}{2}$　□(3) $-\frac{1}{4}$

□(4) -12　□(5) -7　□(6) -6

●キーポイント
正負の数の逆数は，その数の絶対値の逆数にもとの符号をつけた数です。

絶対理解 **3** 【除法と逆数】次の計算をしなさい。 教科書 p.49 例 5

□(1) $\left(-\frac{3}{4}\right)\div\frac{5}{2}$　□(2) $\left(-\frac{7}{2}\right)\div\left(-\frac{14}{3}\right)$

□(3) $\left(-\frac{3}{8}\right)\div 6$　□(4) $4\div\left(-\frac{10}{3}\right)$

●キーポイント
$\frac{b}{a}\div\frac{d}{c}=\frac{b}{a}\times\frac{c}{d}$
逆数のかけ算になおします。

よく出る **4** 【乗法と除法の混じった計算】乗法だけの式になおして，次の計算をしなさい。 教科書 p.49 例 6，問 7

□(1) $(-12)\times(-7)\div(-2)$　□(2) $(-48)\div16\times(-3)$

□(3) $\left(-\frac{2}{3}\right)\div\left(-\frac{2}{3}\right)\times(-1)$　□(4) $(-6)\times\left(-\frac{2}{3}\right)\div\frac{1}{2}$

□(5) $\left(-\frac{9}{2}\right)\times\frac{4}{15}\div\frac{3}{5}$　□(6) $\left(-\frac{2}{3}\right)\div\left(-\frac{1}{4}\right)\times\frac{7}{8}$

□(7) $3\div(-3)\times2^2$　□(8) $(-3^2)\times8\div(-6^2)$

例題の答え **1** ①＋　②5　③－　④－2　**2** ①$-\frac{3}{7}$　②$-\frac{6}{35}$　③$-\frac{1}{3}$　④$\frac{2}{5}$
3 ①$-\frac{7}{10}$　②－　③－21　④$-\frac{1}{14}$　⑤＋　⑥4

解答▶▶ p.8

1章 正負の数

3節 乗法と除法
③ 四則の混じった計算 ／ ④ 数の範囲と四則

●四則の混じった計算

教科書 p.50

□ **例題 1** 次の計算をしなさい。 ▶▶1

(1) $-24\div(-2+6)$　　(2) $7-(-3)^2\times5$

考え方　計算の順序は，[累乗→かっこの中→乗除→加減]となります。㋐～㋒の順に計算します。

プラスワン　四則
加法，減法，乗法，除法をまとめて四則(しそく)といいます。

答え (1) $-24\div(-2+6)$ ㋐
$=-24\div$ ①[　　]
㋑ $=$ ②[　　]

(2) $7-(-3)^2\times5$ ㋐
$=7-$ ③[　　] $\times5$
㋑ $=7-$ ④[　　] $=$ ⑤[　　]
㋒

●分配法則

教科書 p.51

□ **例題 2** 分配(ぶんぱい)法則を利用して，次の計算をしなさい。 ▶▶2

(1) $\left(\frac{1}{4}-\frac{5}{6}\right)\times24$　　(2) $6\times5+6\times(-7)$

考え方　(1)は，分配法則を利用したあと，約分します。
(2)は，6に注目して分配法則を利用します。

答え (1) $\left(\frac{1}{4}-\frac{5}{6}\right)\times24$

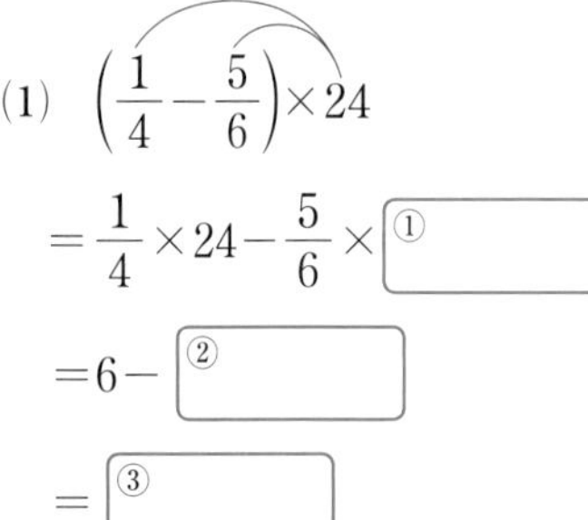

$=\frac{1}{4}\times24-\frac{5}{6}\times$ ①[　　]
$=6-$ ②[　　]
$=$ ③[　　]

(2) $6\times5+6\times(-7)$
$=6\times\{5+($ ④[　　] $)\}$
$=6\times($ ⑤[　　] $)$
$=$ ⑥[　　]

プラスワン　分配法則

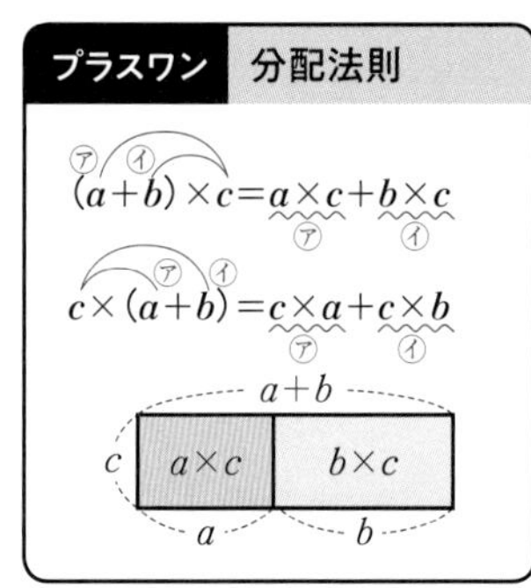

$(a+b)\times c=a\times c+b\times c$
$c\times(a+b)=c\times a+c\times b$

●数の範囲と四則

教科書 p.52～53

□ **例題 3** 自然数，整数，数の集合で，計算がいつでもできるのはどれですか。㋐～㋓からすべて選びなさい。ただし，0でわる除法は考えません。 ▶▶3

㋐ 加法　㋑ 減法　㋒ 乗法　㋓ 除法

考え方　加法，減法，乗法，除法に具体的な数を入れて計算し，その結果がこれらの集合にあてはまらないものがあるか調べます。

答え 自然数では ①[　　]，
整数では ②[　　]，
数全体では ③[　　]

プラスワン　数の範囲と四則
数の範囲が自然数の集合のとき，加法，乗法はいつでもできます。整数の集合では，減法もいつでもできます。数全体の集合にひろげると，除法もいつでもできます。

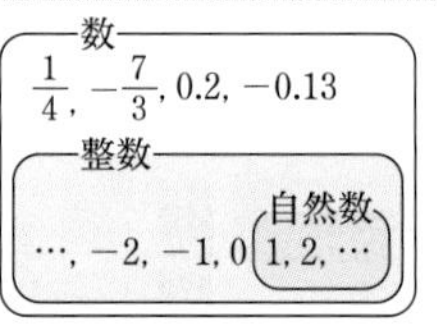

絶対理解 **1** 【四則の混じった計算】次の計算をしなさい。 教科書 p.50 例 1〜例 3

□(1) $-3+(-7)\times4$　□(2) $12-(-20)\div5$

□(3) $5\times(-4)+(-6)\div(-3)$　□(4) $-15\div3+(-4)\times3$

□(5) $(-2)\times(-9+6)$　□(6) $32\div(-21+5)$

□(7) $(6-9)\times(-12)$　□(8) $(-3+15)\div(-4)$

□(9) $8+(-2)^3\times3$　□(10) $(4-10)^2\div(-9)-3^3$

●キーポイント
計算の順序
①累乗
②かっこの中
③乗除
④加減

2 【分配法則】次の計算をしなさい。 教科書 p.51 問 4，例 4

□(1) $30\times\left(\frac{1}{5}-\frac{1}{3}\right)$　□(2) $\left(-\frac{3}{5}+\frac{1}{2}\right)\times(-10)$

□(3) $(-8)\times17-(-8)\times7$　□(4) $86\times(-13)+14\times(-13)$

□(5) $(-12)\times99$　□(6) $101\times(-57)$

正負の数でも，分配法則は成り立ちます。

3 【数の範囲と四則】次の問に答えなさい。ただし，0 でわる除法は考えません。 教科書 p.52 ⓪，p.53 問 1

□(1) 右の㋐〜㋓のうち，□にどんな自然数を入れても，計算結果がいつでも自然数になるのはどれですか。

□(2) 右の㋐〜㋓のうち，□にどんな整数を入れても，計算結果がいつでも整数になるのはどれですか。

㋐ □＋□
㋑ □－□
㋒ □×□
㋓ □÷□

●キーポイント
数　$4\div6$
整数　$4-6$
自然数　4×6, $4+6$

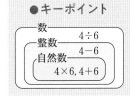

□(3) □に入れる数の範囲を数全体の集合までひろげたとき，㋐〜㋓のうちいつでもできるとはかぎらないものはありますか。ある場合は，その記号を答えなさい。

例題の答え **1** ①4　②−6　③9　④45　⑤−38　**2** ①24　②20　③−14　④−7　⑤−2　⑥−12
3 ①㋐，㋒　②㋐，㋑，㋒　③㋐，㋑，㋒，㋓

解答▶▶ p.9

4節 正負の数の利用

●正負の数の利用

教科書 p.55〜57

□ 例題 1 下の表は，あかりさんが1週間で読んだ本のページ数を表したものです。1週間で読んだ本のページ数の平均を求めなさい。 ▶▶1〜3

月	火	水	木	金	土	日
23 ページ	21 ページ	21 ページ	24 ページ	30 ページ	33 ページ	37 ページ

考え方 次の方法㋐〜㋒のいずれかの方法で求めます。

(例) 5人の体重の平均を求めるとき，

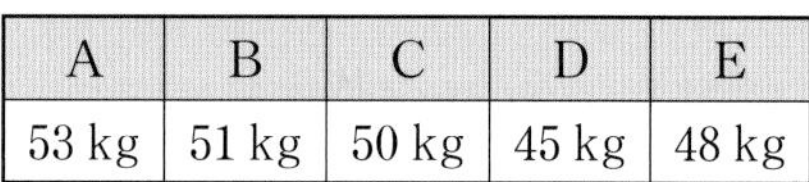

A	B	C	D	E
53 kg	51 kg	50 kg	45 kg	48 kg

方法㋐ $(53+51+50+45+48)\div5$
$=49.4$(kg)

方法㋑ 40 kg を基準にして，40 kg より何 kg 重いかを考えます。
$40+(13+11+10+5+8)\div5$
$=40+9.4=49.4$(kg)

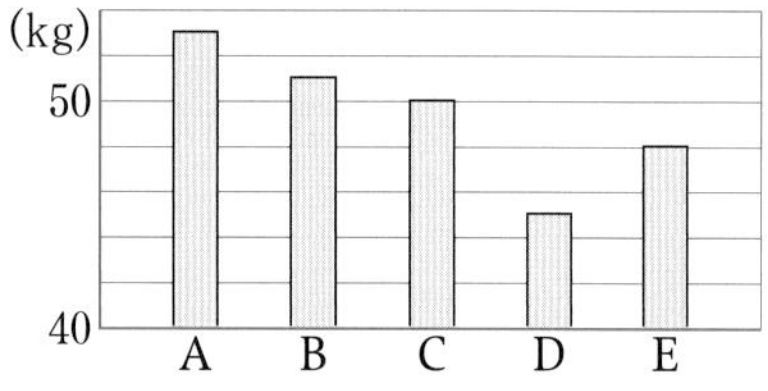

方法㋒ 50 kg を基準にして，50 kg より何 kg 重いか軽いかを考えます。
$50+\{3+1+0+(-5)+(-2)\}\div5$
$=50-0.6=49.4$(kg)

53	51	50	45	48
+3	+1	0	−5	−2

答え 方法㋐ $(23+21+21+24+30+33+37)\div$ ①

$=$ ② (ページ)

方法㋑ 20ページを基準にして，20ページより何ページ多いかを考える。

③ $+(3+1+1+4+10+13+17)\div$ ④

$=$ ⑤ $+$ ⑥ $=$ ⑦ (ページ)

方法㋒ 30ページを基準にして，30ページよりどれだけ多いか少ないかを考える。

23	21	21	24	30	33	37
⑧	⑨	⑩	⑪	⑫	⑬	⑭

⑮ $+\{(-7)+(-9)+(-9)+(-6)+0+3+7\}\div7$

$=$ ⑯ $+($ ⑰ $)=$ ⑱ (ページ)

(平均)
＝(基準の値)
＋(基準の値とのちがいの平均)
になります。

絶対理解 **1** 【正負の数の利用】下の表は，バレーボール部員6人の身長を示したものです。これについて，次の問に答えなさい。

教科書 p.55 Q

A	B	C	D	E	F
163	170	174	171	166	173
①	②	③	④	⑤	⑥

（単位：cm）

□(1) 160 cm を基準にして，160 cm より何 cm 高いかを考えて，6人の身長の平均を求めなさい。式も書くこと。

□(2) 170 cm を基準にして，170 cm より何 cm 高いか低いかを，上の表の①～⑥に数値を書きなさい。

□(3) (2)をもとにして，6人の身長の平均を求めなさい。式も書くこと。

●キーポイント
基準にする数量を決めて，その数量よりどれだけ大きいか小さいかを正負の数で表すと，平均を求める計算が簡単になります。

2 【正負の数の利用】下の表は，2011年から2018年までのある都市の緑化フェアの各年の入場者数を表したものです。各年の入場者数の平均は何万人ですか。式も書くこと。

□

教科書 p.57 問1

年	2011	2012	2013	2014	2015	2016	2017	2018
入場者数(万人)	125	123	118	137	114	109	132	126

3 【正負の数の利用】下の表は，あるパン屋の月曜日から土曜日のパンの売れた個数を，前日の売れた個数を基準にして，それより多い場合を正の数，少ない場合を負の数で表したものです。日曜日に売れた個数は120個でした。これについて，次の問に答えなさい。

教科書 p.57 問2

日	月	火	水	木	金	土
	−10	+3	−5	+12	−2	+7

□(1) 売れた個数がもっとも多い曜日を答えなさい。

□(2) 売れた個数がもっとも少ない曜日を答えなさい。

例題の答え **1** ①7 ②27 ③20 ④7 ⑤20 ⑥7 ⑦27 ⑧−7 ⑨−9 ⑩−9 ⑪−6 ⑫0 ⑬+3 ⑭+7 ⑮30 ⑯30 ⑰−3 ⑱27

解答▶▶ p.9

3節 乗法と除法 1～4
4節 正負の数の利用

よく出る **1** 次の計算をしなさい。

□(1) $(-4)\times\left(-\frac{1}{60}\right)$

□(2) $100\times(-0.48)\times(-1.2)$

□(3) $(-3)\times4\times\frac{1}{6}\times(-0.5)$

□(4) -0.1^3

□(5) $(-5)^2\times(-2^2)$

□(6) $-(-2)^3\times\left(-\frac{5}{6}\right)^2$

2 次の計算をしなさい。

□(1) $(-35)\div(-15)$

□(2) $(-12)\div45$

□(3) $\frac{1}{12}\div\left(-\frac{1}{4}\right)$

□(4) $\left(-\frac{5}{2}\right)\div\left(-\frac{5}{8}\right)$

□(5) $(-4)\div\frac{1}{4}$

□(6) $\frac{9}{14}\div(-6)$

3 次の計算をしなさい。

□(1) $12\times(-36)\div24$

□(2) $18\div(-2)\times(-8)\div6$

□(3) $4^2\div(-2)^2\times(-1)^3$

□(4) $(-15)\div3\times(-2)^2$

□(5) $\left(-\frac{4}{15}\right)\times\left(-\frac{5}{3}\right)\div\left(-\frac{2}{3}\right)^2$

□(6) $(-0.2)^2\times\frac{1}{4}\div\left(-\frac{3}{25}\right)$

□(7) $\left(-\frac{3}{4}\right)\div(-6)\times\left(-\frac{8}{9}\right)$

□(8) $\frac{7}{5}\times\left(-\frac{5}{6}\right)\div(-1)$

ヒント **1** (4) -0.1^3 は，0.1 を 3 個かけたものに，符号－をつける。
2 除法は逆数の乗法になおして計算しよう。まず，符号を決め，次に絶対値の積を求める。

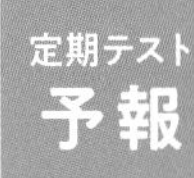

●正負の数の乗法，除法の計算のしかたや四則の混じった計算の順序を理解しよう。
乗法と除法の混じった計算では，除法を逆数の乗法になおして計算するよ。四則の混じった計算の順序は，①累乗→②かっこの中→③乗除→④加減だよ。

4 次の計算をしなさい。

□(1) $16-7\times8\div(-4)$

□(2) $0\div7-6\times(5-3^2)$

□(3) $(-3)^3-(-2^4)\div(-0.1)^2$

□(4) $4^2-\{(-5+13)\div(-2)^2\}$

□(5) $\frac{1}{4}-\left(-\frac{2}{3}\right)-\frac{5}{4}\times\left(-\frac{1}{5}\right)$

□(6) $\frac{1}{2}+\frac{2}{3}\times\left\{-\frac{5}{6}+\frac{1}{2}\times\left(-\frac{2}{3}\right)\right\}$

5 分配法則を利用して，次の計算をしなさい。

□(1) $87\times37-(-13)\times37$

□(2) $-96\times(-18)$

□(3) $(-12)\times\left(\frac{3}{4}-\frac{5}{6}\right)$

□(4) $\left(-\frac{7}{3}+\frac{8}{5}\right)\times15$

6 下の表は，2日間開催(かいさい)された5つのイベントの，2日目の入場者数で，(　)の中の数は，1日目の入場者数を基準にして，それより多い場合を正の数，少ない場合を負の数で表しています。これについて，次の問に答えなさい。

A	B	C	D	E
1028 (+30)	865 (−25)	1006 (−13)	970 (+15)	1017 (−8)

□(1) 2日目の5つのイベントの入場者数の平均を求めなさい。

□(2) A～Eのイベントの，1日目の入場者数をそれぞれ求めなさい。

7 右の図のように，3つの円を重ねてできた①から⑦の7つの枠(わく)に

□ −3から3までの7つの整数を1つずつ入れて，3つの円の中に入る数の和を等しくします。①に3，⑤に2，⑦に1を入れたとき，②，③，④，⑥の枠に入る数を答えなさい。

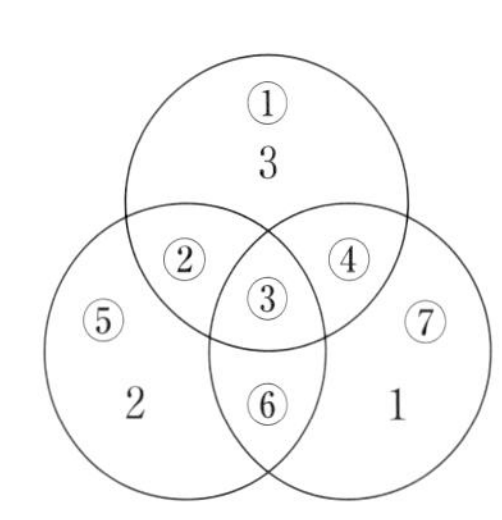

6 (2) 1日目の入場者数は，2日目の入場者数からちがいの人数をひけばよい。
7 ①+②+③+④ と ②+③+⑤+⑥ と ③+④+⑥+⑦ が等しくなるようにする。

1章
教科書39～57ページ

解答▶▶ p.10

ぴたトレ 3 確認テスト

1章　正負の数

時間30分　／100点　合格70点

❶ 次の問に答えなさい。[知]

(1) ある地点から上へ 100 m 移動することを +100 m と表すことにすると，下へ 50 m 移動することは，どのように表されますか。

(2) 下の数直線で，点 A，B に対応する数を書きなさい。

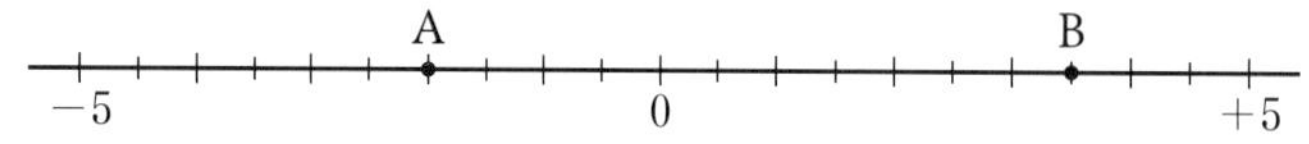

(3) 次の各組の数の大小を，不等号を使って表しなさい。

① 0，−7，+6　　② −3.5，+3，$-\frac{9}{2}$

❶ 点/15点(各3点)

(1)	
(2)	A
	B
(3)	①
	②

❷ 次の数のなかから，下の(1)〜(6)にあてはまる数をすべて選んで書きなさい。[知]

−3，+2，+1.5，0，$-\frac{3}{2}$，+4，−0.2，$+\frac{1}{10}$

(1) 負の整数　　(2) 自然数

(3) 負の数でもっとも大きい数　　(4) 絶対値が同じ数

(5) 絶対値が 1 より小さい数　　(6) 0 にもっとも近い数

❷ 点/18点(各3点)

(1)	
(2)	
(3)	
(4)	
(5)	
(6)	

❸ 右の表は，A さんの 10 歳(さい)，11 歳，12 歳のときの 50 m 走の記録を示しています。次の問に答えなさい。[考]

10 歳	11 歳	12 歳
8.7 秒	8.1 秒	7.8 秒

(1) 11 歳のときの記録を基準にして，それより長いことを +，短いことを − の符号を使って，10 歳，12 歳のときの記録を表しなさい。

(2) 12 歳のときの記録が +0.8 秒と表されるのは，何秒を基準にしたときですか。

❸ 点/12点(各4点)

(1)	10 歳
	12 歳
(2)	

成績評価の観点　[知]…数量や図形などについての知識・技能　[考]…数学的な思考・判断・表現

4 次の計算をしなさい。 知

(1) $(+13)+(-27)$　　(2) $(-31)-(-15)$

(3) $(-3)\times(-13)$　　(4) $(-2)^3\times(-6)\div(-12)$

点UP (5) 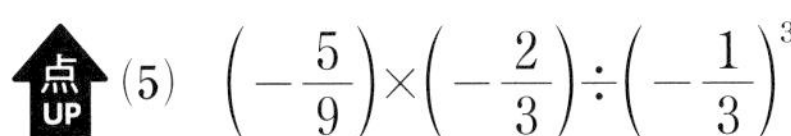 $\left(-\frac{5}{9}\right)\times\left(-\frac{2}{3}\right)\div\left(-\frac{1}{3}\right)^3$

4　点/20点(各4点)

(1)	
(2)	
(3)	
(4)	
(5)	

5 次の計算をしなさい。 知

(1) $(-46)-(-14)\times(-3)$　　(2) $\{(-3)+2\times(-5)\}\times(-2)$

点UP (3) 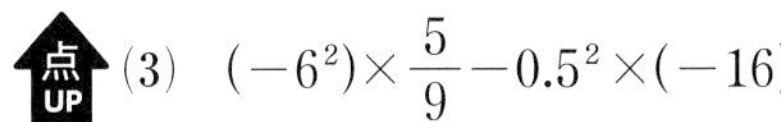 $(-6^2)\times\frac{5}{9}-0.5^2\times(-16)$

5　点/9点(各3点)

(1)	
(2)	
(3)	

点UP **6** a と b が自然数のとき，次の㋐～㋓のなかで，いつでも成り立つとは限らないものを1つ選びなさい。また，成り立たない具体的な例を書きなさい。考

㋐ a と b の和は，いつでも自然数である。

㋑ a と b の差は，いつでも整数である。

㋒ a と b の積は，いつでも整数である。

㋓ a を b でわった商は，いつでも整数である。

6　点/6点(完答)

記号
例

7 下の表は，ある1週間の正午の気温を，火曜日の20℃を基準として，それより高い気温を正の数，低い気温を負の数で示したものです。次の問に答えなさい。 考

日	月	火	水	木	金	土
+5	−1	0	+2	−2	−1	+4

(1) もっとも気温が低かったのは何曜日で，気温は何℃ですか。

(2) もっとも気温の高い曜日と低い曜日の差は何℃ですか。

(3) この1週間の気温の平均は何℃ですか。

7　点/20点(各5点)

(1)	曜日
	気温
(2)	
(3)	

知　/62点	考　/38点

解答▶▶ p.12

教科書のまとめ 〈0章　算数から数学へ〉〈1章　正負の数〉

●素数

自然数をいくつかの自然数の積で表すとき，1とその数自身の積の形でしか表せない自然数を**素数**という。1は素数ではない。

●素因数分解

自然数を素数だけの積の形に表すことを，自然数を**素因数分解**するという。

(例)　42を素因数分解すると，

$42=\underline{2}\times\underline{3}\times\underline{7}$

（2，3，7 → 素数）

●数の大小

1　正の数は0より大きく，負の数は0より小さい。
2　正の数は，絶対値が大きいほど大きい。
3　負の数は，絶対値が大きいほど小さい。

●正負の数の加法

1　同符号の2つの数の和
　符　号……共通の符号
　絶対値……2つの数の絶対値の和
2　異符号の2つの数の和
　符　号……絶対値の大きい数の符号
　絶対値……絶対値の大きいほうから小さいほうをひいた差

●加法の交換法則と結合法則

・加法の交換法則　$a+b=b+a$
・加法の結合法則　$(a+b)+c=a+(b+c)$

●正負の数の減法

ひく数の符号を変えて，加法になおす。

●加法と減法の混じった計算

①項を並べた式になおす→②同符号の数を集める→③同符号の数の和を求める

●乗法の交換法則と結合法則

・乗法の交換法則　$a\times b=b\times a$
・乗法の結合法則　$(a\times b)\times c=a\times(b\times c)$

●積の符号と絶対値

積の符号 ｛負の数が奇数個のとき……－／負の数が偶数個のとき……＋

積の絶対値……それぞれの数の絶対値の積

●正負の数の乗法と除法

1　同符号の2つの数の積・商
　符　号……正の符号
　絶対値……2つの数の絶対値の積・商
2　異符号の2つの数の積・商
　符　号……負の符号
　絶対値……2つの数の絶対値の積・商

●四則やかっこの混じった計算

・加減と乗除の混じった計算では，乗除を先に計算する。
・かっこのある式の計算では，かっこの中を先に計算する。
・累乗のある式の計算では，累乗を先に計算する。

(例)　$4\times(-3)+2\times\{(-2)^2-1\}$
$=-12+2\times(4-1)$
$=-12+6$
$=-6$

●分配法則

・$(a+b)\times c=a\times c+b\times c$
・$c\times(a+b)=c\times a+c\times b$

2章　文字と式

次の学習に入る前に取り組もう。

□文字と式　⬅小学6年

同じ値段のおかしを3個買います。

おかし1個の値段が50円のときの代金は，

50 × 3 = 150 で150円です。

おかし1個の値段を□，代金を△としたときの□と△の関係を表す式は，

おかし1個の値段 × 個数 = 代金 だから，

□ × 3 = △ と表されます。

さらに，□をx，△をyとすると，

x × 3 = y と表されます。

1 同じ値段のクッキー6枚と，200円のケーキを1個買います。　⬅小学6年〈文字と式〉

(1) クッキー1枚の値段が80円のときの代金を求めなさい。

ヒント
ことばの式に表して考えると……

(2) クッキー1枚の値段をx円，代金をy円として，xとyの関係を式に表しなさい。

(3) xの値が90のときのyの値を求めなさい。

2 右の表で，ノート1冊の値段をx円としたとき，次の式は何を表しているかを書きなさい。　⬅小学6年〈文字と式〉

・値段表・
ノート1冊……●円
鉛筆(えんぴつ)1本………40円
消しゴム1個…70円

(1) $x \times 8$

(2) $x+40$

(3) $x \times 4 + 70$

ヒント
$x \times 4$は，ノート4冊の代金だから……

解答▶▶ p.13

2章　文字と式

1節　文字を使った式
1　文字の使用

●文字の使用

教科書 p.64～65

□ 例題 1　次の(1)，(2)について，文字を使った式で表しなさい。 ▶▶1

(1)　1個120円のプリンをx個買うときの代金は何円ですか。

(2)　x人に1人3枚ずつ色紙を配ります。色紙は何枚必要ですか。

考え方　(1)　代金は個数によって変わりますが，xを使って1つの式に表せます。代金の求め方を，数と文字xを使って表します。

(2)　色紙の枚数も数と文字xを使って表します。

答え　(1)　代金は，120×(プリンの個数)で求められるから

$(120\times$ ①［　　］$)$円

(2)　枚数は，3×(人数)で求められるから

$(3\times$ ②［　　］$)$枚

プラスワン　文字を使った代金の表し方

いろいろと変わる数の代わりに文字xなどを使って1つの式にまとめて表すことがあります。

(例)　下の代金の$(40\times x)$円は，買う鉛筆の本数が1，2，3，……のすべての場合をまとめて表しています。

1本40円の鉛筆を買うときの代金

鉛筆の本数	代金
1	40×1
2	40×2
3	40×3
⋮	⋮
x	$40\times x$

●文字の使用(小数や負の数もふくむ)

教科書 p.65

□ 例題 2　次の(1)，(2)について，文字を使った式で表しなさい。
また，その文字は，小数もふくめた数の代わりとして使われていますか。負の数もふくめた数の代わりとして使われていますか。 ▶▶2

(1)　1辺がa cmの正方形の周の長さは何cmですか。

(2)　t℃より5℃高い気温は何℃ですか。

考え方　(1)　1辺が2.5 cmや4.8 cmの正方形もあります。

(2)　たとえば，0℃より3℃低い気温は−3℃と表します。

答え　(1)　正方形の周の長さは，(1辺の長さ)×4で求められるから，

周の長さは，(①［　　］) cm

文字aは ②［　　］ もふくめた数の代わりに使われている。

(2)　t℃より5℃高い気温は，(③［　　］)℃

文字tは小数や ④［　　］ もふくめた数の代わりに使われている。

プラスワン　文字が表す数

文字が表す数は，次のようなものになります。

- 個数や人数→自然数
- 長さ，面積，重さ，かさ→小数もふくむ正の数
- 気温など基準を決めた量→小数や負の数もふくめた数

絶対理解 **1** 【文字の使用】次の(1)〜(3)について，文字を使った式で表しなさい。 教科書 p.65 例 1

□(1) 1 個 150 円のお菓子(かし)を x 個買うときの代金は何円ですか。

□(2) 1 人に 5 個ずついちごを配ります。x 人に配るには，いちごは何個必要ですか。

□(3) 1 m が 200 円のリボンを x m 買いました。代金は何円ですか。

●キーポイント
文字を使った式は
・すべての場合をまとめて表します。
・求め方を表します。
・求めた結果を表します。

よく出る **2** 【文字の使用(小数や負の数もふくむ)】次の(1)〜(6)について，文字を使った式で表しなさい。また，使われている文字は，次の㋐〜㋒のどれにあたりますか。記号を答えなさい。
教科書 p.65 問 1〜問 3

㋐ 自然数の代わりとして使われている。
㋑ 小数もふくめた数の代わりとして使われている。
㋒ 小数や負の数もふくめた数の代わりとして使われている。

□(1) 全部で n 人いる学級で，男子生徒は 16 人です。女子生徒は何人ですか。

□(2) 縦が a cm で，横が 8 cm の長方形があります。面積は何 cm^2 ですか。

□(3) x L あるジュースを，6 人で等しく分けました。1 人分のジュースは何 L ですか。

文字が表すのは
自然数だけでは
ありません。

□(4) ある山のふもとの気温は 18 ℃で，山頂の気温は t ℃です。ふもとの気温は，山頂の気温より何° C 高いですか。

□(5) x kg の荷物を，2 kg の木の箱に入れました。全体の重さは何 kg ですか。

□(6) 鉛筆が 1 ダース(12 本)入った箱が x 箱あります。鉛筆は全部で何本ありますか。

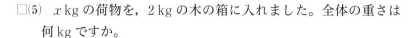

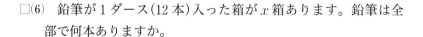

例題の答え **1** ① x ② x **2** ① $a\times4$ ②小数 ③ $t+5$ ④負の数

2章 教科書64〜65ページ

2章 文字と式

1節 文字を使った式
[2] 文字を使った式の表し方

●積の表し方

教科書 p.66～67

□ **例題 1** 次の式を，文字式の表し方にしたがって表しなさい。 ▶▶1

(1) $b\times a\times(-2)$　　(2) $(n-7)\times 4$

考え方 文字の混じった乗法では，記号 × をはぶき，数を文字の前に書きます。
文字はアルファベット順に並べて書くことが多いです。

答え (1) 記号 × をはぶき，数を文字の前に書いて

$b\times a\times(-2)=$ ① [　　] ←文字はアルファベット順に並べて書くことが多い

(2) 記号 × をはぶき，数を(　)の前に書いて

$(n-7)\times 4=$ ② [　　]

●累乗の表し方

教科書 p.67

□ **例題 2** 次の式を，文字式の表し方にしたがって表しなさい。 ▶▶2

(1) $x\times 5\times x\times x$　　(2) $a\times b\times b\times a\times b$

考え方 同じ文字の積は累乗(るいじょう)の指数を使って表します。

答え (1) 累乗の指数を使い，記号 × をはぶき，数を文字の前に書いて

$x\times 5\times x\times x=$ ① [　　]

(2) 累乗の指数を使い，記号 × をはぶいて書いて

$a\times b\times b\times a\times b=$ ② [　　]

●商の表し方

教科書 p.68

□ **例題 3** 次の式を，文字式の表し方にしたがって表しなさい。 ▶▶3

(1) $2x\div 3$　　(2) $a\div(-5)$

考え方 文字の混じった除法では，記号 ÷ を使わずに，分数の形で書きます。
わられる文字式を分子，わる数を分母にします。

答え (1) $2x\div 3=$ ① [　　]

これを ② [　　] x と書いてもよい。

(2) 負の符号(ふごう)(−)は分数の前に書いて

$a\div(-5)=$ ③ [　　]

プラスワン 分数での表し方

$a\div 6$ は，

$a\div 6=a\times\frac{1}{6}$

であるから，

$\frac{a}{6}$ は $\frac{1}{6}a$ と書いてもよいです。

絶対理解 **1** 【積の表し方】次の式を，文字式の表し方にしたがって表しなさい。 教科書 p.66 例 2

□(1) $a\times7\times b$　　□(2) $(x+y)\times5$

□(3) $\frac{3}{4}\times x$　　□(4) $a\times\frac{7}{6}$

□(5) $(-9)\times x$　　□(6) $y\times(-1)$

ミスに注意
1 や負の数と文字の積
$1\times a$ は，a
$(-3)\times a$ は，$-3a$
$(-1)\times a$ は，$-a$
と表す。数の 1 や，負の数のかっこもはぶきます。

2 【累乗の表し方】次の式を，文字式の表し方にしたがって表しなさい。 教科書 p.67 例 3

□(1) $a\times b\times b\times4$　　□(2) $x\times a\times x\times a\times x$

絶対理解 **3** 【商の表し方】次の式を，文字式の表し方にしたがって表しなさい。 教科書 p.68 例 4

□(1) $(a+4)\div3$　　□(2) $x\div(-4)$

4 【単位が異なる数量どうしの和】x kg と y g の和を kg の単位で表しなさい。 教科書 p.69 例 5

□

キーポイント
1 kg＝1000 g

5 【割合の表し方】次の数量を，文字を使った式で表しなさい。 教科書 p.69 例 6

□(1) x L の 30%　　□(2) a 円の 7 割

キーポイント
$1\%=\frac{1}{100}$　$1割=\frac{1}{10}$

6 【速さの表し方】y m の道のりを歩くのに，40 分かかりました。分速は何 m ですか。

□

教科書 p.69 例 7

キーポイント
(速さ)
＝(道のり)÷(時間)

7 【円の周の長さや面積】半径 $2r$ cm の円について，次の問に答えなさい。

教科書 p.70 例 9，例 10

□(1) この円の面積を，π を使って表しなさい。

□(2) $4\pi r$ が表している数量と，その単位を答えなさい。

$2r$ cm

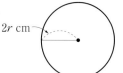

キーポイント
(円の面積)
＝(半径)×(半径)×(円周率)
(円周)
＝(直径)×(円周率)

例題の答え **1** ① $-2ab$ ② $4(n-7)$ **2** ① $5x^3$ ② a^2b^3 **3** ① $\frac{2x}{3}$ ② $\frac{2}{3}$ ③ $-\frac{a}{5}\left(-\frac{1}{5}a\right)$

解答▶▶ p.14

ぴたトレ 1 要点チェック

2章　文字と式

1節　文字を使った式
3　代入と式の値

●代入と式の値

教科書 p.71

□ **例題 1** $x=-4$ のとき，次の式の値(あたい)を求めなさい。 ▶▶1 2

(1) $2x+3$　　(2) $10-3x$

考え方　文字 x を，-4 に（　）をつけた (-4) でおきかえて計算します。

答え　(1) $2x+3=2\times x+3$ であるから

$2\times($①　　$)+3=$②　　$+3=$③

(2) $10-3x=10-3\times x$ であるから

$10-3\times($④　　$)=10+$⑤　　$=$⑥

プラスワン　代入と式の値

式のなかの文字を数におきかえることを，文字にその数を**代入する**(だいにゅう)といいます。代入して計算した結果を，そのときの**式の値**といいます。

●分数の式や累乗の式の式の値

教科書 p.71

□ **例題 2** $a=-6$ のとき，次の式の値を求めなさい。 ▶▶3 4

(1) $\dfrac{30}{a}$　　(2) $-a^2$

考え方　(1) 分数の形の式に代入するか，除法の式にしてから代入します。

答え　(1) a に -6 を代入すると　$\dfrac{30}{①\quad}=$②

（別解）

$\dfrac{30}{a}=30\div a$ であるから　$30\div($③　　$)=$④

(2) a に -6 を代入すると　$-($⑤　　$)^2=$⑥

●文字が2つある式の式の値

教科書 p.72

□ **例題 3** $x=3$，$y=-2$ のとき，$2x+5y$ の値を求めなさい。 ▶▶5

考え方　式のなかの x の代わりに3，y の代わりに -2 に（　）をつけた (-2) を入れて計算します。

答え　$2x+5y$ であるから

$2\times$①　　$+5\times($②　　$)=$③　　$+($④　　$)$

$=$⑤

どの文字にいくつを代入するのか，まちがえないようにしましょう。

絶対理解 **1** 【代入と式の値】$x=6$ のとき，次の式の値を求めなさい。 教科書 p.71 例 1

□(1) $2x$　□(2) $x+7$　□(3) $10-x$

□(4) $4x+3$　□(5) $-3x+8$　□(6) $9-5x$

●キーポイント
乗法の記号×をもとにもどしてから代入します。
数と数との乗法の記号×は，はぶけません。

絶対理解 **2** 【代入と式の値】$x=-5$ のとき，次の式の値を求めなさい。 教科書 p.71 例 1

□(1) $7x$　□(2) $x+8$　□(3) $4-x$

□(4) $3x+4$　□(5) $-2x+9$　□(6) $6-5x$

⚠ミスに注意
負の数を代入するときは，(　)をつけます。
(1) 7 × −5 ×
7 × (−5) ○

3 【分数の式の式の値】x が次の値のとき，$\frac{18}{x}$ の値を求めなさい。 教科書 p.71 問 1

□(1) $x=3$　□(2) $x=-2$　□(3) $x=-6$

4 【累乗の式の式の値】$a=-4$ のとき，次の式の値を求めなさい。 教科書 p.71 問 2

□(1) a^2　□(2) $-a^2$　□(3) $(-a)^2$

⚠ミスに注意
「$-a$ は負の数」とは限りません。
$a=-4$ のとき
$-a=-(-4)=4$
正の数

5 【文字が 2 つある式の式の値】$x=-4$，$y=-3$ のとき，次の式の値を求めなさい。 教科書 p.72 例 3

□(1) $-x-5y$　□(2) $-2x+3y$　□(3) x^2+4y

例題の答え **1** ①−4　②−8　③−5　④−4　⑤12　⑥22 **2** ①−6　②−5　③−6　④−5　⑤−6　⑥−36
3 ①3　②−2　③6　④−10　⑤−4

解答▶▶ p.14

1節 文字を使った式 1～3

1 次の数量や式を，文字を使った式で，文字式の表し方にしたがって表しなさい。

□(1) x と y の積の 3 倍　□(2) x と y の和の 3 倍　□(3) x の 3 倍と y の和

□(4) $a\times(-5)+2$　□(5) $(-1)\times a+b\times 1$　□(6) $x-y\times 0.1$

2 次の式を，× や ÷ の記号を使って表しなさい。

□(1) $7ab$　□(2) $-3x^2$　□(3) a^3b^2

□(4) $\frac{3}{5}x$　□(5) $x-\frac{y}{3}$　□(6) $\frac{a+b}{2}$

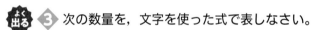

3 次の数量を，文字を使った式で表しなさい。

□(1) 1 個 120 円のオレンジを x 個と 70 円のレモンを 1 個買ったときの代金の合計

□(2) 90 cm のリボンから a cm のリボンを 5 本切り取ったとき，残っているリボンの長さ

□(3) 4 人が a 円ずつ出し合ったお金で，1 個 x 円のボールを 3 個買ったときに残った金額

□(4) 1 個 x g のオレンジ 3 個と 1 個 y g のりんご 4 個の重さの合計

□(5) a L のジュースを 5 人で等しく分けるときの 1 人分のジュースの量

□(6) ハンドボール 3 試合の得点が，32 点，x 点，24 点のときの，1 試合の得点の平均点

ヒント **1** 加法の記号 ＋ や，0.1 の 1 ははぶけない。

3 (2) a cm のリボン 5 本で $5a$ cm。　(3)出し合ったお金は全部で $(a\times 4)$ 円。

(6) 3 試合の得点の合計は，$32+x+24$ より $(56+x)$ 点。

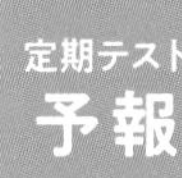

●文字式のきまりにしたがって数量を表したり，式の値を求めたりできるようになろう。
数量を文字式で表す練習をし，積や累乗，商の表し方に慣れていこう。式の値を求めるとき，負の数を代入するときは(　)をつけて，乗法の記号×を復活させることに気をつけよう。

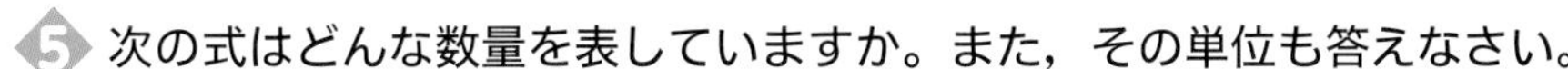

4 次の数量を，文字を使った式で表しなさい。

□(1)　x L の牛乳のうち y mL 飲んだときの，残りの牛乳の量

□(2)　a m の 7％の長さ

5 次の式はどんな数量を表していますか。また，その単位も答えなさい。

□(1)　縦が a cm，横が b cm，高さが c cm の直方体で，abc

(2)　右の図のような半径が r cm の円の $\frac{1}{4}$ の図形で，

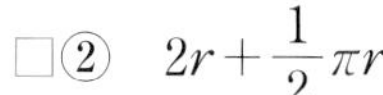

□①　$\frac{1}{4}\pi r^2$　　□②　$2r+\frac{1}{2}\pi r$

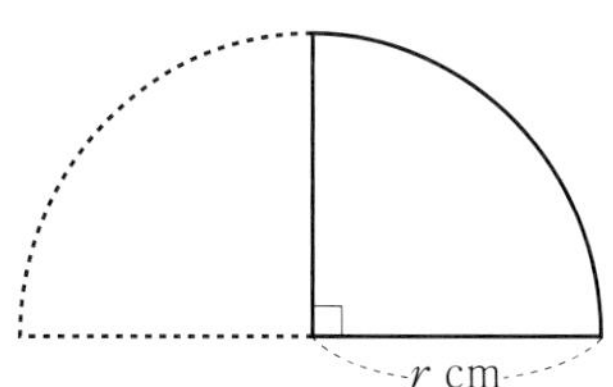

6 $a=-3$ のとき，次の式の値を求めなさい。

□(1)　$-8a$　　□(2)　$5a-4$　　□(3)　$2-3a$

□(4)　$\frac{1}{a}$　　□(5)　$-2a^2$　　□(6)　$4a^2-a$

7 $x=-5$，$y=2$ のとき，次の式の値を求めなさい。

□(1)　$-x+3y$　　□(2)　$x-2y$

□(3)　$-3x-y$　　□(4)　x^2+5y

4 (1)単位をそろえて式に表す。L または mL にそろえる。　(2) $1\%=\frac{1}{100}$

5 (2)半径 r cm の円の直径は $2r$ cm，円周の長さは $2\pi r$ cm，面積は πr^2 cm^2 と表せる。

6 負の数を代入するときは，(　)をつけて代入する。(1) $-8\times(-3)$

解答▶▶ p.15

2章　文字と式

2節　文字式の計算
1　1次式の計算—①

●項と係数

教科書 p.74

□ **例題 1** $4x-y$ の項（こう）と係数（けいすう）を答えなさい。 ▶▶1

考え方　和の形になおしてから項を考えます。

答え　$4x+($①$)$ であるから，

項は ②　，③

x の係数は ④　，

y の係数は ⑤

プラスワン　項と係数，1次式

<u>項</u>…$5+2x$ という式で，加法の記号＋で結ばれた 5，$2x$ のそれぞれを項といいます。

<u>係数</u>…$2x$ という項で，数の部分 2 を x の係数といいます。

$2x$ のように，文字が 1 つだけの項を <u>1次の項</u>といいます。

$5+2x$（x の係数：2，5…項，$2x$…項（1次の項））

<u>1次式</u>…1次の項だけか，1次の項と数の項の和で表すことができる式のことです。

●文字式を簡単にする

教科書 p.75

□ **例題 2** 次の計算をしなさい。 ▶▶2

(1)　$3x+4x$　　(2)　$8a+4-5a-9$

考え方　文字の部分が同じ項を，係数に着目して 1 つの項にまとめます。

答え　(1)　$3x+4x$

$=(3+$①$)x$

$=$②

(2)　$8a+4-5a-9$　（$8a$ と $-5a$ をまとめる）

$=8a-5a+4-9$

$=(8-5)$③$+4-9$

$=$④

● 1次式の加減

教科書 p.76～77

□ **例題 3** 次の計算をしなさい。 ▶▶3 4

(1)　$(3x+8)+(x-3)$　　(2)　$(7a-8)-(2a-5)$

考え方　(1)　1次式の加法は，文字の部分が同じ項どうし，数の項どうしを加えます。

(2)　1次式の減法は，ひくほうの式の各項の符号を変えて加えます。

答え　(1)　$(3x+8)+(x-3)$

$=3x+8+x-3$

$=(3+$①$)x+8-3$

$=$②

(2)　$(7a-8)-(2a-5)$

$=(7a-8)+($③$)$

$=7a-8-2a+5$

$=$④

プラスワン　縦の計算

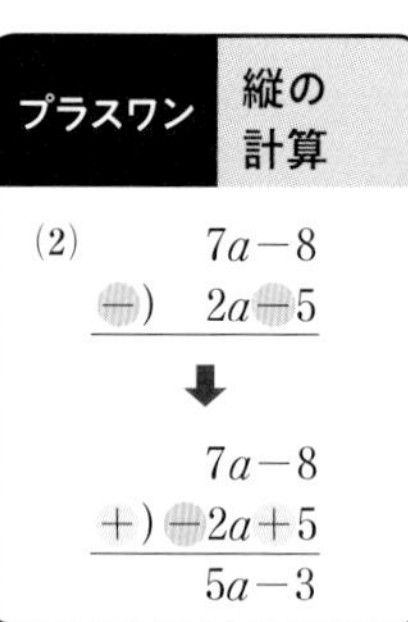

1 【項と係数】次の式の項と，文字をふくむ項の係数を答えなさい。　教科書 p.74 例 1

□(1)　$4x+7y$　　□(2)　$-x+\frac{1}{2}y$

□(3)　$-3a-b+2$　　□(4)　$7a-\frac{b}{6}-\frac{1}{5}$

絶対理解 **2** 【文字式を簡単にする】次の計算をしなさい。　教科書 p.75 例 2，例 3

□(1)　$4x+5x$　　□(2)　$-5y+2y$

□(3)　$6a-a$　　□(4)　$x+(-4x)$

□(5)　$-3b+9b$　　□(6)　$-2x-6x$

□(7)　$5x-3+2x-6$　　□(8)　$7a-8-6a+5$

□(9)　$a+7+2a-9$　　□(10)　$x-6-5x+6$

●キーポイント
数量を文字を使った式で表すとき，同じ文字は同じ数を表しています。

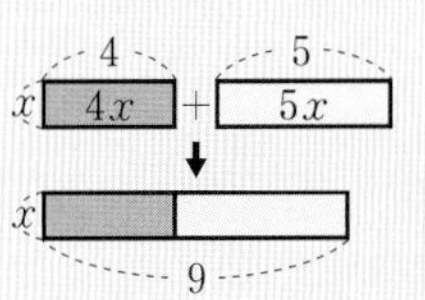

3 【1 次式の加法】次の計算をしなさい。　教科書 p.76 例 4

□(1)　$5x+(4-3x)$　　□(2)　$(2x-5)+(3x+7)$

□(3)　$(4x+3)+(5x-8)$　　□(4)　$(6x-5)+(x-5)$

□(5)　$(-3a+9)+(7a-6)$　　□(6)　$(5x-2)+(-8x+2)$

絶対理解 **4** 【1 次式の減法】次の計算をしなさい。　教科書 p.76 例 5

□(1)　$(8x+5)-(3x+2)$　　□(2)　$(4x-3)-(2x+8)$

□(3)　$(a+4)-(6a-5)$　　□(4)　$(2a-9)-(3a-4)$

□(5)　$(-3y-8)-(y+6)$　　□(6)　$(7x-3)-(3-2x)$

例題の答え　**1** ①$-y$　②$4x$　③$-y$　④4　⑤-1　**2** ①4　②$7x$　③a　④$3a-5$
3 ①1　②$4x+5$　③$-2a+5$　④$5a-3$

解答▶▶ p.16

2章 文字と式

2節 文字式の計算
1 1次式の計算—②

●1次式と数の乗除(項が1つの1次式)

教科書 p.77

□ **例題 1** 次の計算をしなさい。 ▶▶1

(1) $(-2x)\times3$　　(2) $\frac{4}{5}x\div8$

考え方 (1) 項が1つの1次式と数の乗法は，交換法則で係数と数を前に集め，その積を文字にかけます。

(2) 1次式を数でわる除法は，わる数を逆数にして乗法になおして計算します。

答え (1) $(-2x)\times3=(-2)\times x\times3$

$=(-2)\times$ ① $\times x$

$=$ ②

(2) $\frac{4}{5}x\div8=\frac{4}{5}x\times$ ③ $=$ ④

プラスワン 交換法則と結合法則

乗法の交換法則

$a\times b=b\times a$

乗法の結合法則

$(a\times b)\times c=a\times(b\times c)$

文字をふくむ式でも成り立ちます。

●1次式と数の乗除(項が2つ以上の1次式)

教科書 p.78〜79

□ **例題 2** 次の計算をしなさい。 ▶▶2

(1) $4(3a-2)$　　(2) $(10x+25)\div5$

考え方 (1) 1次式と数の乗法は，分配法則を使って計算することができます。

ここでは，$3a-2=3a+(-2)$ とみて，分配法則を使います。

(2) 1次式と数の除法は，乗法になおして計算します。

答え (1) $4(3a-2)=4\times$ ① $+4\times($ ② $)=$ ③

(2) $(10x+25)\div5=(10x+25)\times$ ④

$=10x\times$ ⑤ $+25\times$ ⑥

$=$ ⑦

プラスワン 分配法則

$a(b+c)=ab+ac$

●いろいろな計算

教科書 p.79

□ **例題 3** $3(2x+1)-2(x-3)$ を計算しなさい。 ▶▶3

考え方 分配法則を使ってかっこのない式をつくり，文字の部分が同じ項をまとめます。

答え $3(2x+1)-2(x-3)=6x+$ ① $-2x+$ ②

$=6x-2x+$ ③ $+$ ④

$=$ ⑤

分配法則を使ってかっこのない式をつくることを「かっこをはずす」といいます。

1 【1次式と数の乗除】次の計算をしなさい。

教科書 p.77 例6，例7

□(1) $4a\times7$　□(2) $(-5x)\times4$　□(3) $(-3)\times2a$

□(4) $\frac{1}{3}b\times3$　□(5) $(-x)\times(-8)$　□(6) $18x\div6$

□(7) $\frac{6}{7}a\div2$　□(8) $4x\div8$　□(9) $\frac{2}{3}x\div\left(-\frac{5}{12}\right)$

絶対理解
2 【1次式と数の乗除】次の計算をしなさい。

教科書 p.78 例8，例9，p.79 例10，例11

□(1) $5(4a-7)$　□(2) $(2x-5)\times(-4)$

□(3) $-(5a-2)$　□(4) $-6(a+3)$

□(5) $8\left(\frac{3}{4}x+2\right)$　□(6) $\frac{1}{3}(9x+6)$

□(7) $(4x+10)\div2$　□(8) $(15a+20)\div(-5)$

□(9) $(42x-27)\div(-3)$　□(10) $\frac{3x-2}{4}\times8$

⚠ミスに注意

(1)
$5(4a-7)=20a-7$ ×
↑ 5をかけ忘れ

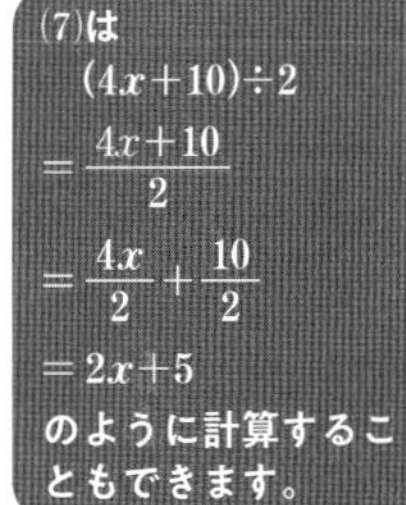

(7)は
$(4x+10)\div2$
$=\frac{4x+10}{2}$
$=\frac{4x}{2}+\frac{10}{2}$
$=2x+5$
のように計算することもできます。

よく出る
3 【いろいろな計算】次の計算をしなさい。

教科書 p.79 例12

□(1) $8x+3(2x-5)$　□(2) $4(x-3)+(3x-4)$

□(3) $5(x+3)+3(2x-7)$　□(4) $2(2a+3)-3(a-2)$

□(5) $3(a-1)-4(a+2)$　□(6) $2(7x-4)-7(2x-1)$

●キーポイント
かっこをはずすとき，
符号
かけ忘れ
に，十分注意しましょう。

例題の答え **1** ①3　②$-6x$　③$\frac{1}{8}$　④$\frac{1}{10}x$　**2** ①$3a$　②-2　③$12a-8$　④$\frac{1}{5}$　⑤$\frac{1}{5}$　⑥$\frac{1}{5}$　⑦$2x+5$
3 ①3　②6　③3　④6　⑤$4x+9$

解答▶▶ p.17

2節 文字式の計算 1

1 次の式の項と係数を答えなさい。

□(1) $5a-b$　　□(2) $-\frac{2}{3}x+\frac{y}{4}$

2 次の計算をしなさい。

□(1) $3a-7a+2a$　　□(2) $-8b+6b-5b$

□(3) $\frac{9}{10}x-\frac{3}{5}x$　　□(4) $-\frac{1}{2}x+\frac{5}{6}x$

□(5) $-6a+5+7a-8$　　□(6) $4x+3+5x-8-9x$

□(7) $\frac{3}{4}x-2-\frac{1}{8}x+\frac{3}{2}$　　□(8) $4-\frac{5}{3}x+2x-\frac{2}{3}$

よく出る **3** 次の計算をしなさい。

□(1) $(-3+2a)+(5-2a)$　　□(2) $(-3x-7)-(7-3x)$

□(3) $\left(\frac{2}{5}a-3\right)+\left(\frac{3}{5}a+8\right)$　　□(4) $\left(\frac{2}{3}x-3\right)+(5-x)$

□(5) $\left(\frac{3}{4}x+\frac{5}{9}\right)-\left(\frac{1}{3}-\frac{1}{4}x\right)$　　□(6) $\left(\frac{1}{6}x-\frac{1}{4}\right)-\left(\frac{2}{3}x-\frac{1}{2}\right)$

4 次の 2 つの式の和を求めなさい。また，左の式から右の式をひいたときの差を求めなさい。

□(1) $-x-7$，$4x+5$　　□(2) $5x-2$，$-3x-2$

ヒント **2** (3)係数が分数でも同じ考え方「係数の和」で計算できる。 (6)3 つある x の項をまとめる。
4 それぞれの式にかっこをつけて，和の式，差の式をつくってから計算する。

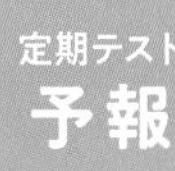

● 1次式の加法・減法，1次式と数の乗法・除法が自由自在にできるようになろう。
まず，式を項の和としてみて，文字をふくむ項の係数を正しくとらえることが大切。そして，文字の部分が同じ項どうし，数どうしをまとめて表す。加減乗除の方法は正負の数と同じだよ。

5 次の計算をしなさい。

□(1) $\left(\frac{1}{2}x-\frac{2}{3}\right)\times 12$

□(2) $\left(\frac{4}{9}x-\frac{5}{6}\right)\times 18$

□(3) $(16a+6)\div 8$

□(4) $(9x-10)\div 15$

□(5) $(14x-21)\div\frac{7}{2}$

□(6) $(36a+54)\div\left(-\frac{9}{5}\right)$

□(7) $9\times\frac{2x+5}{3}$

□(8) $\frac{3a-4}{5}\times(-20)$

よく出る 6 次の計算をしなさい。

□(1) $4(-2x+3)+3(5x-2)$

□(2) $-2(10-3x)-5(x-4)$

□(3) $3(6a-2)-(-a+5)$

□(4) $\frac{1}{3}(6x-9)+\frac{3}{4}(4x+8)$

□(5) $\frac{1}{3}(a-1)-\frac{1}{9}(5a-3)$

□(6) $\frac{1}{5}(7x-2)-\frac{1}{2}(3x-1)$

□(7) $\frac{x+7}{2}+\frac{2x-4}{3}$

□(8) $\frac{a+3}{6}-\frac{a-1}{9}$

5 (7)(8)分子に(　)をつけて計算する。
6 (7)(8)分母の最小公倍数で通分し，分子の計算をする。

2章 教科書73～80ページ

解答▶▶ p.18

ぴたトレ 1 要点チェック

2章 文字と式

3節 文字式の利用

1 数の表し方 ／ 2 数量の間の関係の表し方

●数の表し方

教科書 p.83

□ **例題1** n が整数のとき，2つの続いた整数は，$n-1$，n と表されます。2つの続いた整数の和は，どんな数になるでしょうか。 ▶▶1

考え方 $n-1$ と n の和を表す式を計算し，何を表すかを考えます。

答え $(n-1)+n=n-1+n=$ ① -1

② は2の倍数，すなわち偶数（ぐうすう）です。求める数は，

これから1をひいた数なので，③ となります。

整数を m としても，同じように表せます。

●関係の表し方

教科書 p.84～85

□ **例題2** 1本 x 円の鉛筆と1個 y 円の消しゴムがあります。 ▶▶2 3

(1) 次の数量の間の関係を，等式（とうしき）または不等式（ふとうしき）で表しなさい。

㋐ 鉛筆5本と消しゴム1個の代金の合計は400円だった。

㋑ 鉛筆3本と消しゴム1個の代金の合計は250円以上だった。

(2) 次の等式や不等式はどんなことを表していますか。

㋐ $y=x+40$　　　㋑ $3x<2y$

考え方 2つの数量の間の関係が，等しい関係のときは等式で表し，大小関係のときは不等式で表します。

答え (1)㋐ 代金の合計は，$(5x+y)$ 円と表される。
これが400円に等しいから

$5x+y$ ① 400

㋑ 代金の合計は，$(3x+y)$ 円と表される。
これが250円以上であるから

$3x+y$ ② 250

(2)㋐ 消しゴム1個の値段は，鉛筆1本の値段より

③ 。

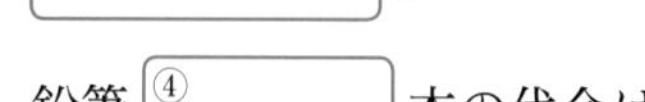

㋑ 鉛筆 ④ 本の代金は，

消しゴム ⑤ 個の代金より

⑥ 。

プラスワン 等式，不等式

等式…等号を使って数量の関係を表した式。

等式
$4x+5=25$
左辺（$4x+5$）　右辺（25）
両辺

不等式…不等号を使って数量の関係を表した式。

不等式
$4y+5<25$
左辺（$4y+5$）　右辺（25）
両辺

等号や不等号のそれぞれの左の部分を**左辺**（さへん），右の部分を**右辺**（うへん），あわせて両辺といいます。

1 【数の表し方】n が整数のとき，次の問に答えなさい。 教科書 p.83 問 1，問 2，Q

□(1) $8n$ はどんな数を表していますか。

□(2) $2(n+1)$ はどんな数を表していますか。

□(3) 3 つの続いた整数は，$n-1$，n，$n+1$ と表されます。3 つの続いた整数の和は，どんな数になりますか。

絶対理解 **2** 【関係の表し方】次の数量の間の関係を，等式または不等式で表しなさい。
教科書 p.84 例 1，p.85 例 2，問 1

□(1) 1 個 x 円のかき 4 個と 1 個 y 円のなし 3 個を買ったときの代金の合計は 900 円だった。

□(2) a 人いた図書室から b 人の生徒が帰ったので，残りの生徒は 10 人以下になった。

□(3) x m の道のりを分速 60 m で歩いたら，かかった時間は y 分以上だった。

□(4) 1 枚 a g の便せん 4 枚を，b g の封筒（ふうとう）に入れたら，重さは 25 g 未満だった。

□(5) x の 5 倍は y より 3 だけ小さい。

●キーポイント
不等号
a は b 以下 … $a \leqq b$
a は b 以上 … $a \geqq b$
a は b より小さい … $a<b$
a は b より大きい … $a>b$
また，
a は b 未満 … $a<b$

3 【式が表す数量の関係】ある区間の電車の運賃は，おとな a 円，子ども b 円です。このとき，次の等式や不等式はどんなことを表していますか。 教科書 p.85 例 3

□(1) $a-b=120$

□(2) $a+b<400$

□(3) $2a+5b \geqq 1000$

例題の答え **1** ①$2n$ ②$2n$ ③奇数 **2** ①＝ ②≧ ③40 円高い ④3 ⑤2 ⑥安い

解答 ▶▶ p.20

3節 文字式の利用[1]，[2]

1 n が整数のとき，次の問に答えなさい。

□(1) 3 の倍数 $3n$ を 2 つたしたときの和は，どんな数になりますか。

□(2) 5 つの続いた整数は，$n-2$，$n-1$，n，$n+1$，$n+2$ と表されます。5 つの続いた整数の和は，どんな数になりますか。

よく出る **2** 次の数量の間の関係を，等式または不等式で表しなさい。

□(1) 1 冊 x 円のノートを 6 冊買うのに，1000 円札を出したら，おつりは y 円だった。

□(2) 兄の年齢(ねんれい)は a 歳(さい)，弟の年齢は b 歳で，年齢の差は 5 歳未満である。

□(3) 日曜日の動物園の客は x 人で，土曜日の客 y 人より 450 人多かった。

□(4) x cm のテープから a cm のテープを 4 本切り取ったら，テープは 30 cm 以上残った。

□(5) 50 本の鉛筆を n 人に 3 本ずつ分けようとしたら，鉛筆がたりなかった。

□(6) 100g が a 円のお茶を x g 買ったときの代金は，800 円以下だった。

□(7) 定価 x 円の品物が定価の p % 引きで売っていたので，代金は 2000 円より安かった。

□(8) a を -5 倍した数に 2 を加えると，b より大きくなる。

□(9) x から y の 2 乗をひいた差は，-6 以下になる。

ヒント **2** (5)，(7)は「～より小さい」という不等号で表せる。

定期テスト **予報**

●数量を式で表したり，数量の関係を等式や不等式で表したりできるようになろう。
ある数の倍数は，n を整数とすれば文字式で表すことができることをおさえておこう。文章から数量の関係を正しく読みとる力が問われるよ。式が表していることを読む練習も必要だ。

3 水そうに a L の水が入っています。この水そうから毎分 x L ずつ水を流し出します。次の問に答えなさい。

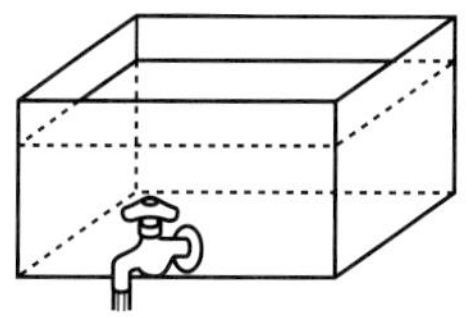

□(1) $a-5x$ はどんな数量を表していますか。

(2) 次の不等式や等式は，水の量について，どんな関係を表していますか。

□① $a-5x>0$　　□② $a-7x=0$

4 x m の道のりを行くのに，分速 a m で 3 分歩いたら，残りの道のりは b m になりました。このときの数量の間の関係を，次の(1)，(2)のように表しました。それぞれどんな数量について式をつくったか答えなさい。

□(1) $x-3a=b$　　□(2) $3a+b=x$

5 右の図のように，碁石(ごいし)を並べて正方形をつくります。1 辺に並べる碁石が x 個のとき，碁石は何個必要かを調べます。次の問に答えなさい。

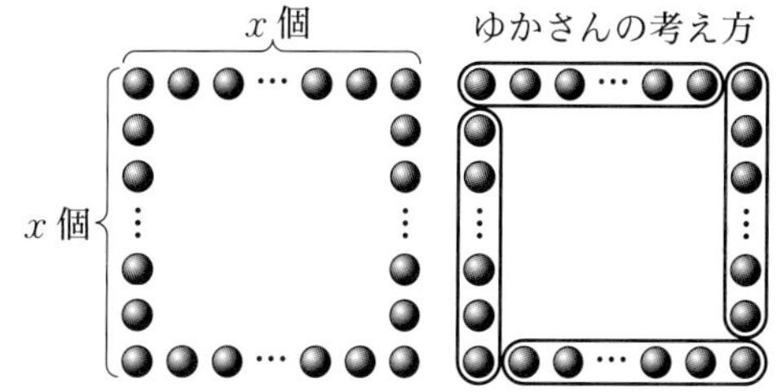

□(1) ゆかさんは，右の図のように 4 つの部分に分けて碁石の個数を求めました。
ゆかさんの考え方を式に表しなさい。

(2) えみさんとあいさんは，それぞれ次のような式をつくって碁石の個数を求めました。えみさんとあいさんの考え方を，それぞれの図に示しなさい。

□① えみさんの式
$4(x-2)+4$

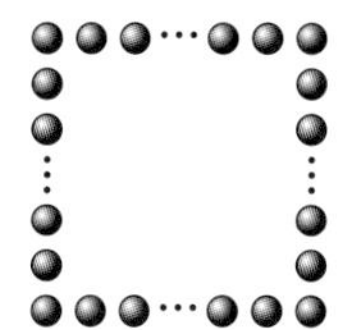

□② あいさんの式
$2x+2(x-2)$

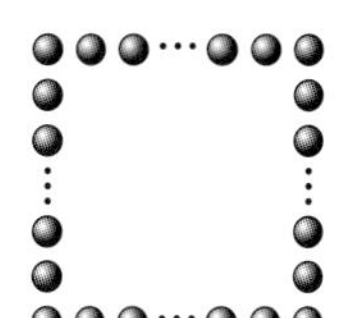

□(3) 碁石は何個必要ですか。

ヒント **5** (1) 1 つの囲みの中の碁石は $(x-1)$ 個。
(2) $(x-2)$ は，1 辺から両端(りょうたん)の 2 個を除いた碁石の個数。

解答▶▶ p.20

2章　文字と式

❶ 次の式を，文字式の表し方にしたがって表しなさい。知

(1)　$y\times x\times 8$　　(2)　$(x+y)\div 5$

(3)　$a\times(-1)+b\times 2$　　(4)　$x\times(-3)+y\times 0.1$

❷ 次の式を，× や ÷ の記号を使って表しなさい。知

(1)　$-6a^2b$　　(2)　$\dfrac{x+4}{5}$

❸ $a=-6$ のとき，次の式の値を求めなさい。知

(1)　$5a+8$　　(2)　a^2-4a

❹ □にあてはまる数を書きなさい。知

(1)　$5x-y$ で，x の係数は ㋐，y の係数は ㋑ です。

(2)　$\dfrac{a}{2}-\dfrac{b}{3}-\dfrac{1}{6}$ で，a の係数は ㋐，b の係数は ㋑ です。

❺ 次の計算をしなさい。知

(1)　$2x+3-6x-8+5x$　　(2)　$(4x-5)-(5x-9)$

(3)　$\dfrac{2}{3}a\div\left(-\dfrac{8}{9}\right)$　　(4)　$\left(\dfrac{2}{5}x-\dfrac{1}{4}\right)\times 20$

(5)　$(160x+560)\div 80$　　(6)　$\dfrac{2x-5}{3}\times(-12)$

❶ 点/8点（各2点）

(1)	
(2)	
(3)	
(4)	

❷ 点/4点（各2点）

(1)	
(2)	

❸ 点/4点（各2点）

(1)	
(2)	

❹ 点/8点（各2点）

(1)	㋐	㋑
(2)	㋐	㋑

❺ 点/24点（各4点）

(1)	
(2)	
(3)	
(4)	
(5)	
(6)	

　成績評価の観点　知…数量や図形などについての知識・技能　考…数学的な思考・判断・表現

6 次の計算をしなさい。知

(1) $2(4x-5)+3(x+6)$　　(2) $6(3a-2)-5(2a-1)$

(3) $\frac{1}{2}(4x-6)+\frac{3}{5}(5x+15)$　　(4) $\frac{a-3}{4}-\frac{a-7}{10}$

6	点/16点（各4点）
(1)	
(2)	
(3)	
(4)	

7 次の計算をしなさい。（(1)知 (2)(3)考）

(1) 半径 4 cm の円の面積を，π を使って表しなさい。

(2) x 時間と y 分の和は，何分ですか。

(3) 次の式はどんな数量を表していますか。

① 縦 a cm，横 8 cm の長方形で，$2(a+8)$

② x km の道のりを 3 時間で進んだときの，$\frac{x}{3}$

7		点/16点（各4点）
(1)		
(2)		
(3)	①	
	②	

8 次の数量の間の関係を，等式または不等式で表しなさい。考

(1) ある図書館の土曜日の利用者は x 人で，日曜日の利用者は土曜日の利用者より p % 増えて 350 人以上になった。

(2) x の 2 乗と y の 2 倍の和は 20 より小さい。

9 右の図のように，碁石を並べて正三角形をつくっていきます。1 辺に並べる碁石を 5 個として正三角形を x 個つくるとき，次の問に答えなさい。考

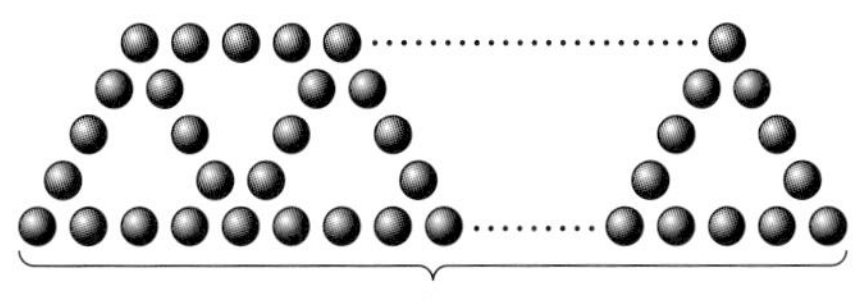

(1) 碁石は何個必要ですか。

(2) どのように考えて求めましたか。考え方を上の図に示し，説明しなさい。

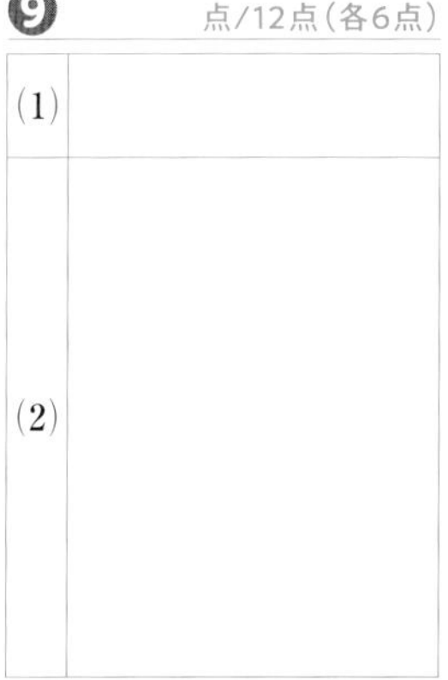

知　/68点	考　/32点

解答▶▶ p.21

教科書のまとめ〈2章　文字と式〉

●文字を使った式の表し方

・文字の混じった乗法では，乗法の記号×をはぶく。
※$b\times a=ab$ のように，アルファベットの順に並べて書くことが多い。

・文字と数の積では，数を文字の前に書く。
※$1\times a$ は a，$(-1)\times a$ は $-a$ と表す。

・同じ文字の積は，累乗の指数を使って表す。

・文字の混じった除法では，記号÷は使わずに，分数の形で書く。

［注意］ ＋，－の記号は，はぶくことができない。

●文字を使った式の読みとり

縦が a cm，横が b cm の長方形で，$2(a+b)$ が表している数量は長方形の周の長さで，その単位は cm である。

●式の値

・式のなかの文字を数におきかえることを，文字にその数を**代入する**という。

・代入して計算した結果を，そのときの**式の値**という。

(例) $x=-3$ のとき，$2x+1$ の値は，
x に -3 を代入して

$$2x+1=2\times(-3)+1$$
$$=-5$$

●項と係数

・式 $3x+1$ で，加法の記号＋で結ばれた $3x$，1 のそれぞれを**項**という。

・$3x$ という項で，数の部分 3 を x の**係数**という。

・$3x$ のように，文字が 1 つだけの項を 1 次の項という。

●項をまとめて計算する

・文字の部分が同じ項は，分配法則 $ax+bx=(a+b)x$ を使って，1 つの項にまとめ，簡単にすることができる。

・文字をふくむ項と数の項がまじった式は，文字が同じ項どうし，数の項どうしを集めて，それぞれをまとめる。

(例) $8x+4-6x+1$

$$=8x-6x+4+1$$
$$=(8-6)x+4+1$$
$$=2x+5$$

●1次式の減法

ひくほうの式の各項の符号を変えて，ひかれる式に加える。

●項が2つ以上の1次式と数の乗法

・分配法則 $a(b+c)=ab+ac$ を使って計算する。

・かっこの前が－のとき，かっこをはずすと，かっこの中の各項の符号が変わる。

(例) $-(-a+1)=a-1$

●項が2つ以上の1次式と数の除法

わる数を逆数にして乗法になおして計算するか，分数の形にして，$\dfrac{a+b}{c}=\dfrac{a}{c}+\dfrac{b}{c}$ を使って計算する。

●かっこがある式の計算

分配法則を使ってかっこのない式をつくり，文字の部分が同じ項をまとめて計算する。

●数量の関係を表す式

2 つの数量が等しい関係を表した式を**等式**といい，2 つの数量の大小関係を表した式を**不等式**という。

3章　方程式

次の学習に入る前に取り組もう。

□**速さ・道のり・時間**　◀ 小学5年

速さ，道のり，時間について，次の関係が成り立ちます。

(速さ)＝(道のり)÷(時間)

(道のり)＝(速さ)×(時間)

(時間)＝(道のり)÷(速さ)

□**比の値**　◀ 小学6年

$a:b$ で表される比で，a が b の何倍になっているかを表す数を比の値といいます。

1 次の速さや道のり，時間を求めなさい。　◀ 小学5年〈速さ〉

(1)　400 m を 5 分で歩いた人の分速

(2)　時速 60 km の自動車が 1 時間 20 分で進む道のり

(3)　秒速 75 m の新幹線が 54 km 進むのにかかる時間

ヒント
単位をそろえて考えると……

2 次の比の値を求めなさい。　◀ 小学6年〈比と比の値〉

(1)　2：5　　(2)　4：2.5　　(3)　$\frac{2}{3}:\frac{4}{5}$

ヒント
$a:b$ の比の値は，a が b の何倍になっているかを考えて……

3 A さんのクラスは，男子が 17 人，女子が 19 人です。　◀ 小学6年〈比と比の値〉

(1)　男子の人数と女子の人数の比を書きなさい。

(2)　クラス全体の人数と女子の人数の比を書きなさい。

ヒント
クラス全体の人数は，男子と女子の合計人数だから……

解答▶▶ p.23

3章 方程式

1節 方程式とその解き方
1 方程式とその解 ／ 2 方程式の解き方

●方程式とその解

教科書 p.92〜93

□ 例題 1 1，2 のうち，方程式(ほうていしき) $3x+1=7$ の解(かい)はどちらですか。 ▶▶1

考え方 それぞれの数を x に代入して，等式が成り立つかどうか調べます。

答え $x=1$ のとき

$3x+1=3\times$ ① ＿＿ $+1=$ ② ＿＿

$x=2$ のとき

$3x+1=3\times$ ③ ＿＿ $+1=$ ④ ＿＿

したがって，$x=$ ⑤ ＿＿ のとき，

等式は成り立つ。 答 ⑥ ＿＿

プラスワン 方程式とその解

方程式…式のなかの文字に代入する値(あたい)によって，成り立ったり，成り立たなかったりする等式のことです。

方程式の**解**…方程式を成り立たせる文字の値のことです。

「**等式が成り立つ**」とは，左辺の値と右辺の値が等しいことをいいます。

方程式は，解以外の数を x に代入すると，左辺の値と右辺の値は等しくなりません。

●等式の性質

教科書 p.94〜95

□ 例題 2 方程式 $x+5=12$ を解(と)きなさい。 ▶▶2

考え方 等式の性質を使って，左辺を x だけにします。

答え $x+5=12$

両辺から ① ＿＿ をひくと

$x+5-$ ② ＿＿ $=12-$ ③ ＿＿

したがって $x=$ ④ ＿＿

プラスワン 等式の性質

方程式を**解く**…方程式の解を求めることをいいます。

方程式を解くには，もとの方程式を，下の等式の性質を使って，$x=\square$の形に変形すればよいのです。

等式の性質 $A=B$ ならば，

1 $A+C=B+C$ 2 $A-C=B-C$

3 $AC=BC$ 4 $\dfrac{A}{C}=\dfrac{B}{C}\,(C\neq 0)$

5 $B=A$ （$C\neq 0$は，Cが0でないことを表している。）

●方程式の解き方

教科書 p.96〜97

□ 例題 3 方程式 $7x-13=3x+7$ を解きなさい。 ▶▶3

考え方 方程式を解く手順1，2，3の順に式を変形します。

答え $7x-13=3x+7$

$7x-$ ① ＿＿ $=7+$ ② ＿＿ 1 $3x$ を左辺に，-13 を右辺に移項する

$4x=20$ 2 $ax=b$ の形にする

$x=$ ③ ＿＿ 3 両辺を 4 でわる

プラスワン 方程式の解き方

移項(いこう)…等式の一方の辺にある項を，その項の符号(ふごう)を変えて他方の辺に移すことです。

〈方程式を解く手順〉

1 x をふくむ項を左辺に，数の項を右辺に移項する。

2 $ax=b$ の形にする。

3 両辺を x の係数 a でわる。

1 【方程式とその解】-2, -1, 0, 1, 2 のうち，方程式 $4x+7=15$ の解はどれですか。

□

教科書 p.93 例 1

絶対理解 **2** 【等式の性質】次の方程式を解きなさい。 教科書 p.95 例 2，例 3

□(1) $8+x=2$　　□(2) $y-3=5$

□(3) $3x=12$　　□(4) $5x=-15$

□(5) $-8x=2$　　□(6) $\frac{1}{5}x=2$

⚠ミスに注意

(1)　$8+x=2$

$8+x-8=2$ ×

右辺からも8をひかなくてはなりません。

よく出る **3** 【方程式の解き方】次の方程式を解きなさい。 教科書 p.96 例 1，p.97 例 2

□(1) $x-5=8$　　□(2) $x+3=7$

□(3) $2x=-3x+10$　　□(4) $8x=5x-9$

移項するときは，「符号を変えて」です。

□(5) $6x-1=-25$　　□(6) $3-4x=11$

□(7) $7x=3-2x$　　□(8) $-4x=7-3x$

□(9) $8x+9=6x-7$　　□(10) $5x+2=23-2x$

□(11) $7-2x=1+4x$　　□(12) $9x-8=10x-3$

例題の答え **1** ①1　②4　③2　④7　⑤2　⑥2　**2** ①5　②5　③5　④7　**3** ①$3x$　②13　③5

解答▶▶ p.23

ぴたトレ 1 要点チェック

3章 方程式

1節 方程式とその解き方
3 いろいろな方程式

●かっこをふくむ方程式

教科書 p.98

□ 例題1 $5x-4(x-2)=15$ を解きなさい。 ▶▶1

考え方 かっこをはずしてから解きます。かっこをはずすときは符号に注意しましょう。

答え

$5x-4(x-2)=15$

かっこをはずすと $5x-4x+$ ① □ $=15$

$5x-4x=15-$ ② □

$x=$ ③ □

分配法則
$a(b+c)=ab+ac$
を使ってかっこをはずします。

●係数に小数をふくむ方程式

教科書 p.98

□ 例題2 $0.7x-1.7=2.5$ を解きなさい。 ▶▶2

考え方 10，100，1000 などを両辺にかけて，小数をふくまない形に変形してから解きます。ここでは，係数を整数にするために，両辺に 10 をかけます。

答え

$0.7x-1.7=2.5$

両辺に 10 をかけると $(0.7x-1.7)\times 10=2.5\times 10$

$7x-17=25$

$7x=25+$ ① □

$7x=42$

$x=$ ② □

●係数に分数をふくむ方程式

教科書 p.99〜100

□ 例題3 $\frac{1}{3}x-2=\frac{1}{4}x$ を解きなさい。 ▶▶3

考え方 分母の公倍数を両辺にかけて，分数をふくまない形に変形してから解きます。ここでは，係数を整数にするために，両辺に分母の最小公倍数 12 をかけます。

答え

$\frac{1}{3}x-2=\frac{1}{4}x$

両辺に 12 をかけると $\left(\frac{1}{3}x-2\right)\times 12=\frac{1}{4}x\times 12$

$4x-24=3x$

$4x-3x=$ ① □

$x=$ ② □

プラスワン 分母をはらう

分数をふくまない形に変形することを，**分母をはらう**といいます。

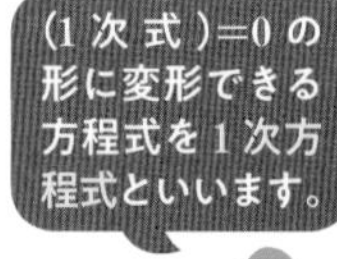
(1次式)=0の形に変形できる方程式を1次方程式といいます。

よく出る **1** 【かっこをふくむ方程式】次の方程式を解きなさい。 教科書 p.98 例 1

□(1) $2+3(x-2)=8$ □(2) $2(3x+5)+3=-5$

□(3) $4x-3(5-x)=6$ □(4) $7x+4=5(x-2)$

●キーポイント
いろいろな方程式を解くには，本書 p.60 **例題3** の手順 1～3 の前に次の処理を行います。
・かっこがあるときは，かっこをはずす。
・係数を整数になおす。

絶対理解 **2** 【係数に小数をふくむ方程式】次の方程式を解きなさい。 教科書 p.98 例 2

□(1) $0.3x-1.4=1.3$ □(2) $0.8x+0.3=2.7$

□(3) $0.16x-0.26=0.7$ □(4) $0.13x+0.38=0.9$

よく出る **3** 【係数に分数をふくむ方程式】次の方程式を解きなさい。 教科書 p.99 例 3，p.100 問 3

□(1) $\frac{1}{4}x-3=\frac{1}{5}x$ □(2) $\frac{x}{3}+4=\frac{x}{7}$

⚠ミスに注意
(1) 両辺に 20 をかけると，
$5x-\cancel{3}=4x$
↑
整数の項にも 20 をかけます。

□(3) $\frac{x}{10}-\frac{2}{5}=\frac{x}{5}+\frac{3}{10}$ □(4) $\frac{3}{4}x+\frac{1}{2}=\frac{1}{6}x-\frac{2}{3}$

□(5) $\frac{x-5}{4}=\frac{1}{9}x$ □(6) $\frac{x-1}{2}=\frac{2x+3}{5}$

□(7) $\frac{2}{5}x+6=\frac{1}{3}x+2$ □(8) $\frac{3x-1}{4}=5-x$

例題の答え **1** ①8 ②8 ③7 **2** ①17 ②6 **3** ①24 ②24

解答▶▶ p.23

1節　方程式とその解き方　1～3

1 次の方程式で，-6 が解であるものを答えなさい。

□　㋐　$x+6=1$　　㋑　$3x+8=x-4$

　　㋒　$\frac{1}{3}x+5=x+9$　　㋓　$3(1-x)=2x+3$

2 次の方程式を，等式の性質を使って解きなさい。また，(1)～(4)については，そのときに使った等式の性質を書きなさい。

□(1)　$x+7=4$　　□(2)　$x-6=-2$

□(3)　$-5x=30$　　□(4)　$\frac{1}{6}x=3$

□(5)　$5=x+7$　　□(6)　$\frac{4}{5}x=8$

よく出る **3** 次の方程式を解きなさい。

□(1)　$3-4x=15$　　□(2)　$7=-6x+4$

□(3)　$-3x=8-x$　　□(4)　$-5x-7=2x$

□(5)　$8x-7=5x+17$　　□(6)　$2x+21=5-6x$

□(7)　$4x-1=9x+14$　　□(8)　$8-x=5x+6$

□(9)　$-4x+3=-x+3$　　□(10)　$15x-2=1+3x$

ヒント　**2** (5)等式の両辺を入れかえても，等式は成り立つ。
3 (2) x をふくむ項を左辺に，数の項を右辺に移項し，$ax=b$ の形にしてから解く。

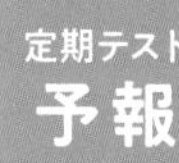

●等式の性質を理解し，方程式が解けるようになろう。
小数や分数をふくむ方程式は，まず，係数を整数になおすこと。方程式を解いて解が得られたら，検算しよう。自分の解をもとの方程式のxに代入して，成り立つことを確かめればいいね。

4 次の方程式を解きなさい。

□(1) $5(3x+5)+9=-11$　　□(2) $4(2x-7)=8-x$

□(3) $5x-2(x-6)=-3$　　□(4) $4-3(x-3)=2x+3$

5 次の方程式を解きなさい。

□(1) $0.4x+1=-1.8$　　□(2) $0.7x+0.6=3-0.5x$

□(3) $-0.8x+1.7=-3.7-1.4x$　　□(4) $2.21-0.04x=4.2x-2.03$

□(5) $0.3(x-4)-1.1=0.4$　　□(6) $0.9(3x-2)=1.4x+6$

6 次の方程式を解きなさい。

□(1) $\frac{x}{6}-\frac{3}{4}=\frac{x}{4}+\frac{1}{6}$　　□(2) $\frac{2}{5}x-\frac{1}{6}=\frac{x}{3}-\frac{5}{6}$

□(3) $\frac{x}{7}-2=\frac{9}{14}x+1$　　□(4) $\frac{1-3x}{4}=x-5$

□(5) $\frac{3x-4}{5}=\frac{2x-5}{3}$　　□(6) $\frac{2x+4}{7}=\frac{6+3x}{5}$

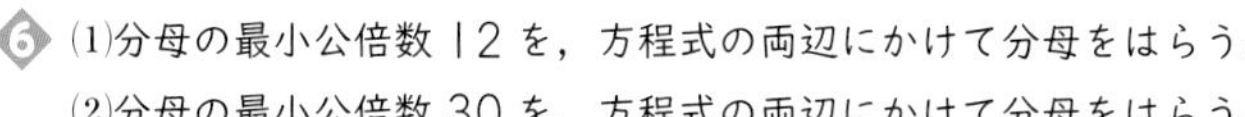

6 (1)分母の最小公倍数 12 を，方程式の両辺にかけて分母をはらう。
(2)分母の最小公倍数 30 を，方程式の両辺にかけて分母をはらう。

解答▶▶ p.24

2節 1次方程式の利用
[1] 1次方程式の利用

● 1次方程式の利用

教科書 p.103〜106

次の問に答えなさい。 ▸▸1〜4

(1) 1個200円のももと1個100円のキウイを合わせて12個買いました。代金の合計は1700円です。それぞれ何個買いましたか。

(2) 鉛筆(えんぴつ)を何人かの生徒に配ります。1人に5本ずつ配ると7本たりません。また，1人に4本ずつ配ると9本余ります。生徒の人数と鉛筆の本数を求めなさい。

(3) 弟は家を出発して1 km 離(はな)れた駅に向かいました。その3分後に，兄は家を出発して弟を追いかけました。弟は分速60 m，兄は分速80 m で歩くとすると，兄は家を出発してから何分後に弟に追いつきますか。

考え方 数量の間の関係を，表や図に整理して考えます。

(1) ももを x 個買うとき

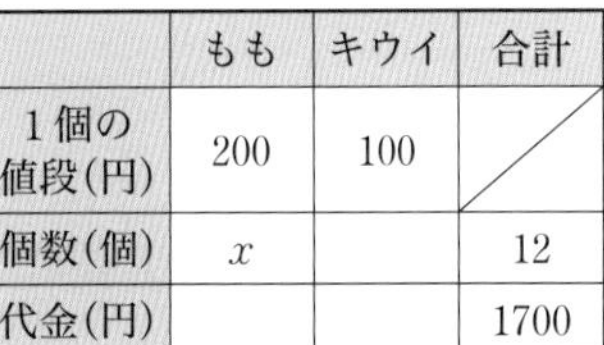

	もも	キウイ	合計
1個の値段(円)	200	100	
個数(個)	x		12
代金(円)			1700

(2) 生徒を x 人とすると

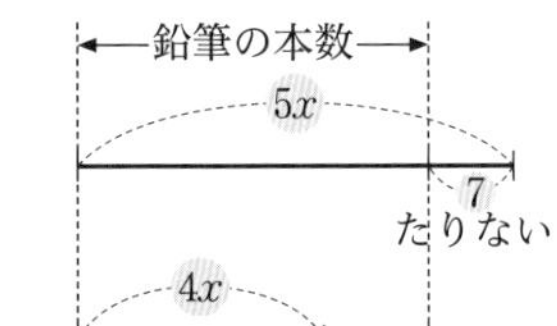

(3) 兄が x 分後に弟に追いつくとすると

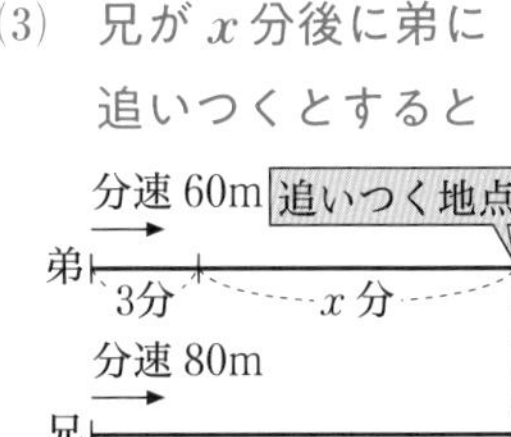

答え (1) ももを x 個買うとすると，代金の関係は

$200x+100(12-x)=1700$

この方程式を解くと　$x=$ ①

これは問題に適している。

答　もも ② 個，キウイ ③ 個

キウイの個数は，$(12-x)$ の式に x の値を代入して求める。

(2) 生徒の人数を x 人とすると，鉛筆の本数は

1人に5本ずつ配ると7本たりないから　$5x-7$　…㋐

1人に4本ずつ配ると9本余るから　$4x+9$　…㋑

㋐と㋑は等しいから　$5x-$ ④ $=4x+$ ⑤

この方程式を解くと　$x=$ ⑥　これは問題に適している。

答　生徒 ⑦ 人，鉛筆 ⑧ 本

鉛筆の本数を x 本として，方程式をつくることもできます。

(3) 兄が出発してから x 分後に弟に追いつくとすると，このとき，

(弟が歩いた道のり)＝(兄が歩いた道のり)となり，弟は $(3+x)$ 分間歩いているから

$60($ ⑨ $)=80x$　この方程式を解くと　$x=$ ⑩

これは問題に適している。　答 ⑪ 分後

プラスワン　問題を解決する手順

1. 何を文字で表すか決める。
2. 数量の間の関係を見つけて，方程式をつくる。
3. つくった方程式を解く。
4. 方程式の解が問題に適しているか確かめる。

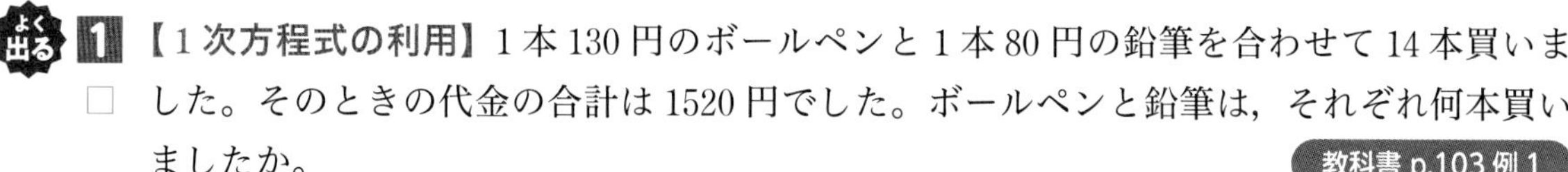

よく出る **1** **【1次方程式の利用】** 1本130円のボールペンと1本80円の鉛筆を合わせて14本買いました。そのときの代金の合計は1520円でした。ボールペンと鉛筆は，それぞれ何本買いましたか。

教科書 p.103 例1

●キーポイント
数量の関係を，図や表に表して整理すると，とらえやすくなります。

絶対理解 **2** **【1次方程式の利用】** **いちごを何人かの子どもに配ります。1人に6個ずつ配ると4個たりません。また，1人に5個ずつ配ると12個余ります。**

教科書 p.104 例2

□(1) 子どもの人数を x 人として，x を求める方程式をつくりなさい。

□(2) いちごの個数を x 個として，x を求める方程式をつくりなさい。

□(3) 子どもの人数といちごの個数を求めなさい。

よく出る **3** **【1次方程式の利用】** 妹は10時に家を出発して歩いて1 km離れた図書館に向かいました。姉は10時6分に家を出発して，自転車で妹を追いかけました。妹は分速80 m，姉は分速200 mで進むとすると，姉が妹に追いつくのは，10時何分ですか。

教科書 p.105 例3，p.106 問4

4 **【1次方程式の利用】** 右の図のように，白と黒の碁石(ごいし)を1辺に x 個並べて三角形をつくるとき，黒の碁石は $3(x-2)$ 個必要です。黒の碁石が70個あるとき，1辺に最大何個の碁石が並ぶ正三角形をつくることができますか。

教科書 p.106 問5

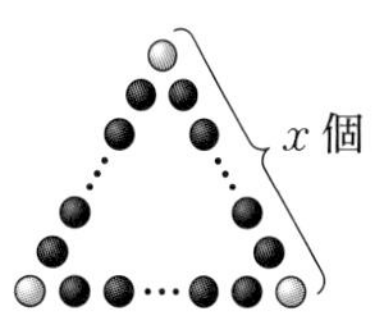

●キーポイント
1次方程式の解が問題に適しているか判断し，答えを求めましょう。

例題の答え **1** ①5 ②5 ③7 ④7 ⑤9 ⑥16 ⑦16 ⑧73 ⑨$3+x$ ⑩9 ⑪9

ぴたトレ 1 要点チェック

3章 方程式

2節 1次方程式の利用
2 比例式の利用

●比例式の性質

教科書 p.107~108

□ **例題 1** 次の比例式で，x の値を求めなさい。 ▶▶1

(1) $x:12=5:4$　　(2) $14:8=21:x$

考え方　$a:b=m:n$ ならば $an=bm$ であることを使います。

答え (1) 比例式の性質から

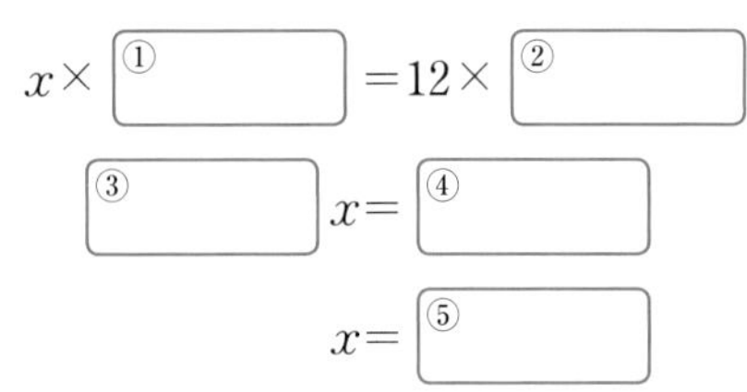

(2) 比例式の性質から

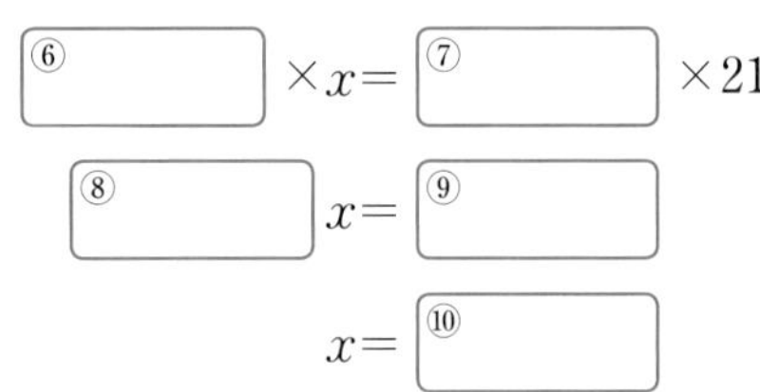

プラスワン　比例式の性質

比例式…比が等しいことを表す式です。
比例式の性質　$a:b=m:n$ ならば $an=bm$

●比例式の利用

教科書 p.107~109

□ **例題 2** 次の問に答えなさい。 ▶▶2 3

(1) バターと砂糖を 12：7 の割合で混ぜて，お菓子(かし)を作ります。いま，砂糖を 28 g 使って，このお菓子を作ろうと思います。バターは何 g あればよいですか。

(2) 120 cm のリボンがあります。姉と妹で 5：3 の割合で分けると，姉のリボンの長さは何 cm になりますか。

考え方　数量の間の関係が比で表されている文章題を解くには，求める数量を x として比例式で表し，比例式の性質を使って値を求めます。

(1) 重さの比は，(バター)：(砂糖)＝12：7 となります。

(2) 図に表すと右のようになるので，長さの比が 5：3 のとき，全体は 5+3=8 となります。

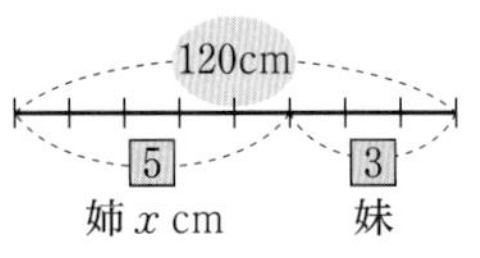

答え (1) バターは x g 必要とすると

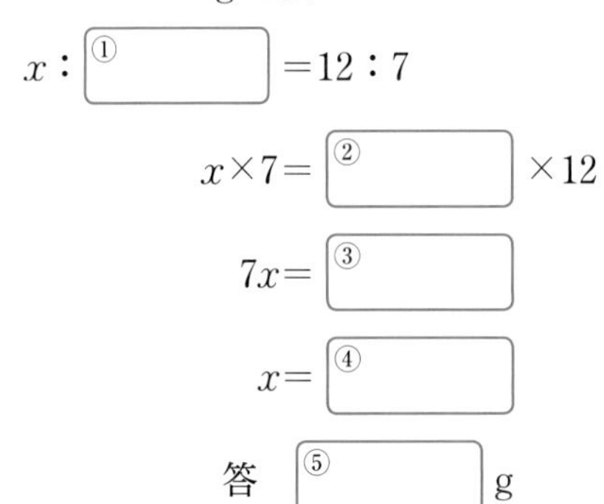

$x:$ ① $=12:7$

$x\times7=$ ② $\times12$

$7x=$ ③

$x=$ ④

答 ⑤ g

(2) 姉のリボンの長さを x cm とすると

$120:x=8:$ ⑥

$120\times$ ⑦ $=x\times8$

⑧ $=8x$

$x=$ ⑨

答 ⑩ cm

絶対理解 **1** 【比例式の性質】次の比例式で，x の値を求めなさい。 教科書 p.108 例 1，問 2

□(1) $x:20=2:5$

□(2) $x:5=16:40$

□(3) $9:30=12:x$

□(4) $6:9=x:36$

□(5) $24:x=16:6$

□(6) $9:12=(x-2):20$

□(7) $x:(x-3)=9:6$

□(8) $2x:(x-4)=7:3$

●キーポイント

$a:b=m:n$（内側の積 bm，外側の積 an）

$\Rightarrow an=bm$

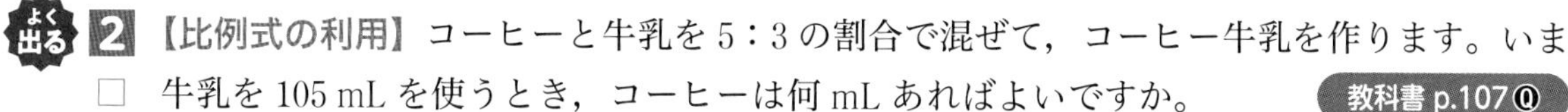

よく出る **2** 【比例式の利用】コーヒーと牛乳を 5：3 の割合で混ぜて，コーヒー牛乳を作ります。いま，牛乳を 105 mL を使うとき，コーヒーは何 mL あればよいですか。 教科書 p.107 Q

□

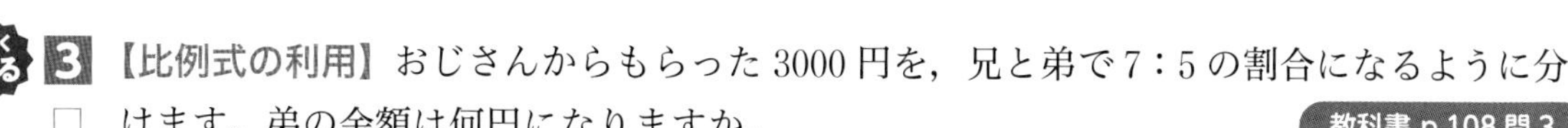

よく出る **3** 【比例式の利用】おじさんからもらった 3000 円を，兄と弟で 7：5 の割合になるように分けます。弟の金額は何円になりますか。 教科書 p.108 問 3

□

4 【比例式の利用】地図上の 6 cm の長さが，実際の距離（きょり）では 72 km になる地図があります。この地図で，地点 A から地点 B までの長さをはかったら 9.4 cm でした。2 地点 A，B の間の実際の距離は何 km ですか。 教科書 p.109 問 4

□

●キーポイント

地図上の長さから実際の距離を求めるときも，縮尺をもとに比例式で表して考えます。

3章 教科書 107～109 ページ

例題の答え **1** ①4 ②5 ③4 ④60 ⑤15 ⑥14 ⑦8 ⑧14 ⑨168 ⑩12

2 ①28 ②28 ③336 ④48 ⑤48 ⑥5 ⑦5 ⑧600 ⑨75 ⑩75

解答 ▶▶ p.27

2節　1次方程式の利用　[1], [2]

◆1 □ 180 cm のリボンがあります。このリボンを姉と妹で分けるとき，姉のほうが 30 cm 長くなるようにします。姉と妹のリボンの長さを，それぞれ何 cm にすればよいですか。

◆2 □ 1本120円のお茶と1本140円のジュースを，お茶のほうがジュースより4本多くなるように買いました。そのときの代金の合計は1260円でした。お茶とジュースは，それぞれ何本買いましたか。

よく出る ◆3 □ 22人の生徒で折りづるを折ります。男子は1人4羽ずつ，女子は1人7羽ずつ折ると，合わせて130羽できます。男子生徒，女子生徒はそれぞれ何人ですか。

よく出る ◆4 □ ケーキを買いに行きました。持っている金額で，安いほうのケーキは7個買えて90円余ります。また，このケーキより50円高いケーキを買うときは，6個買えて20円余ります。安いほうのケーキ1個の値段と持っている金額を求めなさい。

◆5 **弟は家を出発して学校に向かいました。その6分後に，兄は家を出発して弟を追いかけました。弟は分速 50 m，兄は分速 80 m で歩くとします。**

□(1)　兄は家を出発してから何分後に弟に追いつきますか。

□(2)　家から学校までの道のりが 700 m のとき，兄は弟に追いつくことができますか。

ヒント ◆5 (2) 700 m と，兄の歩く道のりを比べる。

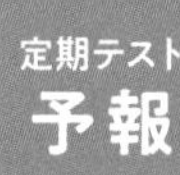

●方程式や比例式を利用して，文章題が解けるようになろう。
方程式や比例式を利用する問題では，問題文のなかの数量関係を正しく理解して式をつくるよ。
そのためには図や表が役に立つんだ。図や表にまとめる練習をしておこう。

6 1周6 km のジョギングコースがあります。A さんは時速10 km で，B さんは時速8 km で，同時に同じ地点から，それぞれ反対の方向に走り始めました。2人が最初に出会うのは，走り始めてから何分後ですか。

7 方程式が，$40x+60\times2=600$ となるような文章題をつくりなさい。

8 次の比例式で，x の値を求めなさい。

□(1) $18:8=45:x$

□(2) $5:12=(x-4):36$

□(3) $x:(x+8)=6:7$

□(4) $3:5=\frac{1}{5}:x$

9 次の問に答えなさい。

□(1) 210匹(びき)のメダカを，A，B 2つの水そうに分けて入れます。A の水そうと B の水そうのメダカの数の比が 9：5 となるようにするには，A の水そうと B の水そうのメダカの数を，それぞれ何匹にすればよいですか。

□(2) 酢(す)とサラダ油を 5：8 の割合で混ぜてドレッシングを作ります。いま，酢が 100 mL，サラダ油が 200 mL あります。サラダ油を全部使ってドレッシングを作るには，酢はあと何 mL あればよいですか。

□(3) A，B 2つの箱に鉛筆が 40 本ずつ入っています。いま，A の箱の鉛筆を何本か B の箱に移したら，A の箱と B の箱の鉛筆の本数の比が 2：3 になりました。移した鉛筆の本数は何本ですか。

6 2人の走った道のりの和が 6 km になったときに出会う。
9 (3) A から B へ x 本移すと，A の箱は $(40-x)$ 本，B の箱は $(40+x)$ 本になる。

解答▶▶ p.28

ぴたトレ
3
確認テスト

3章　方程式

❶ 次の方程式のうち，-5 が解であるものを答えなさい。知

㋐　$x+5=1$　　㋑　$-\frac{1}{5}x=0$　　㋒　$1-4x=21$

❶ 点/6点

❷ 方程式 $2x+7=15$ を右のようにして解きました。(1)，(2)のように式を変形するとき，等式の性質のうち，どれを使っていますか。知

$$\begin{aligned} 2x+7&=15 \\ 2x&=15-7 \quad \text{(1)} \\ 2x&=8 \\ x&=4 \quad \text{(2)} \end{aligned}$$

❷	点/10点(各5点)
(1)	
(2)	

❸ 次の方程式を解きなさい。知

(1)　$x-8=6$　　(2)　$-\frac{1}{4}x=5$

(3)　$3x-10=5x$　　(4)　$10x+3=2x+5$

❸	点/20点(各5点)
(1)	
(2)	
(3)	
(4)	

❹ 次の方程式を解きなさい。知

(1)　$3(2x-7)=2x-1$　　(2)　$0.16x-0.12=-0.6$

点UP (3)　$\frac{1}{3}x-\frac{5}{6}=\frac{1}{2}x+\frac{1}{3}$　　 (4)　$\frac{2x+1}{3}=\frac{3x-2}{4}$

❹	点/20点(各5点)
(1)	
(2)	
(3)	
(4)	

❺ 次の比例式で，x の値を求めなさい。知

(1)　$x:18=20:24$　　(2)　$x:8=(x-3):5$

❺	点/10点(各5点)
(1)	
(2)	

　成績評価の観点　知…数量や図形などについての知識・技能　考…数学的な思考・判断・表現

❻ 「＊」の記号は，2 つの数 a，b について

$a * b=a+b-ab$　のように計算するものとします。考

(1)　$3*(-4)$ の値を求めなさい。

(2)　$4*x=10$ のときの x の値を求めなさい。

❻　点/10点（各5点）

(1)	
(2)	

❼ ドーナツを買いに行きました。持っている金額で，A のドーナツを 7 個買おうとすると，40 円たりません。また，A より 30 円安い B のドーナツを買うと，8 個買えて 80 円余ります。A のドーナツ 1 個の値段と持っている金額を求めなさい。考

❼　点/6点（完答）

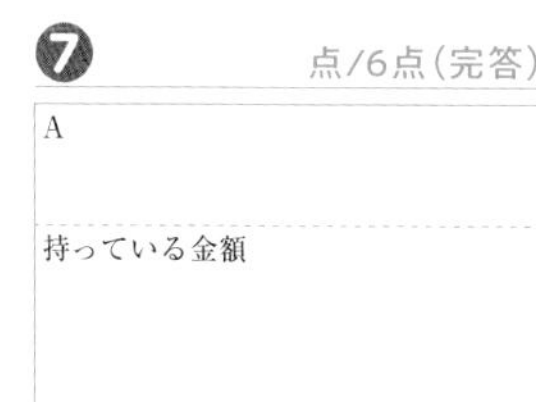

A

持っている金額

点UP ❽ 学校から家までの道のりは 900 m です。学校を出発し，はじめは分速 60 m で歩いていましたが，雨が降りだしたので，途中から分速 90 m で走ったところ，学校を出発してから 13 分後に家に着きました。歩いていた時間は何分間ですか。考

❽　点/6点

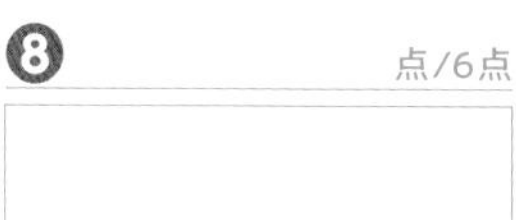

❾ 240 cm のロープを兄と弟で分けるのに，兄と弟の長さの比が 9：7 になるようにしたいと思います。兄のロープの長さを何 cm にすれば よいですか。考

❾　点/6点

点UP ❿ トマトが，A のかごには 200 個，B のかごには 100 個入っています。いま，A のかごのトマトを何個か B のかごに移して，A のかごと B のかごのトマトの個数の比を 7：5 にします。何個移せばよいですか。考

❿　点/6点

3章

教科書89～112ページ

知　/66点	考　/34点

解答▶▶ p.29

教科書のまとめ〈3章　方程式〉

●方程式

・式のなかの文字に代入する値によって，成り立ったり，成り立たなかったりする等式を**方程式**という。

・方程式を成り立たせる文字の値を，方程式の**解**という。

・方程式の解を求めることを，方程式を**解く**という。

●等式の性質

[1] 等式の両辺に同じ数や式を加えても，等式は成り立つ。

$A=B$ ならば $A+C=B+C$

[2] 等式の両辺から同じ数や式をひいても，等式は成り立つ。

$A=B$ ならば $A-C=B-C$

[3] 等式の両辺に同じ数をかけても，等式は成り立つ。

$A=B$ ならば $AC=BC$

[4] 等式の両辺を0でない同じ数でわっても，等式は成り立つ。

$A=B$ ならば $\frac{A}{C}=\frac{B}{C}$ $(C\neq0)$

●移項

等式の一方の辺にある項を，その符号を変えて他方の辺に移すことを**移項**するという。

(例) $3x-4=2x+1$

$2x$，-4 を移項すると

$3x-2x=1+4$

$x=5$

●かっこをふくむ方程式の解き方

分配法則 $a(b+c)=ab+ac$ を使って，かっこをはずしてから解く。

[注意] かっこをはずすとき，符号に注意。

●係数に小数がある方程式の解き方

両辺に10や100などをかけて，係数を整数にしてから解く。

●係数に分数がある方程式の解き方

・両辺に分母の公倍数をかけて，係数を整数にしてから解く。

・方程式の両辺に分母の公倍数をかけて，分数をふくまない形に変形することを，**分母をはらう**という。

●1次方程式を解く手順

[1] 係数に小数や分数があるときは，両辺に適当な数をかけて係数を整数になおす。かっこがあるときは，かっこをはずす。

[2] x をふくむ項を左辺に，数の項を右辺に移項する。

[3] 両辺を整理して，$ax=b$ の形にする。

[4] 両辺を x の係数 a でわる。

●方程式の活用

[1] わかっている数量と求める数量を明らかにして，何を文字で表すかを決める。

[2] 数量の間の関係を見つけて，方程式をつくる。

[3] つくった方程式を解く。

[4] 方程式の解が問題に適しているか確かめて，答えとする。

●比例式の性質

$a:b=m:n$ ならば $an=bm$

(例) 比例式 $x:18=2:3$ を解くと，

比例式の性質から

$x\times3=18\times2$

$x=12$

ぴたトレ 0 スタートアップ

4章　比例と反比例

次の学習に入る前に取り組もう。

□**比例** ← 小学6年

ともなって変わる2つの量 x, y があります。x の値が2倍，3倍，4倍，…になると，y の値(あたい)は2倍，3倍，4倍，…になります。

関係を表す式は，$y=$ [決まった数] $\times x$ になります。

□**反比例** ← 小学6年

ともなって変わる2つの量 x, y があります。x の値が2倍，3倍，4倍，…になると，y の値は $\frac{1}{2}$, $\frac{1}{3}$, $\frac{1}{4}$, …になります。

関係を表す式は，$y=$ [決まった数] $\div x$ になります。

1 次の x と y の関係を式に表し，比例するものには○，反比例するものには△をつけなさい。 ← 小学6年〈比例と反比例〉

(1) 1000円持っているとき，使ったお金 x 円と残っているお金 y 円

(2) 分速90 m で歩くとき，歩いた時間 x 分と歩いた道のり y m

(3) 面積100 cm^2 の長方形の縦の長さ x cm と横の長さ y cm

ヒント
一方を何倍かすると，他方は……

2 下の表は，高さが6 cm の三角形の底辺を x cm，その面積を y cm^2 として，面積が底辺に比例するようすを表したものです。表のあいているところにあてはまる数を書きなさい。 ← 小学6年〈比例〉

x(cm)	1		3	4	5		7	
y(cm^2)		6		12		18		

ヒント
[決まった数]を求めて……

3 下の表は，面積が決まっている平行四辺形の高さ y cm が底辺 x cm に反比例するようすを表したものです。表のあいているところにあてはまる数を書きなさい。 ← 小学6年〈反比例〉

x(cm)	1	2	3		5	6	
y(cm)			16	12			

ヒント
[決まった数]を求めて……

4章

1節 関数と比例・反比例

1 関数

●関数の意味

教科書 p.116～118

□ **例題 1** 直方体の形をした空(から)の容器に水を一定の割合で入れ続けるとき，水を入れ始めてから3分後には，12 cm の深さまで水が入りました。 ▶▶1 3 4

x 分後の水の深さを y cm として，下の表の空らんをうめなさい。

y は x の関数であるといえますか。

x	0	1	2	3	4	5
y	0	4	ア	12	16	イ

考え方　x の値を決めたとき y の値もただ1つに決まるかどうか調べます。

答え　水の深さは，毎分 4 cm ずつ増えている。

ア…4× ① ＝ ②

イ…4× ③ ＝ ④

このように，変数 x の値を決めると，それにともなって変数 y の値もただ1つ決まるから，

y は x の ⑤ である。　
答 ⑥

プラスワン　変数，関数

変数(へんすう)…いろいろな値をとる文字を**変数**といいます。

関数(かんすう)…2つの変数 x，y があり，変数 x の値を決めると，それにともなって変数 y の値もただ1つ決まるとき，**y は x の関数である**といいます。

●変域

教科書 p.117

□ **例題 2** 次の問に答えなさい。 ▶▶2

(1) 変数 x の変域が0より大きく7未満の範囲をとるとき，x の変域を不等号を使って表しなさい。

(2) **例題1** で，空の容器に 20 cm の深さまで水を入れるとき，変数 x の変域を不等号を使って表しなさい。

考え方　(2) 深さが 20 cm になるのは何分後かを考えます。

答え　(1) 「7未満」は7より ① ことだから

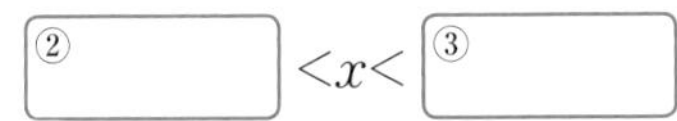
② ＜x＜ ③

(2) 20 cm の深さまで水を入れるには，水を入れ始めてから ④ 分後には水を止めればよいから，

x の変域は，⑤ 以上 ④ 以下となる。

答 ⑤ ≦x≦ ④

プラスワン　変域

変域(へんいき)…変数のとりうる値の範囲(はんい)を，その変数の**変域**といい，不等号を使って表します。

変域を数直線上に表すとき，端(はし)の点をふくむ場合は●を，ふくまない場合は○を使って表します。

(例) $0 \leqq x < 4$

0 ●――○ 4

1 【関数の意味】空の容器に水を一定の割合で入れ続けるとき，水を入れ始めてから4分後には，20 cm の深さまで水が入りました。次の問に答えなさい。 教科書 p.116 Q

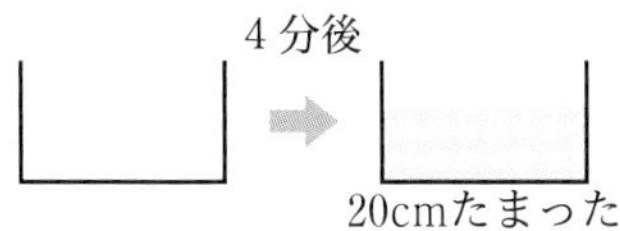

□(1) x 分後の水の深さを y cm として，下の表の空らんをうめなさい。y は x の関数であるといえますか。

x	0	1	2	3	4	5	6
y					20		

□(2) 水の深さが 30 cm になるのは，入れ始めてから何分後ですか。

2 【変域】変数 x が，次の範囲の値をとるとき，x の変域を不等号を使って表しなさい。また，数直線上に表しなさい。 教科書 p.117 例1

□(1) 8未満　　□(2) 0より大きく3以下

絶対理解 **3** 【関数の関係】次の問に答えなさい。 教科書 p.118 例2

□(1) 正方形では，周の長さは1辺の長さの関数であるといえますか。

□(2) 長方形では，周の長さは縦の長さの関数であるといえますか。

□(3) 円では，面積は半径の関数であるといえますか。

●キーポイント
x の値を決めると，それにともなって，y の値もただ1つ決まるとき，y は x の関数であるといえます。

よく出る **4** 【関数の関係】次の㋐〜㋔のうち，y が x の関数であるものはどれですか。
□ 教科書 p.118 問4

㋐ $x>0$ のとき，絶対値が x になる数は y である。
㋑ 対角線の長さが x cm の正方形の面積は y cm^2 である。
㋒ 底面積が x cm^2 の四角柱の体積は y cm^3 である。
㋓ x 円の品物を買って1000円札を出したときのおつりは y 円である。
㋔ 2 kmはなれた目的地へ，分速 x m で歩いて行くと，y 分かかる。

5 【関数の関係の利用】A，B 2つのシュレッダーがあり，箱いっぱいの裁断(さいだん)した紙の重さ
□ をはかったら，A が 1000 g，B が 300 g でした。A4 のコピー用紙 100 枚の重さが 400 g であるとき，A，B 2つのシュレッダーでは，A4 のコピー用紙で，それぞれおよそ何枚の紙を裁断できますか。 教科書 p.119 Q

例題の答え **1** ①2 ②8 ③5 ④20 ⑤関数 ⑥いえる **2** ①小さい ②0 ③7 ④5 ⑤0

解答▶▶ p.30

1節　関数と比例・反比例 2　比例と反比例

●比例

教科書 p.120

□ **例題 1** 縦が x cm，横が 5 cm の長方形の面積を y cm^2 とするとき，次の問に答えなさい。

(1) x の値に対応する y の値を求め，右の表の空らんをうめなさい。 ▸▸1 2

x	1	2	3	4	5	6
y	5	ア	15	20	イ	30

(2) y を x の式で表しなさい。

(3) y が x に比例(ひれい)することを示し，その比例定数(ていすう)と比例定数が表している量をいいなさい。

考え方　(3) $y=ax$ の式で，定数 a を比例定数ということから考えます。

答え (1) (長方形の面積)＝(縦の長さ)×(横の長さ)より

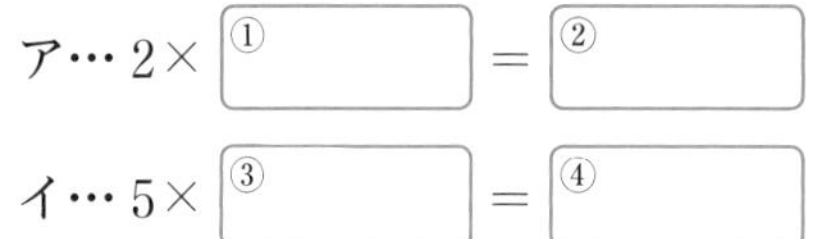

ア… 2×① ＝②

イ… 5×③ ＝④

(2) (1)より，y は x の関数で，$y=$⑤ x の関係が成り立つ。

(3) $y=ax$ の形で表されるから，y は x に⑥ する。

比例定数…⑦　　比例定数が表している量…長方形の⑧ の長さ

> **プラスワン　比例**
> y が x の関数で
> $y=ax$
> のような式で表されるとき，
> **y は x に比例する**といいます。

●反比例

教科書 p.121

□ **例題 2** 面積が 24 cm^2 の長方形の縦を x cm，横を y cm とする。次の問に答えなさい。

(1) x の値に対応する y の値を求め，右の表の空らんをうめなさい。 ▸▸3 4

x	1	2	3	4	6	8
y	24	ア	8	6	イ	3

(2) y を x の式で表しなさい。

(3) y が x に反比例(はんぴれい)することを示し，その比例定数と比例定数が表している量をいいなさい。

考え方　(3) $y=\dfrac{a}{x}$ の式で，定数 a を比例定数ということから考えます。

答え (1) (横の長さ)＝(長方形の面積)÷(縦の長さ)より

ア…24÷① ＝②

イ…24÷③ ＝④

(2) (1)より，y は x の関数で，$y=\dfrac{⑤}{x}$ の関係が成り立つ。

(3) $y=\dfrac{a}{x}$ の形で表されるから，y は x に⑥ する。

比例定数…⑦　　比例定数が表している量…長方形の⑧

> **プラスワン　反比例**
> y が x の関数で
> $y=\dfrac{a}{x}$
> のような式で表されるとき，
> **y は x に反比例する**といいます。

1 【比例の意味】底辺が x cm，高さが 8 cm の平行四辺形の面積を $y\,\mathrm{cm}^2$ とするとき，次の問に答えなさい。 教科書 p.120 例 1

□(1) x の値に対応する y の値を求め，下の表の空らんをうめなさい。

x	1	2	3	4	5	6
y						

□(2) y を x の式で表しなさい。

□(3) y は x に比例しますか。比例するときは，その比例定数と比例定数が表している量をいいなさい。

●キーポイント
(1) $y=ax$ の式で表されたとき，y は x に比例します。
(2) $y=ax$ で，比例定数は a です。

絶対理解 **2** 【比例を表す式】次の(1)，(2)について，y が x に比例することを示しなさい。また，その比例定数を答えなさい。 教科書 p.120 問 1

□(1) 半径が x cm の円の周の長さは y cm である。

□(2) x km の道のりを時速 4 km で歩くと，y 時間かかる。

3 【反比例の意味】面積が 36 cm^2 の平行四辺形の底辺を x cm，高さを y cm とするとき，次の問に答えなさい。 教科書 p.121 例 2

□(1) x の値に対応する y の値を求め，下の表の空らんをうめなさい。

x	1	2	3	4	6	9
y						

□(2) y を x の式で表しなさい。

□(3) y は x に反比例しますか。反比例するときは，その比例定数と比例定数が表している量をいいなさい。

絶対理解 **4** 【反比例を表す式】次の(1)，(2)について，y が x に反比例することを示しなさい。また，その比例定数と，比例定数が表している量を答えなさい。 教科書 p.121 問 2

□(1) 1500 m の道のりを x 分で歩いたときの速さは，分速 y m である。

□(2) 5 L のジュースを x 人で等しい量に分けると，1 人分は y L になる。

例題の答え **1** ①5 ②10 ③5 ④25 ⑤5 ⑥比例 ⑦5 ⑧横
2 ①2 ②12 ③6 ④4 ⑤24 ⑥反比例 ⑦24 ⑧面積

解答▶▶ p.30

1節 関数と比例・反比例 1, 2

1 空のプールに水を一定の割合で入れ続けるとき，水を入れてから 6 時間後には 60 cm の深さまで水が入りました。次の問に答えなさい。

□(1) 水の深さを 100 cm にするには，あと何時間水を入れればよいですか。

□(2) x 時間後の水の深さを y cm として，下の表の空らんをうめなさい。y は x の関数であるといえますか。

x	0	1	2	3	4	5	6	7	8	9	10
y							60				

□(3) 水の深さを 0 cm から 100 cm までとするとき，変数 x の変域を不等号を使って表しなさい。

2 変数 x が，次の範囲の値をとるとき，x の変域を不等号を使って表しなさい。また，数直線上に表しなさい。

□(1) 2 より大きく 5 以下

□(2) 0 以上 4 より小さい

□(3) 3 以上 8 未満

□(4) 6 以上 10 以下

3 次の㋐～㋓のうち，y が x の関数であるものはどれですか。

□ ㋐ 周の長さが x cm の正方形の面積は y cm² である。

㋑ 周の長さが x cm の長方形の面積は y cm² である。

㋒ 1000 m の道のりを x 分間進んだときの残りの道のりは y m である。

㋓ 20 L の灯油を x L 使ったときの残りの灯油は y L である。

4 円柱の形をした水そうに，水が 1 分間に x cm ずつたまるようにしたとき，満水の 30 cm になるまでに y 分かかるとして，次の問に答えなさい。

□(1) 下の表の x の値に対応する y の値を求めなさい。

x	…	2	3	5	10	15	…
y	…			6			…

30cm
1分間に $x$cm

□(2) y は x の関数であるといえますか。

□(3) 10 分で満水にするには，水が 1 分間に何 cm ずつたまるように調節すればよいですか。

ヒント **3** 判断に迷ったときは，たとえば $x=10$ として，y の値もただ 1 つ決まるか調べてみるとよい。
4 (2) x の値を決めると，それにともなって y の値もただ 1 つに決まるか調べる。

定期テスト 予報

● $y=ax$ ならば比例。$y=\frac{a}{x}$ ならば反比例。しっかり理解しておこう。

関数や比例，反比例では，図形の周の長さや面積，速さ・時間・道のりの関係が題材になることが多いよ。y を x の式で表したときの式の形から，比例，反比例を見分けよう。

5 縦が x cm，横が 5 cm の長方形の周の長さを y cm とするとき，次の問に答えなさい。

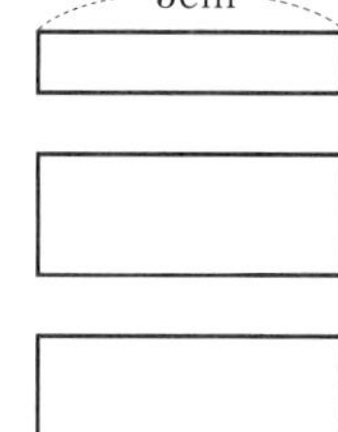

□(1) x の値に対応する y の値を求め，右の表の空らんをうめなさい。

x	1	2	3	4	5	6
y						

□(2) y を x の式で表しなさい。y は x の関数であるといえますか。

6 上の **5** では，y は x に比例するとはいえません。その理由を説明しなさい。

□

よく出る **7** 次の(1)～(4)について，y を x の式で表し，y は x に比例するか反比例するかを示しなさい。また，その比例定数を答えなさい。

□(1) x L のジュースを，6 人で等しい量に分けるとき，1 人分の量は y L である。

□(2) 80 L 入る空の水そうに，毎分 x L の割合で水を入れると，y 分間で満水になる。

□(3) 面積が 15 cm^2 の三角形の底辺を x cm とすると，高さは y cm になる。

□(4) 底面の半径が 3 cm，高さが x cm の円柱の体積は y cm^3 である。

8 900 m の道のりを分速 60 m で歩いて行きます。A さんは，

□「歩いた時間が長くなると，残りの道のりは短くなるから，残りの道のりは歩いた時間に，反比例する。」

と考えました。この考え方はまちがっていることを説明しなさい。

6 **5**(2)の y を x の式で表したものと，比例の式を比べてみる。

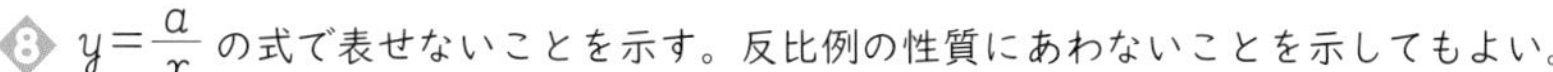

8 $y=\frac{a}{x}$ の式で表せないことを示す。反比例の性質にあわないことを示してもよい。

4章 教科書114～122ページ

解答▶▶ p.31

2節 比例の性質と調べ方

1 比例の表と式

● x の変域を負の数にひろげる

教科書 p.124

□ **例題 1** $y=3x$ について，右の表の空らんをうめなさい。 ▶▶1
また，x の値が 3 倍になると，対応する y の値は何倍になりますか。

x	-4	-3	-2	-1	0
y	ア	イ	ウ	-3	0

考え方 x の値を，-1 から 3 倍の -3 にして，y の値を調べます。

答え ア…①　　，イ…②　　，ウ…③

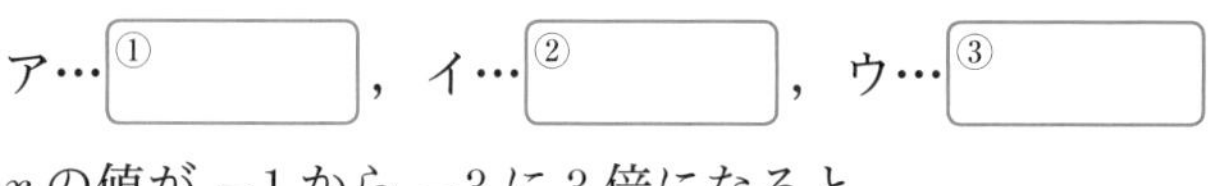

x の値が -1 から -3 に 3 倍になると，
対応する y の値は，④　　から⑤　　になり，
⑥　　倍になっている。

プラスワン　x の変域
比例 $y=ax$ では，x の変域を負の数にひろげても，正の数の場合と同じ性質が成り立ちます。

●比例定数を負の数にひろげる

教科書 p.124

□ **例題 2** $y=-4x$ について，右の表の空らんをうめなさい。 ▶▶2
また，x の値が 3 倍になると，対応する y の値は何倍になりますか。

x	-4	-3	-2	-1	0
y	ア	イ	ウ	4	0

考え方 x の値を，-1 から 3 倍の -3 にして，y の値を調べます。

答え ア…①　　，イ…②　　，ウ…③

x の値が -1 から -3 に 3 倍になると，
対応する y の値は，④　　から⑤　　になり，
⑥　　倍になっている。

プラスワン　負の比例定数
比例 $y=ax$ では，比例定数が負の数の場合でも，正の数の場合と同じ性質が成り立ちます。

● 1 組の x，y の値から，比例の式を求める

教科書 p.125

□ **例題 3** y は x に比例し，$x=2$ のとき $y=-10$ です。このとき，比例の式を求めなさい。 ▶▶3

考え方 $y=ax$ に，x と y の値の組を代入して，a の値を求めます。

答え 比例定数を a とすると，$y=ax$ と書くことができる。
$x=2$ のとき $y=-10$ であるから

①　　$=a\times$②

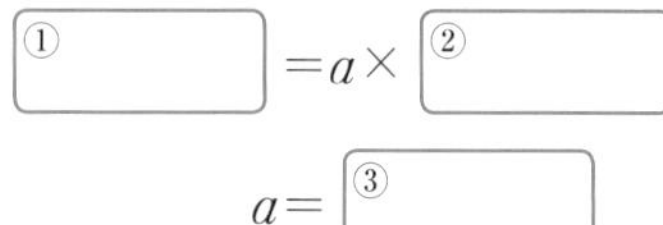

$a=$③

答　$y=$④

プラスワン　1 組の x，y の値から比例の式を求める
比例定数を a として $y=ax$ と書き，x，y の値を代入して a の値を求めます。

1 【xの変域を負の数にひろげる】ある人が，東西にのびるまっすぐな道を東へ向かって分速 60 m の速さで歩いています。この人が P 地点を通過してから x 分後に，P 地点から y m のところにいるとします。東の方向を正の方向とすると，x と y の関係は $y=60x$ と表されます。このとき，次の問に答えなさい。 教科書 p.124⓪❶

□(1) P 地点を通過する 3 分前の位置を求めなさい。

□(2) x の値に対応する y の値を求め，下の表の空らんをうめなさい。

x	…	−4	−3	−2	−1	0	1	2	…
y	…					0			…

□(3) x の値が負の数のとき，x の値が 2 倍，3 倍，4 倍になると，対応する y の値はそれぞれ何倍になりますか。

2 【比例定数が負の数の比例】$y=-5x$ について，次の問に答えなさい。 教科書 p.124⓪❷

□(1) x の値に対応する y の値を求め，下の表の空らんをうめなさい。

x	…	−4	−3	−2	−1	0	1	2	3	4	…
y	…										…

□(2) x の値が 2 倍，3 倍，4 倍になると，対応する y の値はそれぞれ何倍になりますか。

絶対理解 **3** 【1 組の x，y の値から，比例の式を求める】次の問に答えなさい。

教科書 p.125 例 1，問 1

□(1) y は x に比例し，$x=6$ のとき $y=12$ です。このとき，比例の式を求めなさい。

□(2) y は x に比例し，$x=9$ のとき $y=-3$ です。このとき，比例の式を求めなさい。また，$x=-6$，$x=6$ のときの y の値をそれぞれ求めなさい。

●キーポイント
y は x に比例する
➡ $y=ax$
（a は比例定数）

例題の答え **1** ①−12 ②−9 ③−6 ④−3 ⑤−9 ⑥3 **2** ①16 ②12 ③8 ④4 ⑤12 ⑥3 **3** ①−10 ②2 ③−5 ④$-5x$

解答▶▶ p.32

2節 比例の性質と調べ方
[2] 比例のグラフ

●座標

教科書 p.126〜127

□ 例題1 右の図で，点A，B，C，Dの座標(ざひょう)を答えなさい。 ▶▶1

考え方 それぞれの点から，x軸(じく)，y軸に垂直にひいた直線が，x軸，y軸と交わる点の目もりを読みとります。

答え A(2，4)

B(①［　　］，②［　　］)

C(③［　　］，④［　　］)　D(⑤［　　］，⑥［　　］)

プラスワン　座標

・右の図で，横の数直線を**x軸**または横軸，縦の数直線を**y軸**または縦軸，x軸とy軸を合わせて**座標軸**，座標軸の交点O(オー)を**原点**(げんてん)といいます。
・点の位置を決めるには，右の図のように，それぞれの原点で直角に交わっている2つの数直線を考えます。
・右の図の点Pの座標を(3，2)と書きます。
・3を点Pの**x座標**，2を点Pの**y座標**，(3，2)を点Pの**座標**といいます。

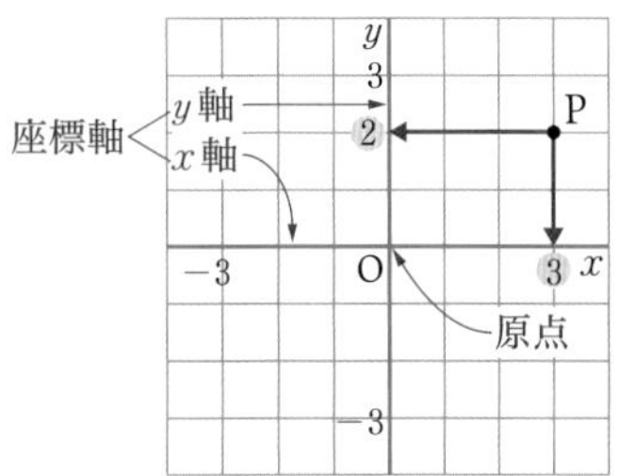

●比例のグラフ

教科書 p.128〜131

□ 例題2 次の比例のグラフは，どんな形のグラフになりますか。 ▶▶2 3

(1)　$y=-2x$　　(2)　$y=\frac{3}{2}x$

考え方 原点を通る直線で，原点以外に通る1点を求めます。

答え (1)　$y=-2x$は，$x=1$のとき，$y=-2$であるから，グラフは原点と点(1，①［　　］)を通る直線。

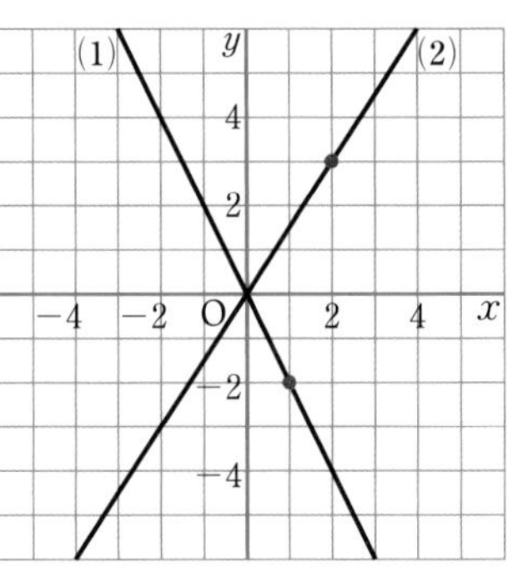

(2)　$y=\frac{3}{2}x$は，$x=2$のとき

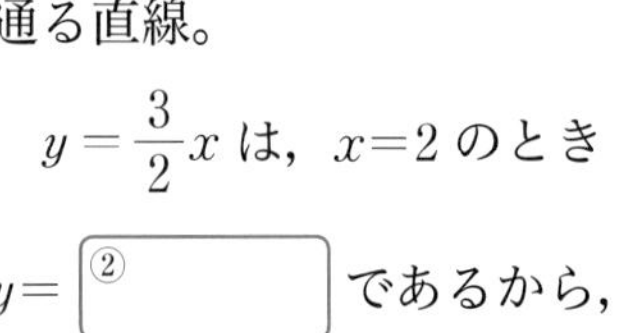

$y=$②［　　］であるから，

グラフは原点と点(2，③［　　］)を通る直線。

プラスワン　$y=ax$の増減とグラフ

$y=ax$のグラフは，原点を通る直線です。

$a>0$のとき

$a<0$のとき

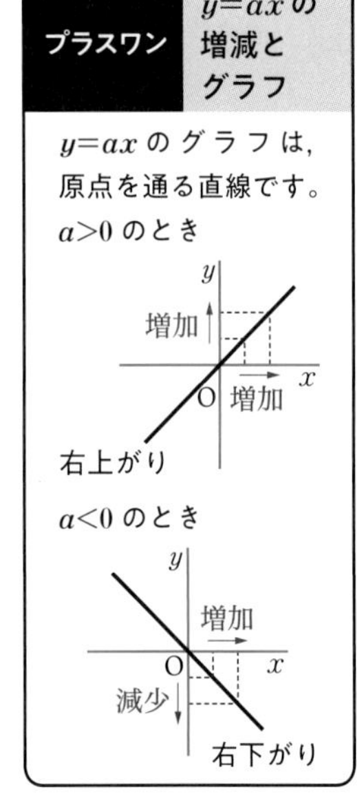

1 【座標】次の問に答えなさい。

教科書 p.127 問 1，問 2

□(1)　右の図 1 で，点 A，B，C，D，E，F の座標を答えなさい。

図 1

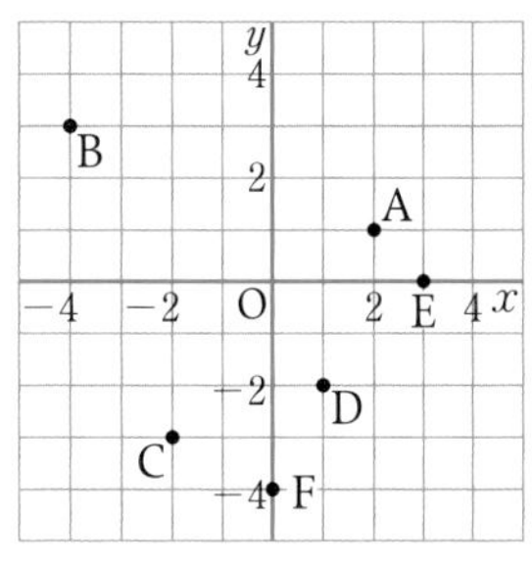

●キーポイント

P(③，②)は，原点から右へ③，上へ②だけ進んだところにある点 P を表します。

□(2)　次の点を，右の図 2 に示しなさい。

P(4，1)　　Q(−3，2)

R(−3，−3)　　S(3，−4)

T(0，4)　　U(−2，0)

図 2

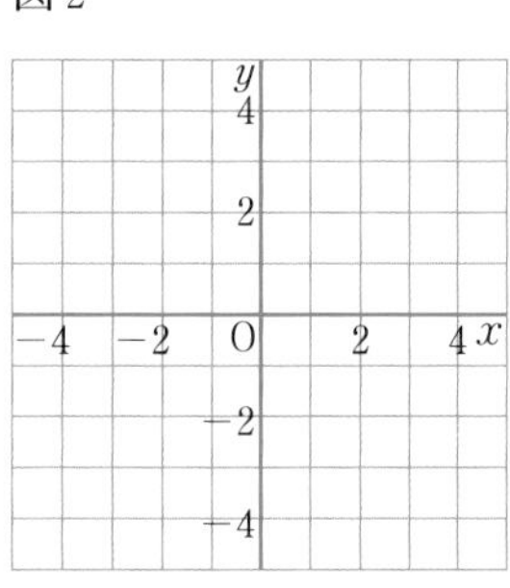

2 【y の値の変化】関数㋐，㋑のそれぞれについて，次の(1)〜(3)のことを調べなさい。

教科書 p.130 Q

㋐　$y=3x$　　㋑　$y=-3x$

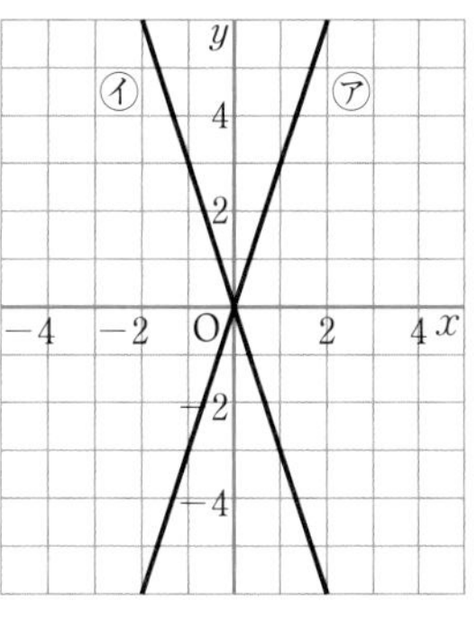

□(1)　x が増加すると y は増加しますか，それとも減少しますか。

□(2)　x が 1 ずつ増加すると，y はどれだけどのように変化しますか。

□(3)　グラフは右上がり，右下がりのどちらですか。

絶対理解

3 【比例のグラフ】次の比例のグラフをかきなさい。

教科書 p.131 Q，問 3

□(1)　$y=\frac{1}{2}x$　　□(2)　$y=-x$

□(3)　$y=-\frac{1}{4}x$　　□(4)　$y=\frac{4}{5}x$

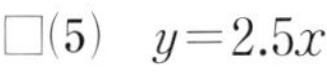

□(5)　$y=2.5x$

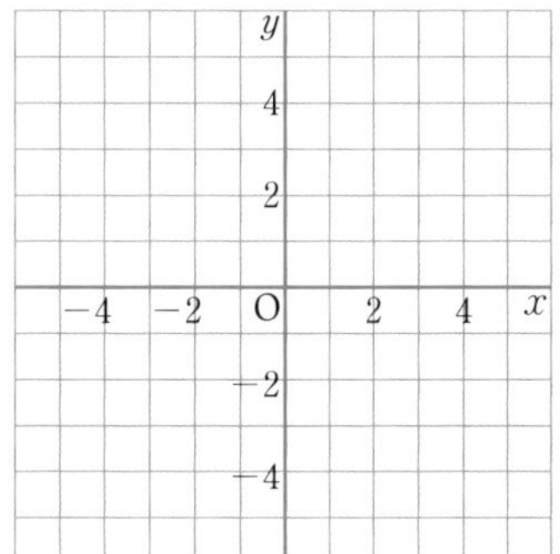

●キーポイント

比例のグラフをかくには，**原点**と，**原点以外に通る 1 点**がわかればかくことができます。

➡ **2 点**を通る直線をひきます。

例題の答え　**1** ①−3　②1　③−4　④−3　⑤3　⑥−2　**2** ①−2　②3　③3

解答▶▶ p.33

ぴたトレ 1 要点チェック

4章　比例と反比例

2節　比例の性質と調べ方
③　比例の表，式，グラフ

●比例の表，式，グラフ

教科書 p.132〜133

□ **例題 1** 下の表は，y が x に比例するときの，x と y の値の対応を表しています。 ▶▶1〜3

x	…	-2	-1	0	1	2	…
y	…	10	5	0	-5	-10	…

(1)　x の値が1だけ増加するとき，y の値はどれだけ増加しますか。

(2)　y を x の式で表しなさい。

考え方　(1)　実際に減っているので，増加する量は負の数で表されます。

答え　(1)　x の値が -2 から -1 へ，1だけ増加するとき，対応する y の値は，10から ① [　　] へ，② [　　] だけ増加する。

表のどこで調べても同じ結果になる。　　答 ② [　　] 増加する。

(2)　(1)で求めた値は比例定数に等しい。　　答　$y=$ ③ [　　]

プラスワン　y が x に比例するときの比例定数

・$x \neq 0$ のとき，$\dfrac{y}{x}$ の値は一定で比例定数に等しくなります。

・x の値が1だけ増加するときの y の値の増加量は一定で，比例定数に等しくなります。

・$x=1$ のときの y の値は比例定数に等しくなります。

(例) $y=4x$

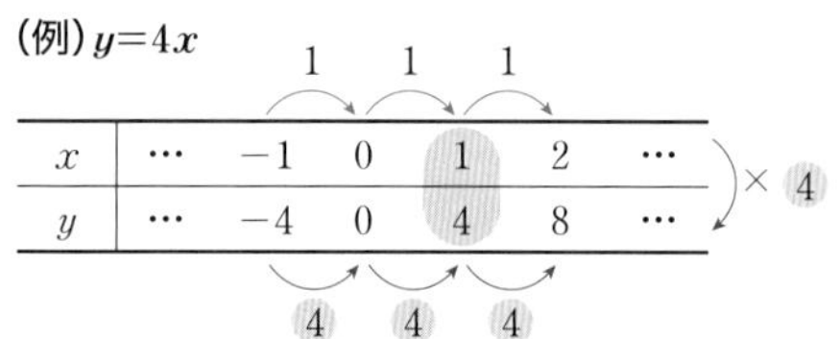

x	…	-1	0	1	2	…
y	…	-4	0	4	8	…

●比例のグラフから式を求める

教科書 p.133

□ **例題 2** 右の図のグラフは，比例のグラフです。 ▶▶4
y を x の式で表しなさい。

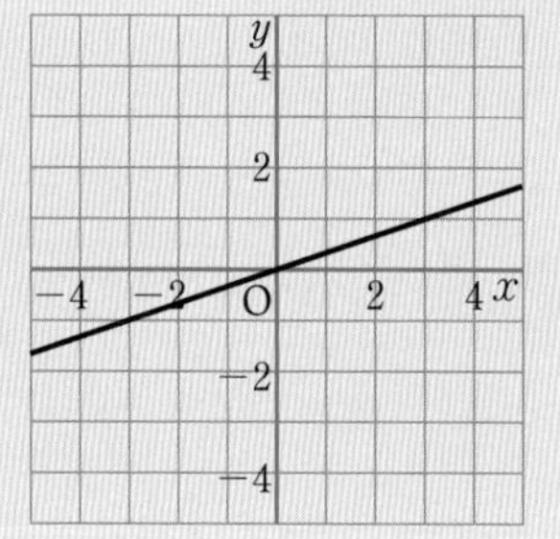

考え方　グラフが通る点のうち，x 座標，y 座標がともに整数である点をみつけ，この座標の値を $y=ax$ の x，y に代入して比例定数を求めます。

答え　y は x に比例するから，比例定数を a とすると，
$y=ax$ と書くことができる。

グラフは，点(3, ① [　　])を通るから，

$y=ax$ にそれぞれの値を代入して

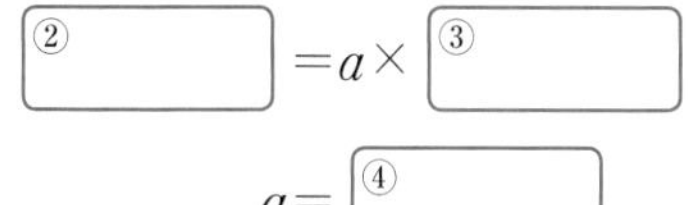

② [　　] $=a\times$ ③ [　　]

$a=$ ④ [　　]　　　答　$y=$ ⑤ [　　]

まず，グラフが通る点の座標を調べます。

絶対理解 **1** 【比例の表，式】下の表は，y が x に比例するときの，x と y の値の対応を表しています。次の問に答えなさい。 教科書 p.132 ⓪

x	…	−4	−3	−2	−1	0	1	2	3	4	…
y	…	−8	−6	−4	−2	0	2	4	6	8	…

□(1) $x \neq 0$ のとき，$\frac{y}{x}$ の値は一定ですか。一定ならば，その値を答えなさい。

□(2) y を x の式で表しなさい。

●キーポイント
比例のグラフ
➡式は $y=ax$
（a は比例定数）

絶対理解 **2** 【比例の表，式】下の表は，y が x に比例するときの，x と y の値の対応を表しています。次の問に答えなさい。 教科書 p.132 ⓪

x	…	−4	−3	−2	−1	0	1	2	3	4	…
y	…	32	24	16	8	0	−8	−16	−24	−32	…

□(1) x の値が 1 だけ増加するとき，y の値はどれだけ増加しますか。

□(2) y を x の式で表しなさい。

3 【比例の式，グラフ】右のㇾ～ㇰは比例のグラフです。そのそれぞれについて，次の(1)，(2)に答えなさい。 教科書 p.132 ⓪

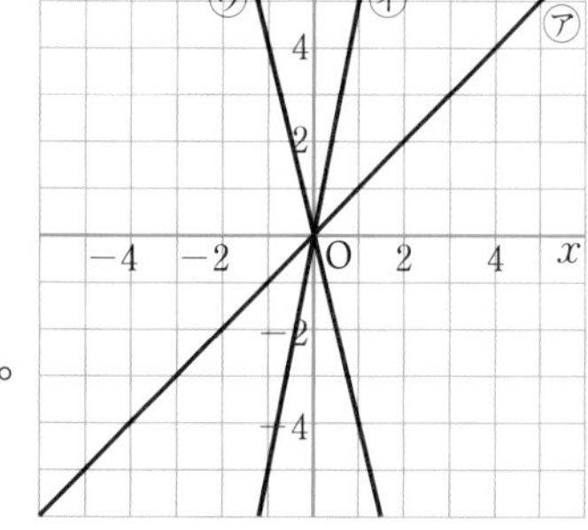

□(1) グラフが通る点のうち，x 座標が 1 である点の座標を求めなさい。

□(2) 比例の式を求めなさい。

●キーポイント
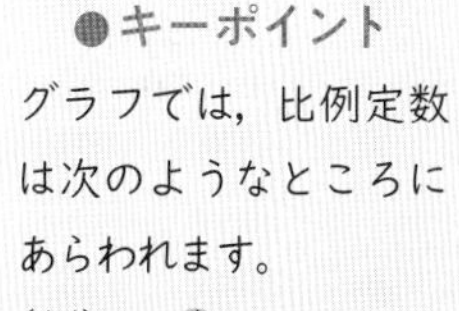

グラフでは，比例定数は次のようなところにあらわれます。
(例)y=4 x

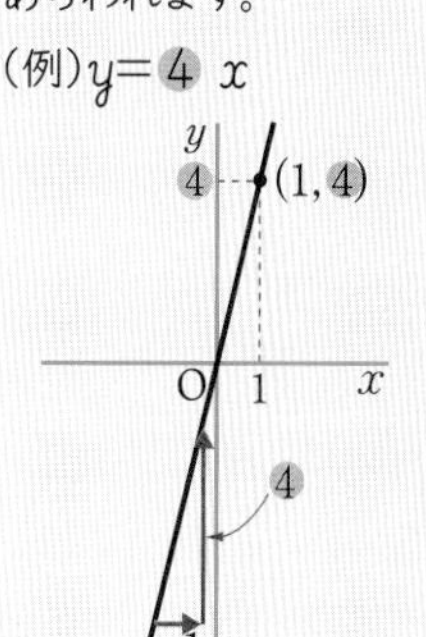

4 【比例のグラフから式を求める】
□ 右の(1)～(3)は比例のグラフです。そのそれぞれについて，比例の式を求めなさい。 教科書 p.133 例 1

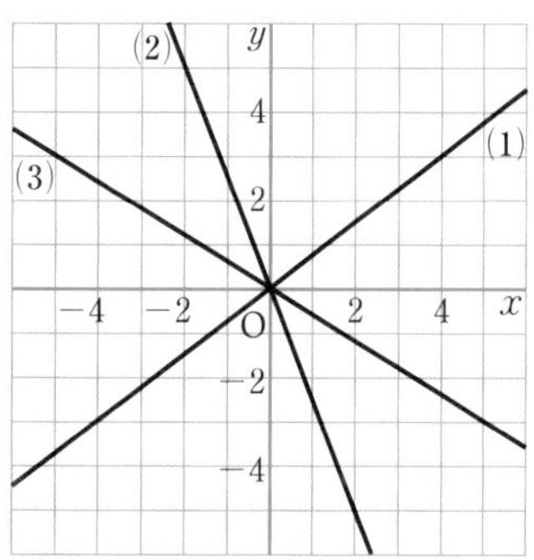

例題の答え **1** ①5 ②−5 ③$-5x$ **2** ①1 ②1 ③3 ④$\frac{1}{3}$ ⑤$\frac{1}{3}x$

2節　比例の性質と調べ方　1～3

1 東西にのびるまっすぐな道を，車で東へ向かって時速 50 km の速さで進んでいます。この車が P 地点を通過してから x 時間後に P 地点から y km のところにいるとき，東の方向を正の方向とすると，x と y の関係は $y=50x$ と表されます。このとき，次の問に答えなさい。

□(1)　x の値に対応する y の値を求め，下の表の空らんをうめなさい。

x	…	−4	−3	−2	−1	0	1	2	…
y	…					0			…

□(2)　x の値が負の数のとき，x の値が 2 倍，3 倍，4 倍になると，対応する y の値はそれぞれ何倍になりますか。

2 y は x に比例するとき，それぞれの場合について，比例の式を求めなさい。

□(1)　$x=2$ のとき $y=8$

□(2)　$x=-1$ のとき $y=5$

□(3)　$x=8$ のとき $y=-6$

□(4)　$x=10$ のとき $y=-7$

3 y は x に比例し，$x=-4$ のとき $y=2$ です。

□(1)　y を x の式で表しなさい。

□(2)　$x=-6$，$x=10$ のときの y の値をそれぞれ求めなさい。

4 y は x に比例し，$x=6$ のとき $y=-4$ です。

□(1)　y を x の式で表しなさい。

□(2)　$x=3$，$x=-9$ のときの y の値をそれぞれ求めなさい。

ヒント　**1** (1)表の $x=-1$ は「−1 時間後」すなわち「1 時間前」となる。
2～**4** $y=ax$ に，x，y の値を代入して求める。

定期テスト
予報

● $y=ax$ ならば比例。比例ならば $y=ax$。しっかり理解しておこう。
x の変域や比例定数を負の数にひろげても，正の数と同じ比例の性質が成り立つよ。グラフはかくのも読むのも，x 座標と y 座標がともに整数となる点をみつけることがポイントだ。

5 水の入った水そうの底の管を開けて，水を一定の割合で外に出します。3 分間で 5 L の水が出ました。x 分間で y L の水が出るとして，次の問に答えなさい。

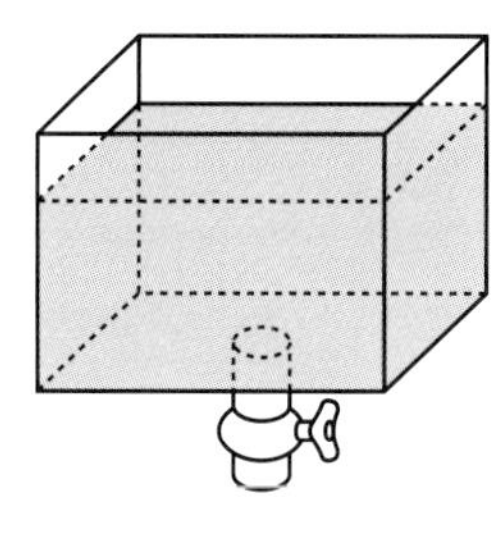

□(1) y を x の式で表しなさい。

□(2) 7 分間では，何 L の水が外に出ますか。なお，水そうには水が残っているものとします。

6 右の図について，次の問に答えなさい。

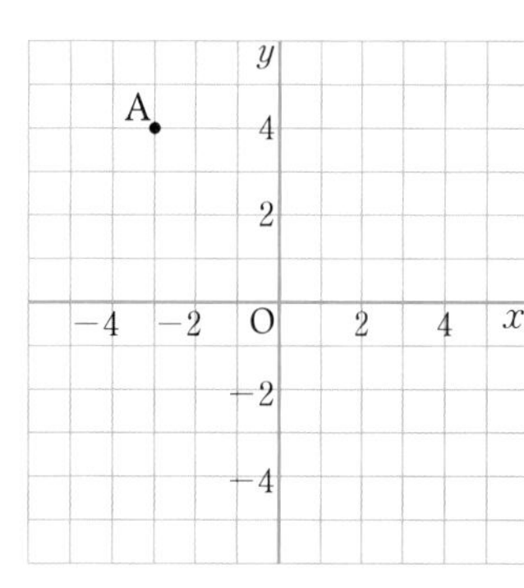

□(1) 点 O，点 A の座標を答えなさい。

□(2) 点 B(5, 0)，C(−4, −3) を右の図に示しなさい。

7 次の比例のグラフを，右の図にかきなさい。

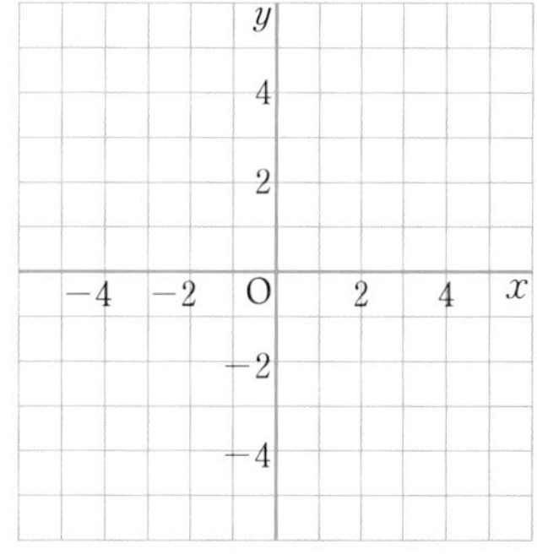

□(1) $y=-4x$　　□(2) $y=\dfrac{5}{2}x$

□(3) $y=0.4x$　　□(4) $y=-\dfrac{3}{2}x$

8 右の図の(1)～(4)は，比例のグラフです。
□ それぞれについて，比例の式を求めなさい。

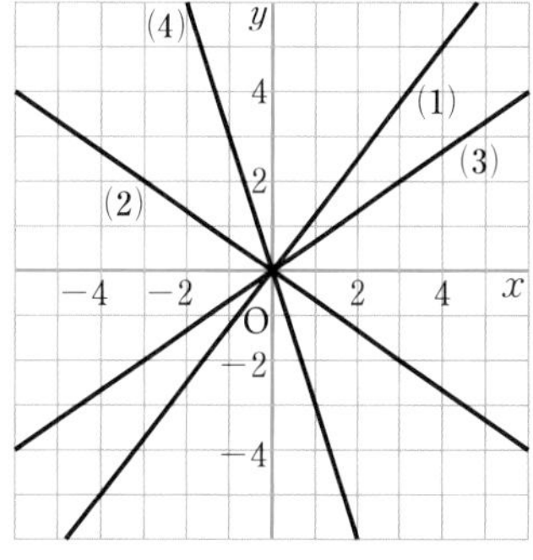

ヒント
5 (1)水そうから出る水の量 y(L)は，水を出す時間 x(分)に比例する。
7 y の値も整数となるような整数 x の値をみつける。それらを座標とする点を利用してかく。

解答▶▶ p.33

ぴたトレ 1 要点チェック

4章 比例と反比例

3節 反比例の性質と調べ方

1 反比例の表と式

● x の変域を負の数にひろげる　教科書 p.136

□ **例題 1** $y=\dfrac{18}{x}$ について，右の表の空らんをうめなさい。 ▶▶1

また，x の値が 3 倍になると，対応する y の値は何倍になりますか。

x	-3	-2	-1	0
y	ア	イ	-18	×

考え方　x の値を，-1 から 3 倍の -3 にして，y の値を調べます。

答え　ア…①　　，イ…②

x の値が -1 から -3 に 3 倍になると，

対応する y の値は，③　　から ④　　になり，

⑤　　倍になっている。

プラスワン　x の変域

反比例 $y=\dfrac{a}{x}$ では，x の変域を負の数にひろげても，正の数の場合と同じ性質が成り立ちます。

● 比例定数を負の数にひろげる　教科書 p.136

□ **例題 2** $y=-\dfrac{18}{x}$ について，右の表の空らんをうめなさい。 ▶▶2

また，x の値が 3 倍になると，対応する y の値は何倍になりますか。

x	-3	-2	-1	0
y	ア	イ	18	×

考え方　x の値を，-1 から 3 倍の -3 にして，y の値を調べます。

答え　ア…①　　，イ…②

x の値が -1 から -3 に 3 倍になると，

対応する y の値は，③　　から ④　　になり，

⑤　　倍になっている。

プラスワン　比例定数

反比例 $y=\dfrac{a}{x}$ では，比例定数が負の数の場合でも，正の数の場合と同じ性質が成り立ちます。

● 1 組の x，y の値から，y を x の式で表す　教科書 p.137

□ **例題 3** y は x に反比例し，$x=4$ のとき $y=7$ です。このとき，y を x の式で表しなさい。 ▶▶3

考え方　$y=\dfrac{a}{x}$ に，x と y の値の組を代入して，a の値を求めます。

答え　比例定数を a とすると，

$x=4$ のとき $y=7$ であるから

①　　$=\dfrac{a}{②\quad}$　　$a=$ ③

答　$y=$ ④

プラスワン　反比例の性質

y は x に反比例するとき，x と y の積は比例定数 a に等しくなります。例題3 では

$xy=a$ ➡ $a=4\times7$

1 【x の変域を負の数にひろげる】 $y=\frac{12}{x}$ について，次の問に答えなさい。

教科書 p.136 Q❶

□(1) x の値に対応する y の値を求め，下の表の空らんをうめなさい。

x	…	−6	−5	−4	−3	−2	−1	0	1	2	…
y	…							×			…

●キーポイント
反比例の関係では
x=0 のときは
考えません。

□(2) x の値が負の数のとき，x の値が 2 倍，3 倍，4 倍になると，対応する y の値はそれぞれ何倍になりますか。

2 【比例定数が負の数の反比例】 $y=-\frac{12}{x}$ について，次の問に答えなさい。

教科書 p.136 Q❷

□(1) x の値に対応する y の値を求め，下の表の空らんをうめなさい。

x	…	−4	−3	−2	−1	0	1	2	3	4	…
y	…					×					…

□(2) x の値が 2 倍，3 倍，4 倍になると，対応する y の値はそれぞれ何倍になりますか。

絶対理解 **3** 【1 組の x，y の値から，y を x の式で表す】 y は x に反比例し，次の(1)〜(4)のとき，それぞれ y を x の式で表しなさい。

教科書 p.137 例 1

□(1) $x=5$ のとき $y=4$

□(2) $x=2$ のとき $y=-5$

□(3) $x=-14$ のとき $y=2$

□(4) $x=16$ のとき $y=-\frac{1}{2}$

●キーポイント
y は x に反比例する
➡$y=\frac{a}{x}$

例題の答え **1** ①−6 ②−9 ③−18 ④−6 ⑤$\frac{1}{3}$ **2** ①6 ②9 ③18 ④6 ⑤$\frac{1}{3}$
3 ①7 ②4 ③28 ④$\frac{28}{x}$

解答▶▶ p.35

ぴたトレ 1 要点チェック

4章　比例と反比例

3節　反比例の性質と調べ方
[2] 反比例のグラフ ／ [3] 反比例の表，式，グラフ

●反比例のグラフ

教科書 p.138～141

□ **例題 1**　$y=-\dfrac{8}{x}$ のグラフは，どんな形のグラフになりますか。 ▸▸1～3

考え方　どんな点を通るか調べます。

答え　x と y の値の対応は

x	…	-8	-4	-2	-1	0	1	2	4	8	…
y	…	1	2	4	8	×	-8	-4	-2	-1	…

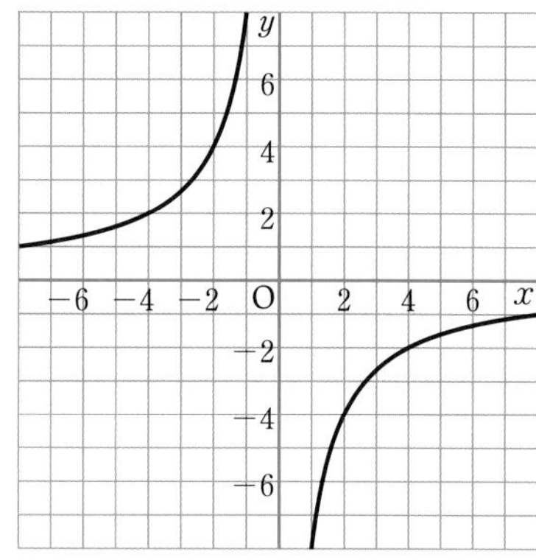

したがって，グラフは，点 $(-8,\ 1)$，$(-4,\ 2)$，$(-2,\ 4)$，$(-1,\ 8)$ や

点 $(1,$ ① $)$，$(2,$ ② $)$

$(4,$ ③ $)$，$(8,$ ④ $)$ などを通る ⑤ 線になる。

プラスワン　反比例のグラフ

- $y=\dfrac{a}{x}$ のグラフは，なめらかな2つの曲線になります。
- この曲線は双曲線（そうきょくせん）とよばれます。
- x 軸，y 軸と交わりません。

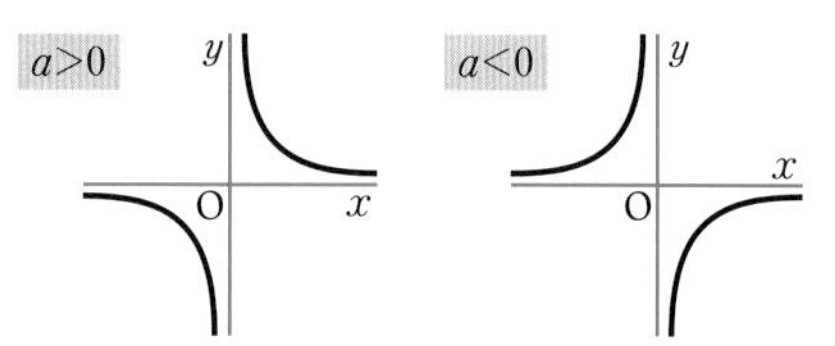

●反比例のグラフから式を求める

教科書 p.142～143

□ **例題 2**　右の図のグラフは，反比例のグラフです。
反比例の式を求めなさい。 ▸▸4

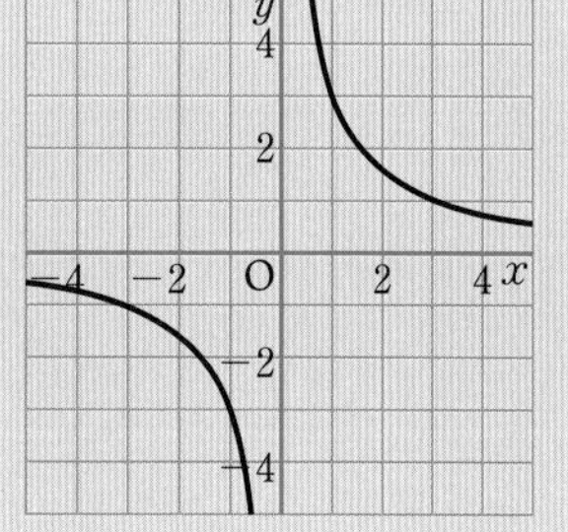

考え方　グラフが通る点のうち，x 座標，y 座標の値がともに整数である点をみつけます。

答え　グラフが点 $(3,\ 1)$ を通るから，

$y=\dfrac{a}{x}$ に，$x=3$，$y=1$ を代入すると

① $=\dfrac{a}{②}$

$a=$ ③

答　$y=$ ④

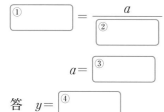

プラスワン　y が x に反比例するときの比例定数

- 1組の x と y の積 xy の値は一定で，比例定数に等しくなります。
- $x=1$ のとき，y の値が比例定数と等しくなります。
- グラフが通る点のうち，x 座標が1である点の y 座標は，比例定数に等しくなります。

絶対理解 **1** 【反比例のグラフ】次の反比例のグラフをかきなさい。 教科書 p.139 ❸, p.140 問 1

□(1) $y=\dfrac{18}{x}$

□(2) $y=-\dfrac{12}{x}$

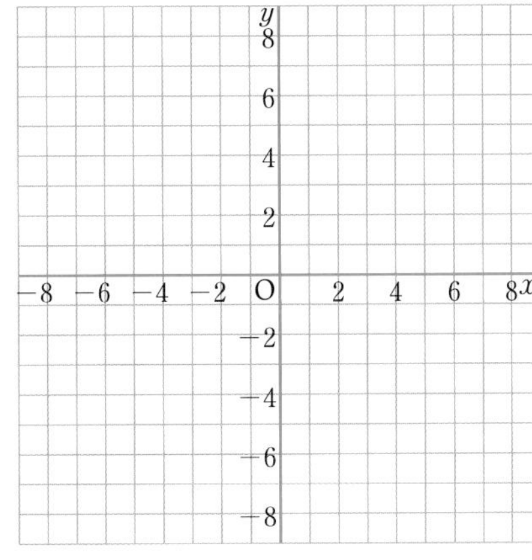

●キーポイント
反比例のグラフは，いくつかの点の座標を求めてかきます。できるかぎり多くの点をとると，より正確なグラフがかけます。

⚠ミスに注意
点をつなぐときは，なめらかにつなぎます。

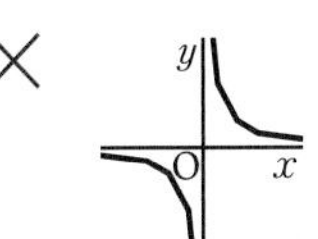

2 【反比例のグラフの特徴(とくちょう)】$y=\dfrac{10}{x}$ について，次の問に答えなさい。 教科書 p.140 ❸

□(1) x の値が 10，100，1000 のときの y の値を求めなさい。
x の値を大きくしていくと，グラフはどうなっていきますか。

□(2) x の値が 0.1，0.01，0.001 のときの y の値を求めなさい。
x の値を 0 に近づけていくと，グラフはどうなっていきますか。

「双」には「2 つ」という意味があります。
双眼鏡(そうがんきょう)，双子(ふたご)，…。

3 【反比例のグラフの特徴】比例定数が負の，$y=-\dfrac{9}{x}$ について，次の問に答えなさい。

教科書 p.141 Ⓠ

□(1) $x>0$ のとき，x の値が増加すると y の値は増加しますか，
それとも減少しますか。

□(2) $x<0$ のとき，x の値が増加すると y の値は増加しますか，
それとも減少しますか。

4 【反比例のグラフから式を求める】 教科書 p.143 例 1

□ 右の図の(1)，(2)は，反比例のグラフです。それぞれについて，反比例の式を求めなさい。

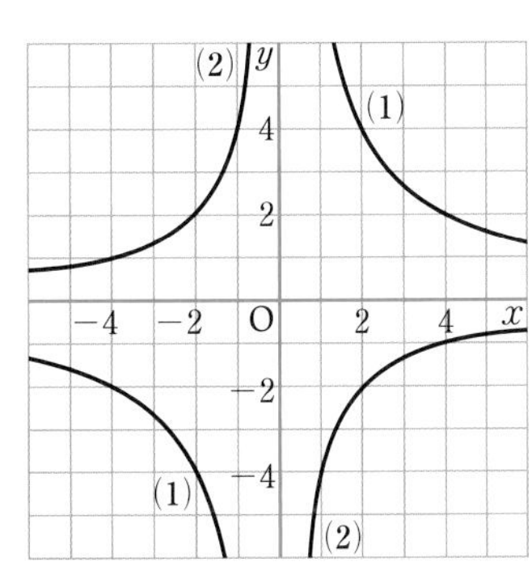

例題の答え **1** ①−8 ②−4 ③−2 ④−1 ⑤双曲 **2** ①1 ②3 ③3 ④$\dfrac{3}{x}$

4章

教科書 138～143 ページ

解答▶▶ p.35

4章 比例と反比例

4節 比例と反比例の利用

1 比例と反比例の利用

● $a=bc$ で表される数量の関係 教科書 p.147〜148

□ **例題1** **底辺が x cm，高さが y cm の平行四辺形の面積を S cm^2 として，次の問に答えなさい。** ▸▸2

(1) y の値を 8 に決めたときの，S と x の関係を答えなさい。

(2) S の値を 30 と決めたときの，x と y の関係を答えなさい。

(3) x の値を 5 に決めたときの，S と y の関係を答えなさい。

考え方 平行四辺形の面積を表す式から y, S, x の値をそれぞれ決めて残りの 2 つを変数としたとき，その 2 つの変数の間には，どのような関係があるか式から読みとります。

答え (平行四辺形の面積)＝(底辺)×(高さ)に x, y, S をあてはめると

$S=$ ① ☐ × ② ☐

(1) $y=8$ を代入すると　$S=x\times$ ③ ☐　より $S=$ ④ ☐

したがって，高さ y を決めると，面積 S は底辺 x に ⑤ ☐ する。

(2) $S=30$ を代入すると　⑥ ☐ $=x\times y$　すなわち $y=\dfrac{⑦ ☐}{x}$

したがって，面積 S を決めると，高さ y は底辺 x に ⑧ ☐ する。

(3) $x=5$ を代入すると　$S=$ ⑨ ☐ $\times y$　より $S=$ ⑩ ☐

したがって，底辺 x を決めると，面積 S は高さ y に ⑪ ☐ する。

● 比例のグラフの利用 教科書 p.149

□ **例題2** **右の図は，兄と弟が同時に出発して同じ道を走るようすをグラフに表したものです。出発してから 2000 m の地点では，兄が通過してから何分後に弟が通過しますか。** ▸▸3

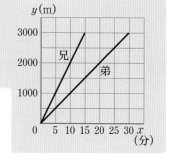

y(m)
3000
2000
1000
0
5 10 15 20 25 30 x (分)
兄
弟

考え方 グラフの x 座標の差に注目します。

答え 2000 m の地点では，兄のグラフは(10, 2000)

弟のグラフは(① ☐ , 2000)を通るから

兄と弟の時間の差は

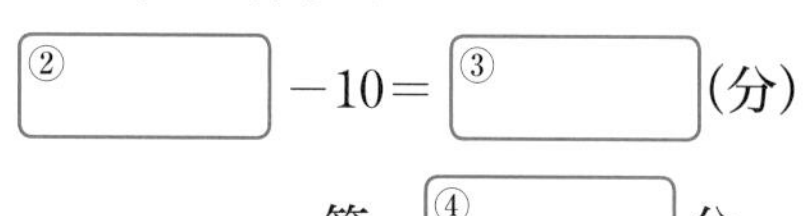

② ☐ $-10=$ ③ ☐ (分)

答 ④ ☐ 分

速さはグラフの傾き(かたむ)方にあらわれます。急なほど速いのです。

プラスワン 速さのグラフ

時間の差は x 軸，x 座標で，道のりの差は y 軸，y 座標で読みとります。

1 【比例の利用】弁当を買おうとして行列に並んだところ，先頭から 15 人目でした。並び始めてから3分後には，先頭から10人目のところに来ました。このペースで行列が進むとき，弁当を買い終わるまでに，あと何分かかると予想できますか。

教科書 p.145 Q

●キーポイント
1人が弁当を買う時間が一定であるから，並んでから弁当を買い終わるまでの時間は，人数に比例することがわかります。

2 【$a=bc$ で表される数量の関係】水そうに，毎分 x L の割合で y 分間水を入れると，V L の水が入ります。

教科書 p.148 問 1

□(1) y の値を 15 に決めたときの，V と x の関係を答えなさい。

□(2) V の値を 120 に決めたときの，x と y の関係を答えなさい。

□(3) x の値を 18 に決めたときの，V と y の関係を答えなさい。

●キーポイント
y が x に比例するとき
1 比例定数を a とすると
$y=ax$
2 $\frac{y}{x}$ の値は一定$(=a)$
$(x \neq 0)$
y が x に反比例するとき
1 比例定数を a とすると
$y=\frac{a}{x}$
2 xy の値は一定$(=a)$

絶対理解 **3** 【比例のグラフの利用】兄と弟が同時に家を出発し，400 m はなれた学校に向かいました。兄は速めに歩き，弟は毎分 50 m で歩きます。下の図は，兄が歩くようすをグラフに表したものです。

教科書 p.149 Q

□(1) 弟が歩くようすを表すグラフを図にかき入れなさい。

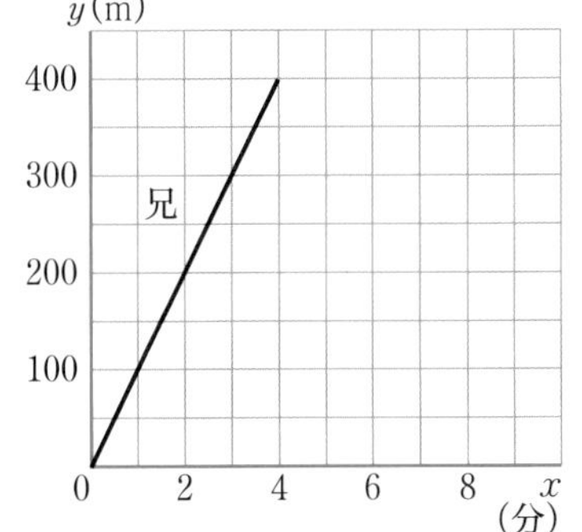

□(2) 2 人が家を出発してから 3 分後には，兄と弟は何 m はなれていますか。グラフをもとにして答えなさい。

□(3) 兄が学校に着いたとき，弟は学校の何 m 手前にいますか。グラフをもとにして答えなさい。

●キーポイント
道のりの差を調べるのですから，y 軸，y 座標を見ます。

例題の答え **1** ①x ②y ③8 ④$8x$ ⑤比例 ⑥30 ⑦30 ⑧反比例 ⑨5 ⑩$5y$ ⑪比例
2 ①20 ②20 ③10 ④10

解答▶▶ p.36

3節 反比例の性質と調べ方 [1]～[3]
4節 比例と反比例の利用 [1]

よく出る **1** 次の問に答えなさい。

□(1) y は x に反比例し，$x=-8$ のとき $y=-9$ です。y を x の式で表しなさい。
また，$x=4$，$x=-6$ のときの y の値をそれぞれ求めなさい。

□(2) y は x に反比例し，$x=12$ のとき $y=\frac{1}{3}$ です。y を x の式で表しなさい。

2 $y=\frac{20}{x}$ について，x の値に対応する y の値を
□ 求め，下の表の空らんをうめて，グラフをかきなさい。

x	…	-5	-4	-3	-2	-1	0	1	2	3	4	5	…
y	…						×						…

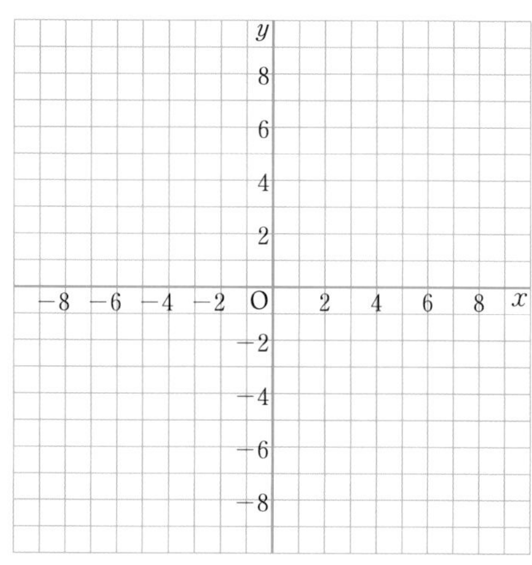

3 反比例 $y=\frac{a}{x}$ のグラフで，$a>0$ のときと $a<0$ のときで，ちがっていることは何ですか。
□ また，どちらにもいえることは何ですか。

4 右の図の(1)，(2)は，反比例のグラフです。それぞれに
□ ついて，y を x の式で表しなさい。

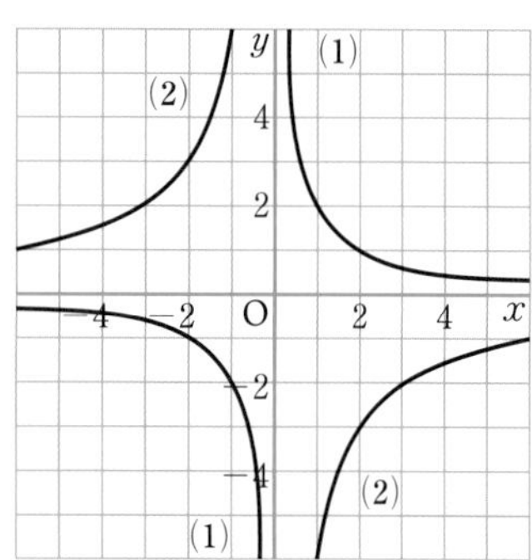

ヒント **1** $y=\frac{a}{x}$ の式に x，y の値を代入する。

3 グラフをかく場所のちがいや y の値の増加・減少に注目してみる。

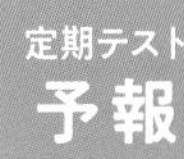

●反比例の大きな特徴は，$xy=a$（一定）だ。大いに利用しよう。
反比例のグラフは原点について点対称（たいしょう）な 2 つの曲線になる。かきと読みのどちらかは出題されるよ。文章題では，比例の関係にあるか反比例の関係にあるかを読み解くことが大切だ。

5 車を運転して，時速 x km で y 時間走ったときの道のりを z km とします。

□(1) y の値を 3 に決めたときの，z と x の関係を答えなさい。

□(2) z の値を 70 に決めたときの，x と y の関係を答えなさい。

□(3) x の値を 50 に決めたときの，z と y の関係を答えなさい。

6 1800 L 入る水そうに，いっぱいになるまで毎分 15 L の割合で水を入れることにしました。
□ ところが，毎分 15 L ずつでは時間がかかるので，いっぱいになるまでの時間が，毎分 15 L のときの $\frac{1}{3}$ になるようにしようと思います。毎分何 L の割合で水を入れればよいでしょうか。

よく出る **7 3 段階でギアが変えられる自転車があります。前のギアの歯数は 40，後ろのギア A，B，C の歯数はそれぞれ 10，16，20 です。**

□(1) ペダルを 1 回転させると，前のギアが 1 回転します。このとき，後ろのギア A は何回転しますか。

□(2) ペダルを 1 回転させると，後ろのギアの歯数と回転数の間にどんな関係がありますか。

□(3) ペダルを 1 回転させるときの後ろのギア B，C の回転数を求めなさい。

8 兄と弟が同時に家を出発し，2400 m はなれた公園まで自転車で行きます。右のグラフはそれぞれの進むようすを表したものです。グラフをもとにして，次の問に答えなさい。

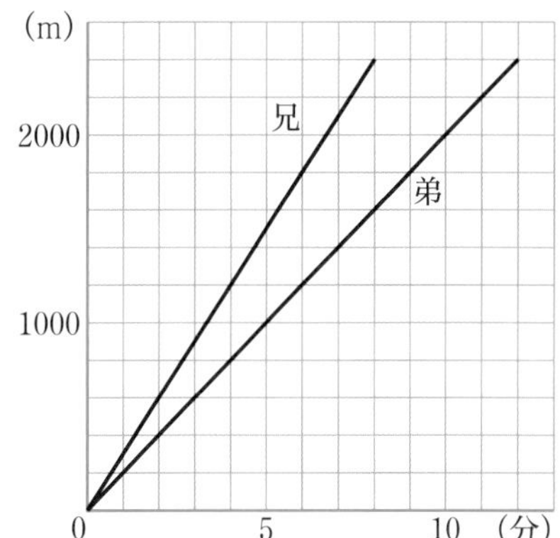

□(1) 弟のグラフが点 (5，1000) を通っていることは，どんなことを表していますか。

□(2) 兄が公園に着いたとき，弟は公園の何 m 手前にいますか。

4章 教科書135～149ページ

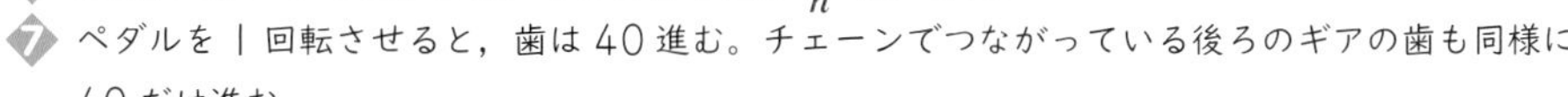
6 反比例では，x の値が n 倍になると y の値は $\frac{1}{n}$ 倍になる。
7 ペダルを 1 回転させると，歯は 40 進む。チェーンでつながっている後ろのギアの歯も同様に 40 だけ進む。

解答▶▶ p.36

4章　比例と反比例

1 次の㋐〜㋓のうち，y が x の関数であるものはどれですか。知

㋐　定価 x 円の品物を，定価の 100 円引きで買うときの代金は y 円である。ただし，$x>100$ とする。

㋑　上底が 3 cm，下底が x cm の台形の面積は y cm^2 である。

㋒　面積が x cm^2 の長方形の縦の長さは y cm である。

㋓　1 辺の長さが x cm の立方体の体積は y cm^3 である。

1　点/5点

2 **次の(1)〜(3)について，y を x の式で表しなさい。また，y が x に比例するものには○，反比例するものには△を書きなさい。** 知

(1)　1 辺が x cm のひし形の周の長さは y cm である。

(2)　縦が x cm，横が 6 cm の長方形の周の長さは y cm である。

(3)　縦が x cm，横が y cm の長方形の面積は 20 cm^2 である。

2　点/15点（各5点）

(1)	
(2)	
(3)	

3 **次の各場合について，y を x の式で表しなさい。** 知

(1)　y は x に比例し，$x=-10$ のとき $y=6$ である。

(2)　y は x に反比例し，$x=8$ のとき $y=-\dfrac{1}{4}$ である。

(3)　y は x に比例し，対応する x，y の値が下の表のようになる。

x	…	-6	-3	0	3	6	…
y	…	-4	-2	0	2	4	…

3　点/15点（各5点）

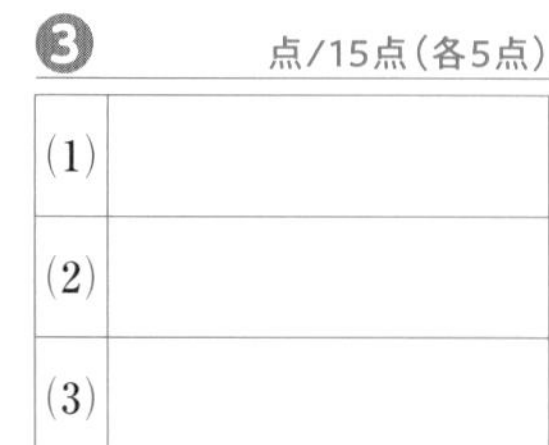

4 **次の比例や反比例のグラフをかきなさい。** 知

(1)　$y=-4x$

(2)　$y=\dfrac{3}{5}x$

(3)　$y=\dfrac{4}{x}$

4　点/15点（各5点）

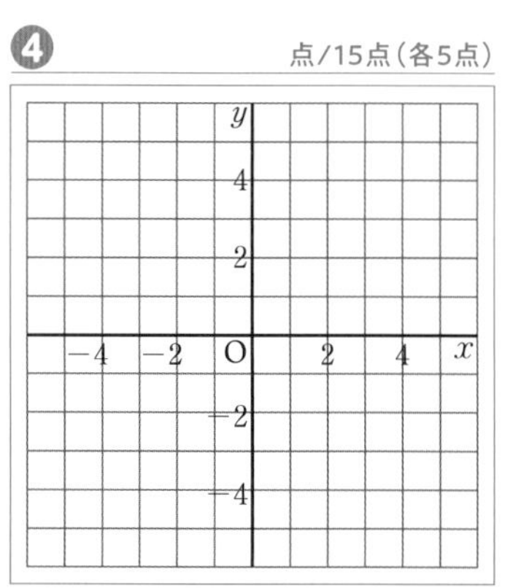

　成績評価の観点　知…数量や図形などについての知識・技能　考…数学的な思考・判断・表現

5 右の図で，①は $y=ax$ のグラフで，点 A は①のグラフ上の点です。②は $y=\dfrac{b}{x}$ のグラフで，点 P で①のグラフと交わっています。A の座標が (9，12) で，P の x 座標が 6 のとき，次の問に答えなさい。
((1) 知 (2) 考)

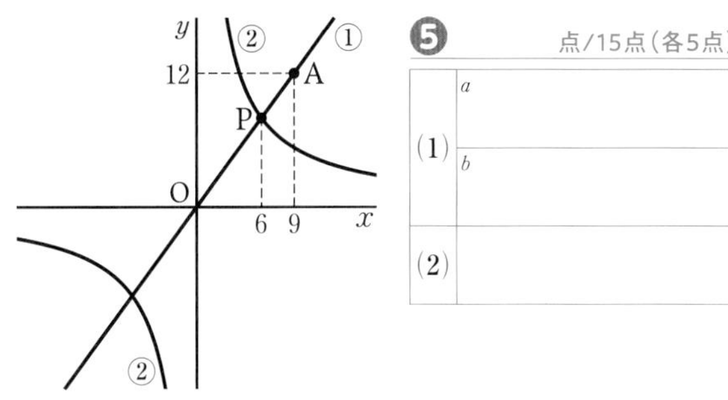

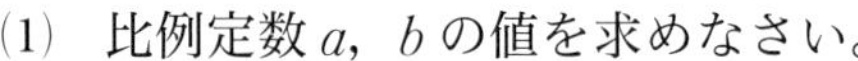

(1) 比例定数 a，b の値を求めなさい。

(2) ②のグラフ上の点で，x 座標，y 座標の値がともに整数である点はいくつありますか。

5 点/15点（各5点）

(1)	a
	b
(2)	

6 右の図のような長方形 ABCD で，点 P は辺 BC 上を B から C まで動きます。BP を x cm，三角形 ABP の面積を y cm^2 として，次の問に答えなさい。ただし，点 P が頂点 B の位置にあるときの y の値は 0 とします。知

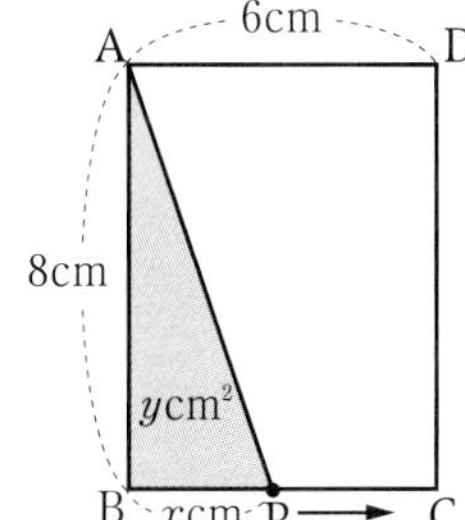

(1) y を x の式で表しなさい。

(2) x，y の変域をそれぞれ不等号を使って表しなさい。

6
点/10点（各5点）
(1)
(2)
x の変域
y の変域
((2)完答)

7 6 m の重さが 180 g で，100 g あたりの値段が 150 円の針金があります。この針金 x m の代金を y 円として，y を x の式で表しなさい。考

8 次の問に答えなさい。考

(1) 野球場のチケット売り場に，チケットを買う人の行列ができています。この売り場では，5 分間で 12 人にチケットを売ることができるそうです。先頭から 40 番目に並んだ人は，チケットを買い終わるまでに，どれくらいの時間がかかると考えられますか。

(2) 毎分 15 L の割合で水を入れると，24 分間で満水になる水そうがあります。この水そうを 20 分間で満水にするには，毎分何 L の割合で水を入れればよいですか。

知 /70点	考 /30点

4章 教科書113～152ページ

解答▶▶ p.38

教科書のまとめ 〈4章　比例と反比例〉

●関数

いろいろな値をとる文字を**変数**という。

2つの変数 x，y があり，変数 x の値を決めると，それにともなって変数 y の値もただ1つ決まるとき，**y は x の関数である**という。

●変域

変数のとりうる値の範囲を，その変数の**変域**といい，不等号＜，＞，≦，≧を使って表す。

●比例の式

y が x の関数で，$y=ax$ という式で表されるとき，**y は x に比例する**という。このとき，a を**比例定数**という。

●比例の関係

比例の関係 $y=ax$ では，

1 x の値が2倍，3倍，……になると，それに対応する y の値も2倍，3倍，……になる。

2 $x \neq 0$ のとき，$\frac{y}{x}$ の値は一定で，比例定数 a に等しい。すなわち

$$\frac{y}{x}=a$$

●座標

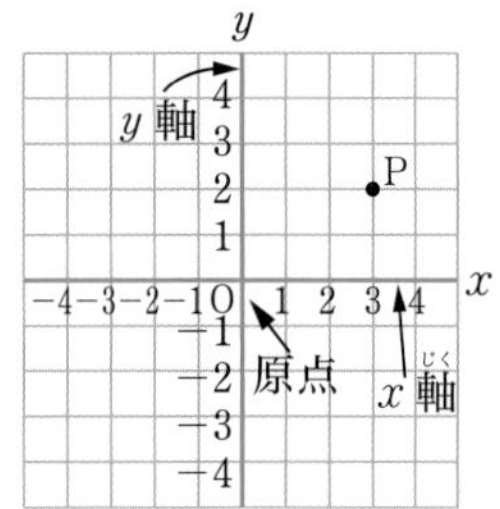

・x 軸と y 軸を合わせて**座標軸**，座標軸の交点Oを**原点**という。

・上の図の点Pを表す数の組（3，2）を点Pの**座標**という。

●関数 $y=ax$ のグラフ

原点を通る直線である。

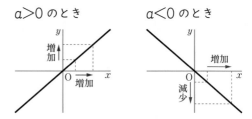

$a>0$ のとき　　$a<0$ のとき

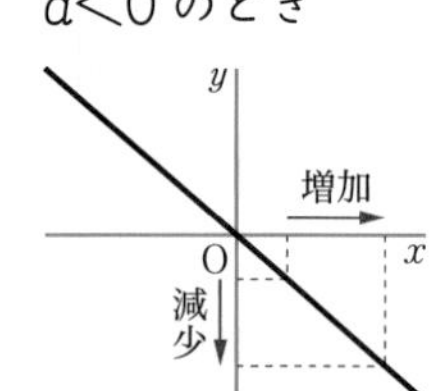

●反比例の式

y が x の関数で，$y=\frac{a}{x}$ という式で表されるとき，**y は x に反比例する**という。このとき，a を**比例定数**という。

●反比例の関係

反比例の関係 $y=\frac{a}{x}$ では，

1 x の値が2倍，3倍，……になると，それに対応する y の値は $\frac{1}{2}$ 倍，$\frac{1}{3}$ 倍，……になる。

2 x と y の積は比例定数 a に等しい。すなわち

$$xy=a$$

●関数 $y=\frac{a}{x}$ のグラフ

なめらかな**双曲線**とよばれる2つの曲線になる。

$a>0$ のとき　　$a<0$ のとき

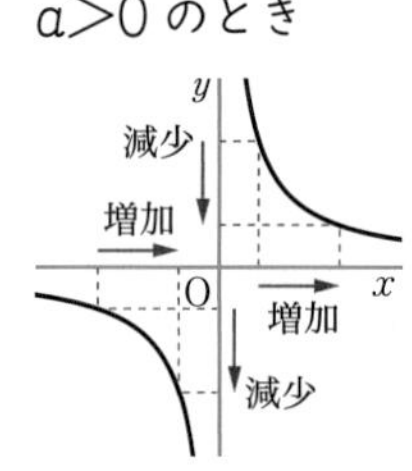

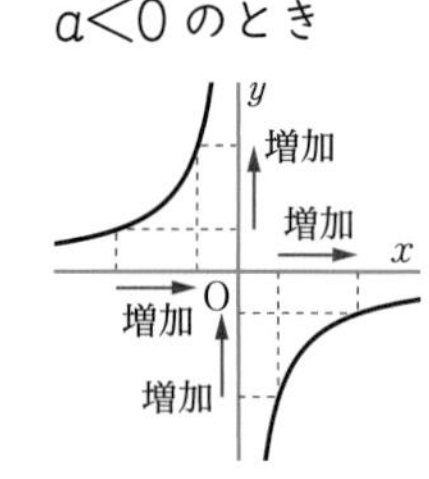

5章　平面図形

□線対称な図形の性質

◀ 小学6年

・対応する2点を結ぶ直線は，対称の軸と垂直に交わります。
・その交わる点から，対応する2点までの長さは等しくなります。

□点対称な図形の性質

◀ 小学6年

・対応する2点を結ぶ直線は，対称の中心を通ります。
・対称の中心から，対応する2点までの長さは等しくなります。

1 右の図は，線対称な図形です。次の問に答えなさい。

◀ 小学6年〈対称な図形〉

ヒント
2つに折ると，両側がぴったりと重なるから……

(1) 対称の軸を図にかき入れなさい。

(2) 点BとDを結ぶ直線BDと，対称の軸とは，どのように交わっていますか。

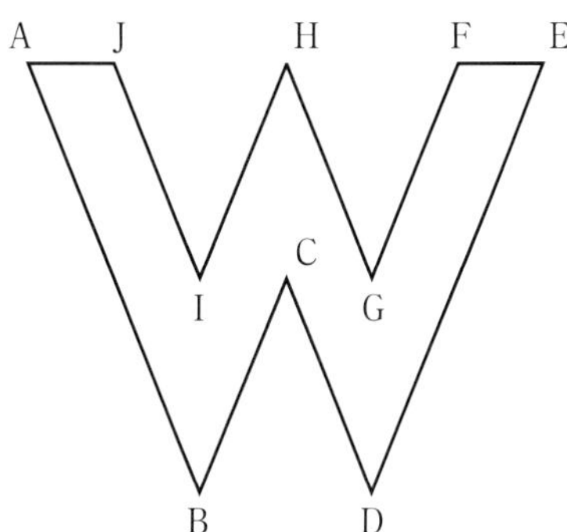

(3) 直線AHの長さが3cmのとき，直線EHの長さは何cmになりますか。

2 右の図は，点対称な図形です。次の問に答えなさい。

◀ 小学6年〈対称な図形〉

ヒント
対応する点を結ぶ直線をかくと……

(1) 対称の中心Oを図にかき入れなさい。

(2) 点Bに対応する点はどれですか。

(3) 右の図のように，辺AB上に点Pがあります。この点Pに対応する点Qを図にかき入れなさい。

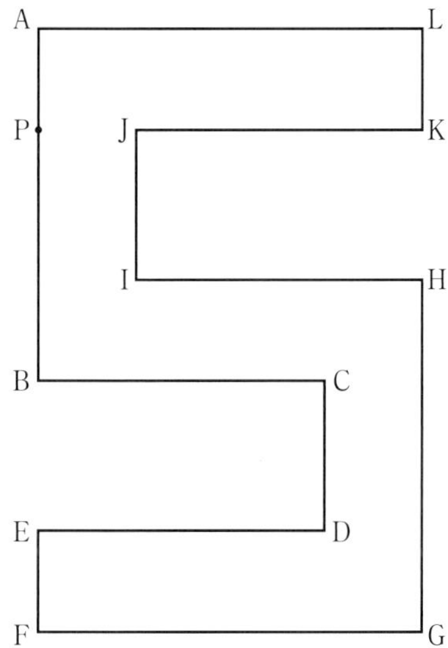

解答▶▶ p.39

ぴたトレ 1 要点チェック

5章 平面図形

1節 図形の移動
1 図形の移動

●図形の移動

教科書 p.156～163

例題 1 次のそれぞれの関係を，記号を使って表しなさい。 ▶▶1～3

(1) 右の A′B′C′ は，△ABC を矢印の方向に矢印の長さだけ平行（へいこう）移動させたものです。このとき，線分（せんぶん）AA′ と線分 BB′ の関係

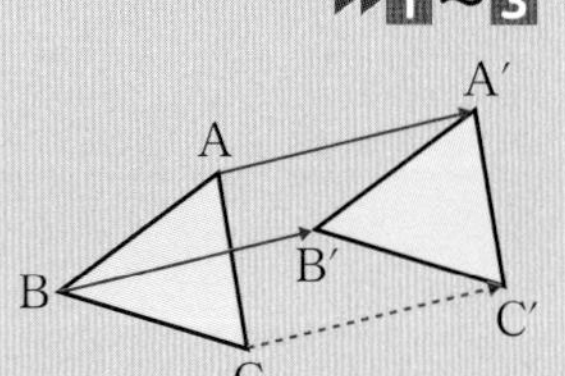

(2) 右の △A′B′C′ は，△ABC を点 O を回転の中心として反時計回りに 80°だけ回転移動させたものです。このとき，線分 OA と線分 OA′ の関係，∠AOA′ と ∠BOB′ の関係

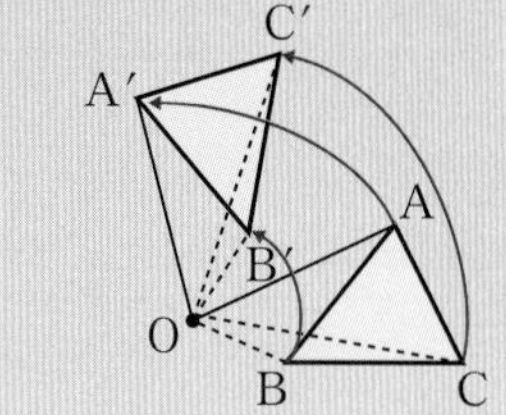

(3) 右の △A′B′C′ は，△ABC を直線 ℓ を対称の軸として対称移動させたもので，M は線分 AA′ と直線 ℓ の交点です。このとき，線分 AA′ と直線 ℓ の関係

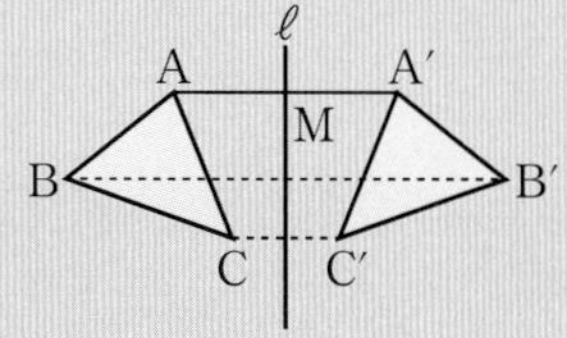

考え方 (1) 平行は記号 // を使って表します。
(2) 記号 ∠ は角やその角の大きさを表します。
(3) 垂直は記号 ⊥ を使って表します。

答え (1) 線分 AA′ と線分 BB′ は平行であるから ①［　　］
長さが等しいから ②［　　］

(2) 対応する点と回転の中心を結ぶ線分であるから OA＝③［　　］
また，∠AOA′ ＝④［　　］
＝⑤［　　］°

(3) 線分 AA′ は対称の軸 ℓ と垂直であるから ⑥［　　］
点 M は線分 AA′ の ⑦［　　］になるから ⑧［　　］

プラスワン 図形の移動

ある図形を，形や大きさを変えずに他の位置へ移すことを，移動といいます。

平行移動…図形を，一定の方向に，一定の距離（きょり）だけ動かす移動。

※平行移動では，対応する点を結ぶ線分は平行で，その長さは等しい。

回転移動…図形を，ある点(回転の中心)を中心として一定の角度だけ回転させる移動。

※回転移動では，対応する点は回転の中心から等しい距離にあり，対応する点と回転の中心を結んでできる角の大きさはすべて等しい。

対称移動…図形を，ある直線(対称の軸)を折り目として折り返す移動。

※対称移動では，対応する点を結ぶ線分は，対称の軸によって垂直に2等分される。

1 【平行移動】次の問に答えなさい。

教科書 p.157 問 1，p.158 問 2

□(1)　下の △ABC を，矢印 OP の方向に OP の長さだけ平行移動させてできる △A′B′C′ をかきなさい。

□(2)　(1)の図で，対応する頂点を結ぶ線分の間には，どんな関係がありますか。

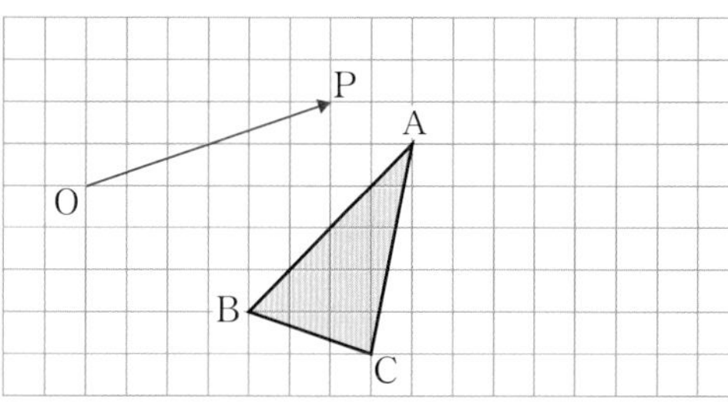

●キーポイント
直線 AB のうち，A から B までの部分を線分 AB といいます。

直線AB
線分AB
半直線AB

線分 AB の長さを，2 点 A，B 間の距離といいます。

2 【回転移動】次の問に答えなさい。

教科書 p.159 問 4，問 5，p.160 問 6

□(1)　右の △ABC を，点 O を中心として反時計回りに 90°だけ回転移動させた △A′B′C′ をかきなさい。

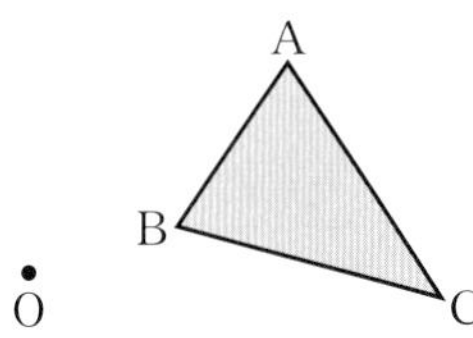

□(2)　(1)の図について，線分 OB と線分 OB′ の間には，どんな関係がありますか。また，∠AOA′，∠BOB′，∠COC′ の間には，どんな関係がありますか。

●キーポイント
三角形 ABC
➡△ABC
線分の長さが等しい
➡AB＝CD
2 直線が平行
➡AB // CD
2 直線が垂直
➡AB⊥CD
2 つの半直線 OA，OB によってできる角
➡∠AOB

絶対理解 3 【対称移動】次の問に答えなさい。

教科書 p.161 問 8，p.162 問 9，問10

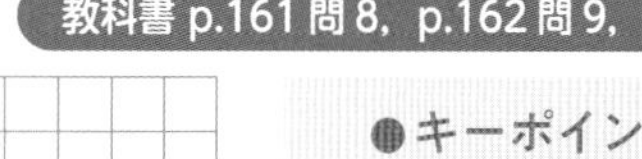

□(1)　右の △ABC を，直線 ℓ を対称の軸として対称移動させてできる △A′B′C′ をかきなさい。

(2)　(1)の図について，㋐，㋑に答えなさい。

□㋐　線分 CC′ の中点 M をかき入れなさい。

□㋑　線分 CC′ と直線 ℓ との間には，どんな関係がありますか。また，そのことを記号を使って表しなさい。

●キーポイント
2 直線が垂直のとき，一方を他方の垂線といいます。
線分を 2 等分する点をその線分の中点，中点を通る線分の垂線をその線分の垂直二等分線といいます。

□(3)　右の台形 DEFG を，直線 m を対称の軸として対称移動させた図形をかきなさい。

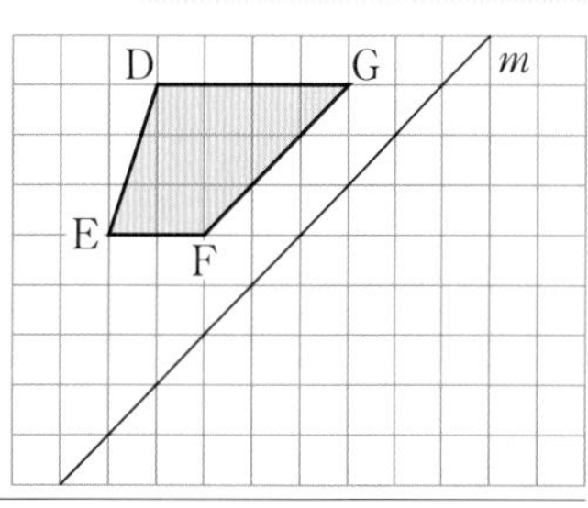

例題の答え **1** ①AA′// BB′　②AA′＝BB′　③OA′　④∠BOB′　⑤80　⑥AA′⊥ ℓ　⑦中点　⑧AM＝A′M $\left(\frac{1}{2}\text{AA}'\right)$

1節 図形の移動 [1]

1 右の △ABC を，矢印の方向に矢印の長さだけ平行移動させてできる △A′B′C′ をかきなさい。

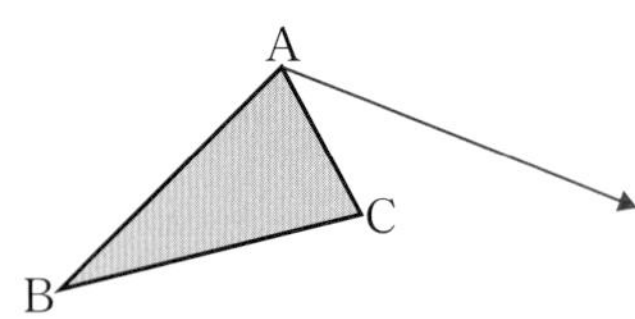

2 図形を 180°だけ回転移動させることを，点対称移動といいます。右の △ABC を点 O を中心として点対称移動させた図形をかきなさい。

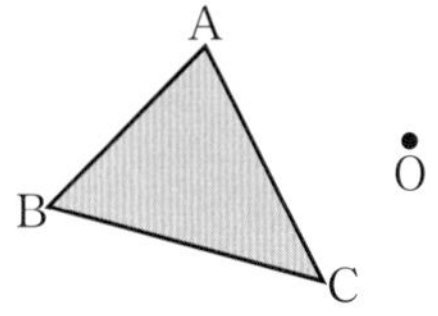

3 右の四角形 ABCD を，辺 AD を対称の軸として対称移動させた図形をかきなさい。また，もとの図形とかいた図形を合わせてできる図形は，どんな図形といえますか。

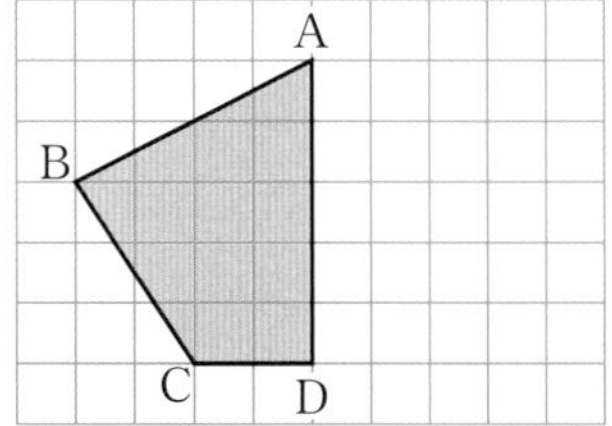

4 右の図は，長方形を 8 個の合同な直角三角形に分けたものです。三角形㋐を，それぞれ 1 回移動させると，㋑，㋒，㋓の三角形に重ね合わせることができます。それぞれどんな移動をすればよいですか。

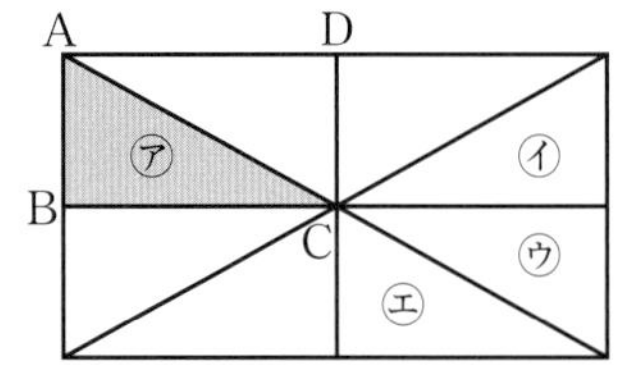

5 **右の図の合同な三角形㋐～㋒について，次の問に答えなさい。**

(1) 平行移動だけで㋐に重ね合わせることができる三角形はどれですか。また，そのときの移動の方向と距離を，矢印のついた線分で示しなさい。

(2) 三角形㋒を，点 O を中心として反時計回りに 90 °だけ回転移動させた三角形をかきなさい。

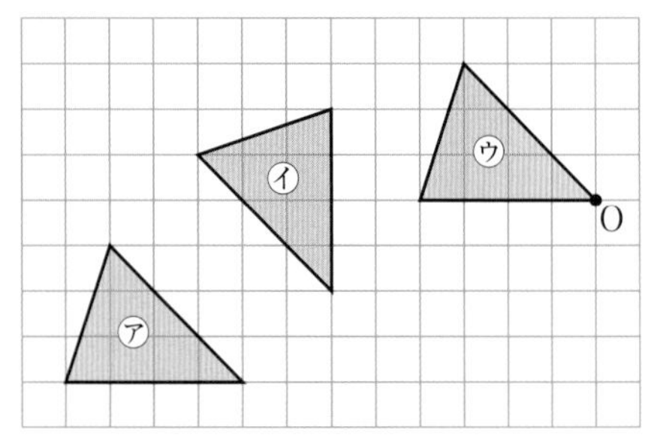

(3) 対称移動だけで重ね合わせることができる三角形は，どれとどれですか。また，そのときの，対称の軸をかきなさい。

ヒント
1 B，C からも矢印に平行で長さが等しい矢印をかく。
2 A に対応する点は，半直線 AO 上にある。O までの距離は等しい。

定期テスト予報
●平行移動，回転移動，対称移動それぞれの意味や性質を理解しておこう。
いろいろな記号の使い方に慣れておこう。図形の移動では，移動後の図形をかく問題だけでなく，移動前後の図形を見て，移動のしかたを説明する問題もある。文章の書き方にも注意しておく。

6 右の図の △ABC を △A′B′C′ に重ね合わせるには，
□ どのように移動させればよいですか。

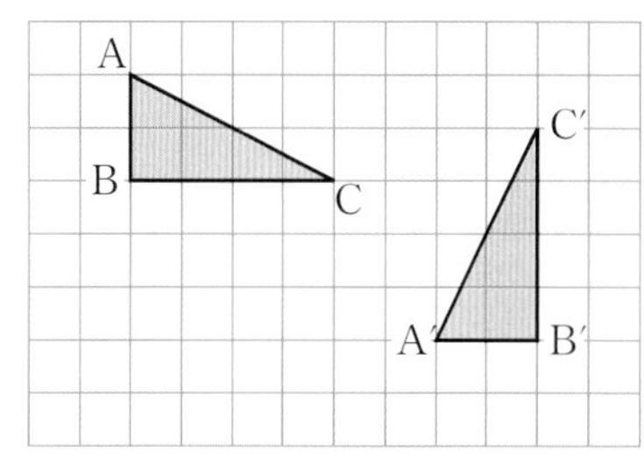

7 右の図は，4 つの正方形を組み合わせ，その正方形に対角線をかき入れたものです。

□(1) 三角形㋐を 1 回の移動で三角形㋑に重ね合わせるには，どのように移動させればよいですか。いろいろな移動を考えて説明しなさい。

□(2) 三角形㋐を 2 回の移動で三角形㋑に重ね合わせるには，どのように移動させればよいですか。いろいろな移動を考えて説明しなさい。

8 右の図は，ひし形 ABCD の対角線の交点を O としたものです。
次のことを，記号を使って表しなさい。

□(1) 向かい合う辺は平行である。

□(2) ㋐の角と㋑の角の大きさが等しい。

□(3) 対角線はそれぞれの中点で交わる。

□(4) 対角線は垂直に交わる。

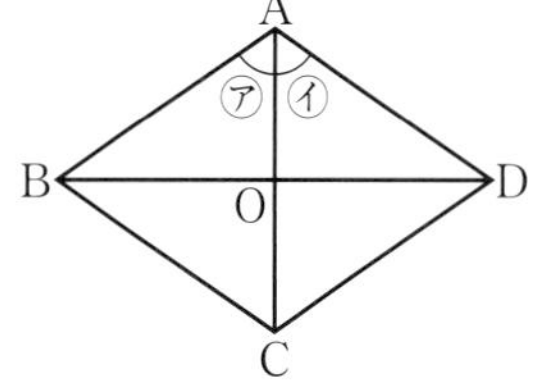

9 下の図の(1)，(2)について，∠BCA＝∠ECD＝60° ならば，∠BCE＝∠ACD となります。
この理由を説明しなさい。

□(1)

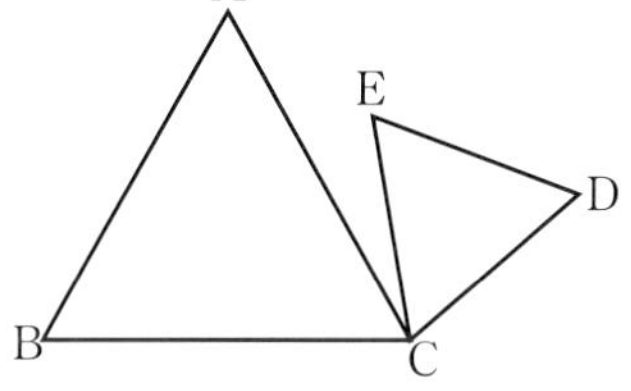

□(2)

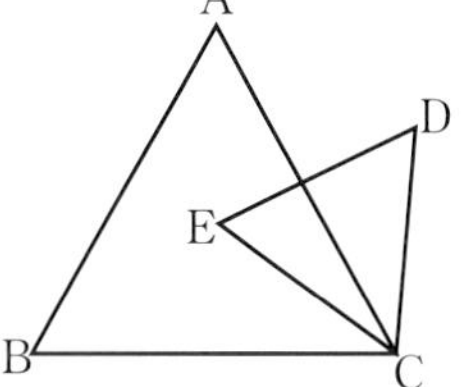

ヒント
7 (1)(2)とも，何通りか方法がある。(2) 1 回目の移動で他の三角形に重ねる。
9 記号∠を使って表すと，文字式のように計算できる。

2節 基本の作図
① 作図のしかた ／ ② 基本の作図

●作図のしかた

教科書 p.166

□ **例題 1** 線分 BC を1辺とする正三角形 ABC を作図する手順を説明しなさい。 ▸▸1

考え方 定規とコンパスで，正三角形の3辺はすべて等しくなるようにかく手順を考えます。

説明 点 ① [　　], ② [　　] を中心として半径 ③ [　　] の円をかき，その交点を A とする。

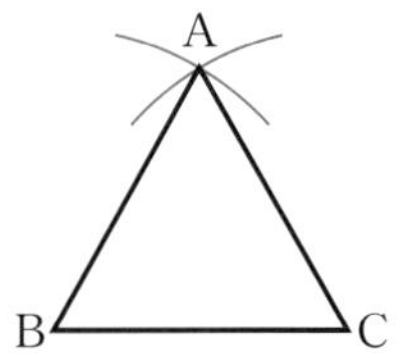

●基本の作図

教科書 p.167〜174

□ **例題 2** 次の作図の手順を説明しなさい。 ▸▸2〜4

(1) 直線 ℓ 上にない点 P を通り，ℓ に垂直な直線

(2) 線分 AB の垂直二等分線　　(3) ∠AOB の二等分線

考え方 交わる2つの円の性質を利用します。

説明

(1) ① 点 P を中心として ℓ に交わる円をかき，ℓ との交点を A，B とする。

② 点 ① [　　], ② [　　] を中心として等しい半径の円をかき，その交点の1つを C とする。

③ 直線 PC をひく。

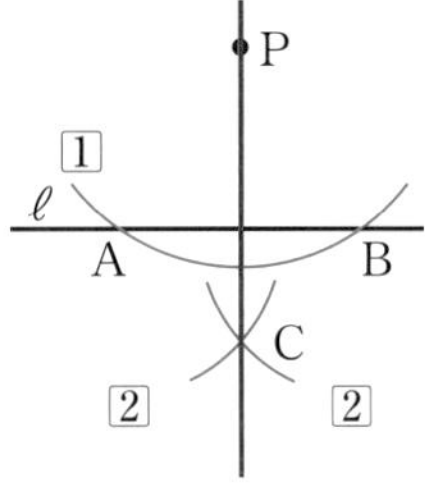

(2) ① 点 ③ [　　], ④ [　　] を中心として等しい半径の円をかき，その交点を C，D とする。

② 直線 ⑤ [　　] をひく。

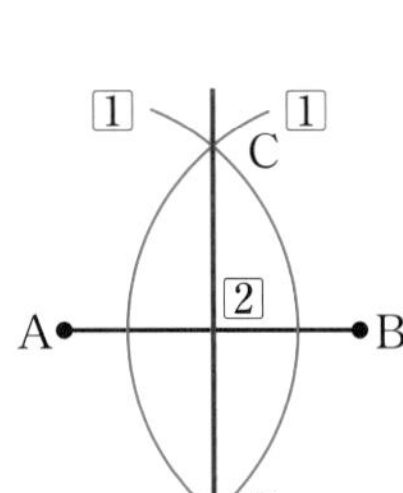

(3) ① 角の頂点 ⑥ [　　] を中心とする円をかき，角の2辺との交点を C，D とする。

② 点 ⑦ [　　], ⑧ [　　] を中心として等しい半径の円をかき，その交点を E とする。

③ 半直線 ⑨ [　　] をひく。

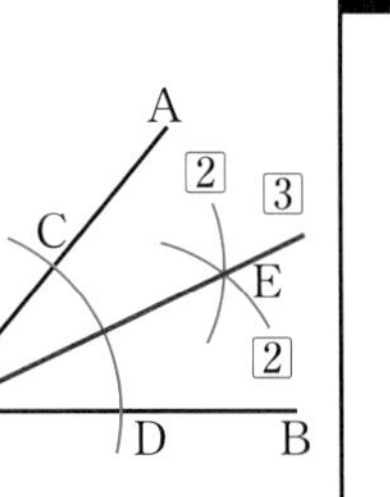

プラスワン 交わる2つの円の性質

交わる2つの円は，両方の円の中心を通る直線について線対称です。

対称の軸

半径が等しいときは，2つの交点を通る直線についても線対称になります。

対称の軸

プラスワン 距離

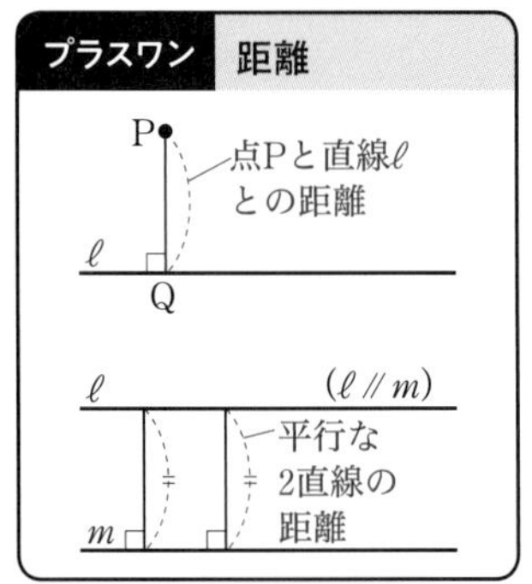

1 【作図のしかた】3 辺 AB，BC，CA が，下の図に示された長さとなるような △ABC を，右に作図しなさい。 教科書 p.166 問 1

絶対理解 **2** 【垂線】直線 ℓ 上にない点 P を通り，ℓ に垂直な直線を作図しなさい。ただし，(2)は直線 ℓ 上の 2 点 A，B を使い，(1)とは別の方法で作図しなさい。 教科書 p.168 例 1，p.169 例 2

□(1) □(2)

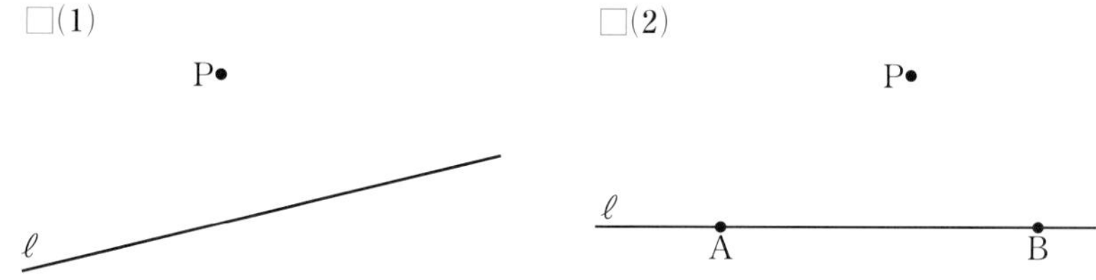

絶対理解 **3** 【垂直二等分線】(1)の図の線分 AB の垂直二等分線を作図しなさい。また，(2)の図の線分 CD の中点 M を，作図によって求めなさい。 教科書 p.172 問 6

□(1) □(2)

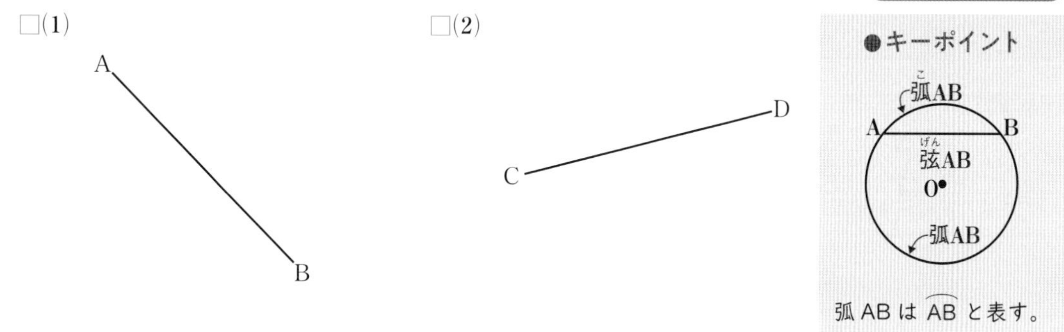

よく出る **4** 【角の二等分線】(1)の図の ∠AOB の二等分線を作図しなさい。また，(2)の図で，直線 ℓ 上の点 O を通り，ℓ に垂直な直線を作図しなさい。 教科書 p.173 例 4，p.174 Ⓠ

□(1) □(2)

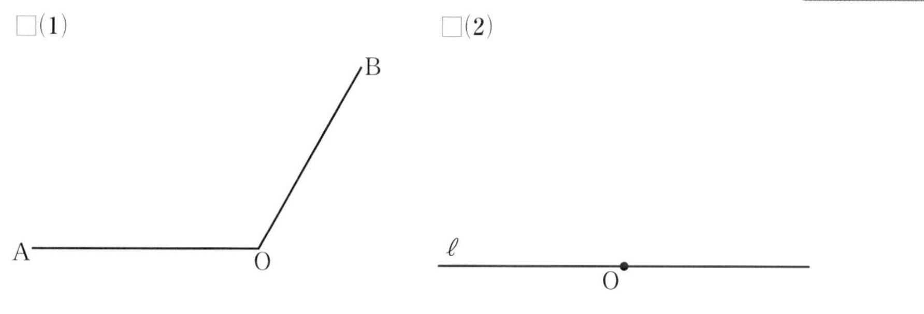

例題の答え **1** ①B ②C ③BC **2** ①A ②B ③A ④B ⑤CD ⑥O ⑦C ⑧D ⑨OE

5章 教科書 166 ~ 174 ページ

解答▶▶ p.41

ぴたトレ 1
要点チェック

5章　平面図形

2節　基本の作図
3　いろいろな作図

●円の接線の作図

教科書 p.175

□ 例題 1　円Oの周上に点Aがあります。点Aを通る円Oの接線の作図の手順を説明しなさい。　▸▸1

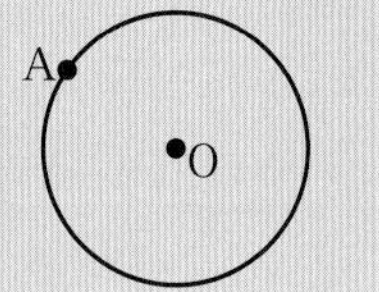

考え方　円の接線は，接点を通る半径に垂直であるから，点Aを通り，OAに垂直な直線をひく手順を考えます。

説明
1　半直線OAをひく。
2　点 ①＿＿＿ を中心とする円をかき，半直線OAとの交点をB，Cとする。
3　点 ②＿＿＿，③＿＿＿ を中心として等しい半径の円をかき，その交点をDとする。
4　直線ADをひく。

プラスワン　円の接線

円の**接線**…直線が1点だけで円と出あうとき，この直線は円に**接する**といい，この直線を円の**接線**，円が直線と接する点を**接点**といいます。
円の接線は，接点を通る半径に垂直です。

●垂直二等分線，角の二等分線を利用する作図

教科書 p.175～178

□ 例題 2　右の図は，円Oの一部です。この円の中心Oを作図し，円を完成する手順を説明しなさい。　▸▸2～4

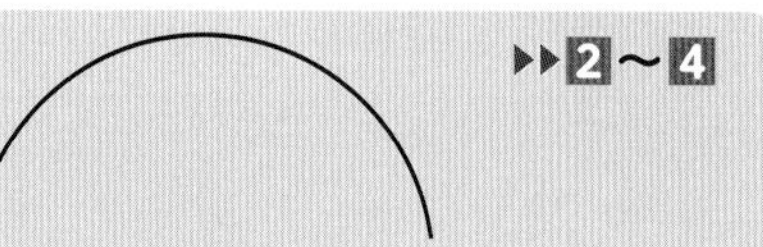

考え方　2点A，Bからの距離が等しい点は，線分ABの垂直二等分線上にあります。そのことを利用して，円の2つの弦を考え，それぞれの弦の垂直二等分線は円の中心を通る手順で考えます。

説明
1　弧の上に3点A，B，Cをとる。
2　線分AB，線分BCのそれぞれの ①＿＿＿ を作図し，その交点をOとする。
3　点 ②＿＿＿ を中心として，半径 ③＿＿＿ の円をかく。

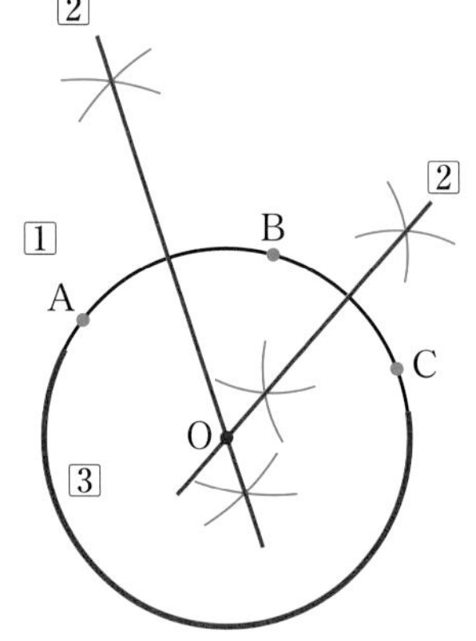

プラスワン　いろいろな大きさの角の作図

90°　➡垂線の作図
45°　➡90°を2等分
60°　➡正三角形の作図
30°　➡60°を2等分
75°　➡45°＋30°など
135°　➡180°－45°など

1 **【円の接線の作図】** 右の図のように，

□ 円 O の周上に点 A があります。

点 A を接点とする円 O の接線を作図しなさい。 教科書 p.175 問 1

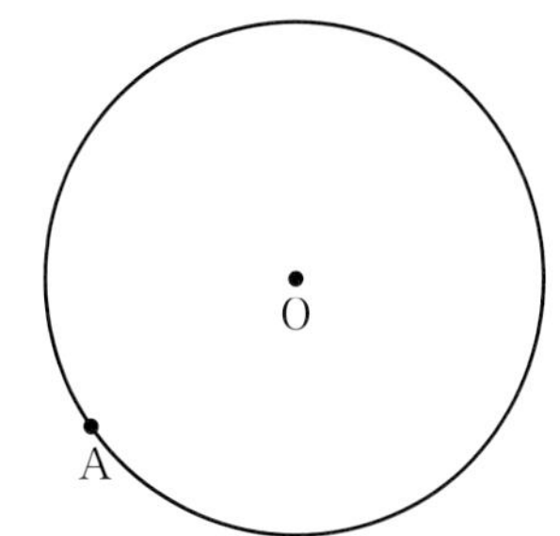

●キーポイント
円の接線は，接点を通る半径に垂直です。

絶対理解 **2** **【角の二等分線の作図の利用】** 下の図のように，線分 AB と半直線 AC，BD があります。
教科書 p.175 例 1，問 2

□(1) AC，AB，BD までの距離が等しい点 P を作図によって求めなさい。

□(2) (1)の点 P を中心として，P から線分 AB までの距離を半径とする円を作図しなさい。

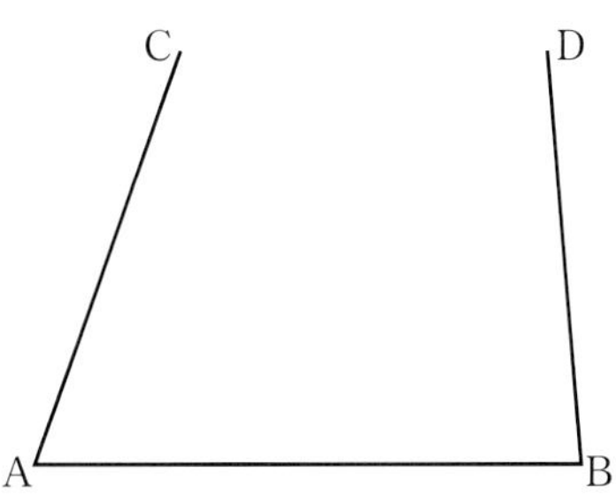

●キーポイント
角の 2 辺までの距離が等しい点は，その角の二等分線上にあります。

絶対理解 **3** **【垂直二等分線の作図の利用】**

□ 右の図は，円の一部です。円の中心 O を，作図によって求めなさい。また，円を完成させなさい。
教科書 p.176 Q

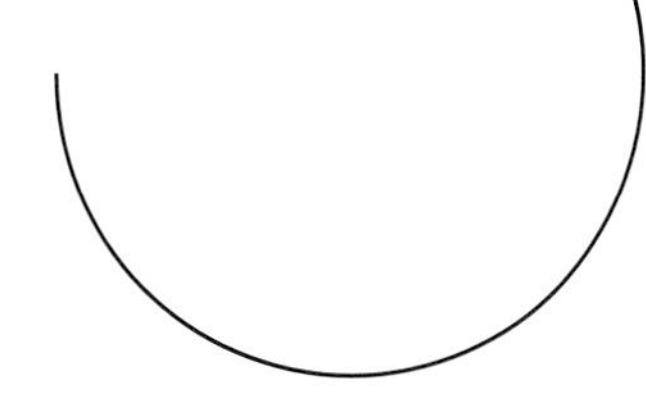

●キーポイント
弦の垂直二等分線は，円の中心 O を通ります。

5章 教科書 175〜178ページ

4 **【いろいろな大きさの角の作図】** 角の 1 つの辺を直線 ℓ 上にとって，次の大きさの角を作図しなさい。 教科書 p.177〜178

□(1) 30°

ℓ

□(2) 105°

ℓ

例題の答え **1** ①A ②B ③C **2** ①垂直二等分線 ②O ③OA(OB，OC)

2節　基本の作図　1～3

1 右の図のような線分があります。
□ この線分の長さを1辺の長さとする正六角形を作図しなさい。

2 **右の図は，点A，Bを中心とする2つの円の交点をC，Dとし，線分ABと線分CDとの交点をEとしたものです。次の問に答えなさい。**

□(1)　等しい線分を，等号を使ってすべて書きなさい。

□(2)　∠CBAと等しい角はどれですか。

□(3)　CDとABの関係を，記号を使って表しなさい。

□(4)　AE＝BEとなるのは，どんな場合ですか。

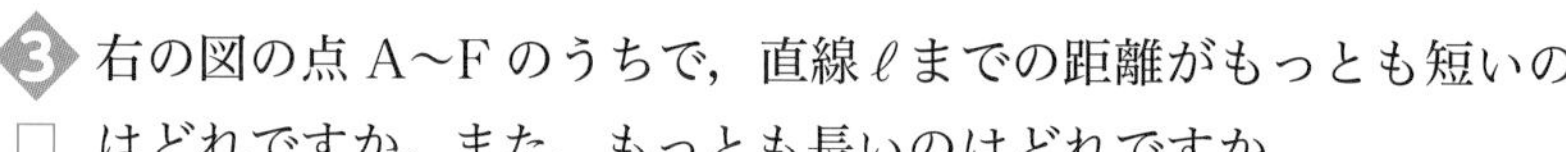

3 右の図の点A～Fのうちで，直線ℓまでの距離がもっとも短いのはどれですか。また，もっとも長いのはどれですか。

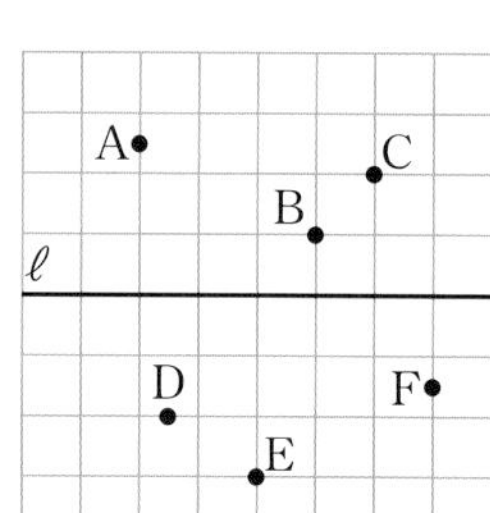

よく出る **4** **右の図の△ABCで，次の線分や点を，作図によって求めなさい。**

□(1)　辺BCを底辺とするときの高さAH

□(2)　辺ACの中点M

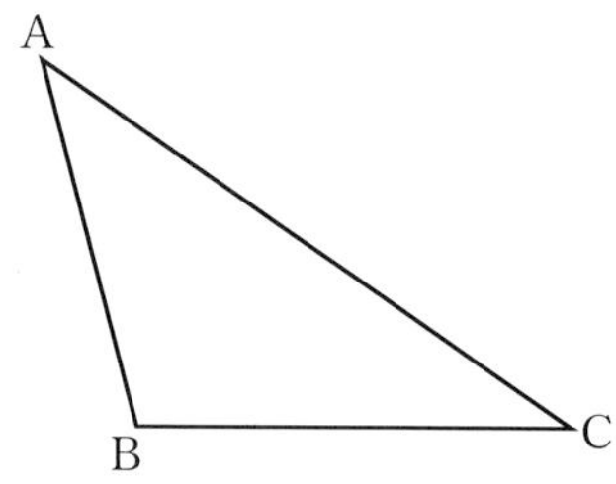

よく出る **5** 右の図で，直線ℓ上にあって，2点A，Bからの距離が等しい点Pを，作図によって求めなさい。

ヒント　**1** はじめに線分の長さを半径とする円をかく。
4 (1)辺BCをBのほうにのばして半直線CBをかき，作図しやすくする。

定期テスト予報 ●垂線，垂直二等分線，角の二等分線の作図法は「公式」として覚えておこう。
円の接線➡半径に垂直。円の中心・2点から等しい距離にある点➡垂直二等分線上にある。2辺から等しい距離にある点➡角の二等分線上にある。理解しておこう。絶対出題されるよ。

6 右の図は，直線 AB 上の点 O から半直線 OC をひいたものです。

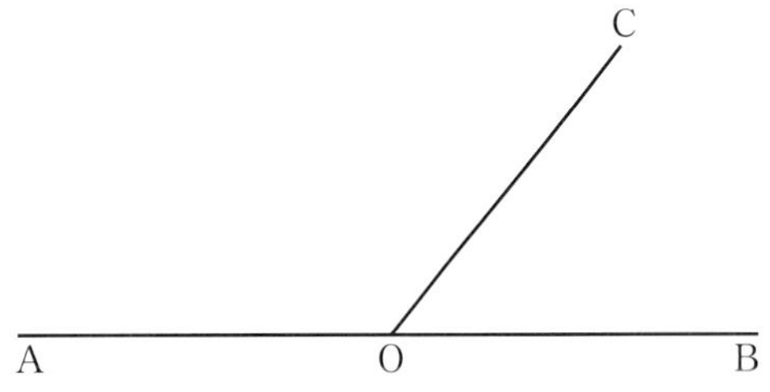

□(1) ∠AOC，∠BOC の二等分線 OP，OQ を作図しなさい。

□(2) ∠POQ の大きさは何度になりますか。

7 右の図のような長方形 ABCD の紙を，頂点 A が，辺 BC の
□ 中点 M に重なるように折ります。このときの折り目の線分を作図しなさい。

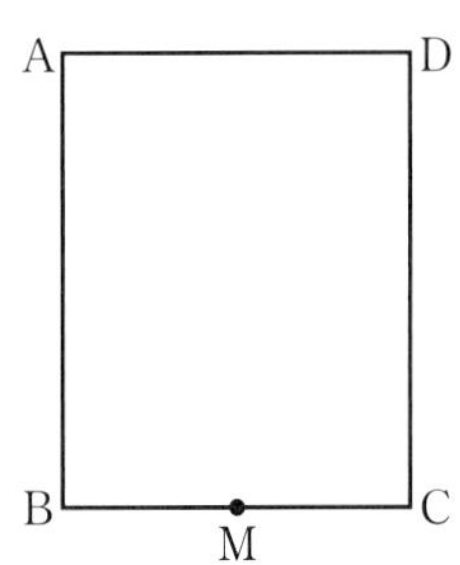

8 右の地図にある公園に，時計塔(とう)を建て，けやきの大木を山から移植します。時計塔は，学園通りと市役所通りまでの距離が同じで，西門からの距離がもっとも近い地点に建て，けやきの大木は，北門，西門，東門の3つの門から等しい距離にある地点に植えます。次の(1)，(2)の地点を作図によって求める方法を，北門，西門，南門，東門の地点をそれぞれ A，B，C，D として説明しなさい。

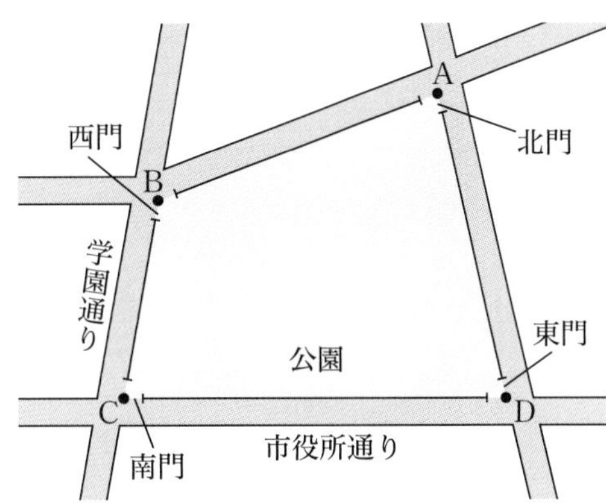

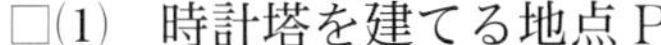

□(1) 時計塔を建てる地点 P

□(2) けやきの大木を移植する地点 Q

5章
教科書 165〜176ページ

ヒント **7** 2点A，Mは折り目の直線について対称である。

8 (1) 2辺までの距離が同じ→Bから最短の順に。(2) AとBから等距離と，AとDから等距離に分けて考える。

解答▶▶ p.42

ぴたトレ 1 要点チェック

5章 平面図形

3節 おうぎ形
1 おうぎ形

●おうぎ形

教科書 p.180

例題 1 右の図の青く色をつけた図形で，㋐の線，㋑の線をそれぞれ何といいますか。また，この図形，㋒の角をそれぞれ何といいますか。

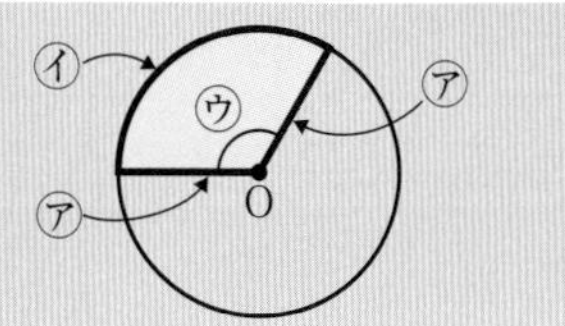

▶▶1

考え方 扇子（せんす）の形に似ている図形といえます。㋐～㋒は基本的な用語です。

答え ㋐は，円の中心と円周上の点を結ぶ線分で，①［　］といい，㋑は，円周の一部で，②［　］という。

青い色のついた部分は，2つの①［　］と②［　］で囲まれた図形で，③［　］といい，㋒の角をその図形の④［　］という。

プラスワン おうぎ形

おうぎ形（がた）…弧の両端を通る2つの半径とその弧で囲まれた図形を**おうぎ形**といいます。

中心角（ちゅうしんかく）…おうぎ形で，2つの半径のつくる角を**中心角**といいます。

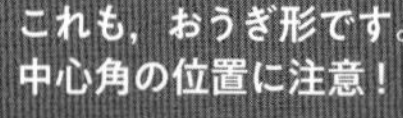

これも，おうぎ形です。
中心角の位置に注意！
中心角

●おうぎ形の弧の長さと面積

教科書 p.180～181

例題 2 半径が5 cm，中心角が72°のおうぎ形の弧の長さと面積を求めなさい。

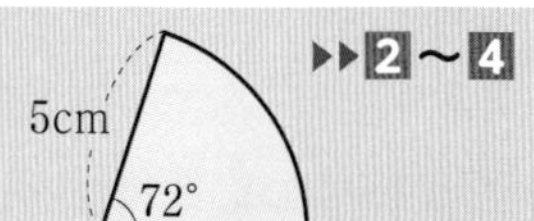

▶▶2～4

考え方 1つの円では，おうぎ形の弧の長さと面積は中心角に比例します。おうぎ形の弧の長さと面積を求める公式を使います。

半径 r の円について
(円周)$=2\pi r$
(面積)$=\pi r^2$
でしたね。

答え 弧の長さは

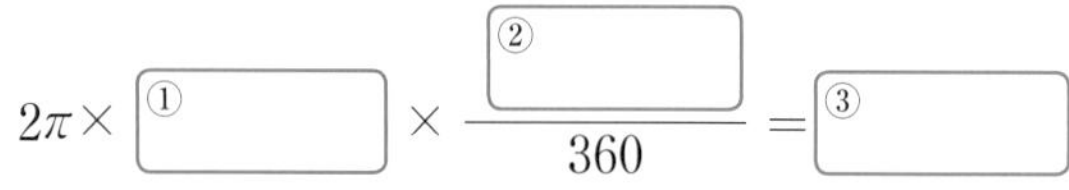

$$2\pi \times ① \times \frac{②}{360} = ③$$

面積は

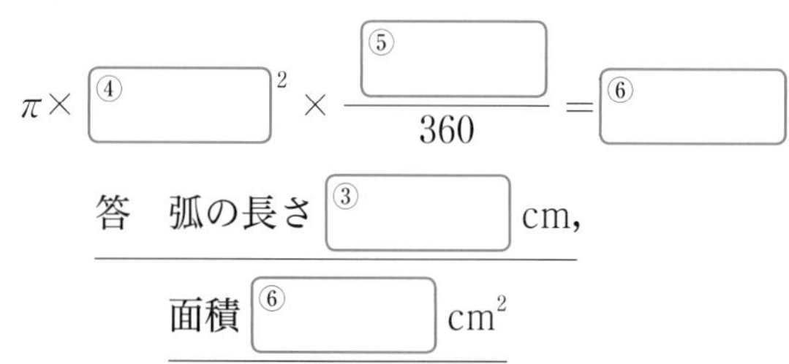

$$\pi \times ④^2 \times \frac{⑤}{360} = ⑥$$

答　弧の長さ ③［　］cm，
面積 ⑥［　］cm²

プラスワン おうぎ形の弧の長さと面積

半径 r，中心角 $a°$ のおうぎ形の弧の長さを ℓ，面積を S とすると ℓ と S は次の式で求めることができます。

$$\ell = 2\pi r \times \frac{a}{360}$$

$$S = \pi r^2 \times \frac{a}{360}$$

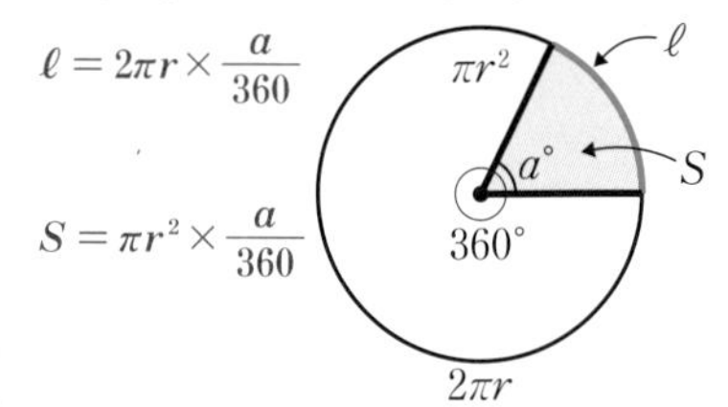

1 【おうぎ形】次の問に答えなさい。 教科書 p.180

□(1) 右の図で，色をつけた㋐，㋑のような図形を何といいますか。

㋐

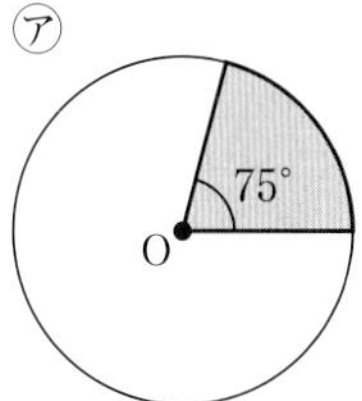

㋑

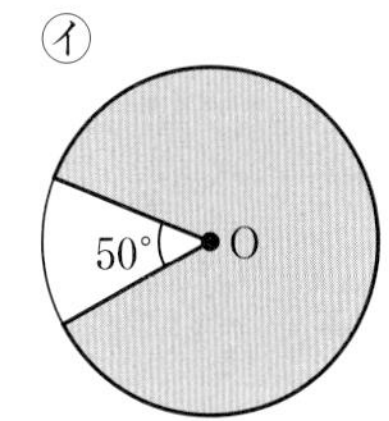

⚠ミスに注意
おうぎ形の中心角には，180°よりも大きいものもあります。

□(2) ㋐，㋑の図形の中心角の大きさはそれぞれ何度ですか。

絶対理解 **2** 【おうぎ形の弧の長さと面積】次のおうぎ形の弧の長さと面積を求めなさい。 教科書 p.181 例 1

□(1)

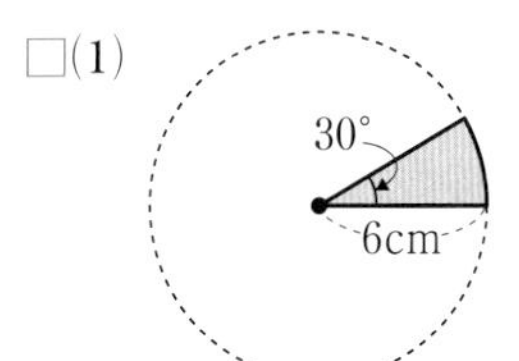

□(2)

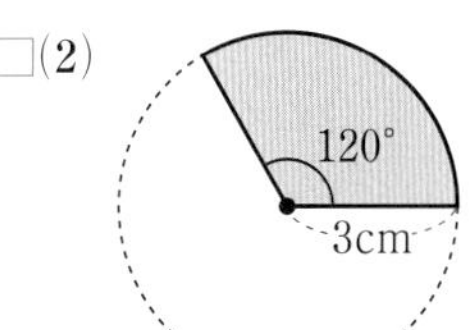

□(3)

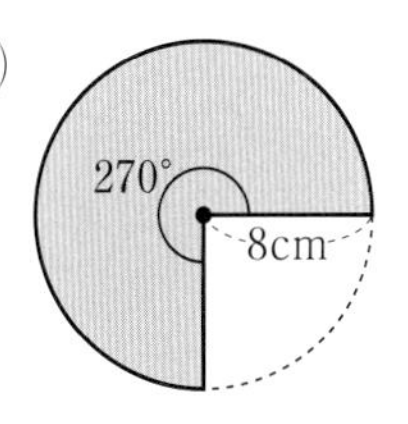

●キーポイント
おうぎ形の弧の長さや面積は，半径と中心角がわかれば求められます。

よく出る **3** 【おうぎ形の弧の長さと面積】次のおうぎ形の弧の長さと面積を求めなさい。 教科書 p.181 問 1

□(1) 半径が 9 cm，中心角が 80°

□(2) 半径が 8 cm，中心角が 135°

□(3) 半径が 12 cm，中心角が 210°

4 【おうぎ形の面積の比較】半径 6 cm の円を中心をふくんで 5 等分してできる図形と，半径 8 cm の円を中心をふくんで 9 等分してできる図形で，1 つ分の面積が大きいのはどちらですか。 教科書 p.181 問2

□

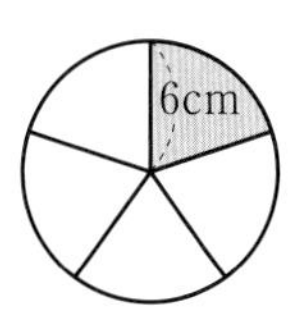

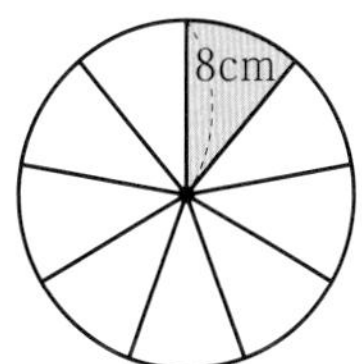

例題の答え **1** ①半径 ②弧 ③おうぎ形 ④中心角 **2** ①5 ②72 ③$2\pi$ ④5 ⑤72 ⑥$5\pi$

3節 おうぎ形 1

1 中心角が70°のおうぎ形OABがあります。
□ $\overset{\frown}{AB}$ の長さを2等分する点Mを，作図によって求めなさい。

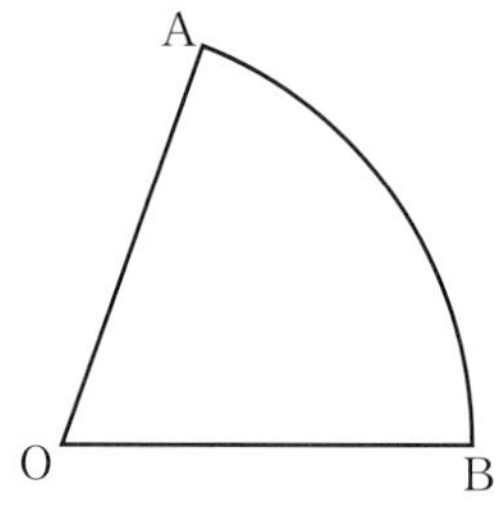

2 右の図のように，1つの円Oが，3つの半径OA，OB，OCによって，3つのおうぎ形OAB，OBC，OCAに分けられています。弧の長さの比は，$\overset{\frown}{AB}:\overset{\frown}{BC}:\overset{\frown}{CA}=3:4:5$ です。

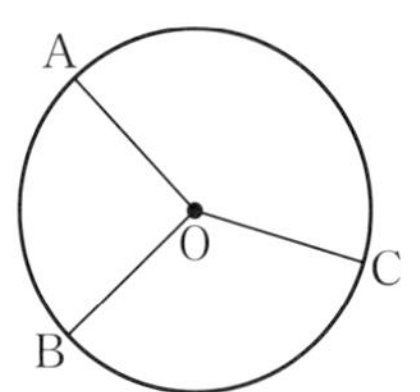

□(1) それぞれのおうぎ形の中心角を求めなさい。

□(2) 円Oの面積が 225π cm^2 のとき，おうぎ形OBCの面積を求めなさい。

3 次のおうぎ形の弧の長さと面積を求めなさい。

□(1)

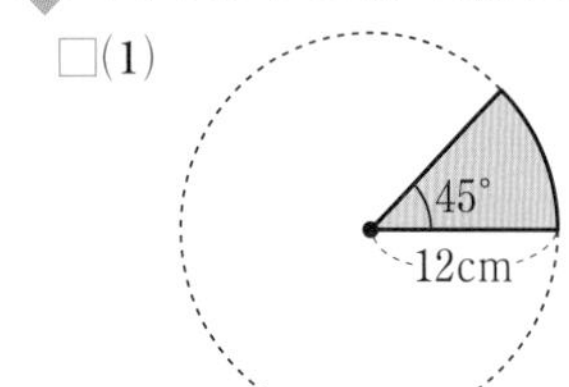

□(2)

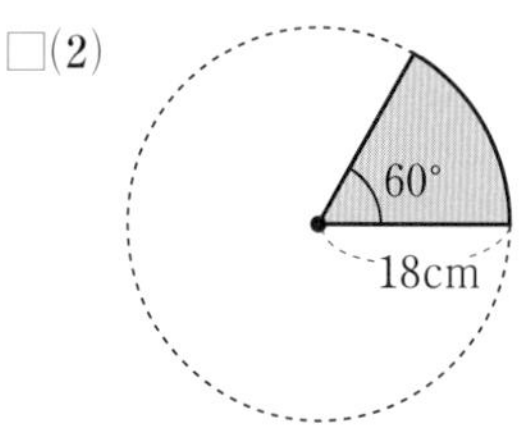

□(3)

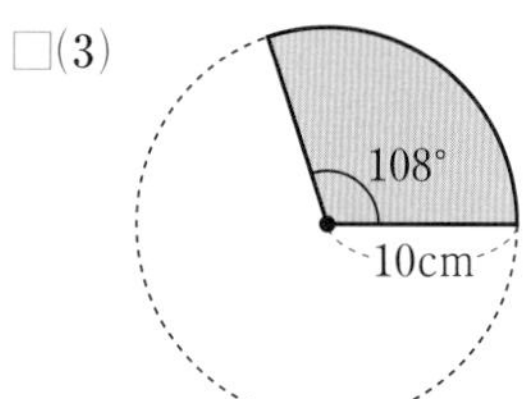

□(4)

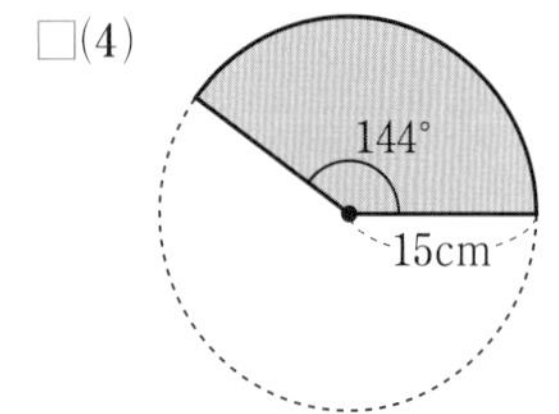

□(5)

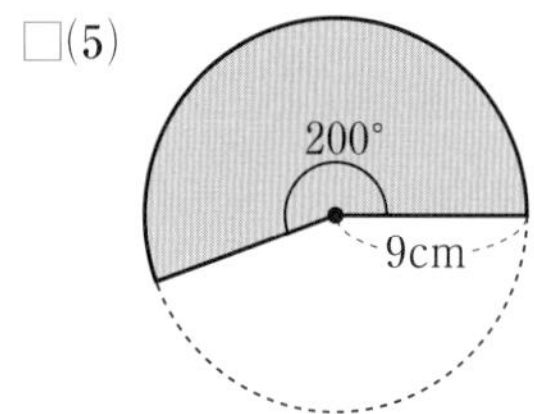

□(6)

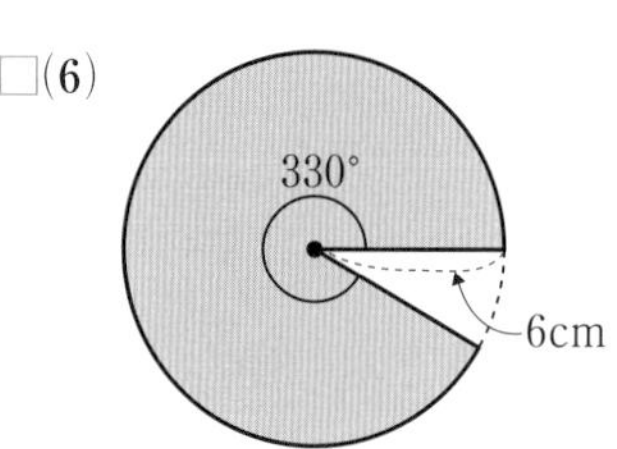

ヒント **1** **2** おうぎ形の弧の長さ，面積は，中心角に比例する。
3 弧の長さ，面積の公式を利用する。

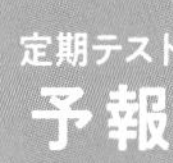

●おうぎ形の基本は，弧の長さ，面積が中心角に比例することだよ。
この基本の考えで，円周，円の面積をもとに，弧の長さや面積を求めるんだ。おうぎ形の公式は，円の公式に $\frac{中心角}{360}$ をかけているね。基本の考えを理解した上で公式を使おう。

4 次のおうぎ形の弧の長さと面積を求めなさい。

□(1)　半径が 4 cm，中心角が 54°

□(2)　半径が 8 cm，中心角が 75°

□(3)　半径が 10 cm，中心角が 117°

□(4)　半径が 6 cm，中心角が 225°

□(5)　半径が 3 cm，中心角が 280°

5 直径 20 cm の M サイズのピザを 6 人で同じ大きさに分けようとしたところ，2 人加わったので，直径 24 cm の L サイズのピザを 8 人で同じ大きさに分けることにしました。一人分が大きいのは，M サイズ，L サイズのどちらのピザでしょうか。なお，切り分ける前のピザは円とみなします。
□

6 右の図で，OA＝20 cm とします。線分 OA を，点 O を中心として時計回りに 135° だけ回転移動させるとき，線分 OA が動いたあとにできる図形について，次の(1)，(2)を求めなさい。

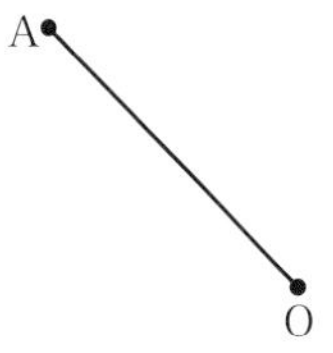

□(1)　面積

□(2)　周の長さ

5章
教科書 179～181ページ

5 一人分のピザは，それぞれのピザの面積の何分の一であるかを考えればよい。
6 (2)弧の部分と線分の部分がある。

5章　平面図形

1 下の図は，8個の合同な直角二等辺三角形を組み合わせたものです。(1)〜(3)のそれぞれにあてはまる三角形をすべて答えなさい。知

(1)　△ABOを，1回だけ平行移動させて重ね合わせることができる三角形

(2)　△ABOを，1回だけ対称移動させて重ね合わせることができる三角形

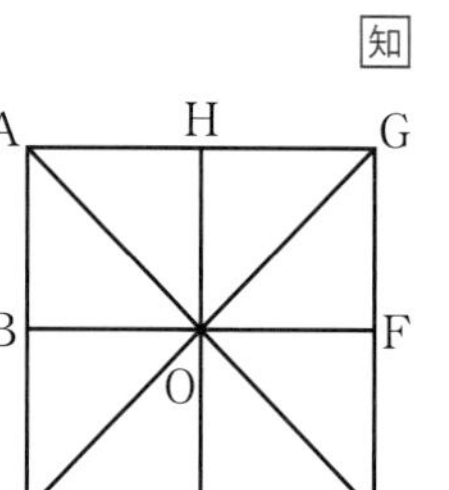

(3)　△ABOを，点Oを中心に1回だけ回転移動させて重ね合わせることができる三角形

1　点/24点（各8点）

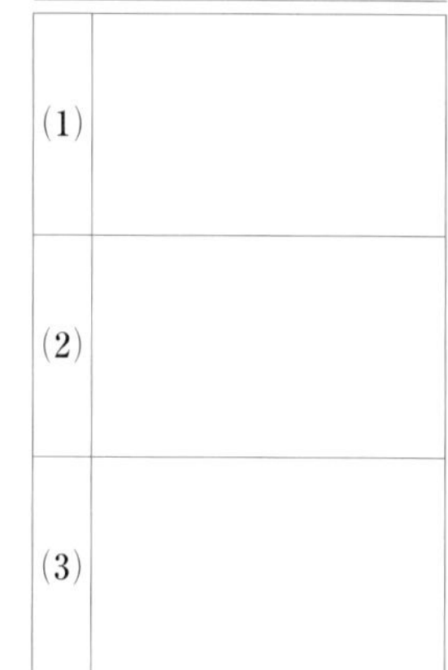

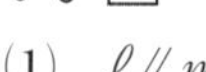

2 下のそれぞれの図で，△PQRは，△ABCを2回対称移動させて移したものです。1回の移動で，△ABCを△PQRに重ね合わせるには，それぞれどうしたらよいですか。移動の方法を答えなさい。考

(1)　$\ell /\!/ m$

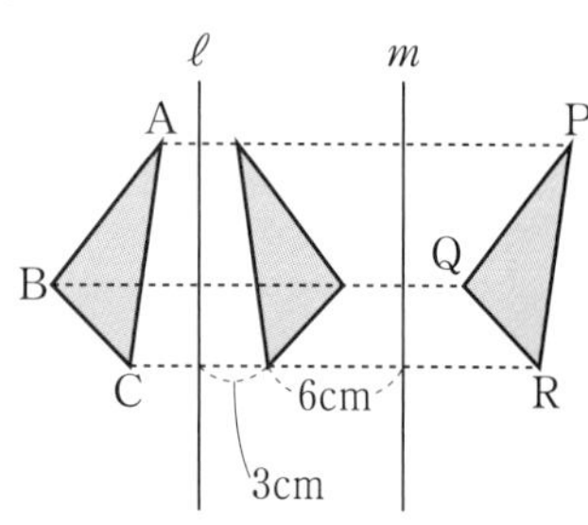

(2)　∠XOY＝60°

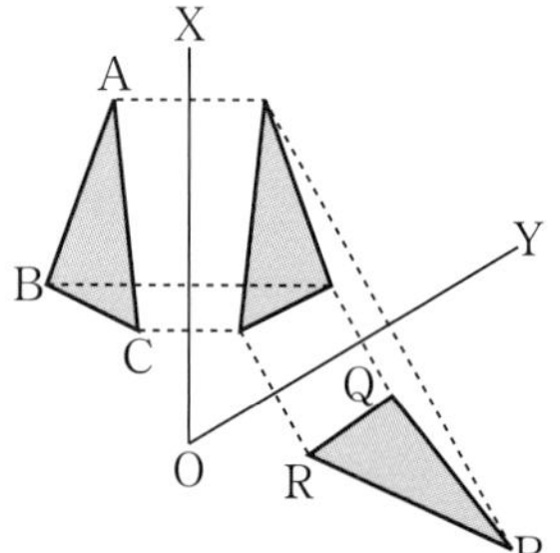

2　点/16点（各8点）

(1)	
(2)	

3 次の問に答えなさい。知

(1)　右のおうぎ形の周の長さと面積を求めなさい。

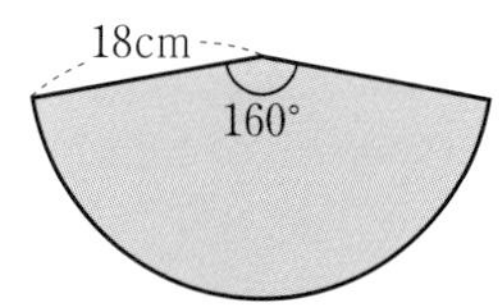

(2)　半径が30 cmで，弧の長さが16π cmのおうぎ形があります。

①　中心角を求めなさい。　②　面積を求めなさい。

3　点/24点（各6点）

　成績評価の観点　知…数量や図形などについての知識・技能　考…数学的な思考・判断・表現

❹ 次の問に答えなさい。((1)(2) 知 (3)(4) 考)

(1) 直線 ℓ 上に中心 O があり，直線 m と m 上の点 A で接する円 O を作図しなさい。

(2) △ABC の，3 辺 AB，BC，CA までの距離(きょり)が等しい点 P を，作図によって求めなさい。

(3) △PQR が，△ABC を対称移動させたものであるとき，対称の軸を作図しなさい。

点UP (4) 線分 CD が，線分 AB を回転移動させたものであるとき，回転の中心 O を，作図によって求めなさい。

❹ 点/36点(各9点)

(1)

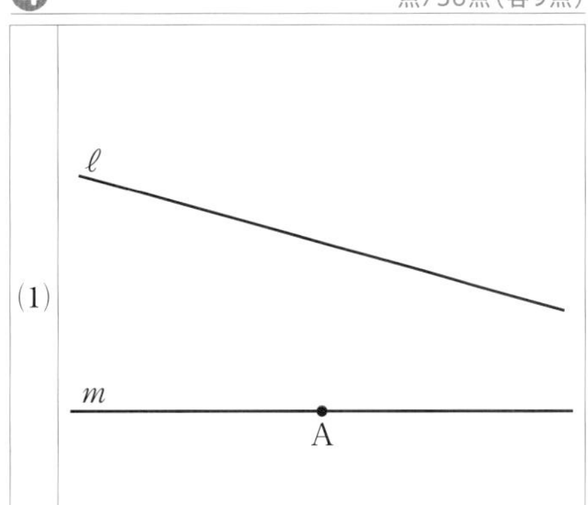

(2)

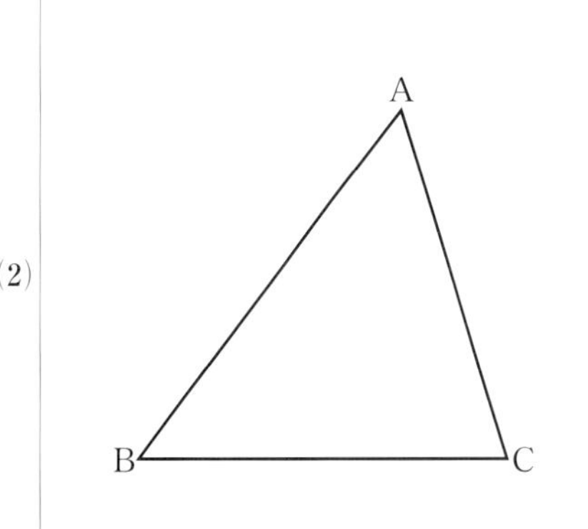

(3)

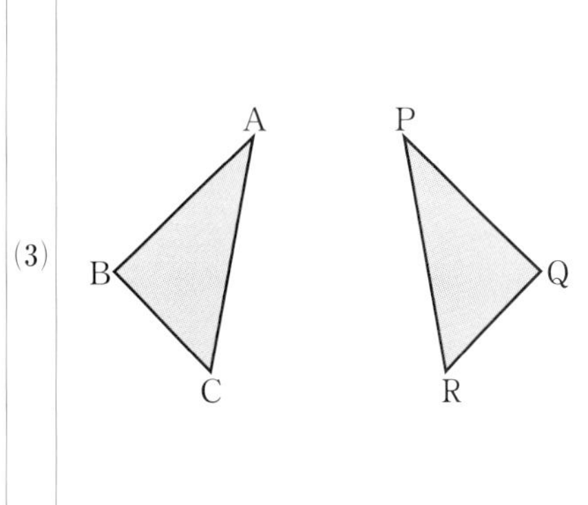

(4)

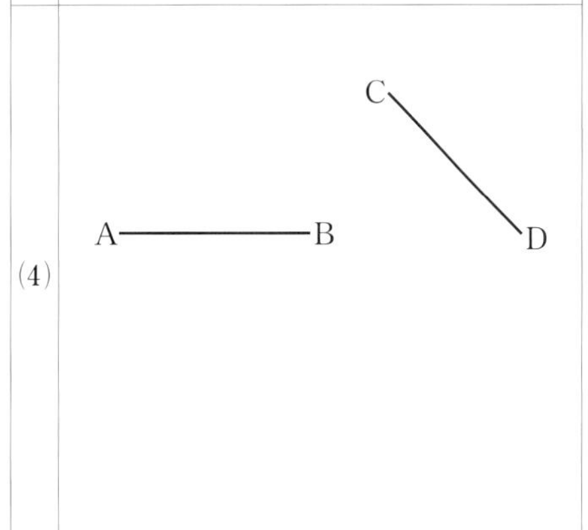

知 /66点	考 /34点

5章 教科書153～186ページ

解答▶▶ p.46

教科書のまとめ〈5章　平面図形〉

●平行移動

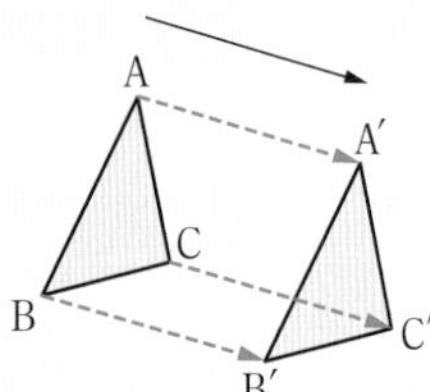

対応する2点を結ぶ線分は平行で長さは等しい。

●回転移動

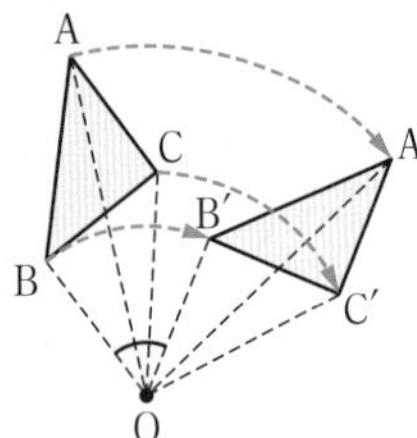

・対応する点は回転の中心から等しい距離にある。
・対応する点と回転の中心を結んでできる角の大きさはすべて等しい。

●対称移動

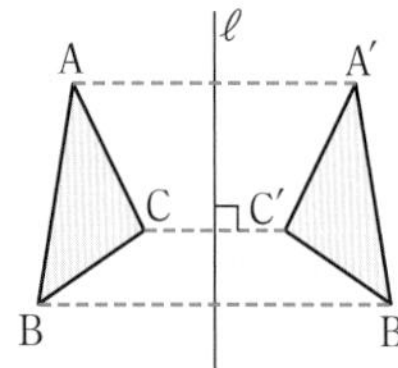

対応する点を結ぶ線分は，対称の軸によって垂直に2等分される。

●垂線の作図

・直線 ℓ 上にない点Pを通る直線 ℓ の垂線

方法1　　**方法2**

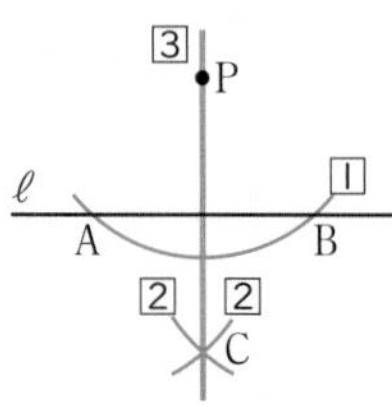

・直線 ℓ 上の点Oを通る垂線

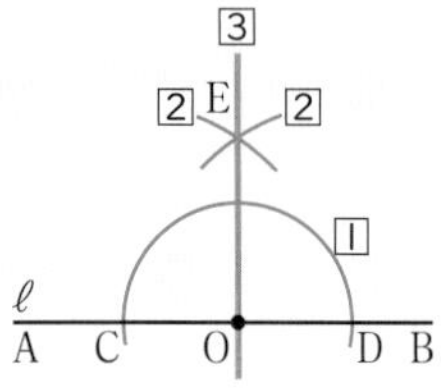

●垂直二等分線の作図

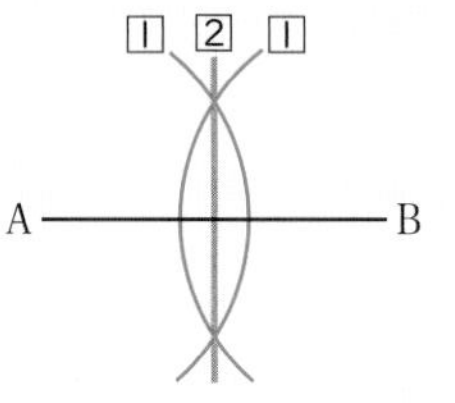

●角の二等分線の作図

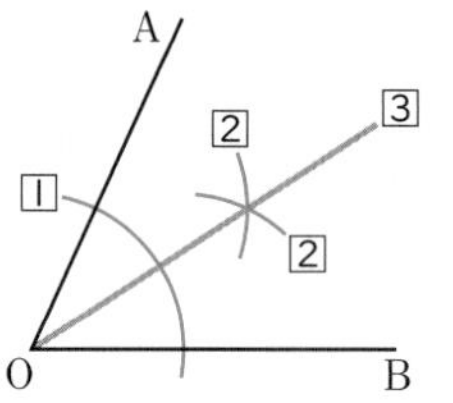

●円の接線

円の接線は，接点を通る半径に垂直である。

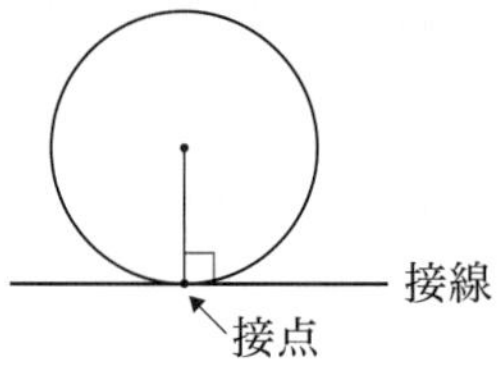

●おうぎ形

・円の弧の両端を通る2つの半径とその弧で囲まれた図形を**おうぎ形**という。
・おうぎ形で，2つの半径のつくる角を**中心角**という。

●おうぎ形の弧の長さと面積

半径r，中心角$a°$のおうぎ形の弧の長さをℓ，面積をSとすると，

$$\ell=2\pi r\times\frac{a}{360}$$

$$S=\pi r^2\times\frac{a}{360}$$

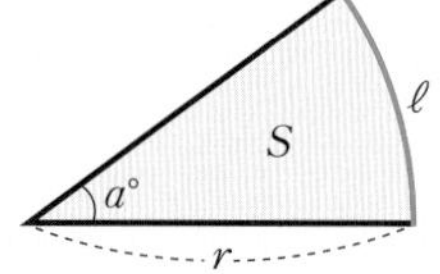

ぴたトレ 0 スタートアップ

6章　空間図形

次の学習に入る前に取り組もう。

□見取図と展開図　◀ 小学5年

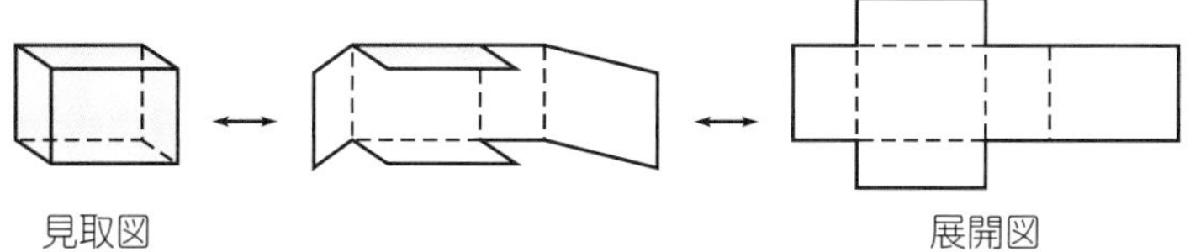

□角柱，円柱の体積の公式　◀ 小学6年

(角柱の体積)＝(底面積)×(高さ)　　(円柱の体積)＝(底面積)×(高さ)

1 次の展開図からできる立体の名前を答えなさい。　◀ 小学5年〈角柱と円柱〉

(1)

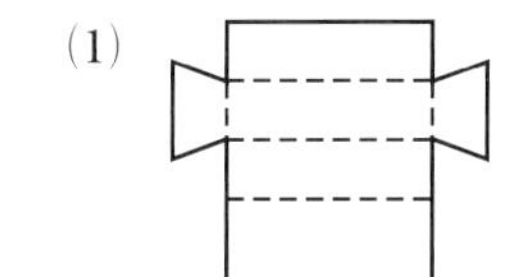

(2)

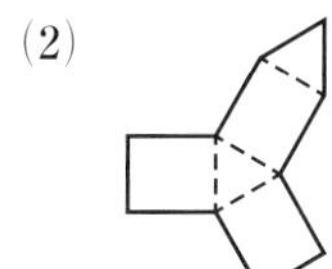

ヒント
(2)三角形を底面と考えると……

2 右の展開図を組み立てて，立方体をつくります。　◀ 小学4年〈直方体と立方体〉

(1)　辺EFと重なる辺はどれですか。

(2)　頂点Eと重なる頂点をすべて答えなさい。

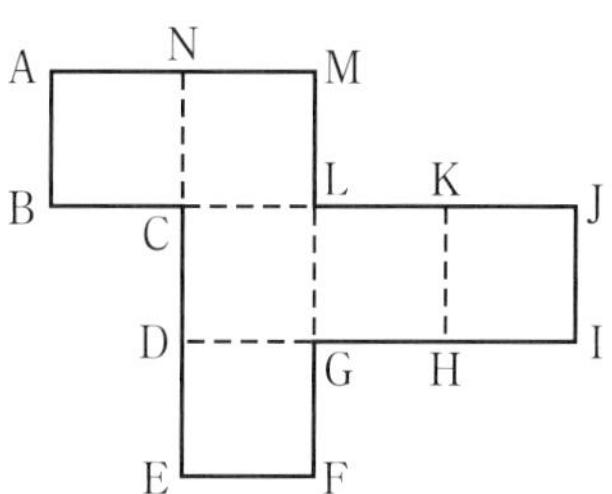

ヒント
例えばCDGLを底面と考えて，組み立てると……

3 次の立体の体積を求めなさい。ただし，円周率を3.14とします。　◀ 小学6年〈立体の体積〉

ヒント
底面はどこか考えると……

(1)　直方体

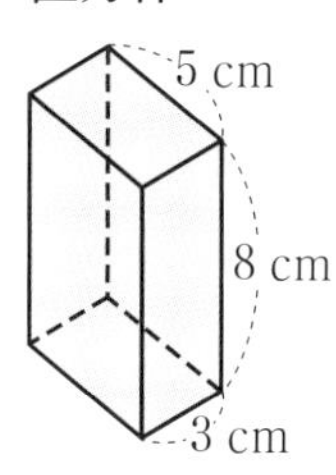

(2)　三角柱

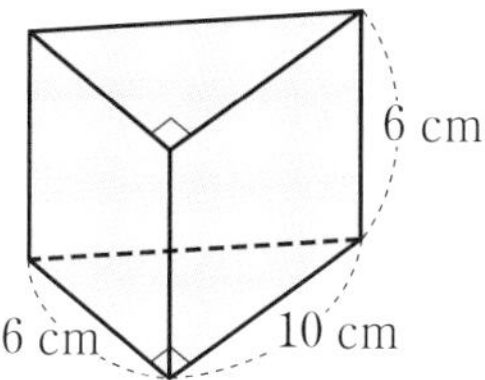

(3)　円柱

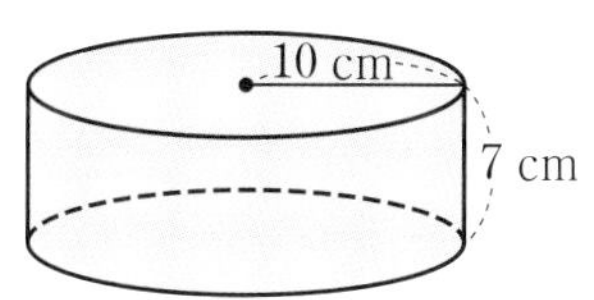

(4)　円柱

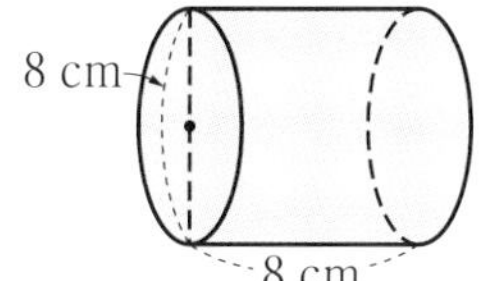

6章

解答▶▶ p.47

ぴたトレ 1 要点チェック

6章 空間図形

1節 いろいろな立体
[1] いろいろな立体

●多面体，角錐と円錐

教科書 p.190～191

□ **例題 1** (1)，(2)のそれぞれについて，2つの立体の共通点やちがいを答えなさい。 ▶▶[1][2]

(1) 円柱と円錐（えんすい）　(2) 角錐（かくすい）と円錐

考え方 底面の形や数，側面について比べます。

答え (1) 共通点…底面の形は ①[　　　]，
側面は曲面である。
ちがい…底面の数は
円柱が ②[　　　] つ，
円錐が ③[　　　] つである。

(2) 共通点…底面の数はどちらも，
④[　　　] つである。
ちがい…角錐の底面は多角形で，円錐の底面は円である。また，角錐の側面は ⑤[　　　] であり，円錐の側面は曲面である。

プラスワン 多面体，角錐と円錐

多面体（ためんたい）…平面だけで囲まれた立体。
面の数によって，四面体，五面体などといいます。
角錐…下の㋐や㋑のような多面体を**角錐**といいます。
(例)底面が正三角形で，側面がすべて合同な二等辺三角形である角錐を正三角錐といいます。
円錐…底面が円の，㋒のような立体を**円錐**といいます。

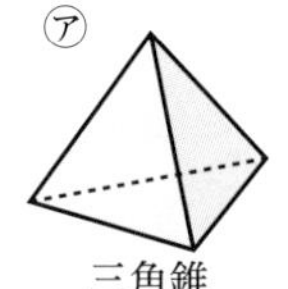
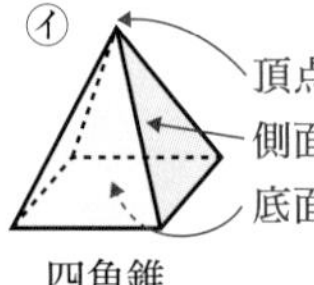

三角錐　四角錐　円錐

●正多面体

教科書 p.191～192

□ **例題 2** 正八面体について，面の形と面の数，辺の数，頂点の数を答えなさい。 ▶▶[3][4]
また，1つの頂点に集まる面の数はいくつですか。

考え方 右下，プラスワンの見取図を見て調べます。

答え 正八面体の面の形は ①[　　　]，
面の数は ②[　　　] つである。
辺の数は ③[　　　]，
頂点の数は ④[　　　] つである。
また，1つの頂点には ⑤[　　　] つの面が集まっている。

プラスワン 正多面体

正多面体…多面体で，次の2つの性質をもち，へこみのないものをいいます。
[1] どの面もすべて合同な正多角形である。
[2] どの頂点にも面が同じ数だけ集まっている。

正多面体は，下の図のように，5種類あります。

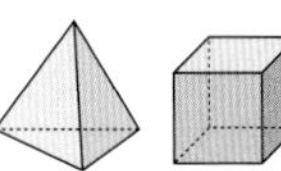
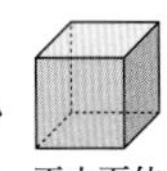
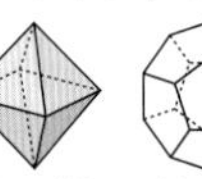
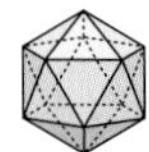

正四面体　正六面体　正八面体　正十二面体　正二十面体

※正六面体は，立方体のことです。

絶対理解 **1** 【多面体】次の㋐～㋖の立体について，下の問に答えなさい。 教科書 p.190 問 1

㋐ 三角柱　㋑ 三角錐　㋒ 四角柱　㋓ 四角錐

㋔ 円柱　㋕ 円錐　㋖ 球

□(1) 多面体はどれですか。また，それは何面体ですか。すべて答えなさい。

□(2) 底面が 1 つだけある立体はどれですか。すべて答えなさい。

□(3) どこから見ても円に見える立体はどれですか。

2 【多面体】正四角柱と正四角錐について，次の問に答えなさい。 教科書 p.191 問 2

□(1) 共通点を書きなさい。

□(2) ちがいを書きなさい。

3 【正多面体】正四面体と正六面体について，次の問に答えなさい。 教科書 p.191 Q

□(1) 共通点を書きなさい。

□(2) ちがいを書きなさい。

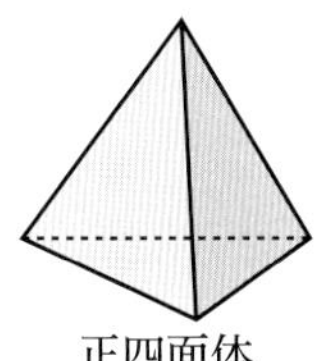
正四面体

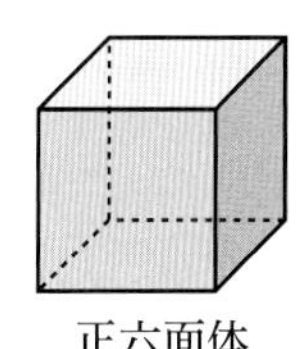
正六面体

●キーポイント
正多面体は
正四面体，正六面体，
正八面体，正十二面体，
正二十面体
の 5 種類しかありません。

よく出る **4** 【正多面体】正多面体について，次の問に答えなさい。 教科書 p.192 問 6，問 7

□(1) 下の表の空らんをうめて，表を完成させなさい。

	面の形	1 つの頂点に集まる面の数	面の数	辺の数	頂点の数
正四面体	正三角形	①	4	②	③
正六面体	④	⑤	6	12	⑥
正八面体	正三角形	4	8	12	6
正十二面体	⑦	3	12	30	⑧
正二十面体	正三角形	⑨	20	⑩	12

□(2) 上の表をもとに，5 種類の正多面体で，それぞれ
(面の数) − (辺の数) + (頂点の数) を求めなさい。
どんなことがいえますか。

例題の答え **1** ①円　②2　③1　④1　⑤三角形(平面)　**2** ①正三角形　②8　③12　④6　⑤4

解答▶▶ p.47

6章 空間図形

2節 立体の見方と調べ方
1 直線や平面の位置関係 ／ 2 面の動き

●空間内における直線や平面

教科書 p.194～196

□ **例題 1** 右の図の直方体で，辺 AB とねじれの位置にある辺はどれですか。 ▶▶1 2

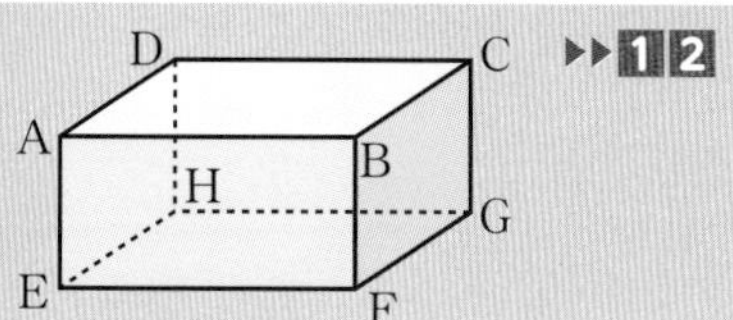

考え方 辺 AB と平行な辺や交わる辺を除きます。

答え 辺 AB と平行でなく交わらない辺であるから，

辺 ①____，

辺 ②____，

辺 ③____，

辺 ④____

プラスワン 空間内における直線や平面

直線 ℓ と ℓ 上にない点とをふくむ平面は，1つしかありません。

2つの平面…㋐交わる ㋑平行 P∥Q(2つの平面が交わらない)

平面と平面が交わったところにできる線は直線となり，この線を交線（こうせん）といいます。

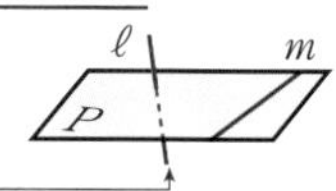

平面と直線…㋐平面上にある ㋑交わる ㋒平行 ℓ∥P(直線と平面が出あわない)

2つの直線…㋐交わる ㋑平行 ℓ∥m ㋒ねじれの位置

空間内で，平行でなく交わらない2つの直線は**ねじれの位置にある**といいます。

ℓ m P

●直線や平面の垂直

教科書 p.197～199

□ **例題 2** 例題1 の直方体で，辺 AE は面 EFGH に垂直であることを説明しなさい。 ▶▶3

考え方 辺 AE が，面 EFGH 上の2つの直線に垂直であることを示します。

説明 辺 AE は，面 EFGH と点 ①____ で交わり，

AE⊥ ②____

AE⊥EH であるから，

面 EFGH に垂直である。

プラスワン 直線や平面の垂直

・平面 P と交わる直線 ℓ が，その交点 O を通る P 上の2つの直線 m，n に垂直になっていれば，直線 ℓ は平面 P に垂直です。

・2つの平面 P，Q のつくる角が直角のとき，その2つの平面 P，Q は垂直であるといい，P⊥Q と表します。

点と平面との距離（きょり）…右の図のようなとき，線分 AO の長さを，点 A と平面 P との距離といいます。

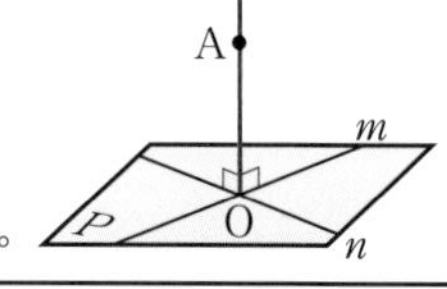

●面の動き

教科書 p.200～202

□ **例題 3** 円錐を，回転の軸をふくむ平面で切ると，その切り口はどんな図形になりますか。 ▶▶4 5

考え方 切り口は右の図のようになります。

答え 切り口は，回転の軸（じく）を対称の軸とする ①____ な図形で，

円錐では ②____ となる。

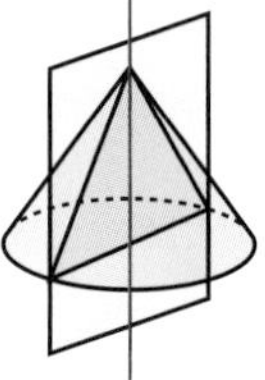

プラスワン 回転体

回転体…円柱や円錐のように，1つの直線を軸として平面図形を回転させてできる立体を**回転体**といいます。

絶対理解 **1** 【直線や平面の位置関係】下の図の直方体について，次の問に答えなさい。

教科書 p.195⓪

□(1) 面 AEFB と面 ABCD の交線を答えなさい。

□(2) 直線 BC と平行な面はどれですか。

絶対理解 **2** 【ねじれの位置】下の図の直方体について，次の問に答えなさい。

教科書 p.196 問 2

□(1) 直線 AE と平行な辺はどれですか。
また，ねじれの位置にある辺はどれですか。

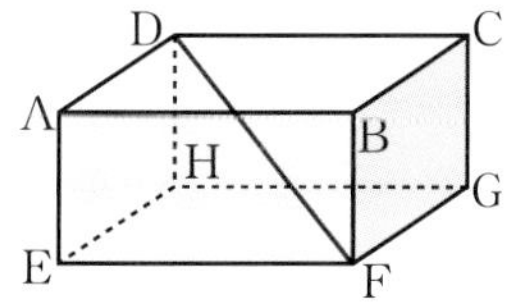

交わらない 2 直線は，平面なら平行だけど，空間内では 2 通りあるんですね。

□(2) 対角線 DF とねじれの位置にある辺はどれですか。

3 【直線や平面の垂直】下の図の立体は，直方体を 2 つに分けてできた三角柱で，∠ABC＝30°です。次の問に答えなさい。

教科書 p.198 問 5

□(1) 面 ABED と面 ACFD のつくる角は何度ですか。

□(2) 面 ACFD と垂直な面はどれですか。

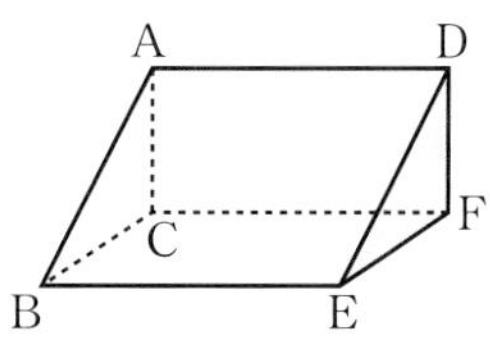

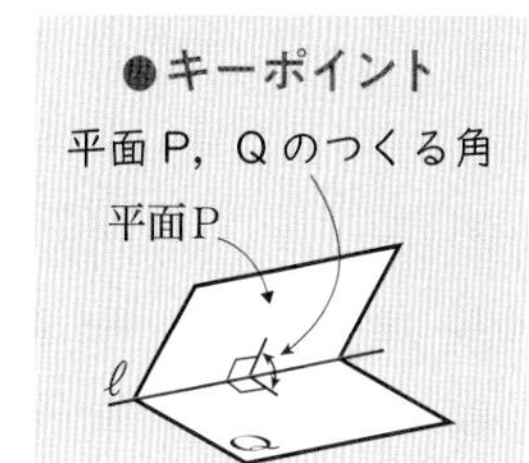

4 【面の動き】次の問に答えなさい。

教科書 p.200⓪

□(1) 円をその面と垂直な方向に動かすと，どんな立体ができますか。

□(2) 1 辺が 3 cm の正方形を，その面と垂直な方向に 3 cm 動かすと，どんな立体ができますか。

5 【回転体】下の(1)，(2)の平面図形を，直線 ℓ を軸として回転させてできる立体の見取図をかきなさい。また，(3)の回転体は，どんな平面図形を回転させてできたものと考えられますか。その平面図形と回転の軸をかきなさい。

教科書 p.202 問 4，問 5

□(1)

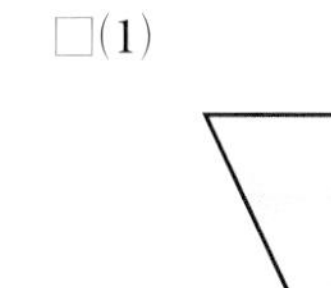

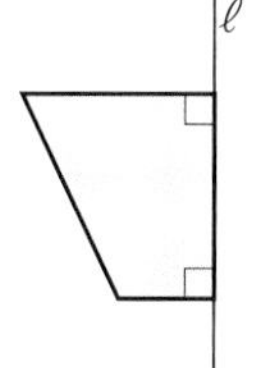

□(2)

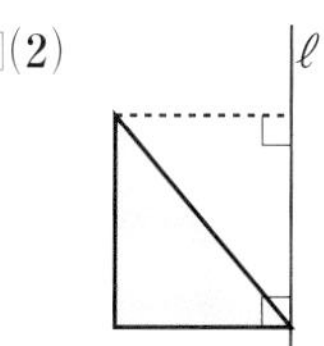

□(3)

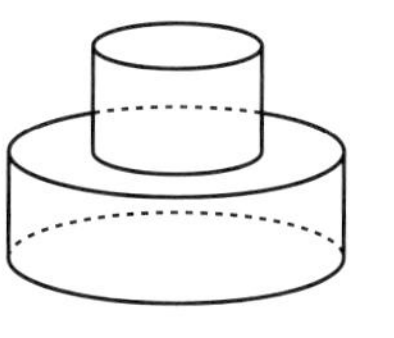

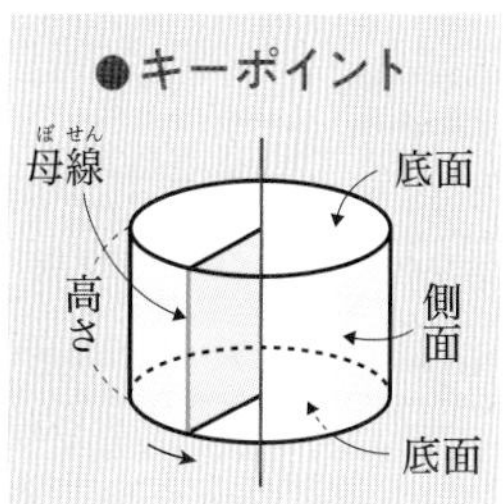

例題の答え **1** ①～④CG，DH，EH，FG(この順でなくてもよい) **2** ①E ②EF
3 ①線対称 ②二等辺三角形

6章

教科書 194～202 ページ

ぴたトレ 1 要点チェック

6章 空間図形

2節 立体の見方と調べ方
3 立体の展開図 ／ 4 立体の投影図

●立体の展開図

教科書 p.203～205

□ **例題 1** 右の図の円錐で，展開図の側面になるおうぎ形の中心角を求めなさい。 ▸▸1～3

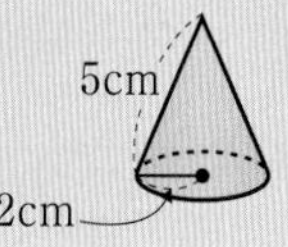

考え方 おうぎ形の弧の長さは，底面の円周に等しくなります。また，おうぎ形の弧の長さは中心角に比例します。

答え 側面のおうぎ形の $\overset{\frown}{AB}$ は，底面の円 O′ の円周に等しいから

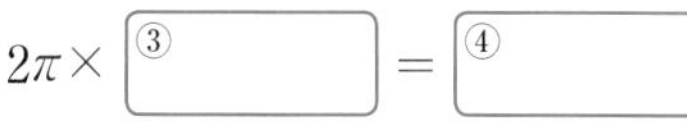

円 O の円周は

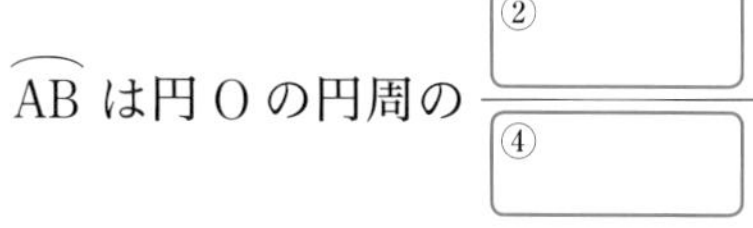

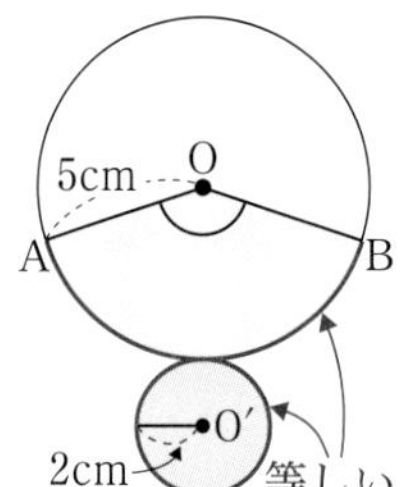

$\overset{\frown}{AB}$ は円 O の円周の $\dfrac{②}{④}$

すなわち ⑤

おうぎ形の中心角は弧の長さに比例するから，求める中心角は

答 ⑥ °

プラスワン 円錐の展開図

円錐の展開図は，側面になるおうぎ形と底面になる円からできています。側面になるおうぎ形の弧の長さは，底面の円周に等しくなります。
また，おうぎ形の半径は円錐の母線に等しくなります。

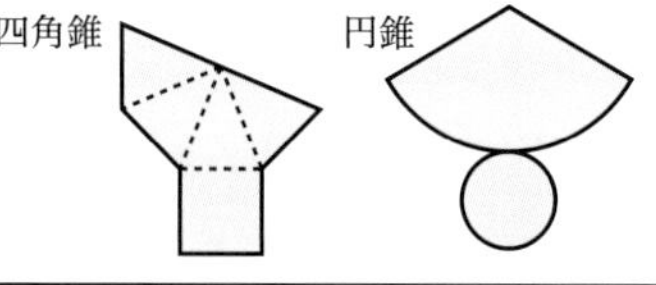

●立体の投影図

教科書 p.206～207

□ **例題 2** 右の(1)，(2)の投影図(とうえいず)は，三角柱，四角柱，四角錐，円柱，円錐，球のうち，どの立体を表していますか。 ▸▸4 5

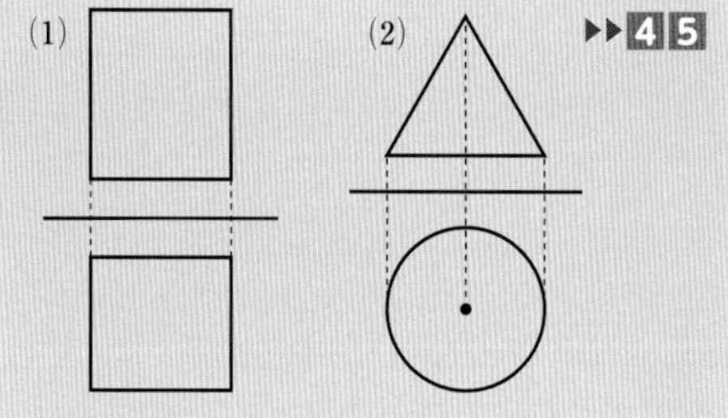

考え方 平面図(下側の図)から，底面の形がわかります。

答え (1) 底面が四角形の角柱であるから，立体は

(2) 底面は，形が円で，1つしかないから，立体は

②

プラスワン 立体の投影図

投影図…立体をある方向から見て平面に表した図を**投影図**といい，真上から見た図を**平面図**，正面から見た図を**立面図**といいます。

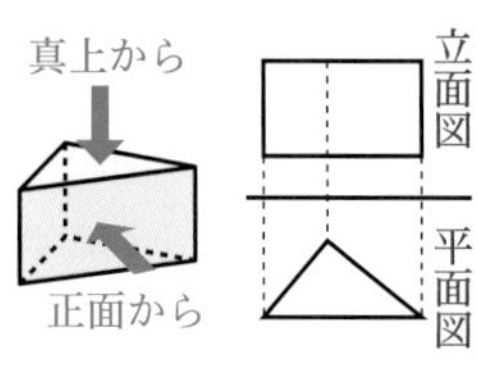

1 【円柱の展開図】底面の半径が 4 cm の円柱があります。この円柱の展開図をかくとき，
□ 側面になる長方形の横は何 cm にすればよいですか。 教科書 p.203 ❶

2 【角錐の展開図】下の図のような正三角錐の展開図を，(1)，(2)のかき方で完成させなさい。 教科書 p.204 ❶，❷

□(1) 辺 AB，AC，AD で切って開く。

□(2) 側面をつなぐ。

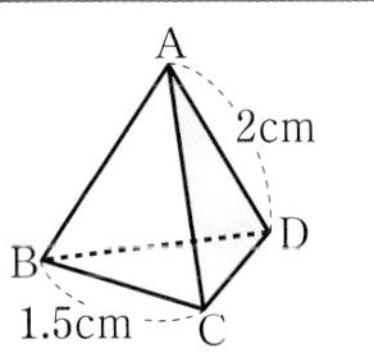

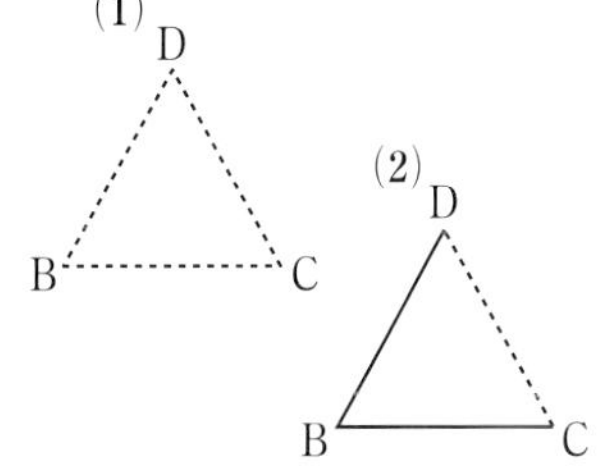

絶対理解 **3** 【円錐の展開図】次の円錐で，展開図の側面になるおうぎ形の中心角を求めなさい。

教科書 p.205 ❷

□(1)

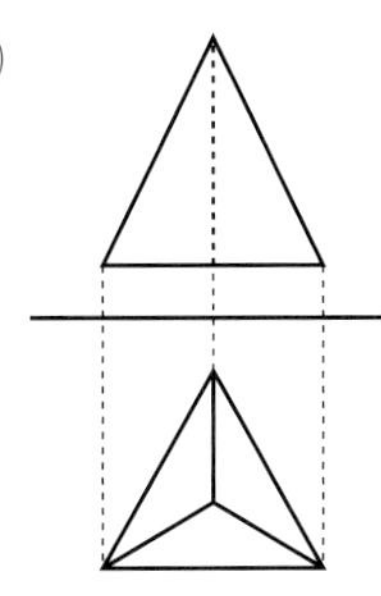

□(2)

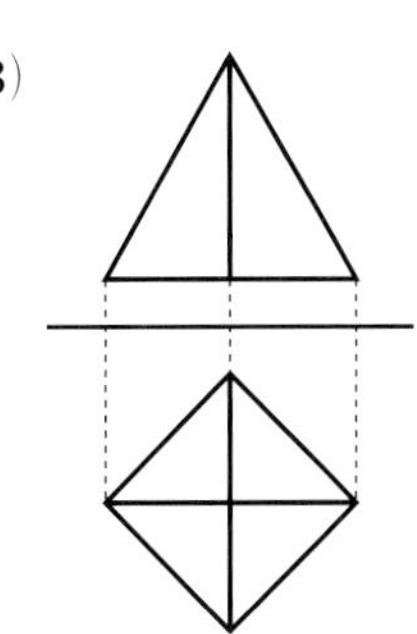

●キーポイント
円錐の展開図で，側面になるおうぎ形の弧の長さは，底面の円周に等しいです。

絶対理解 **4** 【投影図】下の(1)〜(3)の投影図は，三角柱，三角錐，四角柱，四角錐，円柱，円錐，球のうち，どの立体を表していますか。 教科書 p.206 問 1

□(1) □(2) □(3)

●キーポイント
立面図で「○○柱」か「○○錐」かを，平面図で底面の形を読みとります。

5 【投影図】右の投影図で，立面図と平面図は合同な正方形です。
□ この投影図は，どんな立体を表したものと考えられますか。3 通り答え，それぞれ横から見た図はどんな図形になるか答えなさい。
教科書 p.207 問 2，問 3

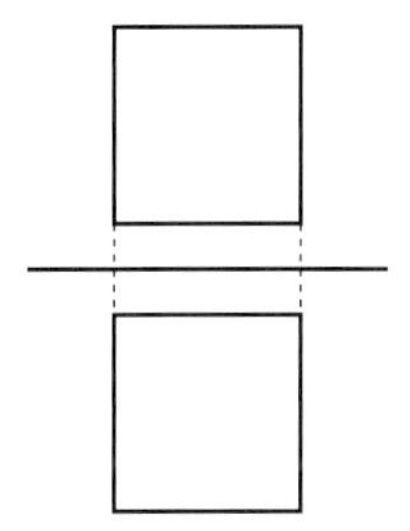

例題の答え **1** ①2 ②$4\pi$ ③5 ④$10\pi$ ⑤$\frac{2}{5}$ ⑥144 **2** ①四角柱 ②円錐

ぴたトレ 2 練習

6章 空間図形

1節 いろいろな立体 1
2節 立体の見方と調べ方 1～4

1 次のような立体は何面体ですか。

□(1) 頂点の数が 8 の角錐

□(2) 辺の数が 18 の角柱

2 次のような正多面体は何になりますか。すべて答えなさい。

□(1) 面の形が正三角形になるもの

□(2) 辺の数が 12 になるもの

3 次の㋐～㋓のような平面は，それぞれ 1 つに決まりますか。1 つに決まるものをすべて選び，記号で答えなさい。

㋐ 2 点をふくむ平面

㋑ 1 直線上にない 3 点をふくむ平面

㋒ 平行な 2 直線をふくむ平面

㋓ 交わる 2 直線をふくむ平面

4 右の図のように，平行な 2 つの平面 P，Q に 1 つの平面 R が交わっています。このとき，交わりの直線 ℓ，m は平行になるわけを答えなさい。

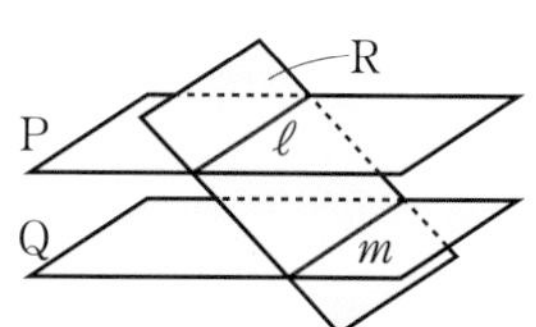

5 右の図は，正六角柱です。次の問に答えなさい。

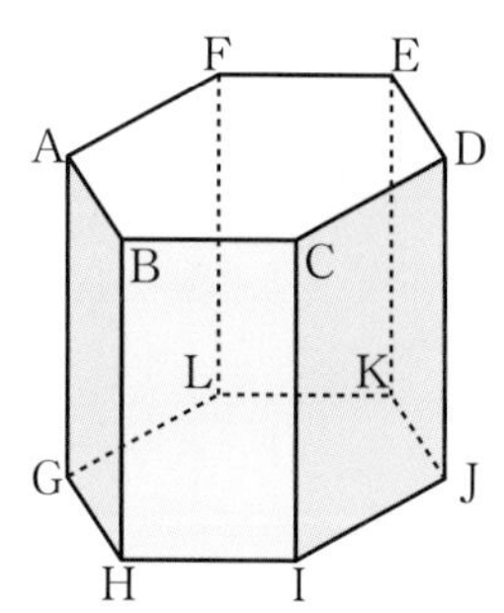

□(1) 平行な面は，全部で何組ありますか。

□(2) 辺 AB と平行な辺はどれですか。すべて答えなさい。

□(3) 辺 BH と平行な面はいくつありますか。

□(4) 辺 DJ とねじれの位置にある辺は何本ありますか。

□(5) 辺 AG と垂直な面はどれですか。すべて答えなさい。

ヒント **1** (1)角錐は，すべての側面が集まる頂点が 1 つある。(2)角柱は底面の辺の数と側面全体の辺の数は等しい。
5 正六角形には平行な辺の組が 3 組ある。(1)～(5)それぞれ，見落としがないように注意する。

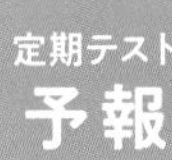

●空間での平面や直線の位置関係に慣れ，展開図，投影図の見方に慣れよう。
直線や平面の位置関係では，直線と平面の平行，ねじれの位置の出題が多い。見落としがないように注意しよう。展開図では，円錐の側面のおうぎ形の中心角の求め方を理解しておこう。

6 右の平面図形を，直線 ℓ を軸として回転させてできる立体の見取図をかきなさい。

□(1)

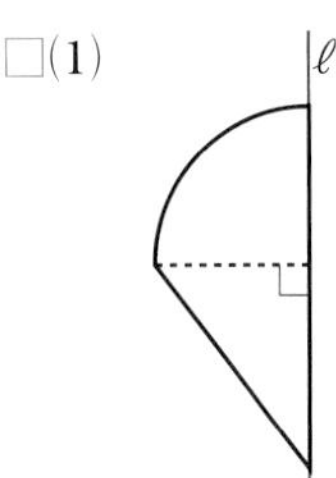

□(2)

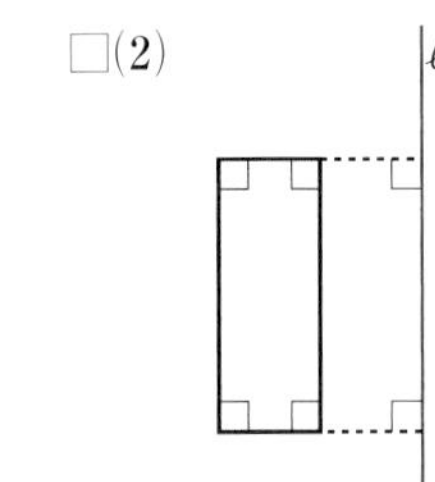

7 下の(1)は，円柱の側面にAからBまで，(2)は，立方体の頂点Aから辺BF，CG上の点を通って頂点Hまで，それぞれひもの長さがもっとも短くなるようにひもをかけたものです。このときのひものようすを，展開図にかき入れなさい。

□(1)

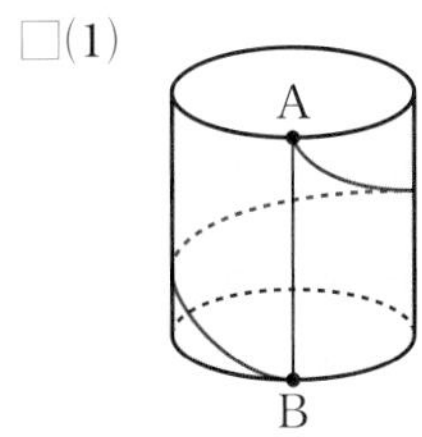

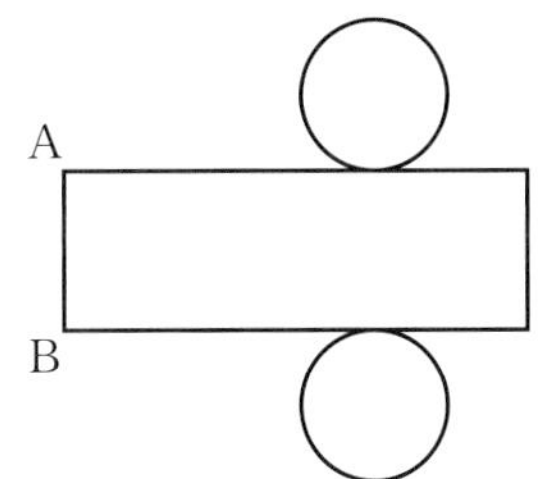

□(2)

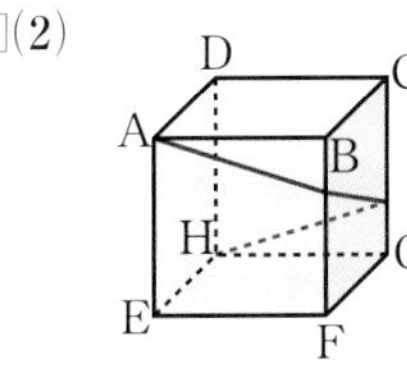

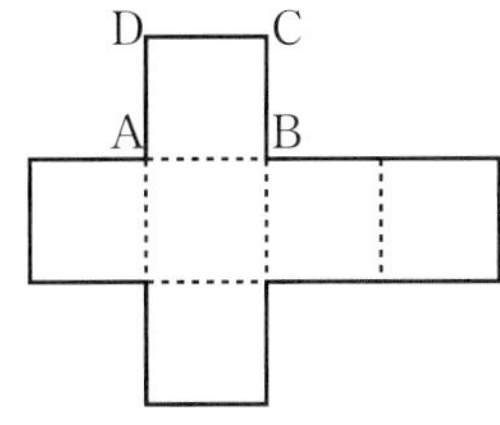

8 右の図の円錐の展開図について，側面になるおうぎ形の半径，
□ 弧の長さ，中心角をそれぞれ求めなさい。

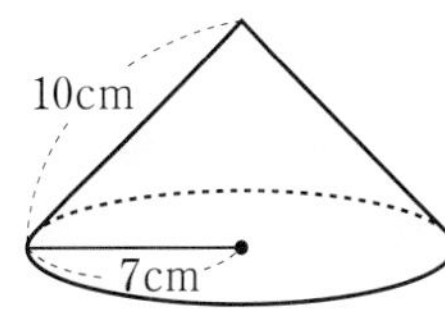

9 図1は，立方体をある平面で切ってできた
□ 立体の投影図で，図2は，その立体の見取図を途中までかいたものです。続きをかき加えて，見取図を完成させなさい。

図1

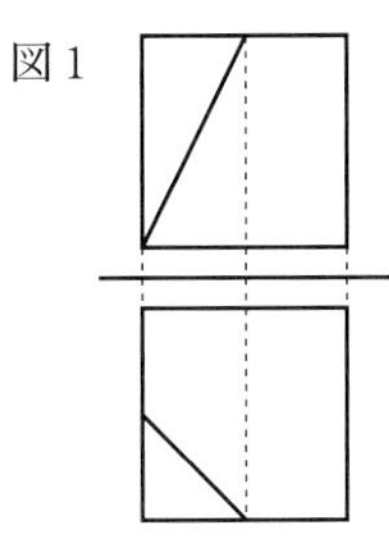

図2

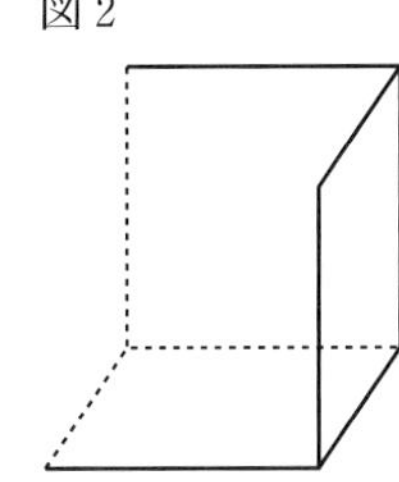

10 右の正三角錐に平行な光をあてたとき，光に対して垂直な面に
□ できる影を考えます。辺ABの影が，ABの実際の長さと等しくなるようにするには，光の方向に対して正三角錐をどのように置けばよいですか。

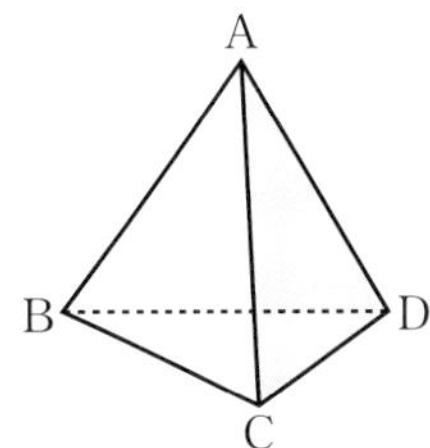

ヒント
7 (2)展開図の頂点それぞれに，C～Hの記号をつけてみる。
9 図2の手前の面には，図1の立面図(上側の図)にあう線分をかき入れる。

解答▶▶p.49

3節 立体の体積と表面積
1 体積

●角柱や円柱の体積

教科書 p.210

□ **例題 1** 次の立体の体積を求めなさい。 ▶▶1

(1)

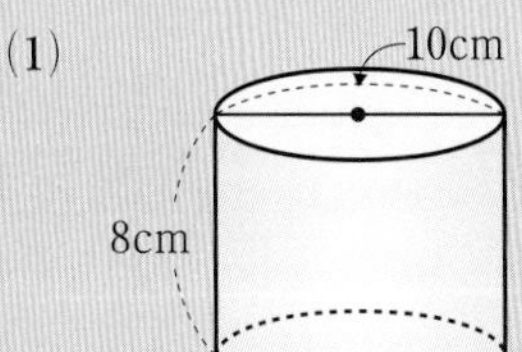

(2)

3cm
4cm
7cm
6cm

考え方 (2) 手前に見える台形を底面とみます。

答え (1) 底面の円の半径は ① cmだから，体積は

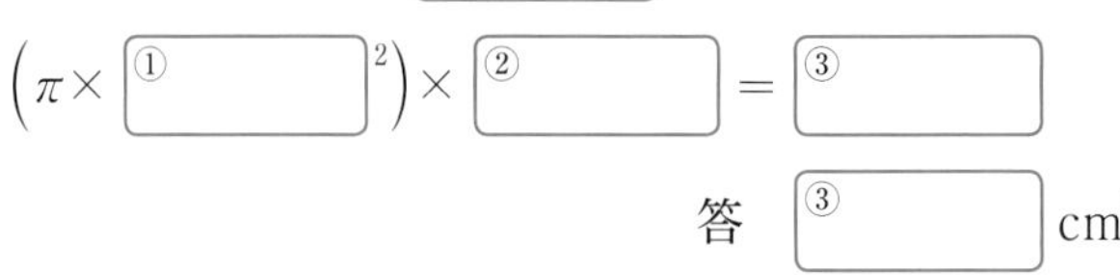

(2) 手前に見える台形を底面と見ると，底面積(ていめんせき)は

したがって，体積は

答 ⑦ cm³

プラスワン 角柱や円柱の体積

角柱，円柱の底面積を S，高さを h とすると，体積 V を求める式は

$V=Sh$

床に接している面が底面とはかぎりません。立体によって，底面と高さを判断しましょう。

●角錐や円錐の体積

教科書 p.211～212

□ **例題 2** 次の立体の体積を求めなさい。 ▶▶2～4

(1)

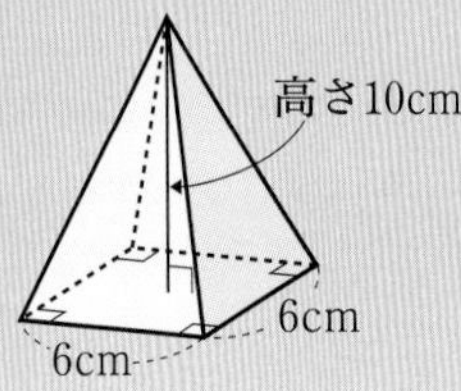

(2)

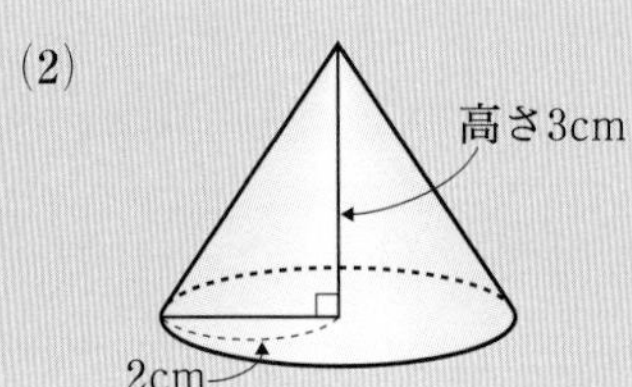

考え方 同じ底面積，同じ高さの角柱や円柱の体積の $\frac{1}{3}$ になります。

答え

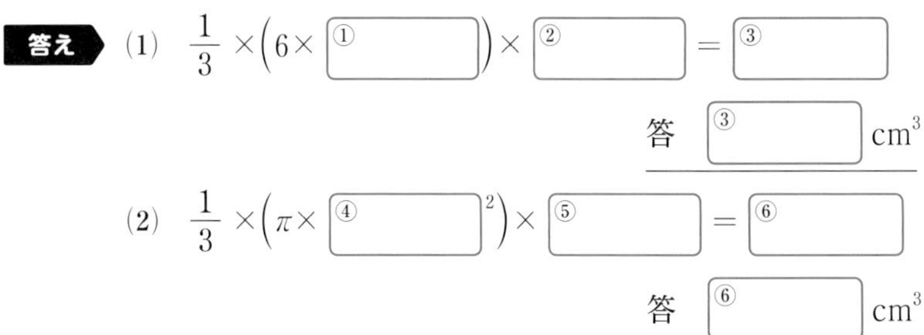

プラスワン 角錐や円錐の体積

角錐，円錐の底面積を S，高さを h とすると，体積 V を求める式は

$V=\frac{1}{3}Sh$

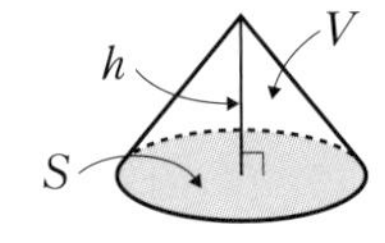

1【角柱や円柱の体積】次の立体の体積を求めなさい。 教科書 p.210 問 1

□(1)

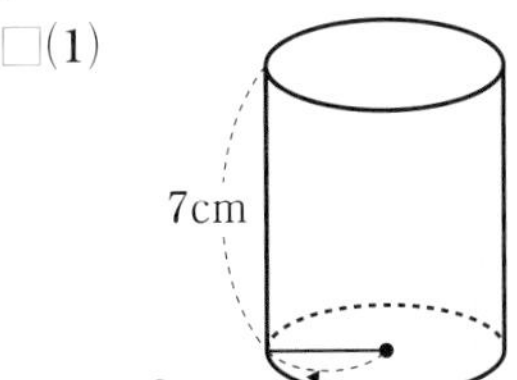

□(2)

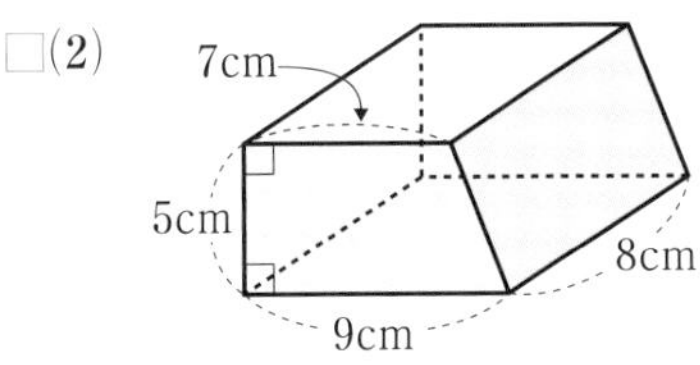

絶対理解 **2**【角錐や円錐の体積】次の立体の体積を求めなさい。 教科書 p.212 問 2

□(1)

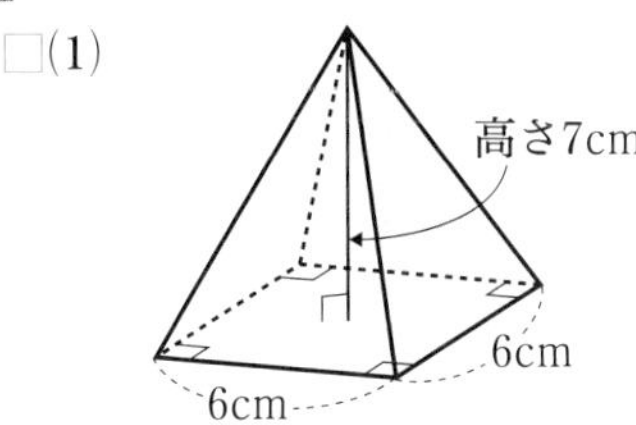

□(2)

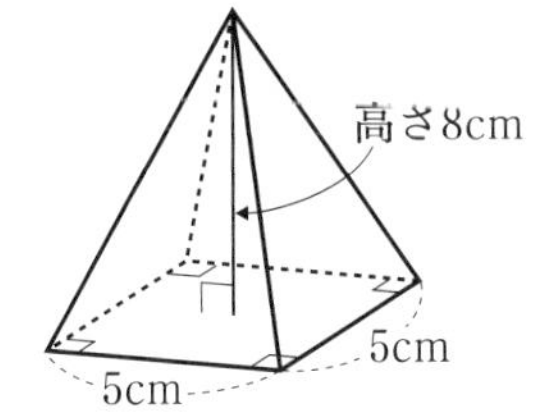

●キーポイント
角錐，円錐の体積は

$\frac{1}{3}$×(底面積)×(高さ)

□(3)

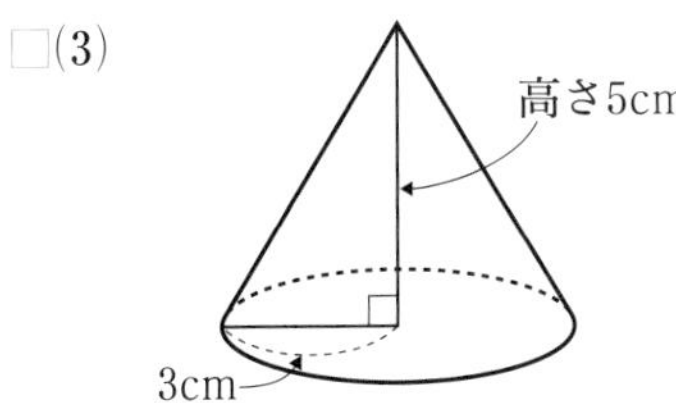

□(4)

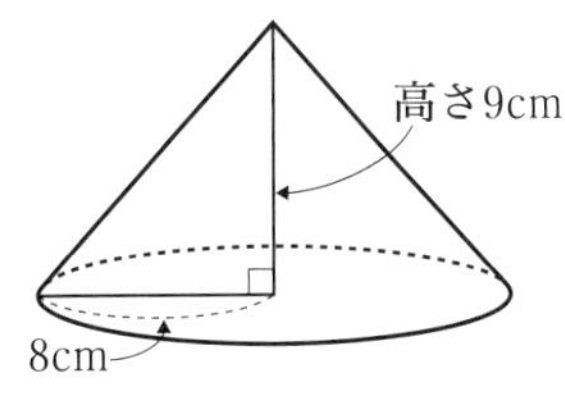

絶対理解 **3**【円柱，円錐の体積】底面の半径が r，高さが h の円柱と円錐があります。 教科書 p.212 問 3

□(1) 円柱の体積を V として，V を表す式を求めなさい。

□(2) 円錐の体積を V として，V を表す式を求めなさい。

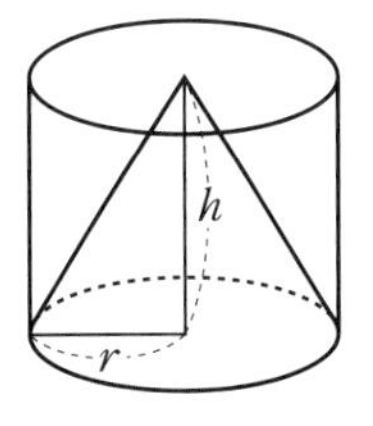

4【三角錐の体積】下の図のように，縦 5 cm，横 6 cm，高さ 4 cm の直方体の一部を切り
□ 取ってできた立体の体積を求めなさい。 教科書 p.212 問 4

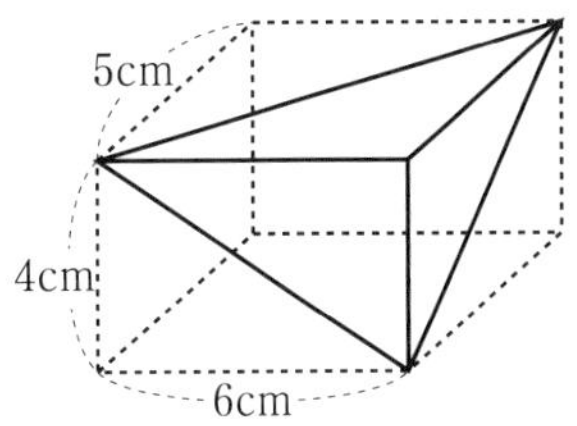

●キーポイント
下の図のような立体も，三角錐とみて，上の公式が使えます。

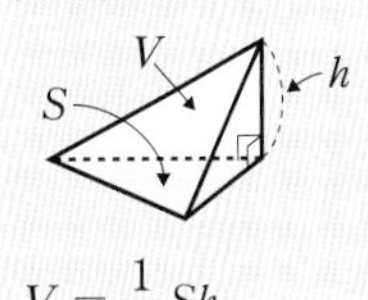

$V=\frac{1}{3}Sh$

例題の答え **1** ①5 ②8 ③200π ④6 ⑤18 ⑥7 ⑦126 **2** ①6 ②10 ③120 ④2 ⑤3 ⑥4π

ぴたトレ 1
要点チェック

6章 空間図形

3節 立体の体積と表面積
[2] 表面積

●表面積

教科書 p.213～214

例題 1 次の三角柱，円柱，円錐の表面積を求めなさい。 ▶▶1～6

(1)

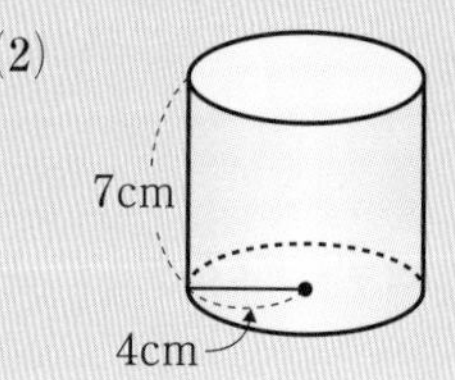

(2)

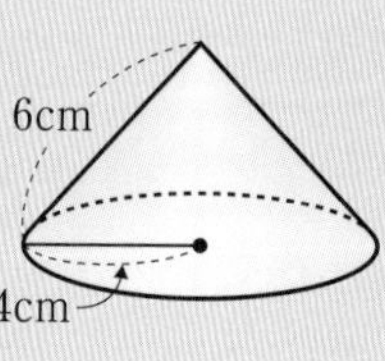

(3) 6cm 4cm

考え方 展開図をかくとわかりやすくなります。

答え (1) 側面積は

① [ ] ×(5＋4＋3)＝ ② [ ]

底面積は $\frac{1}{2}\times4\times$ ③ [ ] ＝ ④ [ ]

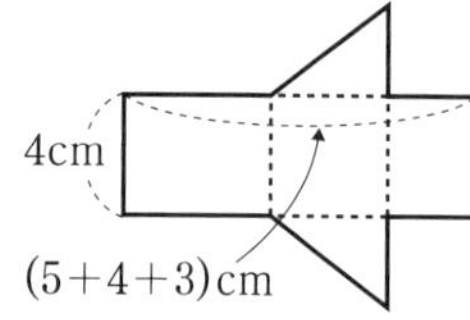

したがって，表面積は

② [ ] ＋ ④ [ ] ×2＝ ⑤ [ ]

答 ⑤ [ ] cm²

プラスワン 表面積

表面積…立体のすべての面の面積の和を**表面積**といいます。
また，側面全体の面積を**側面積**，1つの底面の面積を**底面積**といいます。
・角柱や円柱の表面積…(側面積)＋(底面積)×2　・角錐や円錐の表面積…(側面積)＋(底面積)

(2) 側面積は

⑥ [ ] ×(2π×4)＝ ⑦ [ ]

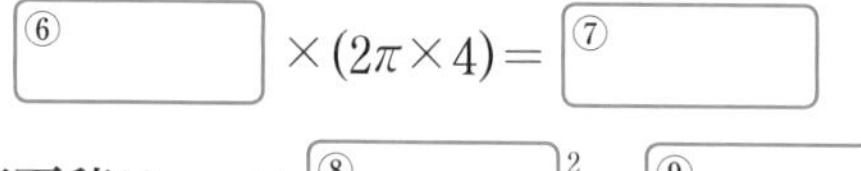

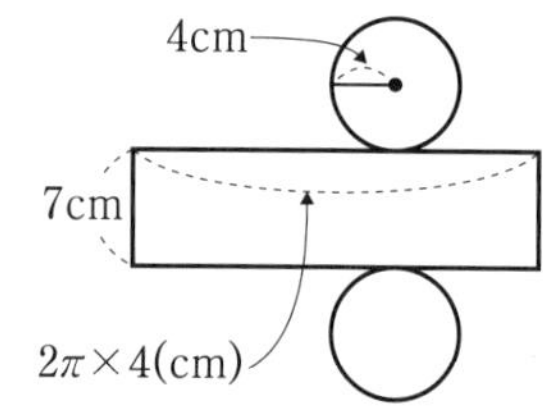

底面積は π× ⑧ [ ]² ＝ ⑨ [ ]

したがって，表面積は

⑦ [ ] ＋ ⑨ [ ] ×2＝ ⑩ [ ]

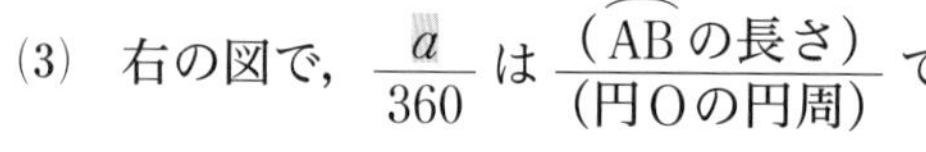

答 ⑩ [ ] cm²

(3) 右の図で，$\frac{a}{360}$ は $\frac{(\overset{\frown}{AB}\text{の長さ})}{(\text{円Oの円周})}$ でおきかえられるから，側面積は

$\pi\times$ ⑪ [ ]² $\times\frac{2\pi\times4}{2\pi\times6}$

＝ ⑫ [ ]

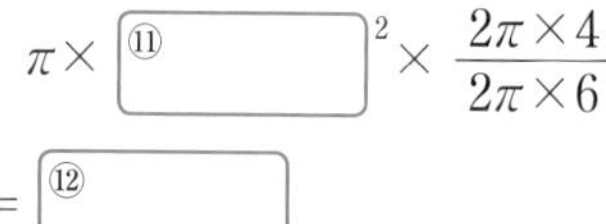

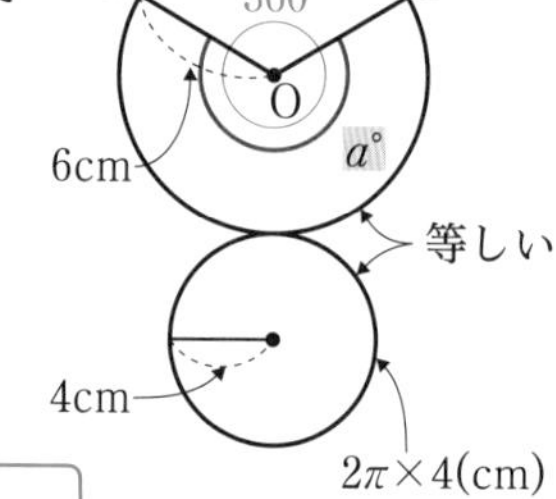

プラスワン 円錐の側面積

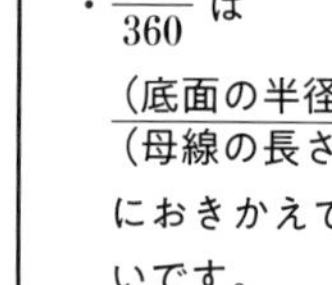

・$\frac{a}{360}$ は $\frac{(\text{底面の半径})}{(\text{母線の長さ})}$ におきかえてもよいです。
・中心角を求めなくても側面積が計算できます。

底面積は π× ⑬ [ ]² ＝ ⑭ [ ]

したがって，表面積は

⑫ [ ] ＋ ⑭ [ ] ＝ ⑮ [ ]

答 ⑮ [ ] cm²

1 【角柱の表面積】下の図の三角柱の底面積，側面積，表面積をそれぞれ求めなさい。
□

教科書 p.213 Q

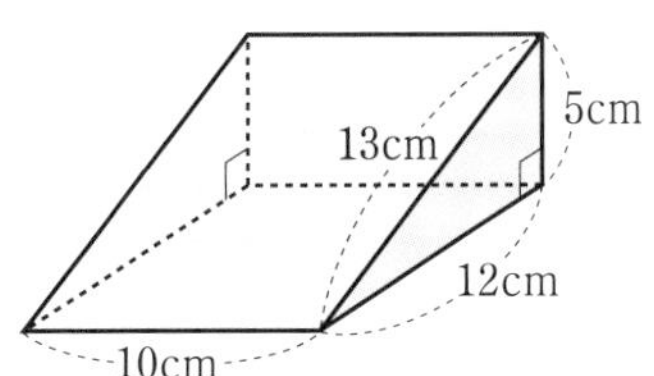

●キーポイント
角柱の側面の図を，側面を横につないでかくと，側面全体は長方形になります。

2 【円柱の表面積】下の図の円柱の底面積，側面積，表面積をそれぞれ求めなさい。
□

教科書 p.213 例 1

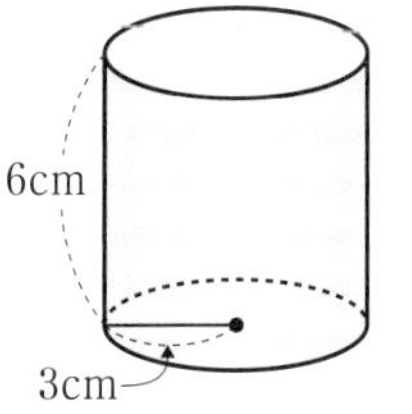

3 【角柱，円柱の表面積】次の立体の表面積を求めなさい。

教科書 p.213 例 1，問 1

□(1) 底面が 1 辺 5 cm の正方形で，高さが 9 cm である正四角柱

□(2) 底面の半径が 6 cm で，高さが 10 cm である円柱

4 【回転体の表面積】下の長方形 ABCD を，辺 DC を軸として回転させてできる立体の表面積を求めなさい。
□

教科書 p.213 問 2

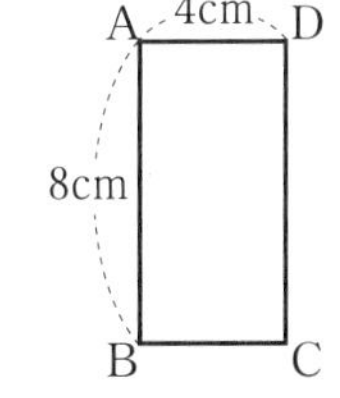

絶対理解 **5** 【円錐の表面積】下の図の円錐について，次の問に答えなさい。

教科書 p.214 例 2

□(1) 側面積を求めなさい。

□(2) 底面積を求めなさい。

□(3) 表面積を求めなさい。

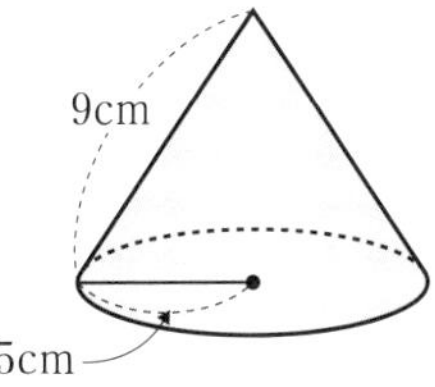

●キーポイント
半径 r，弧の長さ ℓ のおうぎ形の面積 S は

$$S=\frac{1}{2}\ell r$$

と表すこともできます。

6 【円錐の表面積】底面の半径が 8 cm，母線が 15 cm の円錐の表面積を求めなさい。
□

教科書 p.214 問 3

例題の答え **1** ①4　②48　③3　④6　⑤60　⑥7　⑦$56\pi$　⑧4　⑨$16\pi$　⑩88π　⑪6　⑫24π　⑬4　⑭16π　⑮40π

6章 空間図形

3節 立体の体積と表面積
③ 球の体積と表面積

●球の体積と表面積

教科書 p.215〜217

例題 1 半径 3 cm の球と，その球がちょうど入る円柱があります。 ▶▶1

(1) 円柱の体積，側面積を求めなさい。

(2) 球の体積と表面積を求めなさい。

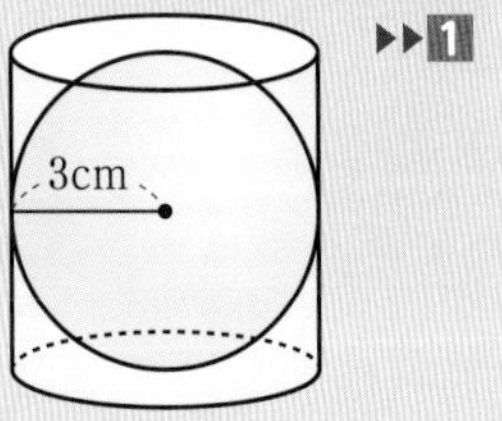

考え方 (1) 円柱の底面の半径は 3 cm，高さは 6 cm になります。

答え (1) 体積は $\pi\times$ ①$^2\times$ ② $=$ ③

側面積は ④ $\times(2\pi\times$ ⑤$)$

$=$ ⑥

答 体積 ③ cm^3，側面積 ⑥ cm^2

(2) 球の体積は円柱の体積の $\frac{2}{3}$ だから，

③ $\times\frac{2}{3}=$ ⑦

球の表面積は円柱の側面積に等しい。

答 体積 ⑦ cm^3，表面積 ⑧ cm^2

プラスワン 球と円柱の関係

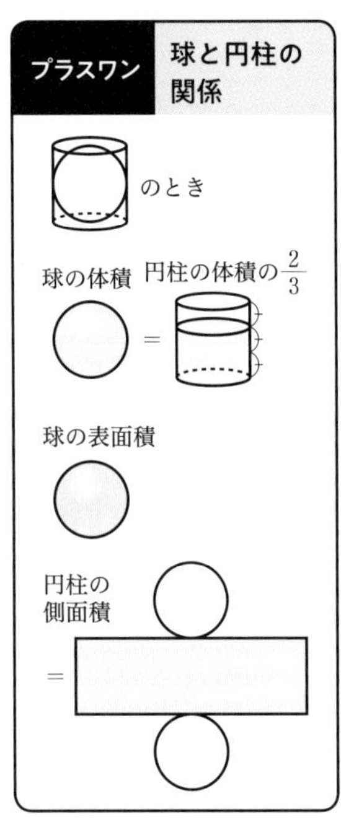

●球の体積と表面積（公式）

教科書 p.216

例題 2 半径 5 cm の球の体積と表面積を求めなさい。 ▶▶2 3

考え方 $V=\frac{4}{3}\pi r^3$，$S=4\pi r^2$ のそれぞれの r に 5 を代入する。

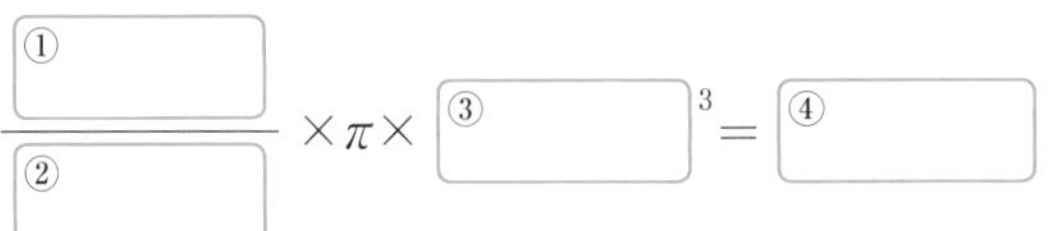

答え 体積は $\frac{①}{②}\times\pi\times$ ③$^3=$ ④

表面積は ⑤ $\times\pi\times$ ⑥$^2=$ ⑦

答 体積 ④ cm^3，表面積 ⑦ cm^2

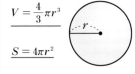

プラスワン 球の体積と表面積

半径 r の球の体積 V，表面積 S を求める式は，それぞれ次のように表されます。

$V=\frac{4}{3}\pi r^3$

$S=4\pi r^2$

1 【球の体積と表面積】底面の半径が 4 cm，高さが 8 cm の円柱があります。次の問に答えなさい。

教科書 p.215～216

□(1) 円柱の体積，側面積を求めなさい。

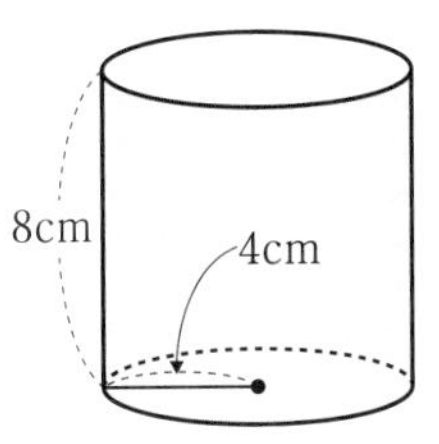

(2) この円柱にちょうど入る球があります。

□① 球の体積は，その球がちょうど入る円柱の体積の $\frac{2}{3}$ です。この球の体積を求めなさい。

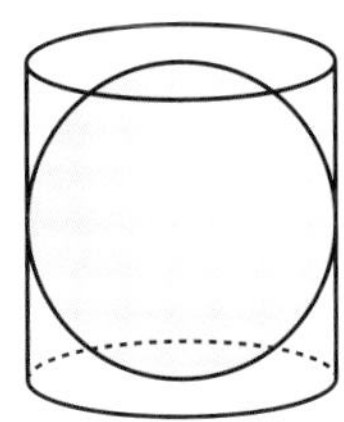

□② 球の表面積は，その球がちょうど入る円柱の側面積に等しいことがわかっています。この球の表面積を求めなさい。

□③ この球と，円柱の表面積の比を求めなさい。

□(3) この円柱にちょうど入る円錐があります。(2)の球と，この円錐の体積の比を求めなさい。

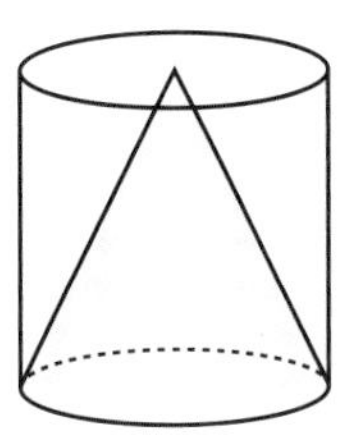

絶対理解 **2** 【球の体積と表面積】次の球の体積と表面積を求めなさい。

教科書 p.216 例 1

□(1) 半径が 6 cm の球

□(2) 半径が 20 cm の球

●キーポイント

半径 r の球の

体積は $V=\frac{4}{3}\pi r^3$

表面積は $S=4\pi r^2$

よく出る **3** 【回転体の体積と表面積】次の平面図形を，直線 ℓ を軸として回転させてできる立体の体積と表面積を求めなさい。

教科書 p.217 問 2

□(1)

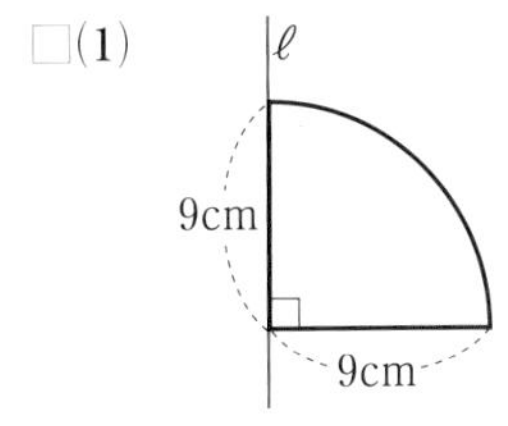

□(2)

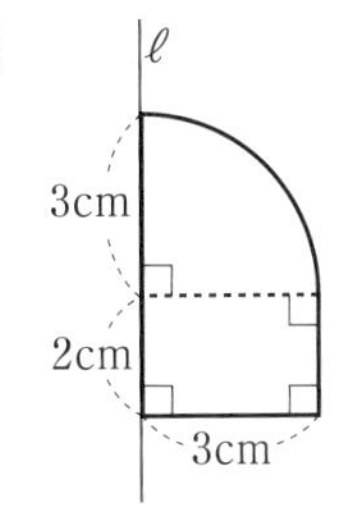

例題の答え **1** ①3 ②6 ③$54\pi$ ④6 ⑤3 ⑥$36\pi$ ⑦$36\pi$ ⑧$36\pi$

2 ①4 ②3 ③5 ④$\frac{500}{3}\pi$ ⑤4 ⑥5 ⑦$100\pi$

よく出る **1** 次の立体の体積を求めなさい。

□(1)

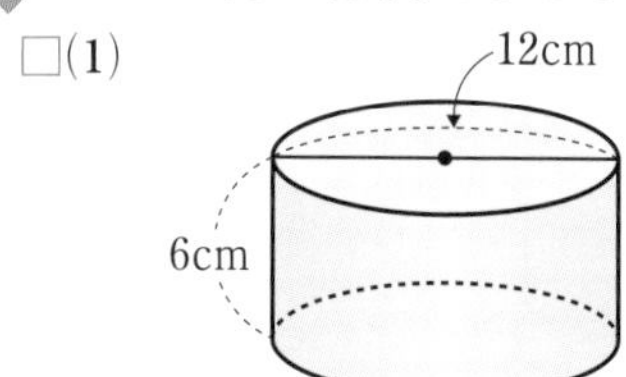

□(2)

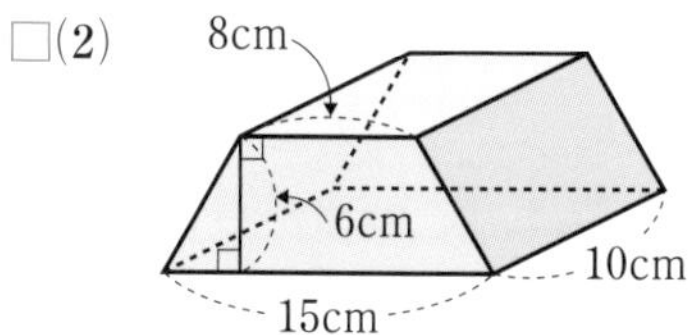

□(3)

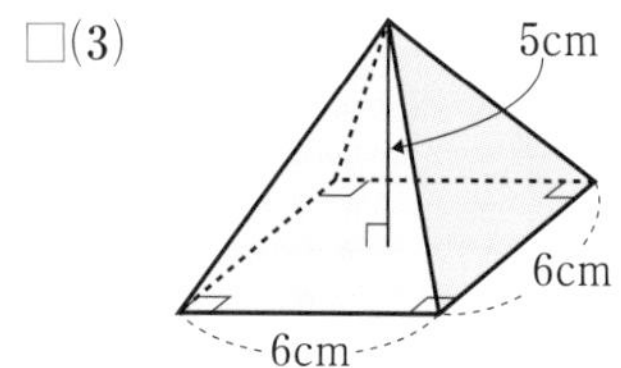

□(4)

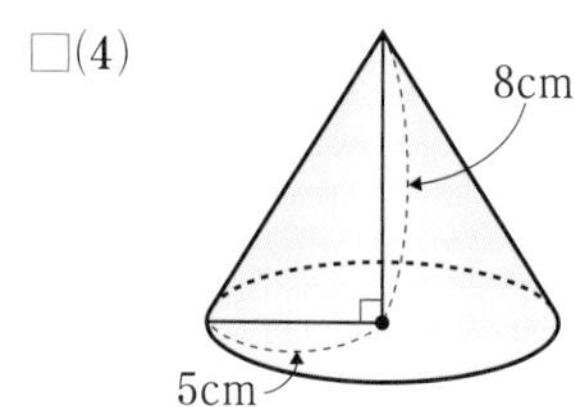

2 右の2つの立体の体積が等しいことを説明しなさい。ただし，(イ)の面 ABCD は平行四辺形です。

(ア)

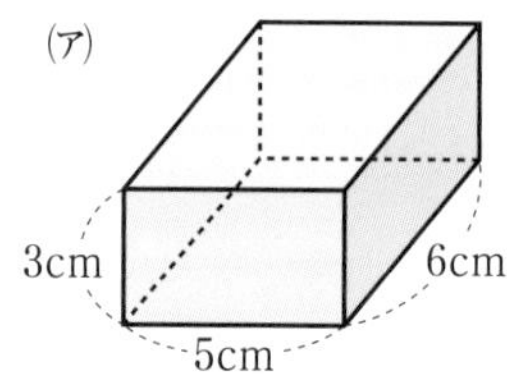

(イ)

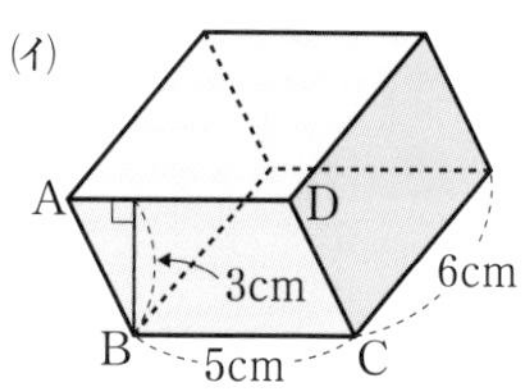

3 下の図の三角錐，四角錐の体積を求めなさい。

□(1)

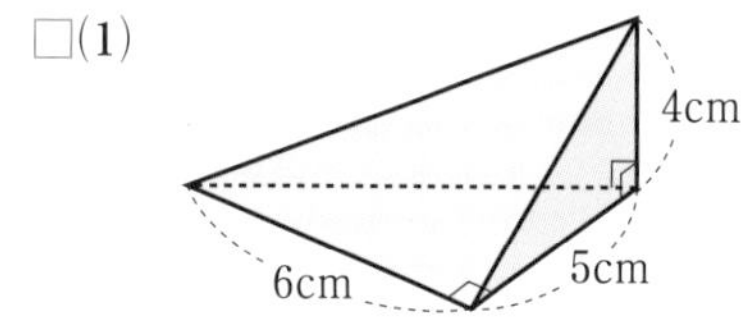

□(2)

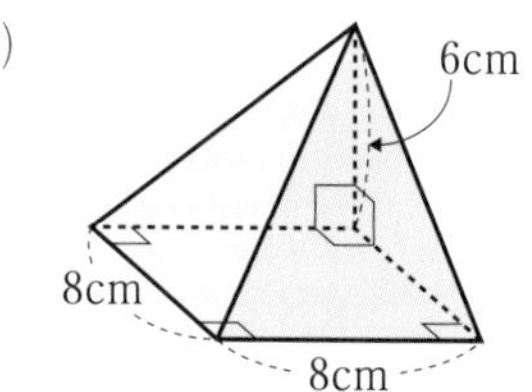

4 右の図のように，立方体の各面の対角線の交点を結ぶと正八面体ができます。立方体の1辺が 12 cm のとき，正八面体の体積を求めなさい。

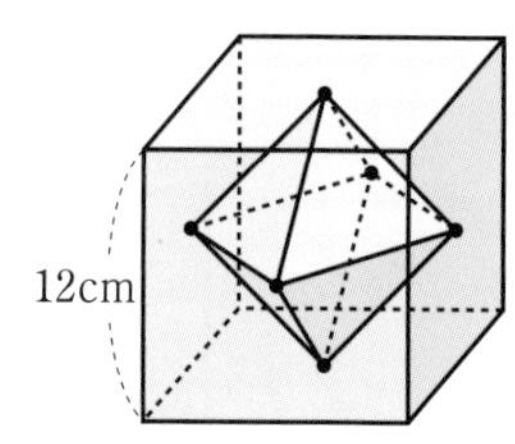

ヒント **1** (2)手前に見える台形を底面とみる。
4 正八面体を，2つの正四角錐をその底面で合わせた立体と考える。

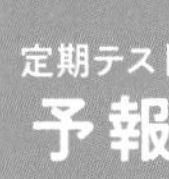

●体積は角錐と円錐，表面積は円柱と円錐がよく出題される。公式，考え方も理解しておこう。公式の前にある $\frac{1}{3}$，$\frac{4}{3}$，4 を忘れないように。公式を使うには，どこを底面に，どこを高さとみるか考えよう。円錐の側面積の求め方はくり返し練習し，ミスを少なくしよう。

5 次の立体の表面積を求めなさい。

□(1)

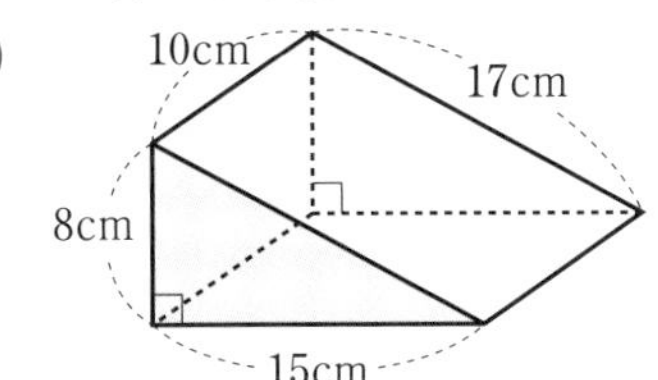

□(2)

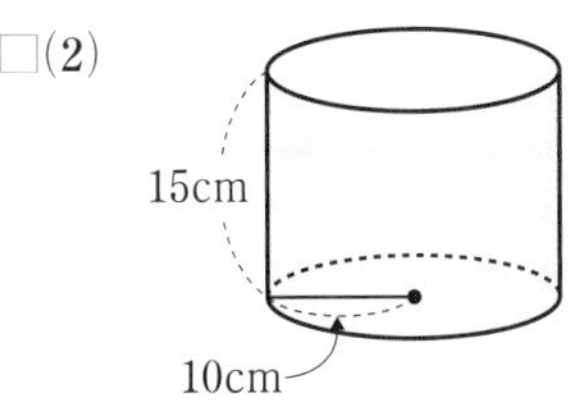

□(3)

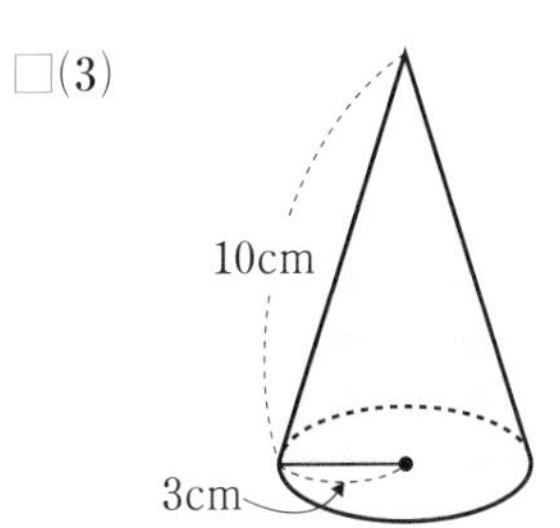

□(4)

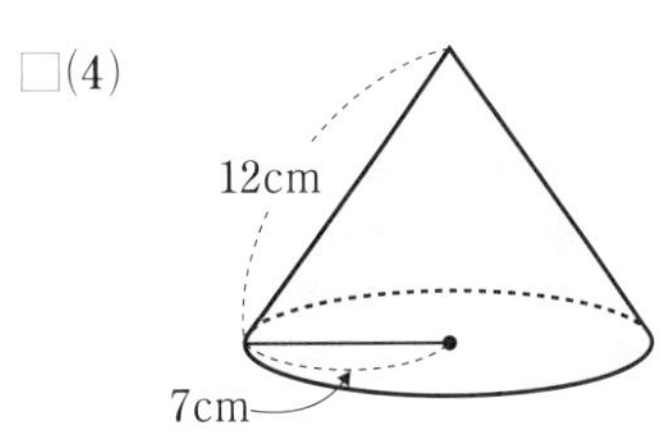

6 次の立体の体積と表面積を求めなさい。

□(1)　底面の周の長さが 16 cm，面積が 15 cm^2 で，高さが 5 cm の角柱

□(2)　底面の半径が 8 cm，母線が 10 cm で，高さが 6 cm の円錐

□(3)　半径が 7 cm の球

7 下の図は，AB＝5 cm，BC＝3 cm，CA＝4 cm，∠ACB＝90° の直角三角形 ABC です。△ABC を辺 AC を軸として回転させてできる立体について，次の問に答えなさい。

□(1)　見取図をかきなさい。

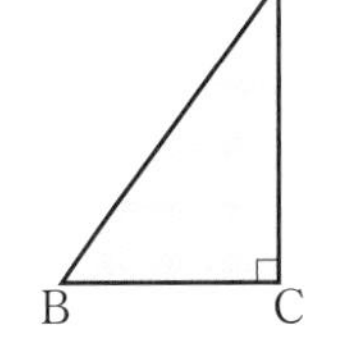

□(2)　体積と表面積を求めなさい。

5 (3)(4)側面積，底面積を求める手順を確かめながら解く。

6 (1)表面積は，側面を横につなげた展開図で考える。

6章

教科書209〜217ページ

解答▶▶ p.52

6章　空間図形

❶ 次の㋐〜㋕の立体から，(1)〜(3)にあてはまるものをすべて選び，記号で答えなさい。 知

㋐　三角錐　　㋑　三角柱　　㋒　円柱
㋓　直方体　　㋔　円錐　　㋕　球

(1)　多面体であるもの
(2)　回転体であるもの
(3)　平行な面をもつもの

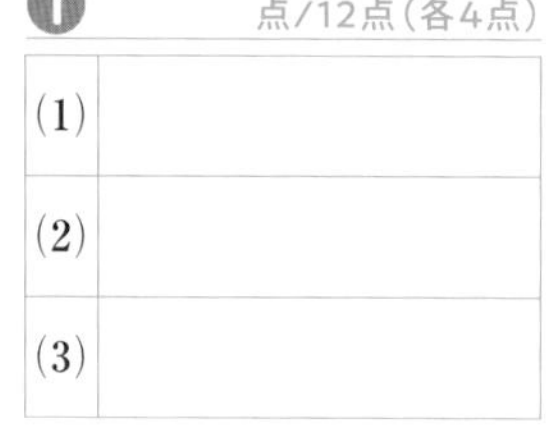

❷ 正八面体は，8つの面がすべて合同な正三角形であり，どの頂点にも面が4つずつ集まっています。次の問に答えなさい。 知

(1)　辺の数を求めなさい。

(2)　頂点の数を求めなさい。

(3)　各面の真ん中の点を結ぶと，どんな立体ができますか。

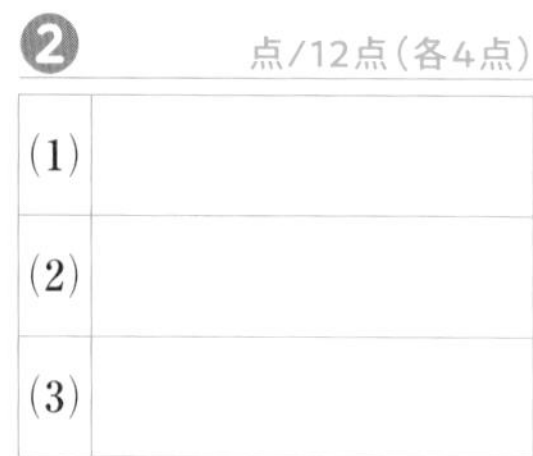

❸ 脚(あし)が4本のテーブルはがたつくことがありますが，3本のテーブルはがたつきません。
その理由を答えなさい。 考

❹ 右の図は，立方体です。 知

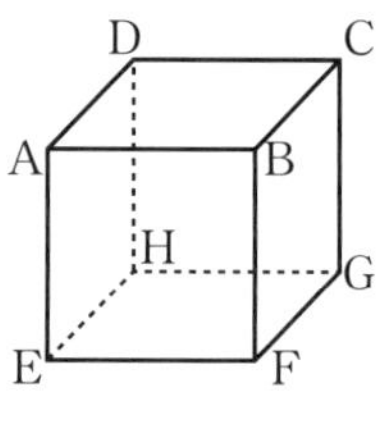

(1)　辺ABと平行な面はいくつありますか。

(2)　辺BFとねじれの位置にある辺はいくつありますか。

(3)　辺BCと垂直な面はいくつありますか。

(4)　面ABCDと面AFGDのつくる角は何度ですか。

❹ 点/16点(各4点)

(1)	
(2)	
(3)	
(4)	

成績評価の観点　知…数量や図形などについての知識・技能　考…数学的な思考・判断・表現

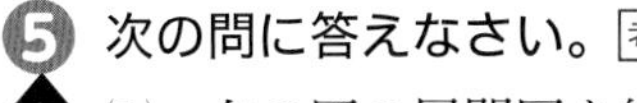

5 次の問に答えなさい。 考

点UP (1) 右の図の展開図を組み立てたとき，辺ABとねじれの位置にある辺はどれですか。すべて答えなさい。

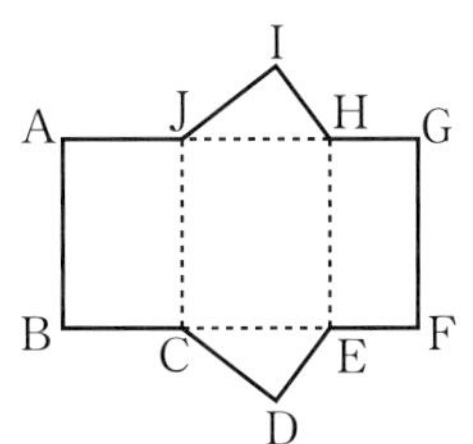

(2) 底面の半径が7 cm，母線が15 cmの円錐があります。展開図の側面になるおうぎ形の中心角を求めなさい。

5　点/8点（各4点）

(1)	
(2)	

6 次の投影図は，三角柱，三角錐，四角柱，四角錐，円柱，円錐，球のうち，どの立体を表していますか。
また，それぞれの体積を求めなさい。 知

(1)

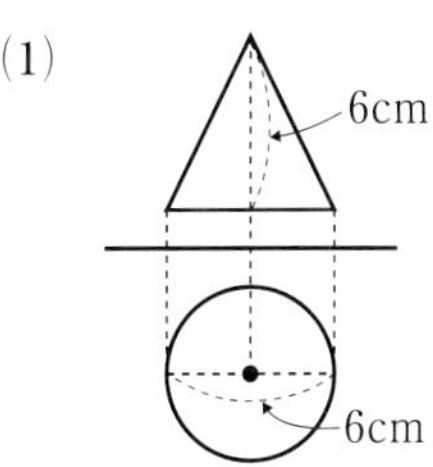

(2)

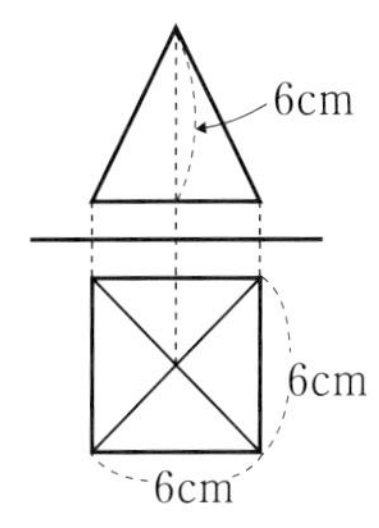

(3)

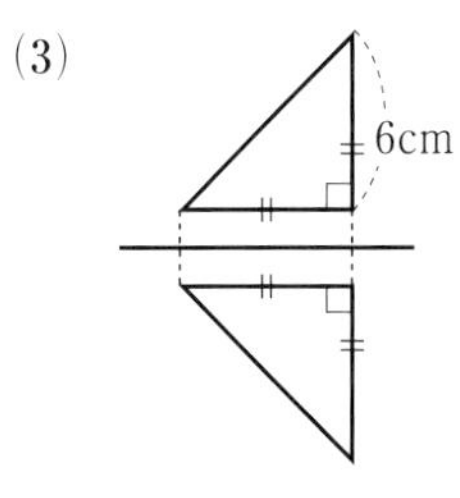

6　点/24点（各4点）

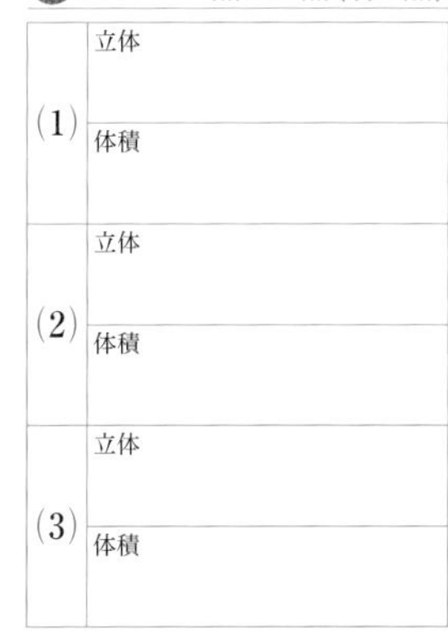

7 次の問に答えなさい。（(1) 考 (2)〜(4) 知）

(1) 右の図は，1辺が6 cmの立方体です。頂点A，C，F，Hを結ぶと，どんな立体ができますか。また，この立体の体積を求めなさい。

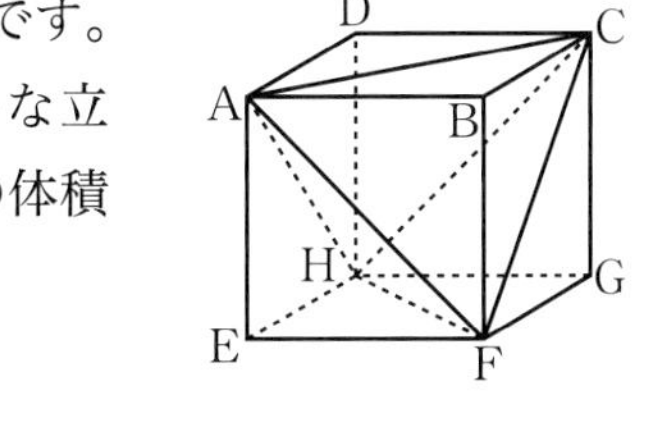

(2) 底面の半径が5 cmで，母線が8 cmの円錐の表面積を求めなさい。

(3) 右の図のような台形を，直線ℓを軸として回転させてできる立体の表面積を求めなさい。

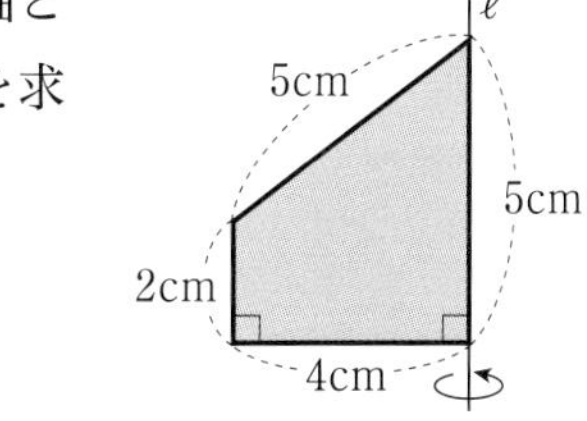

(4) 半径が2 cmの半球の，体積と表面積を求めなさい。

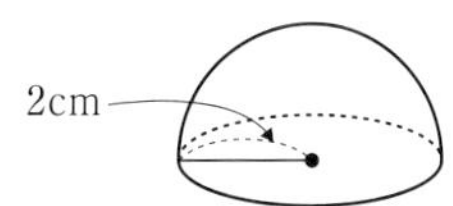

7　点/24点（各4点）

6章
教科書187〜219ページ

教科書のまとめ〈6章　空間図形〉

●多面体

・平面だけで囲まれた立体を**多面体**という。

・どの面も合同な正多角形で，どの頂点にも面が同じ数だけ集まっている，へこみのないものを**正多面体**という。

●２つの平面の位置関係

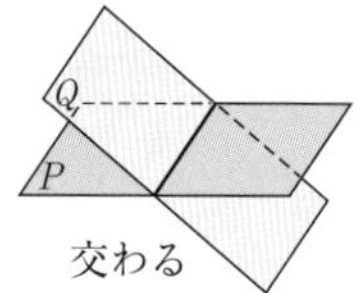

交わる

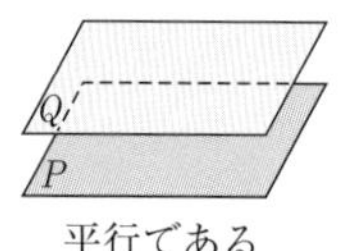

平行である

●平面と直線の位置関係

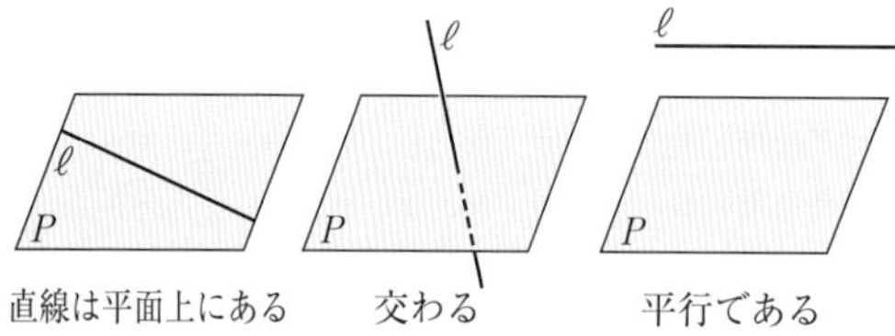

直線は平面上にある　交わる　平行である

●２つの直線の位置関係

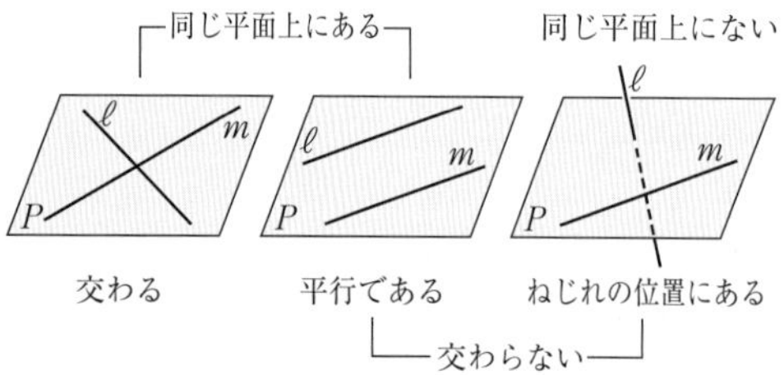

交わる　平行である　ねじれの位置にある
交わらない

●回転体

・１つの直線を軸として平面図形を回転させてできる立体を**回転体**という。

・円柱や円錐の側面をえがく線分 AB を，円柱や円錐の**母線**という。

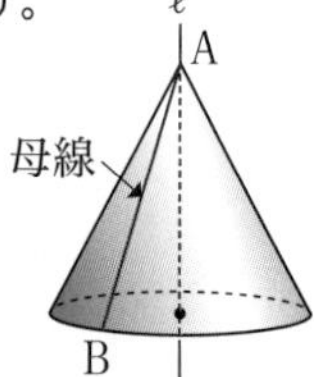

●展開図

・円錐の展開図は，側面になるおうぎ形と底面になる円からできている。

・側面になるおうぎ形の弧の長さは，底面の円周に等しい。

・おうぎ形の半径は円錐の母線に等しい。

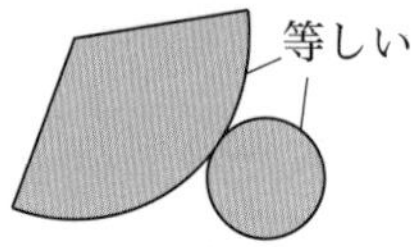

●投影図

立体をある方向から見て平面に表した図を**投影図**といい，真上から見た図を**平面図**，正面から見た図を**立面図**という。

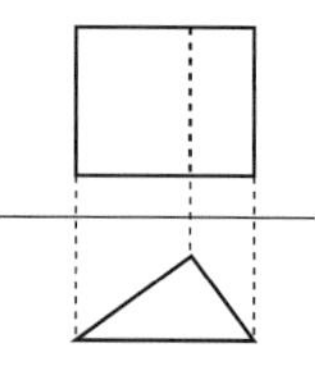

●角柱，円柱の体積

角柱，円柱の底面積を S，高さを h とすると，体積 V を求める式は

$V=Sh$

●角錐，円錐の体積

角錐，円錐の底面積を S，高さを h とすると，体積 V を求める式は

$V=\frac{1}{3}Sh$

●球の体積

半径 r の球の体積 V を求める式は

$V=\frac{4}{3}\pi r^3$

●球の表面積

半径 r の球の表面積 S を求める式は

$S=4\pi r^2$

7章　データの分析と活用

□平均値，中央値，最頻値　◀小学6年

平均値＝(データの値の合計)÷(データの数)

中央値……データの値を大きさの順に並べたとき，ちょうど真ん中の値

データの数が偶数のときは，真ん中の2つの値の平均値を中央値とします。

最頻値……データの値の中で，いちばん多い値

1 あるクラスのソフトボール投げの記録を，下のようなドットプロットに表しました。　◀小学6年〈データの整理〉

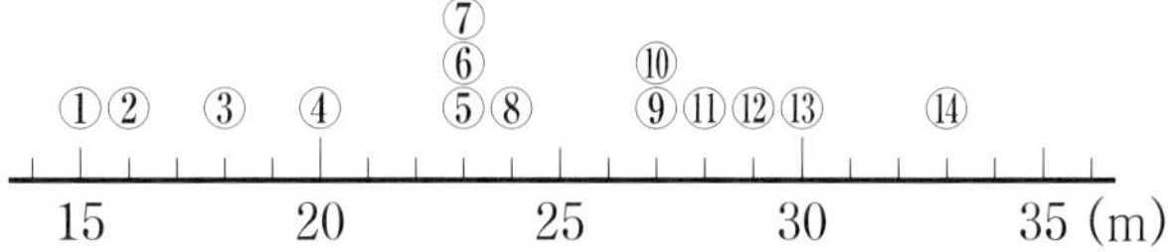

(1)　平均値を求めなさい。

(2)　中央値を求めなさい。

ヒント
データの数が偶数だから……

(3)　最頻値を求めなさい。

(4)　ちらばりのようすを，表に表しなさい。

距離(m)	人数(人)
以上 未満 15 ～ 20	
20 ～ 25	
25 ～ 30	
30 ～ 35	
合計	

(5)　ちらばりのようすを，ヒストグラムに表しなさい。

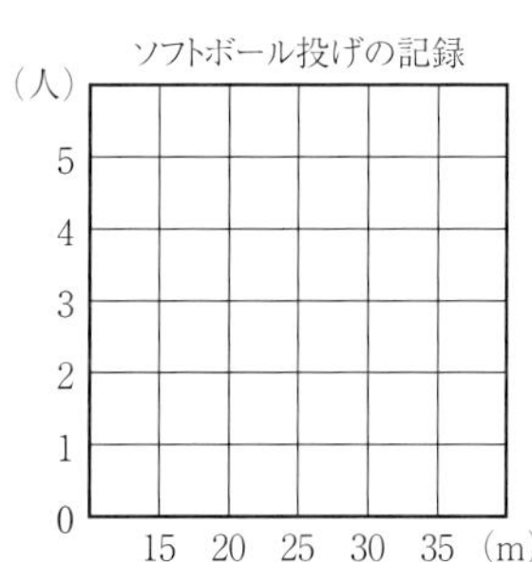

ヒント
横軸は区間を表すから……

1節 データの整理と分析
① データの分布の見方

●度数分布表，ヒストグラム

教科書 p.224～226

□ **例題 1** 右の表は，1 組の生徒 30 人の 1500 m 走の記録を度数分布表に整理したものです。

(1) 度数がもっとも多い階級と，その度数を答えなさい。

(2) 記録の速いほうから数えて 10 番目の記録はどの階級に入りますか。

(3) 6 分未満で走る人は，何人いますか。

記録(秒)	度数(人)	累積度数(人)
以上　未満		
280 ～ 300	3	3
300 ～ 320	2	5
320 ～ 340	7	12
340 ～ 360	8	20
360 ～ 380	6	26
380 ～ 400	4	30
合　計	30	

▶▶1

考え方 (2) 累積度数(るいせきどすう)で 10 番目の人が入る階級を読みます。

(3) 6 分 =360 秒ですから，「6 分未満」は 360 秒より小さく，360 秒をふくみません。

答え (1) 度数 3，2，7，8，6，4 を比べて，度数がもっとも多い階級は ① 秒以上 ② 秒未満。

その度数は ③ 人。

(2) 300 秒以上 320 秒未満の累積度数は 5 人，320 秒以上 340 秒未満の累積度数は 12 人であるから，10 番目の人が入る階級は ④ 秒以上 ⑤ 秒未満。

(3) 360 秒未満で走る人は，340 秒以上 ⑥ 未満の累積度数を読めばよいから，⑦ 人。

プラスワン 累積度数とヒストグラム

累積度数…各階級について，最初の階級からその階級までの度数を合計したものを**累積度数**といいます。

例題1 の度数分布表をヒストグラムに表すと次のようになります。

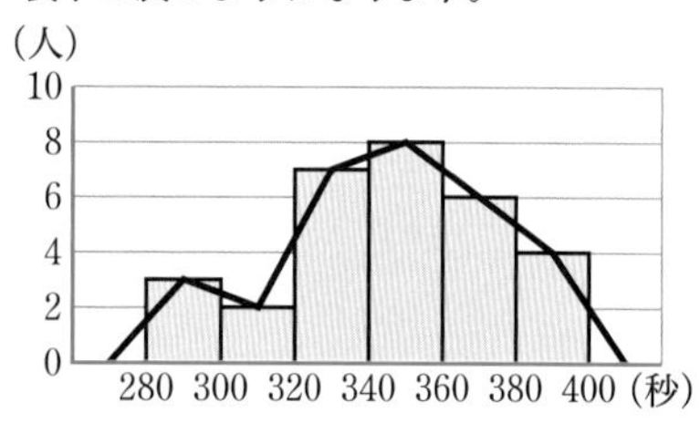

度数折れ線…上のように，各長方形の上の辺の中点を結んでつくる折れ線を**度数折れ線**といいます。

●相対度数

教科書 p.227～228

□ **例題 2** **例題1** の度数分布表の 320 秒以上 340 秒未満の階級について，相対度数(そうたいどすう)を求めなさい。

▶▶2

考え方 四捨五入して，小数第 2 位まで求めます。

答え 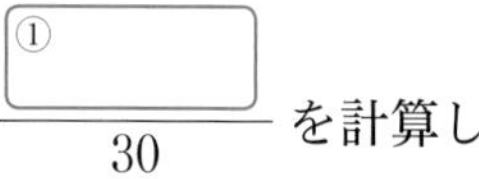
$\dfrac{①}{30}$ を計算し

小数第 3 位を四捨五入すると ② 。

プラスワン 相対度数

相対度数…ある階級の度数の，度数の合計に対する割合を，その階級の**相対度数**といいます。

$$(\text{相対度数}) = \frac{(\text{その階級の度数})}{(\text{度数の合計})}$$

絶対理解 **1** **【度数分布表，ヒストグラム】** 下の表は，男子 40 人の 50 m 走の記録を度数分布表に整理したものです。

教科書 p.224 Q，p.227 Q，p.229 Q

記録(秒)	度数(人)	相対度数
以上　未満		
6.4 ～ 7.0	2	0.05
7.0 ～ 7.6	4	㋐
7.6 ～ 8.2	12	㋑
8.2 ～ 8.8	10	0.25
8.8 ～ 9.4	8	㋒
9.4 ～ 10.0	2	㋓
10.0 ～ 10.6	2	0.05
合　計	40	1.00

□(1) 階級の幅(はば)を答えなさい。

□(2) 記録が 7.0 秒の生徒は，どの階級に入りますか。

□(3) 度数がもっとも多い階級と，その度数，累積度数を答えなさい。

□(4) ヒストグラムと度数折れ線を，右の図にかき入れなさい。

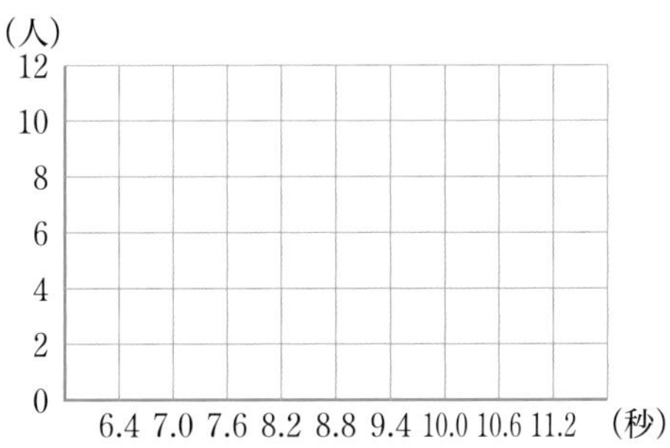

□(5) 表の相対度数，㋐～㋓をうめなさい。

□(6) 7.6 秒以上 8.2 秒未満の階級の累積相対度数を求めなさい。

●キーポイント
相対度数は，ふつう，四捨五入して小数第２位まで求めます。
(5)では，求めた値が小数第１位になった場合も，小数第２位まで表します。
(例) 0.1 → 0.10

●キーポイント
各階級について，最初の階級からその階級までの相対度数を合計したものを，累積相対度数といいます。

よく出る **2** **【相対度数，累積相対度数】** 1 年生と全校生徒の通学時間を調べて，度数分布表に整理しました。

教科書 p.227 Q，p.229 Q

通学時間(分)	1年生 度数(人)	1年生 相対度数	1年生 累積相対度数	全校生徒 度数(人)	全校生徒 相対度数	全校生徒 累積相対度数
以上　未満						
5 ～ 10	4	0.06	0.06	12	0.07	0.07
10 ～ 15	12	0.19	0.25	40	㋔	㋖
15 ～ 20	23	0.36	0.61	63	㋕	㋗
20 ～ 25	16	㋐	㋒	50	0.28	0.92
25 ～ 30	9	㋑	㋓	15	0.08	1.00
合　計	64	1.00		180	1.00	

□(1) 表の㋐～㋗をうめなさい。

□(2) 通学時間が 20 分未満の生徒の割合を比べて，わかることを書きなさい。

●キーポイント
全体の度数が異なるデータを比べるときには，度数の代わりに相対度数や累積相対度数を用います。

例題の答え **1** ①340　②360　③8　④320　⑤340　⑥360　⑦20　**2** ①7　②0.23

●範囲と代表値

教科書 p.230～231

□ **例題 1** **握力(あくりょく)検査をしました。** ▶▶1

(1) 右の [ ] は，9 人の記録(単位 kg)です。

(ア) 範囲(はんい)を求めなさい。

(イ) 中央値を求めなさい。

30,	18,	22,	26,	19
23,	29,	35,	22	

(2) 右の表は，80 人の記録を度数分布表に整理したものです。最頻値を求めなさい。

握力(kg)	度数(人)
以上　未満	
15 ～ 20	7
20 ～ 25	21
25 ～ 30	28
30 ～ 35	19
35 ～ 40	5
合　計	80

考え方 (1) 大きさの順に並べかえて調べます。

答え (1) 記録を小さい順に並べると

18, 19, 22, 22, 23, 26, 29, 30, 35

(ア) (範囲)＝(最大値)－(最小値)より

35－ ① [ ] ＝ ② [ ]

答 ② [ ] kg

(イ) データの総数は 9 なので，中央値は小さいほうから 5 番目の値となる。

答 ③ [ ] kg

(2) 度数のもっとも多い階級は，

④ [ ] kg 以上 ⑤ [ ] kg 未満。

この階級の階級値は，⑥ [ ] kg である。　答 ⑥ [ ] kg

> **プラスワン　範囲と代表値**
>
> **平均値**…個々のデータの値の合計をデータの総数でわった値。
>
> **中央値(メジアン)**…データの値を大きさの順に並べたときの中央の値。
>
> **最頻値(モード)**…データの中で，もっとも多く出てくる値。度数分布表では，度数のもっとも多い階級の階級値(階級の真ん中の値)。
>
> **範囲(レンジ)**…データの最大値から最小値をひいた値。

●平均値と中央値

教科書 p.230～231

□ **例題 2** **右は，10 人があるパズルを解くのにかかった時間(分)の記録です。平均値は 8.2 分です。平均値より短い 7 分で解いた A さんは，10 人の中では速く解いたほうだといえるでしょうか。** ▶▶1 2

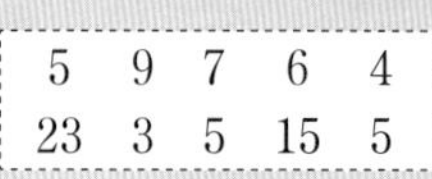

5	9	7	6	4
23	3	5	15	5

考え方 平均値は極端な数値の影響で大きくなっているので，中央値を調べます。

答え 中央値は，データの総数が 10(偶数)なので，中央にある 2 つの値の平均値が中央値となる。

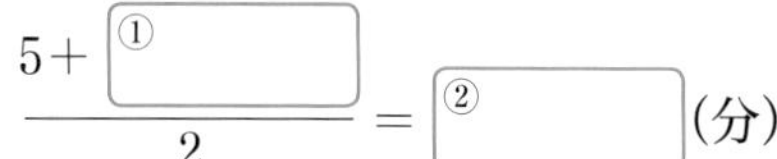

$$\frac{5+\boxed{①\quad}}{2}=\boxed{②\quad}\text{(分)}$$

7 分は，中央値より大きいので，速く解いたほうだと ③ [ ] 。

中央値や最頻値は，少数の極端な数値にはあまり影響されません。

絶対理解 **1** 【範囲と代表値】1年生が，あるゲームをしました。表1は，A，B 2つのグループの得点の記録です。表2は，1組の生徒と2組の生徒の得点を度数分布表に整理したものです。

教科書 p.230 Q

表1

A	45	49	42	61	56	80	47	58	48	
B	56	46	51	44	47	54	46	67	52	62

表2

得点(点)	1組 度数(人)	2組 度数(人)
以上　未満		
36 ～ 43	2	3
43 ～ 50	4	7
50 ～ 57	6	10
57 ～ 64	5	6
64 ～ 71	7	4
71 ～ 78	5	1
78 ～ 85	3	1
合　計	32	32

□(1) AとBの，それぞれの得点の分布の範囲を求めなさい。また，AとBの得点の範囲を比べて，わかることを答えなさい。

□(2) AとBの，それぞれの得点の平均値を求めなさい。また，AとBの得点の平均値を比べて，わかることを答えなさい。

□(3) AとBの，それぞれの得点の中央値を求めなさい。

●キーポイント
データの総数が偶数の場合は，中央にある2つの値の平均値を中央値とします。

□(4) 1組と2組の，それぞれの得点の最頻値を求めなさい。

絶対理解 **2** 【データの活用】男子10人と女子10人の合わせて20人が1つのチームをつくり，大縄跳(と)びで連続して跳んだ回数を競います。1チームが3度ずつ試み，そのうちの連続して跳んだ最高回数をチームの記録とします。20人は1列に並びますが，男女の並び方は自由です。はやとさんのチームは，男女が交互(こうご)に並ぶ並び方Aと女子10人が続いて並び，その前後に男子が5人ずつ並ぶ並び方Bの2通りの並び方で練習してみました。
下の表は，その練習で連続して跳べた回数の記録です。

A

8	7	11	16	19
15	13	26	21	17
18	14	23	28	22

B

7	10	16	14	21	17
26	18	23	15	14	28
16	19	19	24	31	27

記録(回)	並び方A 度数(回)	並び方B 度数(回)
以上　未満		
5 ～ 10	丅	一
10 ～ 15	下	下
15 ～ 20	正	正丅
20 ～ 25	下	下
25 ～ 30	丅	下
30 ～ 35		一
合　計	15	18

ここまでの練習では，A，Bどちらの並び方のほうがよい記録を出せるでしょうか。度数分布表を利用して説明しなさい。

教科書 p.233 Q

例題の答え **1** ①18　②17　③23　④25　⑤30　⑥27.5　**2** ①6　②5.5　③いえない

1節 データの整理と分析 [1], [2]
2節 データの活用

よく出る ❶ 右の表は，20 人の女子生徒の 50 m 走の記録を，度数分布表に整理したものです。

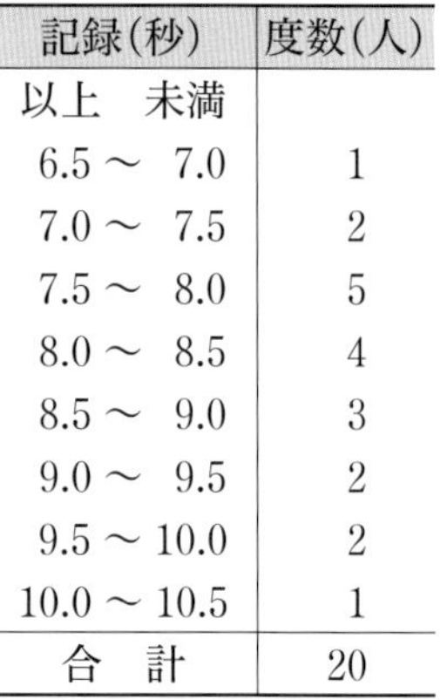

記録(秒)	度数(人)
以上　未満	
6.5 ～ 7.0	1
7.0 ～ 7.5	2
7.5 ～ 8.0	5
8.0 ～ 8.5	4
8.5 ～ 9.0	3
9.0 ～ 9.5	2
9.5 ～ 10.0	2
10.0 ～ 10.5	1
合　計	20

□(1) 9.0 秒の記録は，どの階級に入りますか。

□(2) 9.5 秒以上 10.0 秒未満の階級の度数を答えなさい。

□(3) 最頻値を求めなさい。

□(4) 中央値は，どの階級に入りますか。

□(5) 度数分布表をもとに，ヒストグラムをかきなさい。

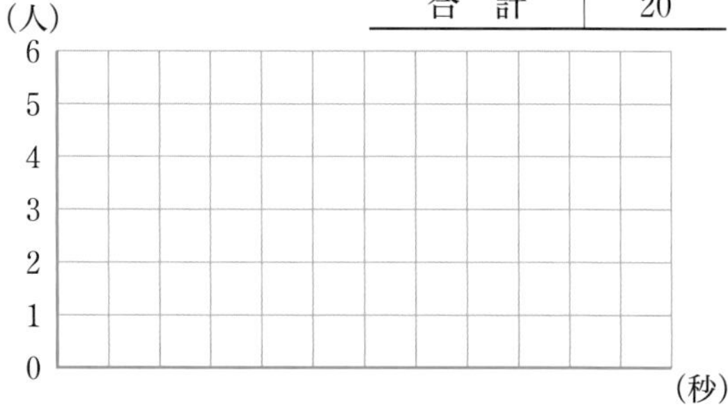

❷ 下の表は，A 中学校と B 中学校の 1 年女子が行ったハンドボール投げの記録を，度数分布表に整理したものです。

記録(m)	A 中学校		B 中学校	
	度数(人)	相対度数	度数(人)	相対度数
以上　未満				
6 ～ 9	2	①	8	⑥
9 ～ 12	6	②	16	⑦
12 ～ 15	10	③	12	⑧
15 ～ 18	8	④	9	⑨
18 ～ 21	4	⑤	5	⑩
合　計	30	1.00	50	1.00

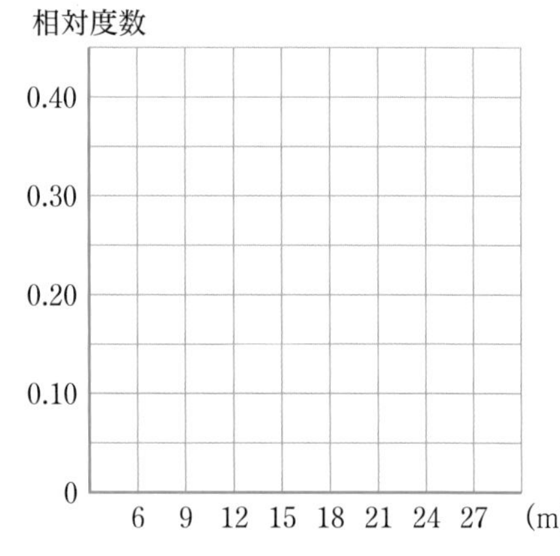

□(1) 相対度数の空らん①～⑩にあてはまる数を，四捨五入して小数第 2 位まで求めなさい。

□(2) A 中学校と B 中学校の 12 m 以上 15 m 未満の階級の累積相対度数をそれぞれ求めなさい。

□(3) A 中学校と B 中学校のそれぞれについて，各階級の相対度数を折れ線に表しなさい。

ヒント ❶ (4)中央値は 10 番目の値と 11 番目の値の平均値。

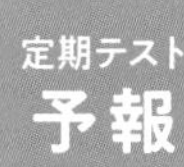

●度数分布表は基本。見方を十分理解しておこう。3つの代表値も大事だよ。
多くの用語の意味，使い方を覚えておく。ヒストグラム，相対度数の出題も多い。複数のデータを比べるために使われる代表値は，その値だけでなく，3つの値の関係を問われることもあるよ。

3 下のデータは，ある中学校 1 年生 12 人の，家から学校までの通学時間を調査したものです。次の問に答えなさい。

11，13，8，24，12，10，24，8，22，14，10，18　(分)

□(1)　記録の分布の範囲を求めなさい。

□(2)　平均値を求めなさい。

□(3)　中央値を求めなさい。

4 下の 2 つの図は，それぞれ 1970 年，2019 年の日本の人口ピラミッドです。下の問に答えなさい。

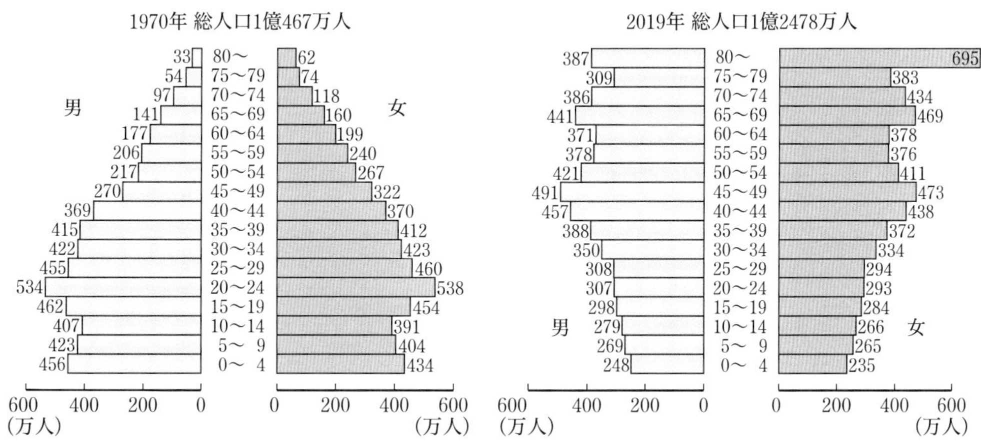

□(1)　それぞれの人口ピラミッドで，年齢層(ねんれい)による人口の分布にどんな特徴(とくちょう)がありますか。

□(2)　1970 年，2019 年のそれぞれについて，15 歳(さい)未満の人口と 65 歳以上の人口の相対度数を四捨五入して小数第 2 位まで求めなさい。

ヒント　**4** (2) 1970 年の 15 歳未満の人口は　456+434+423+404+407+391(万人)

解答▶▶ p.55

3節 ことがらの起こりやすさ
① 起こりやすさの表し方

●ことがらの起こりやすさ

教科書 p.236～237

□ **例題 1** 1つのボタンを投げる実験を多数回くり返しました。下の表は，ボタンを投げた回数と表が出た回数を調べたものです。表が出る相対度数を小数第3位まで求め，空らんをうめなさい。

投げた回数	50	100	1000	2000	3000
表が出た回数	24	43	414	818	1233
表が出る相対度数	0.480	0.430	ア	イ	ウ

上の表の結果をもとにして，折れ線グラフに表しなさい。グラフと表から，このボタンを投げる実験を多数回くり返すとき，表が出る相対度数は，どんな値(あたい)に近づくと考えられますか。

▶▶1

考え方　表が出る相対度数の値を求め，折れ線グラフから相対度数の値がどのようになっていくかを調べる。

答え $(\text{表が出る相対度数})=\dfrac{(\text{表が出た回数})}{(\text{投げた回数})}$ より，

ア… $\dfrac{①}{②}=③$

イ… $\dfrac{④}{⑤}=⑥$

ウ… $\dfrac{1233}{3000}=0.411$

折れ線グラフは，下の図のようになる。

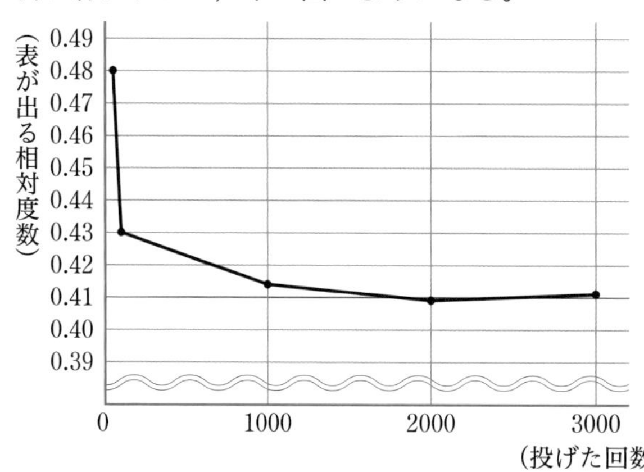

投げた回数が ⑦ 回以上の表が出る相対度数を小数第2位までの小数で表すと ⑧ に近づいている。

答 ⑨

プラスワン 確率

確率(かくりつ)…結果が偶然に左右される実験や観察を行うとき，あることがらが起こると期待される程度を数で表したものを，そのことがらの起こる確率といいます。

表が出る相対度数が0.41に近づくから，表が出る確率はおよそ0.41と考えられます。$\frac{1}{2}$よりやや小さいから，裏のほうが出やすい，といえますね。

絶対理解

1 【ことがらの起こりやすさ】ビールびんの王冠(おうかん)を投げて，表が出る回数を調べた結果は，下の表のようになりました。次の問に答えなさい。

教科書 p.236⓪

投げた回数	500	700	900	1000	1500	2000
表が出た回数	198	275	354	392	586	782
表が出る相対度数	0.396	0.393	0.393	ア	0.391	イ

●キーポイント
（表が出る相対度数）
$=\frac{(\text{表が出た回数})}{(\text{投げた回数})}$

□(1) 表のア，イにあてはまる数を求めなさい。

□(2) 上の表と(1)で求めた相対度数をもとにして，下のグラフを完成させなさい。

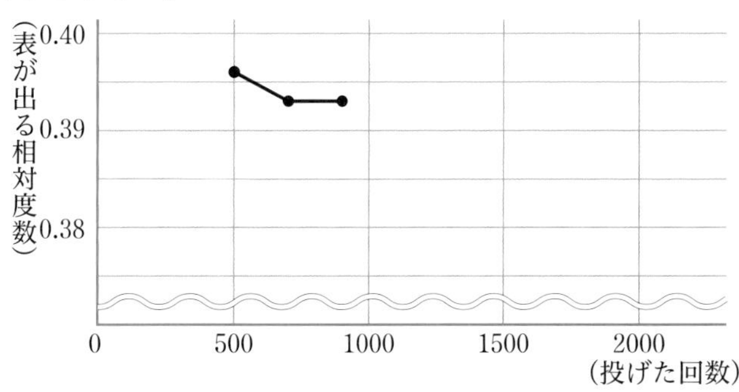

□(3) この実験を多数回くり返すとき，表が出る相対度数は，どんな値に近づくと考えられますか。

□(4) この結果から，王冠の表が出る確率はどの程度といえますか。小数第2位までの小数で求めなさい。

□(5) 表が出る場合と，裏が出る場合では，どちらが起こりやすいといえますか。

2 【起こりやすさの傾向】下のデータは，ある店で今日売れた靴(くつ)のサイズ(cm)です。

教科書 p.238⓪

24，22，23，25，23，23，24，27，23，26

●キーポイント
左のデータを小さいほうから順に並べると，
22，23，23，23，23，24，24，25，26，27。

□(1) 平均値と中央値，最頻値を求めなさい。

□(2) この傾向が続くとしたとき，次に仕入れるときは，どのサイズの靴を多くすればよいでしょうか。

例題の答え 1 ①414 ②1000 ③0.414 ④818 ⑤2000 ⑥0.409 ⑦1000 ⑧0.41 ⑨0.41

3節 ことがらの起こりやすさ 1

絶対理解 **1** 画びょうを投げる実験をしました。針が上に向いた場合を上向き，下に向いた場合を下向きとします。下の表は，針が上に向く回数を調べたものです。

投げた回数	100	200	300	400	500	600	700	800
針が上に向いた回数	51	112	177	232	295	342	406	464
針が上に向く相対度数	0.51	0.56	0.59	ア	0.59	0.57	イ	0.58

□(1) 表のア，イにあてはまる数を求めなさい。

□(2) 上の表と(1)で求めた相対度数をもとにして，右のグラフを完成させなさい。

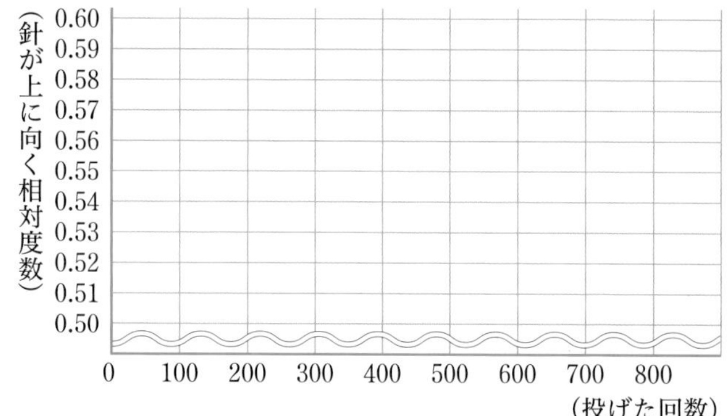

□(3) この実験を多数回くりかえすとき，画びょうが上に向く相対度数は，どんな値に近づくと考えられますか。

□(4) この結果から，画びょうが上に向く確率はどの程度といえますか。小数第2位までの小数で求めなさい。

□(5) 上に向く場合と，下に向く場合では，どちらが起こりやすいといえますか。

2 10円硬貨(こうか)を投げる実験を多数回くり返しました。下のグラフは投げた回数と表が出た場合の相対度数を表したものです。

□(1) このグラフから，表が出る相対度数は，どんな値に近づくと考えられますか。

□(2) この結果から，表が出る確率を答えなさい。

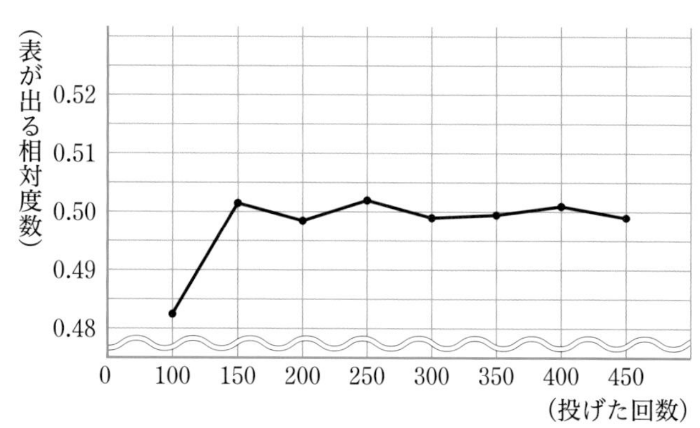

ヒント **1** (5)相対度数で比較する。

定期テスト予報
●ことがらの起こりやすさを表している相対度数を読みとろう。
いろいろなことがらに対する実験結果の相対度数に目をつけて問題を解いていこう。実験を多数回くり返したときは，相対度数を確率とみなすことができるよ。

3 □ 右の表は，わが国の 2012 年から 2019 年までの出生児の数を調べ，それぞれの年について，男子の生まれる相対度数を求めたものです。
右の表から，男子の生まれる確率は $\frac{1}{2}$ であるといってよいですか。また，その理由も答えなさい。

年次	総数（人）	男子	
		人数	相対度数
2012	1037231	531781	0.513
2013	1029816	527657	0.512
2014	1003539	515533	0.514
2015	1005677	515452	0.513
2016	976978	501880	0.514
2017	946146	484478	0.512
2018	918400	470851	0.513
2019	865239	443430	0.512

『人口動態統計』厚生労働省より

4 ある店では，運動靴（うんどうぐつ）を新たに 200 足仕入れることになりました。そこで，各サイズの運動靴を何足仕入れればよいかを考えることにしました。下の図は，各サイズについて過去 3 年間に売れた数をサイズ別に相対度数に表したもので，平均値は 25 cm でした。

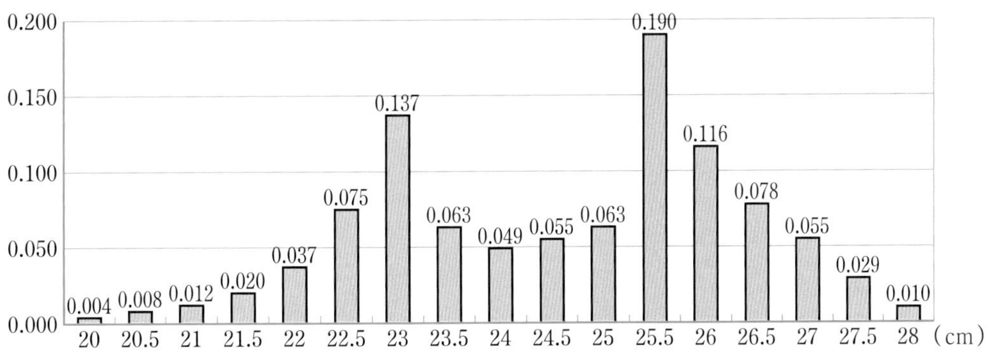

□(1) 平均値である 25 cm の靴をもっとも多く仕入れるのは適切ですか。

□(2) 25.5 cm の靴は，何足仕入れるとよいですか。

ヒント 3 男子の相対度数はおよそ 0.51 で，ほぼ一定している。
4 (1)平均値である 25 cm の相対度数を，他のサイズの相対度数と比較する。

7章 教科書235～239ページ

解答▶▶ p.57

ぴたトレ
3
確認テスト

7章　データの分析と活用

❶ 右の表は，1年男子36人のハンドボール投げの記録を，度数分布表に整理したものです。知

記録(m)	度数(人)
以上　未満	
9 ～ 13	3
13 ～ 17	6
17 ～ 21	10
21 ～ 25	13
25 ～ 29	4
合　計	36

(1) 階級の幅を答えなさい。

(2) 13 m以上17 m未満の階級の相対度数を，四捨五入して小数第2位まで求めなさい。

(3) 17 m以上21 m未満の階級の累積度数を求めなさい。

(4) 21 m以上25 m未満の階級の累積相対度数を，四捨五入して小数第2位まで求めなさい。

(5) ヒストグラムをかきなさい。

❶ 点/25点(各5点)

(1)
(2)
(3)
(4)
(5)

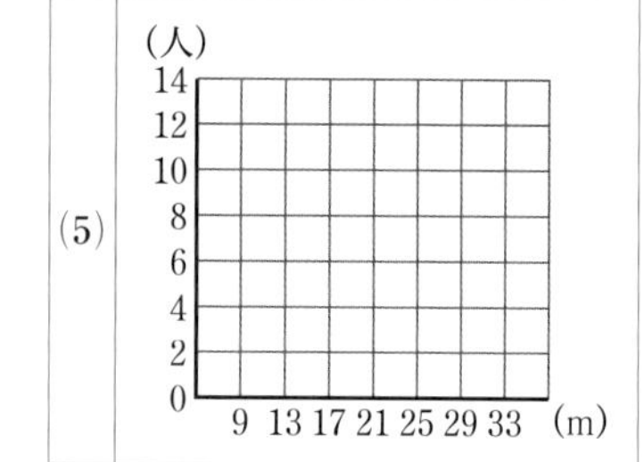

❷ 下のデータは，たまご20個の重さを調べたものです。最頻値を求めなさい。知

61，63，62，60，62，63，61，62，61，62
63，60，62，61，63，62，63，60，62，63　(g)

❷ 点/5点

❸ 下のデータは，10人の生徒が行った20点満点のゲームの結果をまとめたものです。((1)～(3) 知 (4) 考)

10，8，15，6，5，6，14，18，14，9　(点)

(1) 点数の分布の範囲を求めなさい。

(2) 平均値を求めなさい。

(3) 中央値を求めなさい。

(4) さとるさんの点数は10点でした。さとるさんは，データの10人の中では点数が高いほうに入りますか。

❸ 点/20点(各5点)

(1)
(2)
(3)
(4)

成績評価の観点　知…数量や図形などについての知識・技能　考…数学的な思考・判断・表現

4 あるサッカーチームに所属する選手の年齢の平均値は27歳です。これについて，次の(1)，(2)の考えは正しいといえますか。その理由も答えなさい。知

(1) このチームは，27歳より上の人と下の人の人数が同じである。

(2) このチームは，27歳の人がもっとも多い。

4 点/20点(各5点)

点UP **5** A，B 2つのパックに入っているいちごの重さの分布をヒストグラムに表しました。考

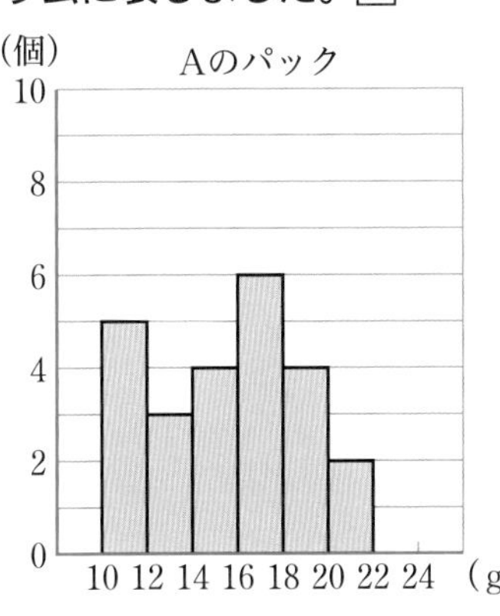

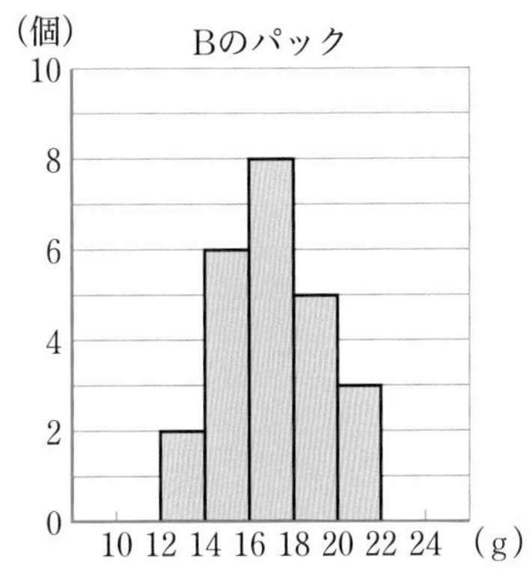

(1) 2つのパックに入っているいちごの重さには，それぞれどんな特徴がありますか。

(2) できるだけ同じ重さのいちごをそろえて，ケーキのデコレーションを作るとき，1つのパックのいちごを使うには，A，Bどちらのパックがふさわしいですか。理由も書きなさい。

5 点/20点(各5点)

(1) A

B

(2)

理由

6 右の表は，1つのさいころを投げて，1の目が出た回数を調べたものです。知

(1) 1の目が出る相対度数は，どんな値に近づくと考えられますか。小数第2位まで求めなさい。

(2) この結果から，1の目が出る確率はどの程度といえますか。小数第2位までの小数で答えなさい。

投げた回数	1の目が出た回数	1の目が出る相対度数
50	6	0.12
100	15	0.15
200	34	0.17
400	66	0.17
600	103	0.17
800	128	0.16
1000	165	
1500	255	
2000	336	

6 点/10点(各5点)

(1)

(2)

知 /75点	考 /25点

7章 教科書221〜244ページ

解答▶▶ p.58

教科書のまとめ〈7章　データの分析と活用〉

●**累積度数**

各階級について，最初の階級からその階級までの度数を合計したものを**累積度数**という。

●**度数の分布**

・階級の区間の幅を**階級の幅**という。

・階級の幅を横，度数を縦とする長方形をすき間なく横に並べて，度数の分布のようすを表したグラフのことを**ヒストグラム**という。

・ヒストグラムで，おのおのの長方形の上の辺の中点を結んだ折れ線を**度数折れ線**という。

●**相対度数**

ある階級の度数の，度数の合計に対する割合を，その階級の**相対度数**という。

$$(\text{相対度数})=\frac{(\text{その階級の度数})}{(\text{度数の合計})}$$

●**累積相対度数**

・各階級について，最初の階級からその階級までの相対度数を合計したものを**累積相対度数**という。

・$(\text{累積相対度数})=\dfrac{(\text{累積度数})}{(\text{度数の合計})}$ と求めることもできる。

・累積相対度数を使うと，ある階級未満，あるいは，ある階級以上の度数の全体に対する割合を知ることができる。

●**データの分析の特徴の表し方**

・データの最大の値から最小の値をひいた値を分布の**範囲**(**レンジ**)という。

(範囲)＝(最大値)－(最小値)

・個々のデータの値の合計をデータの総数でわった値を**平均値**という。

・調べようとするデータの値を大きさの順に並べたときの中央の値を**中央値**(**メジアン**)という。

・データの中で，もっとも多く出てくる値を**最頻値**(**モード**)という。度数分布表では，度数のもっとも多い階級の**階級値**(階級の真ん中の値)をいう。

●**確率**

多数回の実験の結果，あることがらの起こる相対度数がある一定の値に近づくとき，その値を，そのことがらの起こる**確率**という。

●**データの活用**

①調べたいことを決める。

↓

②データの集め方の計画を立てる。

[注意]

・調査に協力してくれる人の気持ちを大切にする。

・相手に迷惑(めいわく)がかからないようにする。

・調査で知った情報は，調査の目的以外には使用しない。

↓

③データを集め，目的に合わせて整理する。

・度数分布表を使う。

・分布のようすを知りたいときは，ヒストグラムや度数折れ線に表す。

・相対度数を使って比較する。

↓

④データの傾向(けいこう)をとらえて，どんなことがいえるか考える。

↓

⑤調べたことやわかったことをまとめて，発表する。

↓

⑥発表したあとに学習をふり返る。

テスト前に役立つ!

\\ 定期テスト //

予想問題

チェック!

- テスト本番を意識し，時間を計って解きましょう。
- 取り組んだあとは，必ず答え合わせを行い，まちがえたところを復習しましょう。
- 観点別評価を活用して，自分の苦手なところを確認しましょう。

テスト前に解いて，わからない問題やまちがえた問題は，もう一度確認しておこう!

定期テスト
予想問題
1

1章　正負の数

❶ 次の問に答えなさい。知

教科書 p.20〜22

(1) 1000 円の収入を $+1000$ 円と表すことにすると，500 円の支出は，どのように表されますか。

(2) 気温が現在より 3 ℃上がることを $+3$ ℃と表すことにすると，-4 ℃はどんなことを表していますか。

❶ 点/6点（各3点）

(1)	
(2)	

❷ 次の問に答えなさい。知

教科書 p.23〜25

(1) 下の数直線で，点 A，B に対応する数を書きなさい。

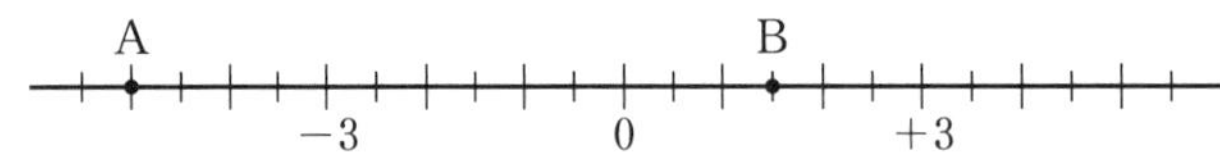

(2) 次の数の大小を，不等号を使って表しなさい。

$+4.5,\ -\frac{5}{3},\ 0,\ -\frac{5}{4}$

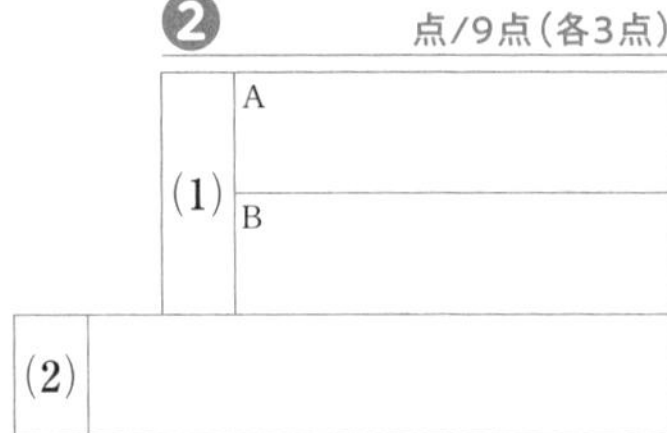

❷ 点/9点（各3点）

(1)	A	
	B	
(2)		

❸ 次の計算をしなさい。知

教科書 p.28〜37

(1) $(+3)+(-8)$　　(2) $(-15)+(+15)$

(3) $(-9)-(+12)$　　(4) $0-(-7)$

(5) $-5+12+8-9$　　(6) $-\frac{5}{6}+0-(-0.3)+(-2)$

❸ 点/18点（各3点）

(1)	
(2)	
(3)	
(4)	
(5)	
(6)	

❹ 次の計算をしなさい。知

教科書 p.40〜49

(1) $(+5)\times(-7)$　　(2) $-8^2\times(-1)^2$

(3) $(-2)^2\times\left(\frac{1}{3}\right)^2$　　(4) $4\div\left(-\frac{14}{5}\right)$

❹ 点/12点（各3点）

(1)	
(2)	
(3)	
(4)	

成績評価の観点　知…数量や図形などについての知識・技能　考…数学的な思考・判断・表現

5 乗法だけの式になおして，次の計算をしなさい。知

教科書 p.49

(1) $\frac{15}{7}\div(-3)\times(-0.2)$　　(2) $-\left(\frac{1}{2}\right)^2\div\frac{1}{6}\times(-3)^2$

5 点/8点（各4点）
(1)
(2)

6 次の計算をしなさい。知

教科書 p.50～51

(1) $5+(-4)\times2$　　(2) $-7+15\div(-2-3)$

(3) $20-3^2\times(-1)^3$　　(4) $\frac{1}{6}-\left(-\frac{2}{3}\right)^2\times\frac{3}{4}$

(5) $-5^2\times\{-8\div(2-4)\}$　　(6) $8\times3.14-12\times3.14$

6 点/24点（各4点）
(1)
(2)
(3)
(4)
(5)
(6)

7 次の計算をくふうして計算しなさい。くふうしたことがわかるように，途中（とちゅう）の計算も書きなさい。考

教科書 p.50～51

$29\times(-38)+71\times(-38)$

7 点/5点

8 a，b，c が自然数のとき，次の㋐～㋓のうち，計算結果がいつでも自然数になるとはかぎらないものを 2 つ選び，自然数にならない具体的な例を示しなさい。考

教科書 p.52～53

㋐ $a+b-c$　　㋑ $(a+b)\times c$

㋒ $(a+b)\div c$　　㋓ $a+b+c$

8 点/10点（各5点）

記号
例
記号
例
（各完答）

9 下の表は，田中（たなか）さんの中間テストの結果で，数学以外の 4 教科について，理科の 80 点を基準としてまとめたものです。次の問に答えなさい。考

教科書 p.55～57

教　科	国語	社会	数学	理科	英語
理科との得点差(点)	−8	+3		0	−7

(1) 数学以外の 4 教科の平均点を求めなさい。

(2) 5 教科の平均点が 81 点のとき，数学の得点は何点ですか。

9 点/8点（各4点）
(1)
(2)

知　/77点　考　/23点

解答▶▶ p.59

定期テスト
予想問題
2

2章　文字と式

1 次の(1)，(2)について，文字を使った式で表しなさい。知

教科書 p.64～65

(1)　1辺が x cm の正方形の周の長さは何 cm ですか。

(2)　ある日の東京(とうきょう)の最高気温は t ℃で，同じ日の福岡(ふくおか)の最高気温は，東京より 4 ℃高くなりました。福岡の最高気温は何 ℃ですか。

1　点/4点（各2点）

(1)	
(2)	

2 次の式を，文字式の表し方にしたがって表しなさい。知

教科書 p.66～68

(1)　$(a-b)\times7$　　(2)　$x\times(-2)+1\times y$

(3)　$x\times x\times y\times y\times4$　　(4)　$a\div9$

2　点/8点（各2点）

(1)	
(2)	
(3)	
(4)	

3 次の式を，× や ÷ の記号を使って表しなさい。知

教科書 p.68

(1)　$-\dfrac{3}{2}x$　　(2)　$a+\dfrac{b}{5}$

(3)　$-a^3b^2$　　(4)　$\dfrac{x-y}{6}$

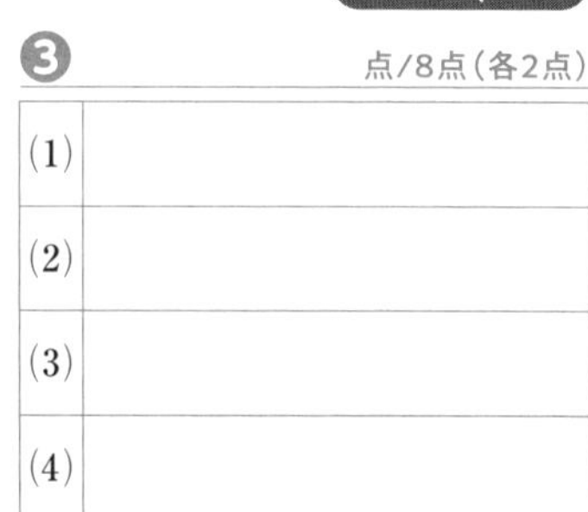

3　点/8点（各2点）

(1)	
(2)	
(3)	
(4)	

4 次の数量を，文字を使った式で表しなさい。知

教科書 p.69～70

(1)　a m のひもから 3 cm のひもを b 本切り取ったときの残りの長さ

(2)　x 人の 9 %

4　点/6点（各3点）

(1)	
(2)	

5 右の図のような円の $\dfrac{1}{3}$ の形があります。

このとき，$2r+\dfrac{2}{3}\pi r$ は，どんな数量を表していますか。考

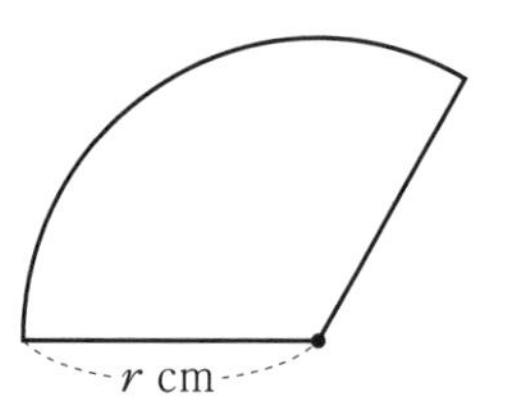

教科書 p.70

5　点/5点

成績評価の観点　知…数量や図形などについての知識・技能　考…数学的な思考・判断・表現

❻ $x=-4$，$y=3$ のとき，次の式の値（あたい）を求めなさい。 知

教科書 p.71～72

(1) $-3x+1$　　(2) $\dfrac{x}{6}$

(3) $-x^2+y$　　(4) $(-x)^2-3y$

❻ 点/12点（各3点）

(1)		(2)	
(3)		(4)	

❼ 次の計算をしなさい。 知

教科書 p.74～77

(1) $x+4-8x-2$　　(2) $\dfrac{9}{4}a-3+\dfrac{5}{4}-6a$

(3) $(5x+1)+(3x-6)$　　(4) $(7a-1)-(2a+10)$

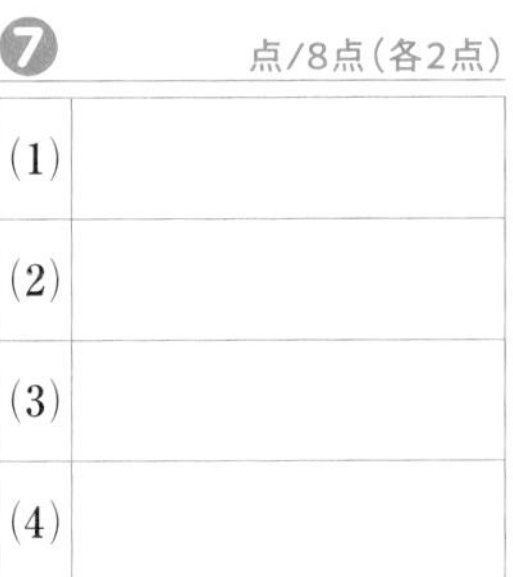

❼ 点/8点（各2点）

(1)	
(2)	
(3)	
(4)	

❽ 次の計算をしなさい。 知

教科書 p.77～79

(1) $2x\times(-5)$　　(2) $18\left(\dfrac{3}{2}x-\dfrac{5}{9}\right)$

(3) $(28x-35)\div(-7)$　　(4) $\dfrac{6a+4}{3}\times(-6)$

(5) $6x+4(-5x+2)$　　(6) $-3(2a-1)-2(a+4)$

(7) $\dfrac{1}{4}(2x+3)+\dfrac{3}{8}(-4x-5)$　　(8) $\dfrac{5a-1}{3}-\dfrac{a+7}{4}$

❽ 点/24点（各3点）

(1)	
(2)	
(3)	
(4)	
(5)	
(6)	
(7)	
(8)	

❾ 次の数量の間の関係を，等式または不等式で表しなさい。 知

教科書 p.84～85

(1) 1本 a 円の鉛筆（えんぴつ）4本と1個 b 円の消しゴムを2個買ったときの代金の合計は520円だった。

(2) x の2乗の5倍は y より4だけ大きい。

(3) 50個のりんごを a 人に3個ずつ分けたら，りんごがいくつかたりなくなった。

❾ 点/15点（各5点）

(1)	
(2)	
(3)	

❿ a Lの水が入る水そうAと，b Lの水が入る水そうBがあります。次の等式や不等式はどんなことを表していますか。 考

教科書 p.85

(1) $a-b=3$　　(2) $a+b\geqq12$

❿ 点/10点（各5点）

(1)	
(2)	

知 /85点	考 /15点

解答▶▶ p.60

3章　方程式

❶ 次の方程式で，-2 が解であるものをすべて答えなさい。知

㋐ $3x-7=-1$　㋑ $4x+6=x$

㋒ $2(x-3)=x+5$　㋓ $\frac{1}{2}x+3=x+4$

教科書 p.92~93

❶ 点/3点

❷ 方程式 $5x+2=-8$ を右のようにして解きました。(1)，(2)のように式を変形するとき，等式の性質のうち，どれを使っていますか。次の㋐～㋓から選びなさい。($A=B$，$C \neq 0$ とします。)。知

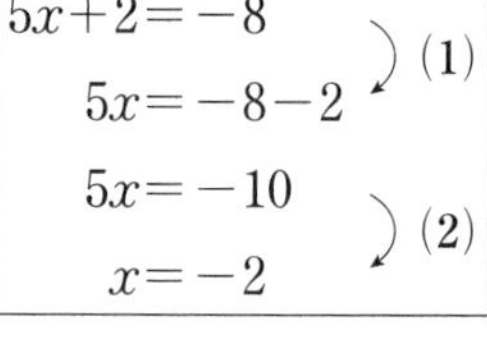

㋐ $A+C=B+C$　㋑ $A-C=B-C$

㋒ $AC=BC$　㋓ $\frac{A}{C}=\frac{B}{C}$

教科書 p.94~95

❷ 点/4点(各2点)

(1)	
(2)	

❸ 次の方程式を解きなさい。知

(1) $x+15=6$　(2) $-\frac{x}{3}=4$

(3) $2x=-6x+16$　(4) $-5x=8-x$

(5) $8x+9=7x-4$　(6) $13-9x=7x+3$

教科書 p.96~97

❸ 点/12点(各2点)

(1)		(2)	
(3)		(4)	
(5)		(6)	

❹ 次の方程式を解きなさい。知

(1) $5x+4=3(x-2)$　(2) $-2(x-1)-3(x-4)=-1$

(3) $0.4x-3=1.2x-0.6$　(4) $-0.3(2x-1)=0.9$

(5) $\frac{5}{4}x-\frac{2}{3}=\frac{1}{2}x$　(6) $\frac{x+2}{2}=\frac{3x+1}{5}$

教科書 p.98~100

❹ 点/24点(各4点)

(1)		(2)	
(3)		(4)	
(5)		(6)	

❺ 1冊50円のノートと60円のノートを合わせて10冊買ったら560円になりました。それぞれ何冊ずつ買ったかを求めなさい。考

教科書 p.103

❺ 点/6点(完答)

1冊50円のノート

1冊60円のノート

成績評価の観点　知…数量や図形などについての知識・技能　考…数学的な思考・判断・表現

6 みかんを何人かの子どもに配ります。1人に5個ずつ配ると2個たりません。また，1人に4個ずつ配ると6個余ります。考

教科書 p.104

(1) 子どもの人数をx人として，方程式をつくり，みかんの個数を求めなさい。

(2) みかんの数をx個として，次のような方程式をつくりました。

$$\frac{x+2}{5}=\frac{x-6}{4}$$

① $x+2$ や $x-6$ は，どんな数量を表していますか。

② 左辺と右辺の式は，それぞれどんな数量を表していますか。

6 点/15点（各5点）

(1)	方程式 みかんの個数
(2)	①
	②

（(1)完答）

7 1周1.5 kmの池の周りの道があります。Aさんは自転車で分速225 mで，Bさんは分速150 mで，同時に同じ地点から，それぞれ反対の方向に出発しました。2人が最初に出会うのは，出発してから何分後ですか。考

教科書 p.105〜106

7 点/5点

8 A，B 2つの水そうがあり，Aからは毎分4 Lの割合で水を出し続け，Bには毎分3 Lの割合で水を入れ続けます。9時ちょうどに，2つの水そうの中の水の量をはかったら，Aには180 L，Bには60 L入っていました。考

教科書 p.103〜106

(1) Bの水の量がAの水の量の$\frac{1}{2}$になるのは何時何分ですか。

(2) Aの水の量がBの水の量の4倍になることはありますか。

8 点/10点（各5点）

(1)	
(2)	

9 次の比例式で，xの値を求めなさい。知

教科書 p.107〜109

(1) $3:x=27:45$　　(2) $6:5=24:x$

(3) $7:2=(x-4):6$　　(4) $8:3=(x+3):(x-2)$

9 点/16点（各4点）

(1)	
(2)	
(3)	
(4)	

10 牛乳とコーヒーを3：4の割合で混ぜて，コーヒー牛乳を作ろうと思います。いま，コーヒーが500 mLあります。コーヒーを全部使ってコーヒー牛乳を作るには，牛乳は何mLあればよいですか。考

教科書 p.107〜109

10 点/5点

知 /59点	考 /41点

解答▶▶ p.62

定期テスト予想問題 4

4章　比例と反比例

時間30分　／100点　合格70点

1 次の㋐～㋒のうち，y が x の関数であるものはどれですか。知

教科書 p.116～119

㋐　周の長さが x cm の正方形の面積は y cm^2 である。

㋑　周の長さが x cm の長方形の面積は y cm^2 である。

㋒　円周が x cm の円の面積は y cm^2 である。

1　点/4点

2 500枚で，重さが3kg，価格が800円のコピー用紙があります。次の問に答えなさい。考

教科書 p.119

(1)　このコピー用紙が200枚あります。金額にしていくらですか。

(2)　このコピー用紙が5.4kgあります。何枚ありますか。

2　点/10点（各5点）

(1)	
(2)	

3 次の問に答えなさい。知

教科書 p.120，p.124～125

(1)　底辺が x cm，高さが6cmの三角形の面積を y cm^2 とします。

①　y が x に比例することを示しなさい。

②　比例定数を答えなさい。

(2)　y は x に比例し，$x=6$ のとき $y=8$ です。

①　y を x の式で表しなさい。

②　$x=-15$ のときの y の値を求めなさい。

3　点/16点（各4点）

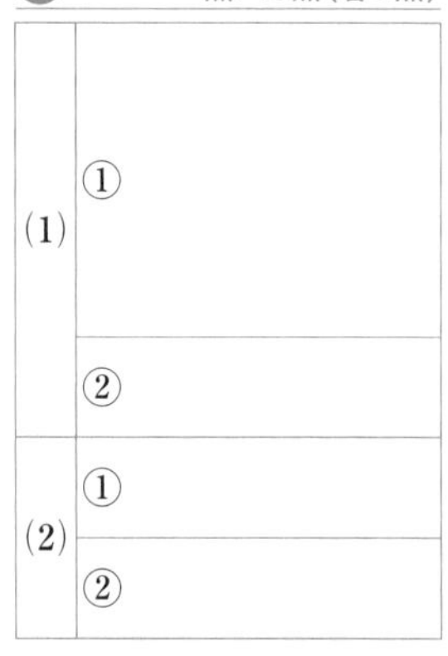

(1)	①	
	②	
(2)	①	
	②	

4 次の問に答えなさい。知

教科書 p.126～133

(1)　次の比例のグラフをかきなさい。

①　$y=\dfrac{1}{3}x$　　②　$y=-2.5x$

(2)　右の①，②は，比例のグラフです。それぞれについて，比例の式で表しなさい。

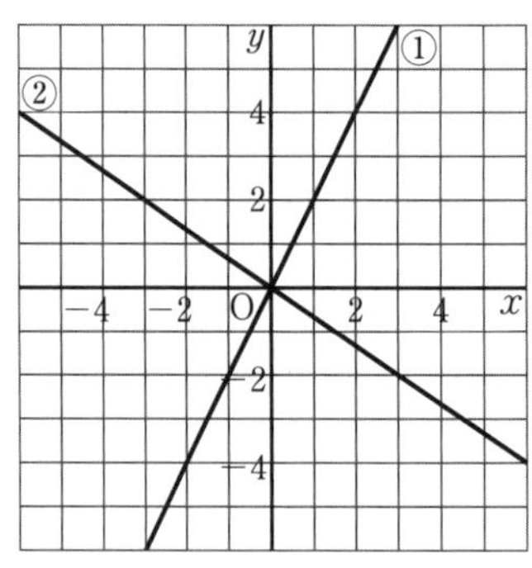

4　点/20点（各5点）

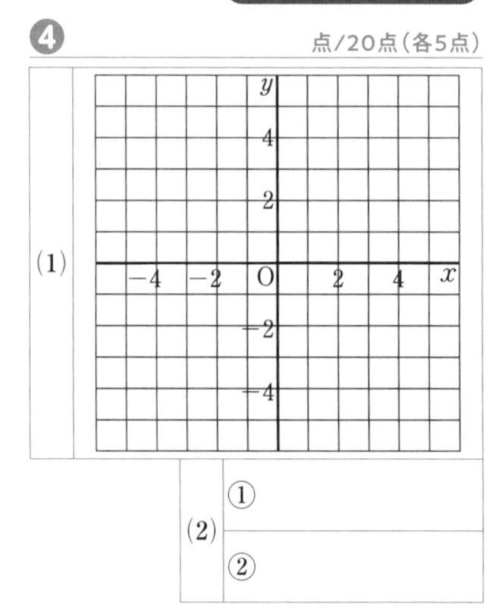

(2)	①	
	②	

成績評価の観点　知…数量や図形などについての知識・技能　考…数学的な思考・判断・表現

5 180 km の道のりを，時速 x km の自動車で走ると，y 時間かかります。次の問に答えなさい。考

(1) y が x に反比例することを示しなさい。

(2) 比例定数が表している量を答えなさい。

教科書 p.121

5 点/8点（各4点）

(1)	
(2)	

6 y は x に反比例し，$x=2$ のとき $y=50$ です。y を x の式で表しなさい。また，$y=-25$ のときの x の値を求めなさい。知

教科書 p.136～137

6 点/8点（各4点）

7 次の問に答えなさい。知

教科書 p.138～144

(1) 次の反比例のグラフをかきなさい。

① $y=\dfrac{12}{x}$　　② $y=-\dfrac{4}{x}$

(2) 右の①，②は，反比例のグラフです。それぞれについて，反比例の式で表しなさい。

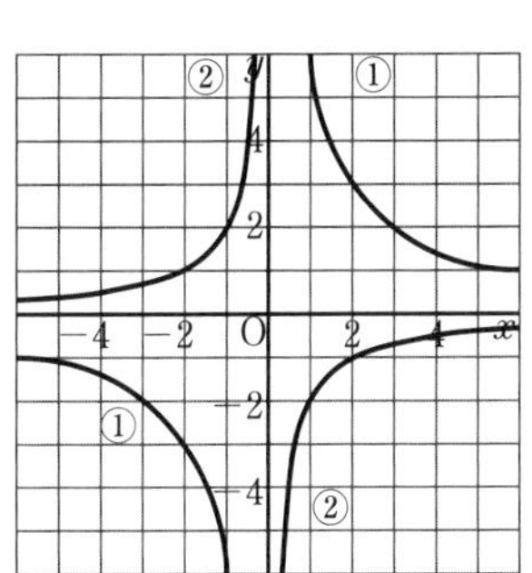

7 点/20点（各5点）

(1)

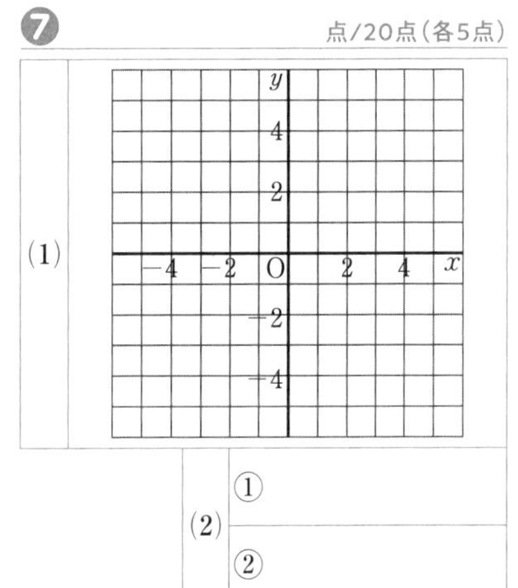

(2)	①
	②

8 公園で拾ったどんぐり 180 個を，4 人で分けます。ところが，4 人では 1 人あたりの個数が多いので，1 人あたりの個数を，4 人のときの $\dfrac{1}{3}$ にしようと思います。何人で分ければよいでしょうか。考

教科書 p.147～148

8 点/4点

9 姉と妹がジョギングで同時に家を出発し，4 km はなれたゴールに向かいました。姉は分速 100 m，妹は分速 80 m で走ります。右の図は，姉のようすをグラフに表したものです。考

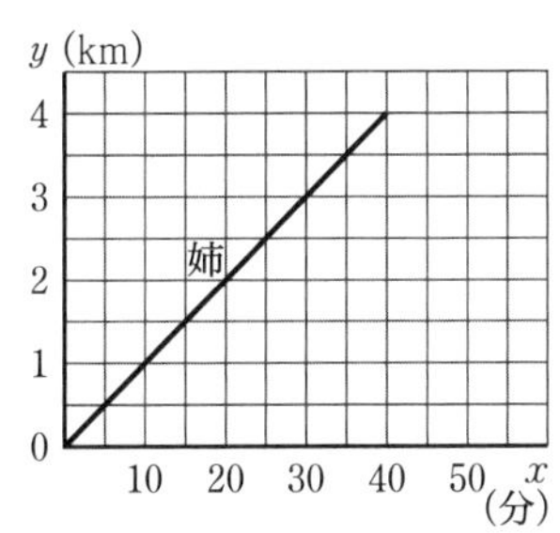

(1) 妹が走るようすを表すグラフを図にかき入れなさい。

(2) 姉がゴールについてから，何分後に妹がつきますか。

教科書 p.149

9 点/10点（各5点）

(1)

y (km) 4 3 2 1 0 姉 10 20 30 40 50 x (分)

(2)

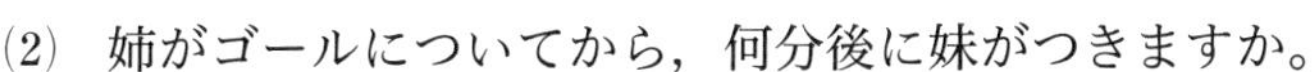

解答▶▶ p.64

定期テスト
予想問題
5

5章　平面図形

時間30分　／100点　合格70点

❶ 次の問に答えなさい。 知

教科書 p.156

(1)　直線 AB をかきなさい。

(2)　線分 AB をかきなさい。

(3)　半直線 AB をかきなさい。

❶　点/12点（各4点）

(1)	A　B
(2)	A　B
(3)	A　B

❷ 下の図は，長方形 ABCD を 8 個の合同な直角三角形に分けたものです。△EFO を，1 回の移動で次の(1)～(3)の三角形に重ね合わせるには，それぞれどんな移動をさせればよいですか。図の中の点や線分を使って説明しなさい。 知

教科書 p.156～163

(1)　△HGC

(2)　△GHO

(3)　△EHO

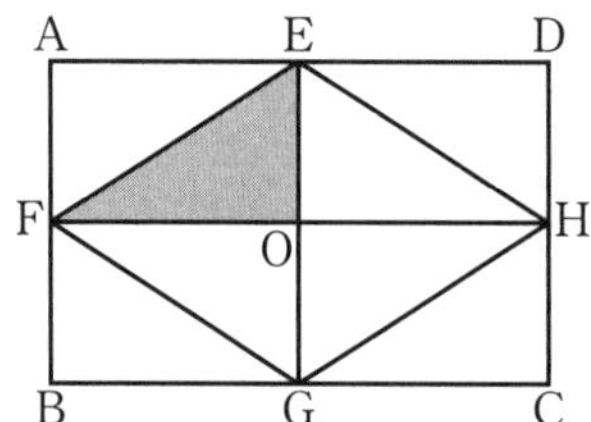

❷　点/18点（各6点）

(1)	
(2)	
(3)	

❸ 次の作図をしなさい。 知

教科書 p.168～172

(1)　図のように，直線 ℓ と ℓ 上にない点 P があるとき，点 P と直線 ℓ との距離（きょり）を表す線分 PH

(2)　図のような △ABC で，辺 AC 上にあって，PB＝PC となる点 P

❸　点/16点（各8点）

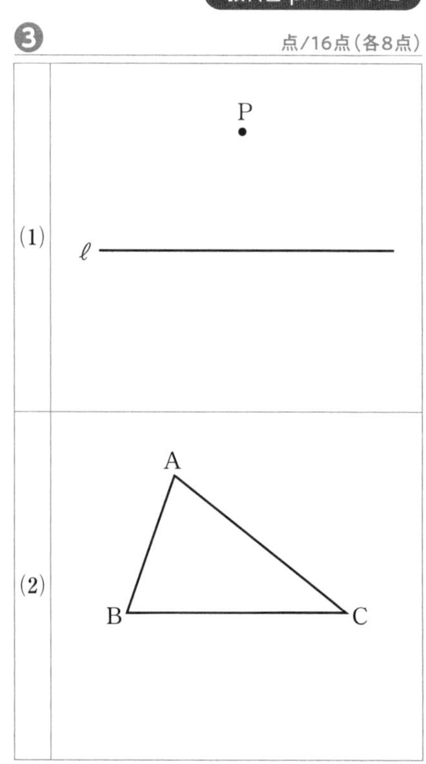

　成績評価の観点　知…数量や図形などについての知識・技能　考…数学的な思考・判断・表現

❹ 次の作図をしなさい。知

教科書 p.173〜174

(1) 図のような △ABC で，辺 AC 上にあって，直線 BA，直線 BC までの距離が等しい点 P

(2) 図のように，直線 ℓ と直線 m があるとき，ℓ 上に中心 O があって，m 上の点 T で m に接する円 O

❹ 点/16点（各8点）

(1)	A, B, C
(2)	ℓ, m, T

❺ 次の問に答えなさい。考

教科書 p.175〜178

(1) 図は，3 点 A，B，C を通る円 O の一部です。円 O の中心 O を作図によって求め，円 O を作図しなさい。

(2) 図の線分 OA を 1 つの辺として，75 °の角を作図しなさい。

❺ 点/20点（各10点）

(1)	A, B, C
(2)	O, A

❻ 次の問に答えなさい。知

教科書 p.180〜181

(1) 半径が 18 cm，中心角が 160 °のおうぎ形の弧（こ）の長さと面積を求めなさい。

(2) 右の図で，色をつけた図形の面積を求めなさい。

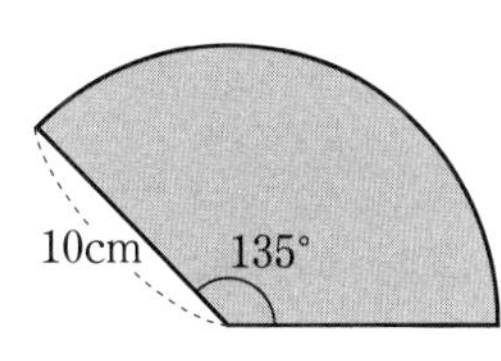

❻ 点/18点（各6点）

(1)	弧の長さ
	面積
(2)	

知 /80点	考 /20点

解答▶▶ p.65

6章　空間図形

1 正十二面体は，どの面もすべて合同な正五角形で，どの頂点にも面が3つずつ集まっている，へこみのない多面体です。
次の［①］～［⑥］にあてはまる数を答えなさい。知

正五角形が12個あると，辺の数は合わせて
［①］×12＝［②］，同じように，頂点の数も合わせて
［②］です。
これらを組み立てて正十二面体にすると，［③］つの辺が重なって立体の1つの辺になり，［④］つの頂点が重なって立体の1つの頂点になります。したがって，正十二面体の辺の数，頂点の数はそれぞれ，［②］÷［③］＝［⑤］，
［②］÷［④］＝［⑥］です。

教科書 p.191～192

1　点/6点（完答）

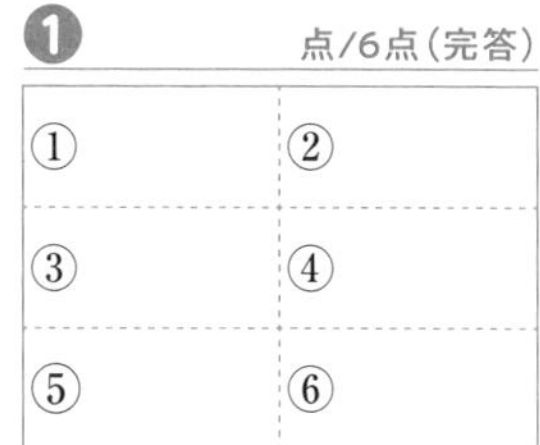

①	②
③	④
⑤	⑥

2 右の図の正五角柱について，次の問に答えなさい。知

(1) 辺ABと平行な面はどれですか。

(2) 面BGHCと平行な辺はどれですか。

(3) 辺CDとねじれの位置にある辺はいくつありますか。

(4) 面AFGBと垂直な面はどれですか。

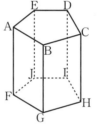

教科書 p.194～199

2　点/20点（各5点）

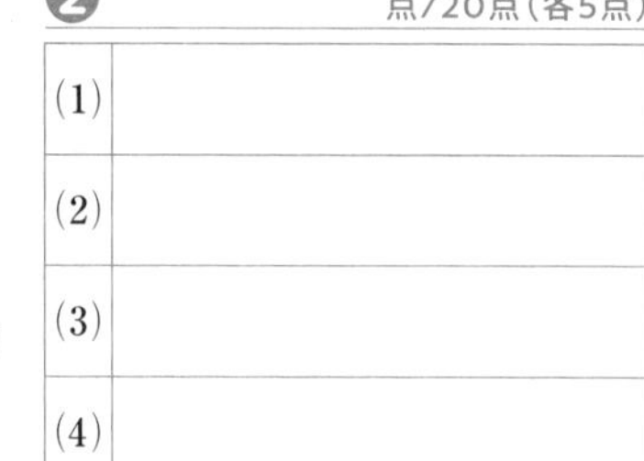

(1)	
(2)	
(3)	
(4)	

3 図の四角形ABCDで，∠BCD，∠ADCは直角です。この四角形を，辺CDを軸（じく）として回転させてできる立体の見取図をかきなさい。知

教科書 p.201～202

3　点/5点

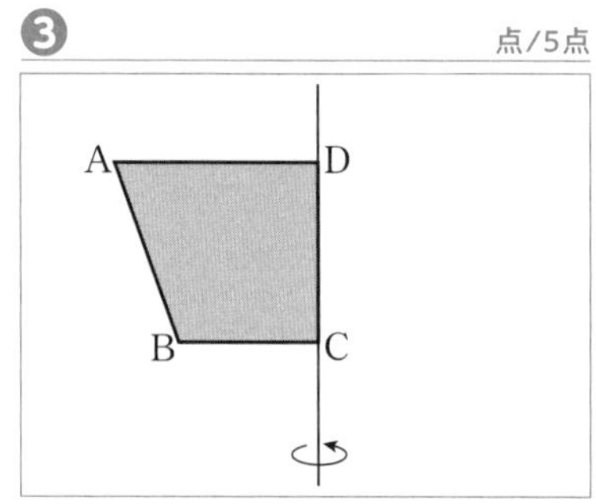

4 右の図の円錐（えんすい）の展開図について，次の問に答えなさい。考

3cm
2cm

(1) 側面になるおうぎ形の弧の長さを求めなさい。

(2) 側面になるおうぎ形の中心角を求めなさい。

教科書 p.205

4　点/10点（各5点）

(1)	
(2)	

　成績評価の観点　知…数量や図形などについての知識・技能　考…数学的な思考・判断・表現

5 次の投影図は，三角柱，三角錐，四角柱，四角錐，円柱，円錐，球のうち，どの立体を表していますか。知

教科書 p.206

(1)

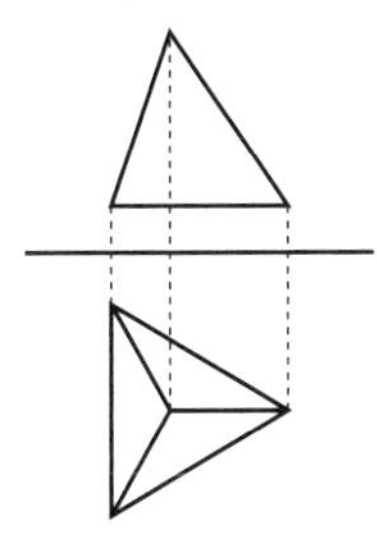

(2)

(3)

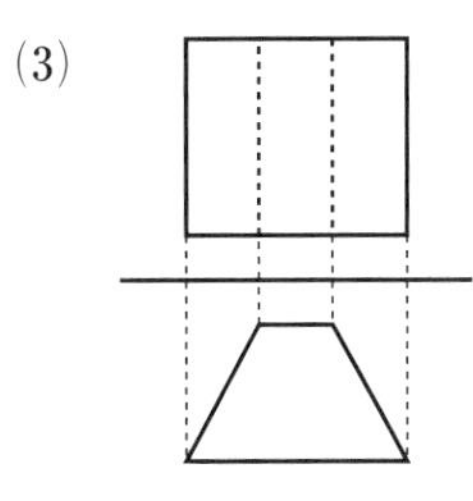

5	点/9点（各3点）
(1)	
(2)	
(3)	

6 次の立体の体積を求めなさい。(2)は表面積も求めなさい。知

教科書 p.210〜213

(1) 正四角錐

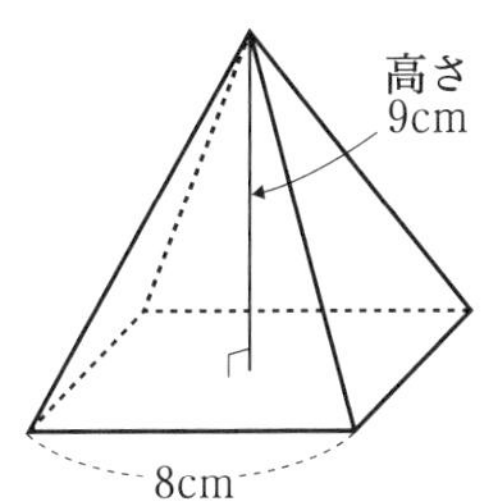

(2) 四角柱

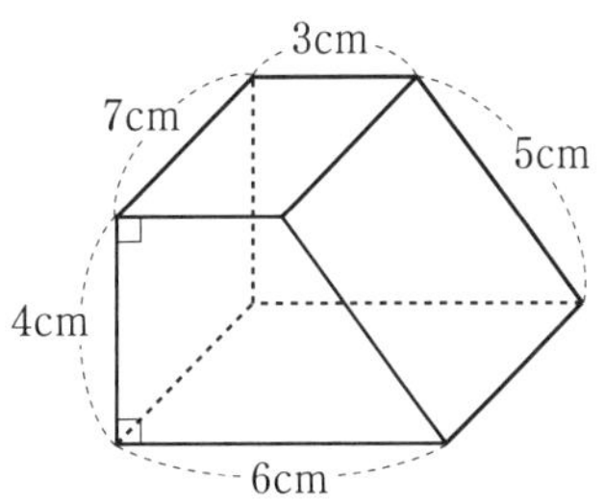

6	点/15点（各5点）
(1)	
(2)	体積
	表面積

7 次の平面図形を，直線 ℓ を軸として回転させてできる立体の体積と表面積を求めなさい。知

教科書 p.211〜214

(1) 長方形

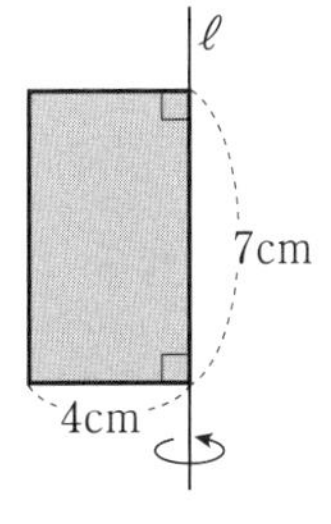

(2) 直角三角形

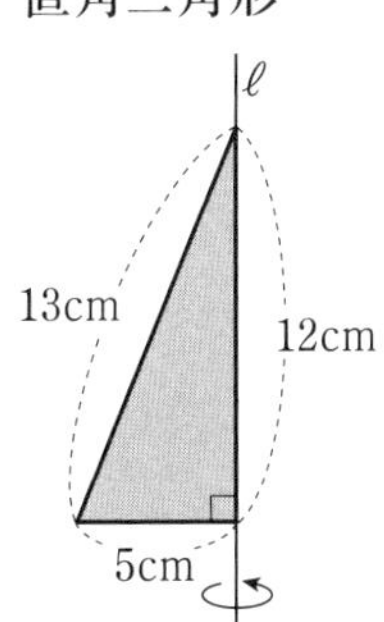

7	点/20点（各5点）
(1)	体積
	表面積
(2)	体積
	表面積

8 右の図のように，半径 5 cm の球が円柱の中にぴったり入っています。次の問に答えなさい。知

(1) 球の表面積を求めなさい。また，この球の表面積は円柱の何と等しいですか。

(2) 球の体積を求めなさい。

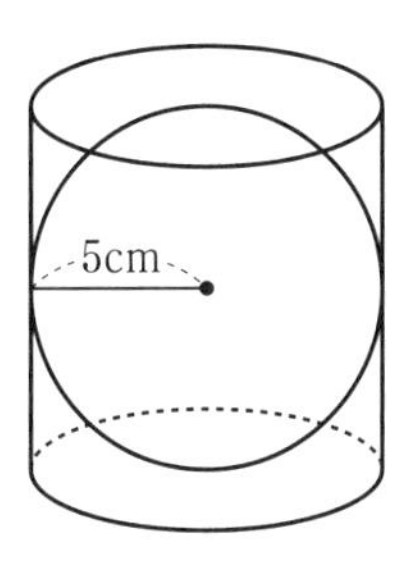

教科書 p.215〜217

8	点/15点（各5点）
(1)	表面積
(2)	

定期テスト予想問題

教科書187〜219ページ

7章　データの分析と活用

時間30分　／100点　合格70点

1 下の表は，あるクラスの女子 15 名の垂直とびの記録を度数分布表に整理したものです。知

教科書 p.224〜231

記録(cm)	度数(人)
以上〜未満	
36〜40	2
40〜44	4
44〜48	5
48〜52	3
52〜56	1
合計	15

(1) 階級の幅(はば)を答えなさい。

(2) 40 cm 以上 44 cm 未満の階級の度数を答えなさい。

(3) 44 cm 以上 48 cm 未満の階級の累積度数を求めなさい。

(4) ヒストグラムと度数折れ線を解答らんの図にかき入れなさい。

(5) 最頻値(さいひん)を求めなさい。

1 点/25点（各5点）

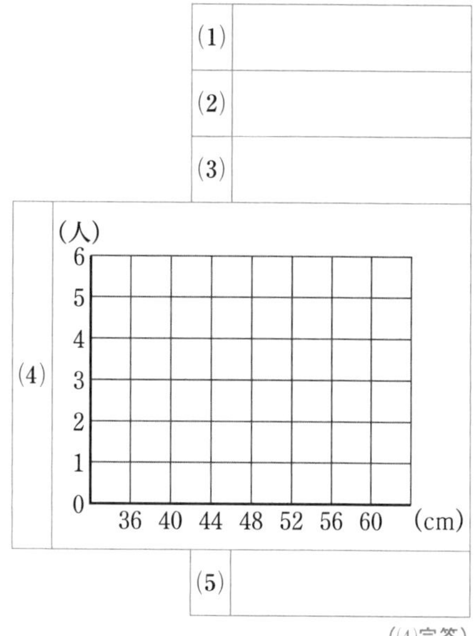

（(4)完答）

2 下の表は，A 中学校の 1 年生と B 中学校の 1 年生の 50 m 走の記録を，度数分布表に整理したものです。（(1)(2)知 (3)考）

教科書 p.227〜229

記録(秒)	A 中学校		B 中学校	
	度数(人)	相対度数	度数(人)	相対度数
以上　未満				
6.5 〜 7.0	1	0.02	3	0.02
7.0 〜 7.5	4	0.07	10	0.07
7.5 〜 8.0	15	0.25	32	0.21
8.0 〜 8.5	24	□	60	0.40
8.5 〜 9.0	9	0.15	21	0.14
9.0 〜 9.5	5	0.08	18	0.12
9.5 〜 10.0	2	0.03	6	0.04
合計	60	1.00	150	1.00

(1) 相対度数のらんの□にあてはまる数を求めなさい。

(2) A 中学校と B 中学校の 7.5 秒以上 8.0 秒未満の階級の累積相対度数を求めなさい。

(3) 全体の傾向として，A 中学校と B 中学校のどちらの記録がよかったといえますか。その理由も書きなさい。

2 点/20点（各5点）

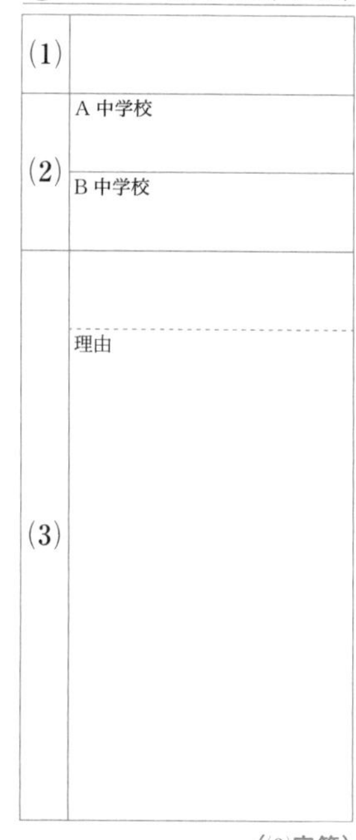

（(3)完答）

成績評価の観点　知…数量や図形などについての知識・技能　考…数学的な思考・判断・表現

3 下のデータは，中学1年生6名の50 m走の記録を示したものです。知

7.9，8.4，7.5，9.1，8.2，9.9　(秒)

(1) 記録の分布の範囲(はんい)を求めなさい。

(2) 平均値を求めなさい。

(3) 中央値を求めなさい。

教科書 p.230〜231

3　点/15点(各5点)

(1)	
(2)	
(3)	

4 個々のデータの値がわからないときでも，度数分布表から平均値を求めることができます。このとき，各階級に入っているデータの値は，みなその階級の階級値とみなします。下の表は，32人の生徒の通学時間を整理した度数分布表に，平均値を求めるために必要ならんを加えたものです。知

通学時間(分)	階級値(分)	度数(人)	(階級値)×(度数)
以上　未満			
5 〜 10	7.5	3	22.5
10 〜 15	①	5	62.5
15 〜 20	17.5	12	210.0
20 〜 25	22.5	8	②
25 〜 30	③	4	④
合計		32	585.0

(1) 表の ① 〜 ④ にあてはまる数を求めなさい。

(2) 上の度数分布表をもとに，32人の生徒の通学時間の平均値を，四捨五入して小数第1位まで求めなさい。

教科書 p.230〜231

4　点/25点(各5点)

(1)	①	
	②	
	③	
	④	
(2)		

5 下の表は，あるびんの王冠(おうかん)を投げたときの結果です。知

(1) 表の空らんにあてはまる数を，四捨五入して小数第2位まで求めなさい。

投げた回数	100	500	1000	1500	2000
裏が出た回数	62	319	627	947	1268
裏が出る相対度数	0.62	0.64	0.63		0.63

(2) この結果から，裏が出る確率はどの程度といえますか。

(3) この王冠を5000回投げるとき，表は何回出ると考えられますか。

教科書 p.236〜237

5　点/15点(各5点)

(1)	
(2)	
(3)	

知　/95点	考　/5点

教科書ぴったりトレーニング

〈東京書籍版・中学数学１年〉

この解答集は取り外してお使いください。

０章　算数から数学へ

p.6～7　ぴたトレ１

1　①約数　②倍数　③倍数　④約数

解き方　28＝4×7 より，28 は，4 でも 7 でもわりきれるから，4 と 7 は 28 の約数です。
28 は 4 に 7 をかけた数だから，4 の倍数です。
また，28 は 7 に 4 をかけた数でもあるから，7 の倍数です。

2　3，11，23，29，37，43，47

解き方　下の数で，まず 1 に╳をつけ，次に 2，3，…の倍数(その数自身を除く)に／をつけていきます。╳や／のつかなかった数が素数です。
1，3，6，10，11，15，18，21，23，24，29，33，35，37，40，42，43，46，47，50

3　(1)① 18　② 2　③ 9　④ 3　⑤ 3
(① 18　② 3　③ 6　④ 2　⑤ 3　(④ 3　⑤ 2))
⑥ 2×2×3×3(かける数の順序は不同)
(2)① 3　② 3　③ 3
④ 2×3×3×3(かける数の順序は不同)

解き方　(1)どんな順にわってもよいです。
36＝2×18＝2×2×9＝2×2×3×3
(36＝2×18＝2×3×6＝2×3×2×3)
(2)3 でわっていく。

4　(1)12＝2×2×3　(2)20＝2×2×5
(3)63＝3×3×7
(いずれも，かける数の順序は不同)

解き方　2，3，5，7 と小さい素数でわっていきます。どんな順にわってもかまいません。

１章　正負の数

p.8～9　ぴたトレ０

1

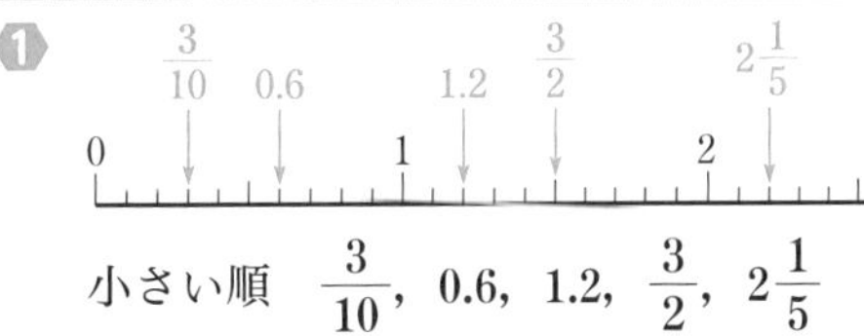

小さい順　$\frac{3}{10}$，0.6，1.2，$\frac{3}{2}$，$2\frac{1}{5}$

解き方　数直線の小さい 1 目もりは，$0.1\left(\frac{1}{10}\right)$ です。
分数を小数になおして考えると
$\frac{3}{10}=0.3$，$\frac{3}{2}=1.5$，$2\frac{1}{5}=2.2$

2　(1)＞　(2)＜　(3)＜　(4)＞

解き方　(2)分母をそろえると，$\frac{8}{4}<\frac{9}{4}$
(4)分母をそろえると，$\frac{20}{12}>\frac{15}{12}$

3　(1) $\frac{5}{6}$　(2) $\frac{17}{15}\left(1\frac{2}{15}\right)$　(3) $\frac{1}{20}$
(4) $\frac{1}{6}$　(5) $\frac{49}{12}\left(4\frac{1}{12}\right)$　(6) $\frac{5}{12}$

解き方　通分して計算します。答えが約分できるときは，約分しておきます。

(2) $\frac{5}{6}+\frac{3}{10}=\frac{25}{30}+\frac{9}{30}=\frac{\overset{17}{\cancel{34}}}{\underset{15}{\cancel{30}}}=\frac{17}{15}$

(4) $\frac{9}{10}-\frac{11}{15}=\frac{27}{30}-\frac{22}{30}=\frac{\overset{1}{\cancel{5}}}{\underset{6}{\cancel{30}}}=\frac{1}{6}$

(6) $3\frac{1}{3}-2\frac{11}{12}=\frac{10}{3}-\frac{35}{12}=\frac{40}{12}-\frac{35}{12}=\frac{5}{12}$

4　(1) 3.1　(2) 10.3　(3) 2.3　(4) 4.5

解き方　位をそろえて，計算します。

(2)
```
   4.5
 + 5.8
  10.3
```
(4)
```
   6
   7.1
 − 2.6
   4.5
```

5 (1) 15　(2) $\frac{1}{9}$　(3) $\frac{2}{5}$　(4) $\frac{1}{16}$　(5) $\frac{2}{5}$　(6) $\frac{1}{5}$

解き方
計算の途中で約分できるときは約分します。わり算はわる数の逆数をかけて，かけ算になおします。

(5) $\frac{1}{6}\times3\div\frac{5}{4}=\frac{1}{6}\times\frac{3}{1}\times\frac{4}{5}=\frac{1\times\overset{1}{\cancel{3}}\times\overset{2}{\cancel{4}}}{\underset{\underset{1}{\cancel{2}}}{\cancel{6}}\times1\times5}=\frac{2}{5}$

(6) $\frac{3}{10}\div\frac{3}{5}\div\frac{5}{2}=\frac{3}{10}\times\frac{5}{3}\times\frac{2}{5}=\frac{\overset{1}{\cancel{3}}\times\overset{1}{\cancel{5}}\times\overset{1}{\cancel{2}}}{\underset{5}{\cancel{10}}\times\underset{1}{\cancel{3}}\times\underset{1}{\cancel{5}}}$

$=\frac{1}{5}$

6 (1) 22　(2) 6　(3) 10　(4) 18

解き方
(　)があるときは(　)の中を先に計算します。+，−と×，÷とでは，×，÷を先に計算します。

(3) $(3\times8-4)\div2=(24-4)\div2=20\div2=10$

(4) $3\times(8-4\div2)=3\times(8-2)=3\times6=18$

7 (1) 12.8　(2) 560　(3) 7　(4) 180

解き方
(3) $10\times\left(\frac{1}{5}+\frac{1}{2}\right)=10\times\frac{1}{5}+10\times\frac{1}{2}=2+5=7$

(4) $18\times7+18\times3=18\times(7+3)=18\times10=180$

8 (1)① 100　② 1　③ 5643

(2)① 4　② 8　③ 800

解き方
(1) $99=100-1$ だから

$57\times99=57\times(100-1)=57\times100-57\times1$

$=5643$

(2) $32=4\times8$ と考えて，$25\times4=100$ を利用します。

$25\times32=(25\times4)\times8=100\times8=800$

p.10〜11　ぴたトレ1

1 (1) +4，+9　(2) +2.5　(3) −8　(4) 0

解き方
(1)自然数とは，正の整数のことです。

(4)数は，負の数と，0と，正の数から成っています。0は，正の数にも負の数にも入りません。

2 (1) +3776，−8020　(2)支出

解き方
反対の性質をもつ量は，正の数，負の数を使って表すことができます。一方を正の数で表すことに決めると，他方は負の数で表されます。

(1)海面より高い⟺海面より低い
　　(正)　　　　　(負)

(2)収入⟺支出
　(正)　(負)

3 (1) −300 m

(2) +200 m…駅から 200 m 西へ移動すること。

−400 m…駅から 400 m 東へ移動すること。

解き方
西と東は反対の向きなので，西への移動を正の数を使って「+● m」と表すことにすると，東への移動は，負の数を使って「−● m」と表されます。

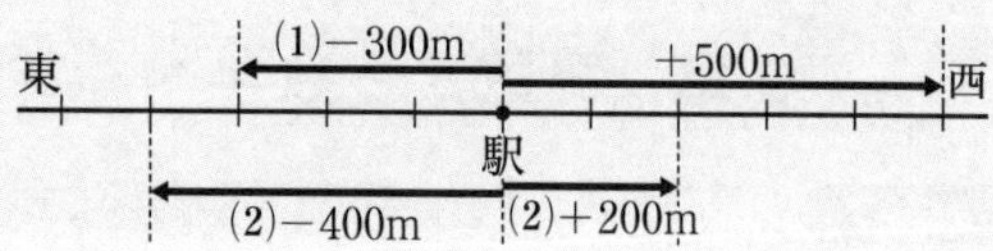

4 (1) −3 °C　(2) +2 °C　(3) −1 °C　(4) +2 °C

解き方
各地点で，昨日の気温を基準とします。

(1)札幌…昨日より低い。17−14=3　−3 °C

(2)東京…昨日より高い。24−22=2　+2 °C

(3)大阪…昨日より低い。24−23=1　−1 °C

(4)福岡…昨日より高い。26−24=2　+2 °C

p.12〜13　ぴたトレ1

1 A…−8　B…−2.5$\left(-\frac{5}{2},\ -2\frac{1}{2}\right)$

C…+0.5$\left(+\frac{1}{2}\right)$　D…+3.5$\left(+\frac{7}{2},\ +3\frac{1}{2}\right)$

E…+9

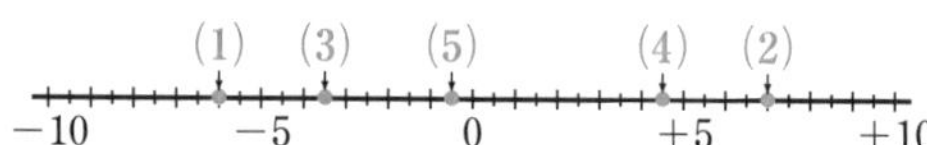

解き方
大きい1目もりは1，小さい1目もりは0.5$\left(\frac{1}{2}\right)$を表しています。

負の数は，0から左のほうへ順に −1，−2，−3，…となっているので注意しましょう。

2 (1) −3＜+4
(+4＞−3)

(2) −6＜−5
(−5＞−6)

(3) −2＜0＜+6
(+6＞0＞−2)

(4) −4＜−1＜+5
(+5＞−1＞−4)

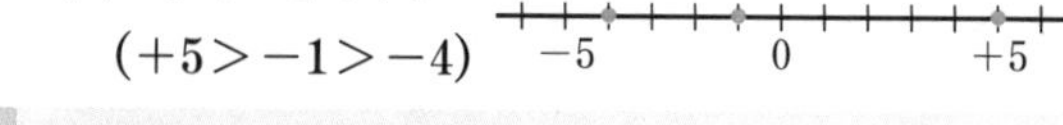

解き方
負の数＜0＜正の数 です。

㊥＜㊰ または，㊰＞㊥ と書きます。

(3)では，+6＞−2＜0 と書くと，+6 と 0 の大小がわからないので，誤りです。

(4)では，−1＜+5＞−4 と書くと，−1 と −4 の大小がわからないので，誤りです。

3 (1) 6　(2) 12　(3) 0　(4) 0.7　(5) 2.4　(6) $\frac{3}{4}$

解き方 絶対値とは，数直線上での原点からの距離なので，符号をとった数を答えればよいです。

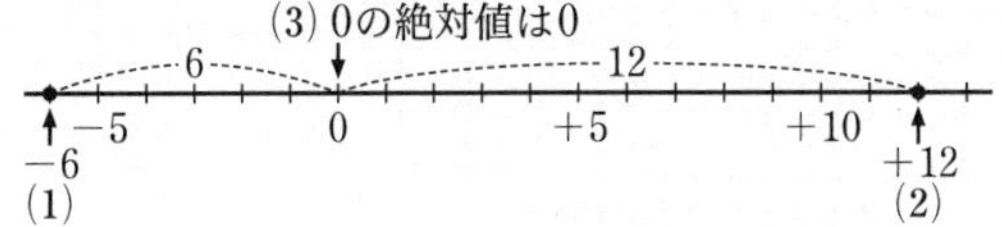

4 (1)$-12<-10$ $(-10>-12)$

(2)$-35<-27$ $(-27>-35)$

(3)$-\frac{5}{4}<-1$ $\left(-1>-\frac{5}{4}\right)$

(4)$-1.3<-0.75$ $(-0.75>-1.3)$

解き方 負の数は，絶対値が大きいほど小さい。頭の中で数直線をイメージし，左へいくほど小さく，右へいくほど大きいことから考えます。

(1)

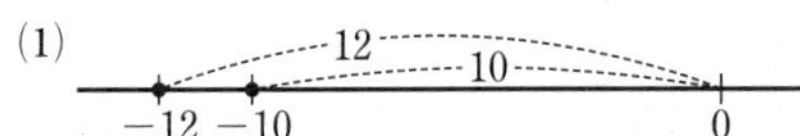

p.14～15 ぴたトレ 2

1 (1)(現在から)3 日前　(2)150 円の値下がり

解き方 反対の性質をもつ量は，一方を正の数で表すと，他方が負の数で表されます。

(1)～日後(正)⟺～日前(負)

(2)値上がり(正)⟺値下がり(負)

2 (1)-12 m　(2)-3 時間

解き方 (1)高い(正)⟺低い(負)

(2)後(正)⟺前(負)

3 (1)$+69$ m　(2)-25 m

解き方 (1)，(2)の標高と基準の標高とのちがいを求めます。

(1)基準にする 2830 m より高い。

　$2899-2830=69$　$+69$ m

(2)基準にする 2830 m より低い。

　$2830-2805=25$　-25 m

4

(1) (5) (3) (2) (4)
−5　0　+5

解き方 大きい 1 目もりは 1，小さい 1 目もりは 0.5 を表しています。分数は小数になおして考えます。

(4)$+\frac{7}{2}=+3.5$

(5)$-\frac{5}{2}=-2.5$

5 $-\frac{13}{2}$，-6.25，$-\frac{1}{4}$，0，$+1$，$+5.5$

解き方

$-\frac{13}{2}$　-6.25　$-\frac{1}{4}$　0　$+1$　$+5.5$
−5　0　+5

6 (1)$-7<+5$ $(+5>-7)$

(2)$-3<0<+2$ $(+2>0>-3)$

(3)$-0.2<-0.02<+0.1$ $(+0.1>-0.02>-0.2)$

(4)$-\frac{1}{2}<-\frac{1}{4}<+\frac{1}{3}$ $\left(+\frac{1}{3}>-\frac{1}{4}>-\frac{1}{2}\right)$

解き方 まず，負の数<0<正の数から考え，次に，負の数が複数あるときには，絶対値を求めて，絶対値大<絶対値小 と考えます。

(3)-0.2 の絶対値 0.2 は，-0.02 の絶対値 0.02 より大きいから，数直線上では -0.2 は -0.02 より左側にあります。

(4)　$\frac{1}{4}$ の絶対値 $\frac{1}{4}$ と，$-\frac{1}{2}$ の絶対値 $\frac{1}{2}$ の大きさを比べるときには，通分する必要はなく，分子が同じ分数は，分母が大きいほど小さいことから考えます。

7 (1)-7，$+7$　(2)9

解き方 (1)絶対値が同じである数は，0 以外は 2 つずつあります。

(2)-5 より大きく，$+5$ より小さい整数を調べます。

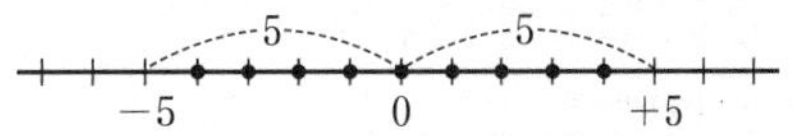

これより，-4，-3，-2，-1，0，$+1$，$+2$，$+3$，$+4$ の 9 つあることがわかります。

8 (1)-14　(2)$+3$　(3)-0.5 と $+\frac{1}{2}$　(4)-0.5

解き方 (1)絶対値とは，数直線上での原点からの距離なので，それぞれの数から符号をとった数が大きいものを選びます。分数は小数になおして考えます。$+\frac{7}{5}=+1.4$，$+\frac{1}{2}=+0.5$

(2)自然数とは，正の整数。

(3)-0.5 の絶対値は 0.5，$+\frac{1}{2}$ の絶対値は

$\frac{1}{2}=0.5$

(4)負の数の中で，絶対値のもっとも小さい数。

9 ①29　②-3　③0

解き方 札幌の 18 ℃が，基準より 7 ℃低いので，基準にしたのは，$18+7=25$ より 25 ℃で，これは東京の気温です。

よって，③は 0 です。

次に，①は，基準にした 25 ℃より 4 ℃高いので，$25+4=29$ より，29 です。

また，②は，22 °C を，基準にした 25 °C と比べると，25−22=3 より，3 °C 低いので，−3 です。

理解のコツ

・基準とのちがいは，正の数，負の数を使って表すことができるよ。

・数の大小は，正の数，0，負の数を，数直線上の点に対応させて考えよう。

p.16〜17 ぴたトレ1

1 (1)+17 (2)−13 (3)+12 (4)−18 (5)+28 (6)−43

解き方

同符号の 2 つの数の和は，絶対値の和に共通の符号をつけます。

(1)(+7)+(+10)=+(7+10)=+17

(2)(−5)+(−8)=−(5+8)=−13

2 (1)0 (2)0

解き方

絶対値の等しい異符号の 2 つの数の和は，0 です。

3 (1)−1 (2)+1 (3)+2 (4)−6 (5)+2 (6)−14

解き方

異符号の 2 つの数の和は，絶対値の大きいほうから小さいほうをひき，絶対値の大きいほうの符号をつけます。

(1)(−8)+(+7)=−(8−7)=−1

(2)(+6)+(−5)=+(6−5)=+1

(3)(−13)+(+15)=+(15−13)=+2

(4)(+18)+(−24)=−(24−18)=−6

4 (1)−6 (2)−9

解き方

どんな数に 0 を加えても，和ははじめの数になります。0 にどんな数を加えても，和は加えた数になります。

5 (1)−5.7 (2)−4.5 (3)+2 (4)$-\frac{11}{18}$

解き方

小数や分数の加法も，整数の加法と同じ方法でできます。

(1)(−4.8)+(−0.9)=−(4.8+0.9)=−5.7

(4)$\left(-\frac{5}{6}\right)+\left(+\frac{2}{9}\right)=\left(-\frac{15}{18}\right)+\left(+\frac{4}{18}\right)$

$=-\left(\frac{15}{18}-\frac{4}{18}\right)=-\frac{11}{18}$

6 (1)−5 (2)+13 (3)+6 (4)−18

解き方

加法の交換法則や結合法則を使って，数の順序や組み合わせを変えて，くふうして計算します。

(1)(+4)+(−7)+(−8)+(+6)

=(+4)+(+6)+(−7)+(−8)

正の数　負の数

=(+10)+(−15)=−5

(2)(−4)+(+8)+(+4)+(+5)

=(−4)+(+4)+(+8)+(+5)

絶対値の等しい異符号の 2 つの数

= 0 +(+13)=+13

p.18〜19 ぴたトレ1

1 (1)(+7)+(−4) (2)(+5)+(+8) (3)(−10)+(−6) (4)(−9)+(+2)

解き方

正の数，負の数をひくことは，その数の符号を変えて加えることと同じです。

(1)，(3)正の数をひく。⟹負の数を加える。

(2)，(4)負の数をひく。⟹正の数を加える。

2 (1)−1 (2)+7 (3)0 (4)−7 (5)+13 (6)−29 (7)+17 (8)−45 (9)−39 (10)+56

解き方

正負の数の減法は，ひく数の符号を変えて加法になおして計算します。

(1)(+8)−(+9)=(+8)+(−9)=−1

(2)(−3)−(−10)=(−3)+(+10)=+7

(3)(−7)−(−7)=(−7)+(+7)=0

3 (1)−13 (2)+6 (3)−18 (4)+7

解き方

0 からある数をひくことは，その数の符号を変えることと同じです。また，どんな数から 0 をひいても，差ははじめの数になります。

(1)0−(+13)=0+(−13)=−13

(3)(−18)−0=−18

4 (1)−0.2 (2)−0.7 (3)+12.4 (4)−1.8 (5)$-\frac{3}{2}$ (6)$-\frac{13}{30}$ (7)$+\frac{15}{14}$ (8)$+\frac{13}{5}$

解き方

小数や分数の減法も，整数の減法と同じ方法でできます。

(1)(+0.5)−(+0.7)=(+0.5)+(−0.7)

=−(0.7−0.5)=−0.2

(2)(−2)−(−1.3)=(−2)+(+1.3)

=−(2−1.3)=−0.7

(5)$\left(+\frac{5}{4}\right)-\left(+\frac{11}{4}\right)=\left(+\frac{5}{4}\right)+\left(-\frac{11}{4}\right)$

$=-\left(\frac{11}{4}-\frac{5}{4}\right)$

$=-\frac{6}{4}$ 約分

$=-\frac{3}{2}$

(6)$\left(-\frac{7}{10}\right)-\left(-\frac{4}{15}\right)=\left(-\frac{7}{10}\right)+\left(+\frac{4}{15}\right)$ 通分

$=\left(-\frac{21}{30}\right)+\left(+\frac{8}{30}\right)$

$=-\left(\frac{21}{30}-\frac{8}{30}\right)=-\frac{13}{30}$

p.20~21 ぴたトレ1

1 (1)-5, $+3$, -8 (2)$+2$, -5, -3
(3)$+4$, -7, $+9$ (4)-10, -6, -1

解き方
(1)$-5+3-8$
$=(-5)+(+3)+(-8)$ 符号とかっこをつけて，加法だけの式に表す
項 項 項
(2)$2-5-3=(+2)+(-5)+(-3)$

2 (1)$-2+3+8$ (2)$9+8-11$
(3)$7-3+1$ (4)$-10-4-7$

解き方
(1)$(-2)+(+3)-(-8)$ 加法だけの式に表す
$=(-2)+(+3)+(+8)$ かっこと加法の記号＋をはぶく
$=-2+3+8$
(2)$(+9)-(-8)-(+11)$
$=(+9)+(+8)+(-11)$
$=9+8-11$ 式のはじめの項の＋の符号は省略する

3 (1)-17 (2)15 (3)9 (4)-50

解き方
加法の交換法則や結合法則を使って，数の順序や組み合わせを変えて，くふうして計算します。
(1)$-15+4-6=4-15-6$ ← 正の数と負の数をそれぞれまとめる
$=4-21=-17$
(3)$5-9+8-5+10=5-5+8+10-9$
$=0+18-9=9$
絶対値の等しい異符号の2数の和は0

4 (1)5 (2)10 (3)-45 (4)9

解き方
(1)$(-1)-(-1)+5=(-1)+(+1)+5$
$=-1+1+5$
$=0+5=5$
(2)$8+(-3)-5-(-10)$ 加法になおす
$=8+(-3)+(-5)+(+10)$ 項だけを書き並べる
$=8-3-5+10$
$=8+10-3-5$ ← 正の数，負の数をそれぞれまとめる
$=18-8=10$

(3)$(-14)+(-32)-(-17)-16$ 加法になおす
$=(-14)+(-32)+(+17)+(-16)$ 項だけを書き並べる
$=-14-32+17-16$
$=-14-16-32+17$
$=-30-15=-45$
(4)$5-13-(-25)-0-8$
$=5-13+25-0-8$
$=5+25-13-8$
$=30-21=9$

5 (1)-1.1 (2)-7.2 (3)-0.3 (4)-9.9
(5)$-\frac{47}{36}$ (6)$\frac{103}{60}$ (7)$\frac{5}{12}$ (8)$-\frac{1}{24}$

解き方
小数や分数の加減計算も，整数の加減計算と同じ方法でできます。
(3)，(4)，(7)，(8)は，かっこと加法の記号＋をはぶいて，項だけを書き並べた式になおします。
(5)，(6)，(7)，(8)は，分母の最小公倍数で通分するとよいです。
(3)$0.6+(-1.4)-(-0.5)=0.6-1.4+0.5$
$=-0.8+0.5=-0.3$
(4)$-5.3+(-2.9)-(+1.7)$
$=-5.3-2.9-1.7$
$=-5.3-1.7-2.9$
$=-7-2.9=-9.9$
(5)$-\frac{1}{4}-\frac{5}{6}-\frac{2}{9}$ 4，6，9の最小公倍数36で通分
$=-\frac{9}{36}-\frac{30}{36}-\frac{8}{36}$
$=-\frac{47}{36}$
(6)$2-\frac{1}{5}-\frac{5}{6}+\frac{3}{4}$ 5，6，4の最小公倍数60で通分
$=\frac{120}{60}-\frac{12}{60}-\frac{50}{60}+\frac{45}{60}$
$=\frac{103}{60}$
(7)$\frac{1}{4}-\left(-\frac{2}{3}\right)-\left(+\frac{1}{2}\right)$ 項だけを書き並べる
$=\frac{1}{4}+\frac{2}{3}-\frac{1}{2}$ 4，3，2の最小公倍数12で通分
$=\frac{3}{12}+\frac{8}{12}-\frac{6}{12}$
$=\frac{5}{12}$

(8) $\frac{1}{8}+\left(-\frac{5}{6}\right)-\left(-\frac{2}{3}\right)$

$=\frac{1}{8}-\frac{5}{6}+\frac{2}{3}$　項だけを書き並べる

$=\frac{3}{24}-\frac{20}{24}+\frac{16}{24}$　8，6，3 の最小公倍数 24 で通分

$=-\frac{1}{24}$

p.22～23　ぴたトレ2

1 (1) -61　(2) -19　(3) -26　(4) $+52$　(5) $+1.7$

(6) -10　(7) -2.6　(8) -2　(9) $-\frac{1}{6}$　(10) $-\frac{13}{30}$

(11) $+\frac{1}{6}$　(12) $+\frac{5}{3}$　(13) $-\frac{1}{12}$　(14) $+\frac{11}{30}$

(15) $+\frac{7}{3}$　(16) $-\frac{41}{28}$

解き方

(1)同符号の 2 つの数の和は，絶対値の和に共通の符号をつけます。

$(-28)+(-33)=-(28+33)=-61$

(2)異符号の 2 つの数の和は，絶対値の大きいほうから小さいほうをひき，絶対値の大きいほうの符号をつけます。

$(-38)+(+19)=-(38-19)=-19$

(3)，(4)の減法は，ひく数の符号を変え，加法になおして計算します。

(3) $(+16)-(+42)=(+16)+(-42)=-26$

(4) $(+25)-(-27)=(+25)+(+27)=+52$

(5)～(8)も，(1)～(4)と同様にして計算します。

(5) $(+5.3)+(-3.6)=+(5.3-3.6)=+1.7$

(6) $(-8.2)+(-1.8)=-(8.2+1.8)=-10$

(7) $(-4.8)-(-2.2)=(-4.8)+(+2.2)=-2.6$

(8) $(-0.8)-(+1.2)=(-0.8)+(-1.2)=-2$

(9)～(12)は，分母の最小公倍数で通分します。

(9) $\left(-\frac{5}{6}\right)+\left(+\frac{2}{3}\right)=\left(-\frac{5}{6}\right)+\left(+\frac{4}{6}\right)=-\frac{1}{6}$

(10) $\left(-\frac{3}{10}\right)+\left(-\frac{2}{15}\right)=\left(-\frac{9}{30}\right)+\left(-\frac{4}{30}\right)=-\frac{13}{30}$

(11) $\left(-\frac{1}{2}\right)-\left(-\frac{2}{3}\right)=\left(-\frac{3}{6}\right)-\left(-\frac{4}{6}\right)=+\frac{1}{6}$

(12) $(+3)-\left(+\frac{4}{3}\right)=\left(+\frac{9}{3}\right)-\left(+\frac{4}{3}\right)=+\frac{5}{3}$

(13)～(16)は，小数を分数になおして計算します。

(13) $(-0.25)+\left(+\frac{1}{6}\right)=\left(-\frac{1}{4}\right)+\left(+\frac{1}{6}\right)$

$=\left(-\frac{3}{12}\right)+\left(+\frac{2}{12}\right)=-\frac{1}{12}$

(14) $\left(+\frac{2}{3}\right)+(-0.3)=\left(+\frac{2}{3}\right)+\left(-\frac{3}{10}\right)$

$=\left(+\frac{20}{30}\right)+\left(-\frac{9}{30}\right)=+\frac{11}{30}$

(15) $\left(-\frac{1}{6}\right)-(-2.5)=\left(-\frac{1}{6}\right)-\left(-\frac{25}{10}\right)$

$=\left(-\frac{1}{6}\right)-\left(-\frac{5}{2}\right)=\left(-\frac{1}{6}\right)-\left(-\frac{15}{6}\right)$

$=+\frac{14}{6}=+\frac{7}{3}$ ← 約分

(16) $(-0.75)-\left(+\frac{5}{7}\right)=\left(-\frac{3}{4}\right)-\left(+\frac{5}{7}\right)$

$=\left(-\frac{21}{28}\right)-\left(+\frac{20}{28}\right)=-\frac{41}{28}$

2 (1) -9　(2) $+12$　(3) -100　(4) 0　(5) -1.4

(6) -1.3

解き方

3 つ以上の正負の数の加法は，加法の交換法則や結合法則を使って，数の順序や組み合わせを変えて，くふうして計算します。

(1)，(3)は，絶対値の等しい異符号の 2 つの数の和は 0 であることを利用するとよいです。

ほかは，正の数どうし，負の数どうしをまとめるようにするとよいです。

(1) $(+5)+(-9)+(-5)$

$=(+5)+(-5)+(-9)=-9$

(2) $(-8)+(+9)+(-2)+(+13)$

$=(-8)+(-2)+(+9)+(+13)$

$=(-10)+(+22)=+12$

(3) $(+17)+(-32)+(-68)+(-17)$

$=(+17)+(-17)+(-32)+(-68)$

$=(-32)+(-68)=-100$

(4) $(-46)+(+28)+(-54)+(+72)$

$=(-46)+(-54)+(+28)+(+72)$

$=(-100)+(+100)=0$

(5) $(-5.8)+(+3.2)+(+1.2)$

$=(-5.8)+(+4.4)$

$=-1.4$

(6) $(+8.7)+(-4.5)+(-5.5)$

$=(+8.7)+(-10)=-1.3$

3 (1) -13　(2) -46　(3) -3.3　(4) 0.8　(5) $\frac{1}{24}$

(6) $-\frac{13}{9}$　(7) -14　(8) -54　(9) 1.7　(10) $\frac{1}{7}$

(11) $-\frac{53}{60}$　(12) $-1.25\ \left(-\frac{5}{4}\right)$

解き方

(7) $14-30+17-0-15$
$=14+17-30-0-15$
$=31-45=-14$

(8) $-15+24+15-78=24+15-15-78$
$=39-93=-54$

→ 0になる

(別解) $-15+24+15-78=-15+15+24-78$
$=24-78=-54$

(9) $-0.6+1.2-0.9+2=1.2+2-0.6-0.9$
$=3.2-1.5=1.7$

(10) $\frac{1}{7}-\frac{1}{6}+\frac{1}{3}-\frac{1}{6}=\frac{1}{7}+\frac{1}{3}-\frac{1}{6}-\frac{1}{6}$
$=\frac{1}{7}+\frac{1}{3}-\frac{1}{3}=\frac{1}{7}$

(11) $0-1.8+\frac{1}{6}+0.75=0-\frac{9}{5}+\frac{1}{6}+\frac{3}{4}$
$=0-\frac{108}{60}+\frac{10}{60}+\frac{45}{60}$
$=-\frac{108}{60}+\frac{55}{60}=-\frac{53}{60}$

(12) $2-3.5-\frac{1}{4}+\frac{1}{2}=2-3.5-0.25+0.5$
$=2+0.5-3.5-0.25$
$=2.5-3.75=-1.25$

4 (1)23　(2)26　(3)-11.25　(4)$\frac{11}{12}$

解き方

まず，かっこと加法の記号＋をはぶき，項だけを書き並べた式になおします。

(1) $12-(-8)-4+7=12+8-4+7$
$=12+8+7-4$
$=27-4=23$

(2) $15-(-4)+12+(-5)=15+4+12-5$
$=31-5=26$

(3) $-2.7+(-1.25)-(+7.3)$
$=-2.7-1.25-7.3=-10-1.25=-11.25$

(4) $-0.25-\left(-\frac{4}{3}\right)-(+1.5)+\frac{4}{3}$
$=-\frac{1}{4}+\frac{4}{3}-\frac{3}{2}+\frac{4}{3}$
$=\frac{4}{3}+\frac{4}{3}-\frac{1}{4}-\frac{3}{2}$
$=\frac{8}{3}-\frac{7}{4}$
$=\frac{32}{12}-\frac{21}{12}=\frac{11}{12}$

5 (1)㋐ 4　(2)㋑-5　㋒-7　㋓-12
(3)㋔-11　㋕-1　㋖-5

解き方

(1)㋐ $7+(-3)=4$
(2)㋑ $4+(-9)=-5$　㋒ $-9+2=-7$
㋓ $-5+(-7)=-12$
(3)上から順に考えていきます。
㋖$+5=0$ より　㋖$=0-5=-5$
㋔$+6=-5$ より　㋔$=-5-6=-11$
$6+$㋕$=5$ より　㋕$=5-6=-1$

理解のコツ

・「15－28」のような式をみるとき，小学校までのように「15 ひく 28」とみるのではなく，項は「＋15」と「－28」であるととらえて，「＋15 と －28 の和」という見方をするのが大切だよ。

p.24～25　ぴたトレ 1

1 (1)18　(2)45　(3)98　(4)36　(5)-20　(6)-35
(7)-36　(8)-56

解き方

2つの数の積を求めるには，
• 同符号の数では，絶対値の積に正の符号をつけます。$(+)\times(+)\rightarrow(+)$　$(-)\times(-)\rightarrow(+)$
• 異符号の数では，絶対値の積に負の符号をつけます。$(+)\times(-)\rightarrow(-)$　$(-)\times(+)\rightarrow(-)$

(1) $(-3)\times(-6)=+(3\times6)=+18=18$
(2) $(+5)\times(+9)=+(5\times9)=+45=45$
(5) $(-5)\times(+4)=-(5\times4)=-20$
(6) $(+7)\times(-5)=-(7\times5)=-35$

2 (1)-7　(2)8　(3)-14　(4)0

解き方

(1)，(2)ある数と -1 との積を求めることは，その数の符号を変えることと同じです。

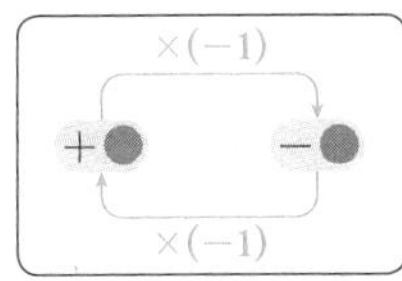

(3)どんな数に 1 をかけても，積ははじめの数になります。また，1 にどんな数をかけても，積はかけた数になります。

$a\times1=a$
$1\times a=a$

(4)どんな数に 0 をかけても，また，0 にどんな数をかけても，積は 0 になります。

$a\times0=0$
$0\times a=0$

3 (1)180　(2)-13000　(3)-126　(4)-60
(5)360　(6)-1

解き方

乗法の交換法則や結合法則を使って，数の順序や組み合わせを変えて，くふうして計算します。

(1) $(-5)\times18\times(-2)=(-5)\times(-2)\times18$
$=\{(-5)\times(-2)\}\times18$
$=10\times18=180$

(3) $8\times(-9)\times\frac{7}{4}=8\times\frac{7}{4}\times(-9)$

$=\left(\overset{2}{\cancel{8}}\times\frac{7}{\underset{1}{\cancel{4}}}\right)\times(-9)$

$=14\times(-9)=-126$

いくつかの数の積を求めるには，

• 負の数が奇数個あれば，積の符号は −

• 負の数が偶数個あれば，積の符号は ＋

積の絶対値は，それぞれの数の絶対値の積になります。

(4) $(-3)\times(-2)\times(-10)=-(3\times2\times10)$

−が奇数個　$=-60$

(5) $(-5)\times4\times(-3)\times6=+(5\times4\times3\times6)$

−が偶数個　$=360$

4 (1)25　(2)−81　(3)216　(4)−20

解き方

(1) $(-5)^2=(-5)\times(-5)=25$

(2) $-3^4=-(3\times3\times3\times3)=-81$

(3) $(3\times2)^3=6^3=6\times6\times6=216$

(4) $5\times(-2^2)=5\times\{-(2\times2)\}=5\times(-4)=-20$

5 (1) 3^4　(2) $2^3\times3^3$

解き方

(1) $3\times3\times3\times3$ は累乗の指数を使って 3^4 と表します。

(2) $2\times2\times2$ と $3\times3\times3$ は，累乗の指数を使って表すと，2^3，3^3 になります。

p.26〜27　ぴたトレ1

1 (1)4　(2)4　(3)3　(4)15　(5)−4　(6)−2　(7)−48　(8)0

解き方

2つの数の商を求めるには，

• 同符号の数では，絶対値の商に正の符号をつけます。(＋)÷(＋)→(＋)　(−)÷(−)→(＋)

• 異符号の数では，絶対値の商に負の符号をつけます。(＋)÷(−)→(−)　(−)÷(＋)→(−)

(1) $(-16)\div(-4)=+(16\div4)=+4=4$

(2) $(+36)\div(+9)=+(36\div9)=+4=4$

(3) $(+48)\div(+16)=+(48\div16)=+3=3$

(4) $(-75)\div(-5)=+(75\div5)=+15=15$

(5) $(-20)\div(+5)=-(20\div5)=-4$

(6) $(-36)\div(+18)=-(36\div18)=-2$

(7) $(+96)\div(-2)=-(96\div2)=-48$

(8) 0をどんな数でわっても，商は0です。0の乗法では積は0だからです。また，0でわる除法は考えません。$a\div0$ の商は定まらないので，計算ができないからです。

$0\div a=0$
⇕
$0\times a=0$
$a\times0=0$

2 (1) $-\frac{3}{5}$　(2) $-\frac{2}{19}$　(3)−4　(4) $-\frac{1}{12}$　(5) $-\frac{1}{7}$　(6) $-\frac{1}{6}$

解き方

2つの数の積が1のとき，一方の数を他方の数の逆数といいます。正負の数の逆数は，その数の絶対値の逆数にもとの符号をつけた数です。

(3) $-\frac{1}{4}$ の逆数は，$-\frac{4}{1}=-4$

(4) $-12=-\frac{12}{1}$ だから，逆数は $-\frac{1}{12}$

3 (1) $-\frac{3}{10}$　(2) $\frac{3}{4}$　(3) $-\frac{1}{16}$　(4) $-\frac{6}{5}$

解き方

除法を逆数の乗法になおして計算します。

(1) $\left(-\frac{3}{4}\right)\div\frac{5}{2}=\left(-\frac{3}{\underset{2}{\cancel{4}}}\right)\times\frac{\overset{1}{\cancel{2}}}{5}=-\frac{3}{10}$

(2) $\left(-\frac{7}{2}\right)\div\left(-\frac{14}{3}\right)=\left(-\frac{\overset{1}{\cancel{7}}}{2}\right)\times\left(-\frac{3}{\underset{2}{\cancel{14}}}\right)=\frac{3}{4}$

(3) $\left(-\frac{3}{8}\right)\div6=\left(-\frac{\overset{1}{\cancel{3}}}{8}\right)\times\frac{1}{\underset{2}{\cancel{6}}}=-\frac{1}{16}$

(4) $4\div\left(-\frac{10}{3}\right)=\overset{2}{\cancel{4}}\times\left(-\frac{3}{\underset{5}{\cancel{10}}}\right)=-\frac{6}{5}$

4 (1)−42　(2)9　(3)−1　(4)8　(5)−2　(6) $\frac{7}{3}$　(7)−4　(8)2

解き方

除法を乗法になおし，負の数の個数から積の符号を決め，絶対値の積を求めます。

(1) $(-12)\times(-7)\div(-2)$

$=(-12)\times(-7)\times\left(-\frac{1}{2}\right)$

$=-\left(\overset{6}{\cancel{12}}\times7\times\frac{1}{\underset{1}{\cancel{2}}}\right)=-42$

(2) $(-48)\div16\times(-3)$

$=(-48)\times\frac{1}{16}\times(-3)$

$=+\left(\overset{3}{\cancel{48}}\times\frac{1}{\underset{1}{\cancel{16}}}\times3\right)=9$

(3) $\left(-\frac{2}{3}\right)\div\left(-\frac{2}{3}\right)\times(-1)$

$=-\left(\frac{\overset{1}{\cancel{2}}}{\underset{1}{\cancel{3}}}\times\frac{\overset{1}{\cancel{3}}}{\underset{1}{\cancel{2}}}\times1\right)=-1$

(4) $(-6)\times\left(-\frac{2}{3}\right)\div\frac{1}{2}$

$=+\left(6\times\frac{2}{3}\times 2\right)=8$

(5) $\left(-\frac{9}{2}\right)\times\frac{4}{15}\div\frac{3}{5}$

$=-\left(\frac{9}{2}\times\frac{4}{15}\times\frac{5}{3}\right)=-2$

(6) $\left(-\frac{2}{3}\right)\div\left(-\frac{1}{4}\right)\times\frac{7}{8}$

$=+\left(\frac{2}{3}\times 4\times\frac{7}{8}\right)=\frac{7}{3}$

(7) $3\div(-3)\times 2^2=3\times\left(-\frac{1}{3}\right)\times 4$

$=-\left(3\times\frac{1}{3}\times 4\right)=-4$

(8) $(-3^2)\times 8\div(-6^2)=(-9)\times 8\div(-36)$

$=(-9)\times 8\times\left(-\frac{1}{36}\right)$

$=+\left(9\times 8\times\frac{1}{36}\right)$

$=2$

p.28〜29 ぴたトレ1

1 (1) -31 (2) 16 (3) -18 (4) -17 (5) 6
(6) -2 (7) 36 (8) -3 (9) -16 (10) -31

解き方

①累乗→②かっこの中→③乗除→④加減の順に計算します。

(1) $-3+(-7)\times 4=-3-28=-31$

(2) $12-(-20)\div 5=12-(-4)=12+4=16$

(3) $5\times(-4)+(-6)\div(-3)=-20+2=-18$

(4) $-15\div 3+(-4)\times 3=-5+(-12)$
$=-5-12=-17$

(5) $(-2)\times(-9+6)=(-2)\times(-3)=6$

(6) $32\div(-21+5)=32\div(-16)=-2$

(7) $(6-9)\times(-12)=(-3)\times(-12)=36$

(8) $(-3+15)\div(-4)=12\div(-4)=-3$

(9) $8+(-2)^3\times 3=8+(-8)\times 3$
$=8-24=-16$

(10) $(4-10)^2\div(-9)-3^3$
$=(-6)^2\div(-9)-27$
$=36\div(-9)-27$
$=(-4)-27$
$=-31$

2 (1) -4 (2) 1 (3) -80 (4) -1300 (5) -1188
(6) -5757

解き方

分配法則を使って，くふうして計算します。

$(a+b)\times c=a\times c+b\times c$
　　　　　　　㋐　　　㋑

$c\times(a+b)=c\times a+c\times b$
　　　　　　　㋐　　　㋑

(1) $30\times\left(\frac{1}{5}-\frac{1}{3}\right)=30\times\frac{1}{5}-30\times\frac{1}{3}$
$=6-10=-4$

(2) $\left(-\frac{3}{5}+\frac{1}{2}\right)\times(-10)$
$=\left(-\frac{3}{5}\right)\times(-10)+\frac{1}{2}\times(-10)$
$=6+(-5)=6-5=1$

(3) $(-8)\times 17-(-8)\times 7=(-8)\times(17-7)$
$=(-8)\times 10=-80$

(4) $86\times(-13)+14\times(-13)=(86+14)\times(-13)$
$=100\times(-13)=-1300$

(5) $(-12)\times 99=(-12)\times(100-1)$
$=(-12)\times 100+(-12)\times(-1)$
$=-1200+12=-1188$

(6) $101\times(-57)=(100+1)\times(-57)$
$=100\times(-57)+1\times(-57)$
$=-5700-57=-5757$

3 (1)㋐，㋒ (2)㋐，㋑，㋒ (3)ない

解き方

(1)自然数の範囲では，$3-5$ のような減法や，$5\div 3$ のような除法はできません。

(2)整数の範囲では，$5\div 3$，$(-5)\div(-3)$ のような除法はできません。

(3)数の範囲を数全体にひろげると，整数の範囲ではできなかった $5\div 3$，$(-5)\div(-3)$ のような除法もできるようになります。

p.30〜31 ぴたトレ1

1 (1)(式) $160+(3+10+14+11+6+13)\div 6$
$=169.5$ (答) 169.5 cm

(2)① -7 ② 0 ③ $+4$ ④ $+1$
⑤ -4 ⑥ $+3$

(3)(式) $170+\{(-7)+0+4+1+(-4)+3\}\div 6$
$=169.5$ (答) 169.5 cm

解き方

平均を求めるときは，基準にする数量を決めて，その数量よりどれだけ大きいか小さいかを正負の数で表すと，計算が簡単になります。
(平均)＝(基準の値)＋(基準の値とのちがいの平均)
(1)160 cm を基準にすると，基準とのちがいはすべて正の数になります。

A	B	C	D	E	F
163	170	174	171	166	173
+3	+10	+14	+11	+6	+13

(2)170 cm を基準にすると，170 cm より高いものは正の数，低いものは負の数で表されます。

2 **(例)120 万人を基準にして**
$120+\{5+3+(-2)+17+(-6)+(-11)+12+6\}\div 8=123$ 平均は 123 万人

解き方

基準にする入場者数は，8 年間の入場者数を見て，真ん中ぐらいの 120 万人が適当であるが，何万人を基準にしてもかまいません。

3 **(1)土曜日 (2)水曜日**

解き方

それぞれの曜日に売れた個数を表していくと，
月曜日…120−10＝110(個)
火曜日…110 +3＝113(個)
水曜日…113 −5＝108(個)←もっとも少ない
木曜日…108 +12＝120(個)
金曜日…120 −2＝118(個)
土曜日…118 +7＝125(個)←もっとも多い
(別解)日曜日に売れた個数 120 個を基準として，正負の数で表していくと，
月曜日…0−10＝−10
火曜日…−10+3＝−7
水曜日…−7−5＝−12
木曜日…−12+12＝0
金曜日…0−2＝−2
土曜日…−2+7＝+5

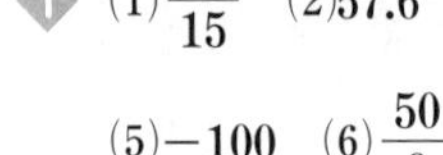

p.32〜33 ぴたトレ2

1 **(1)$\frac{1}{15}$ (2)57.6 (3)1 (4)−0.001 (5)−100 (6)$\frac{50}{9}$**

解き方

正負の数の乗法は，まず積の符号を決め，次に絶対値の積を求めます。
• 負の数が奇数個あれば，積の符号は −
• 負の数が偶数個あれば，積の符号は ＋

(1)$(-4)\times\left(-\frac{1}{60}\right)=+\left(4\times\frac{1}{60}\right)=\frac{1}{15}$
(2)$100\times(-0.48)\times(-1.2)$
$=+(100\times0.48\times1.2)$
$=57.6$
(3)$(-3)\times4\times\frac{1}{6}\times(-0.5)=+\left(3\times4\times\frac{1}{6}\times\frac{1}{2}\right)$
$=1$
(4)$-0.1^3=-(0.1\times0.1\times0.1)$
$=-0.001$
(5)$(-5)^2\times(-2^2)=(-5)\times(-5)\times\{-(2\times2)\}$
$=25\times(-4)$
$=-100$
(6)$-(-2)^3\times\left(-\frac{5}{6}\right)^2$
$=-\{(-2)\times(-2)\times(-2)\}\times\left\{\left(-\frac{5}{6}\right)\times\left(-\frac{5}{6}\right)\right\}$
$=8\times\frac{25}{36}=\frac{50}{9}$

2 **(1)$\frac{7}{3}$ (2)$-\frac{4}{15}$ (3)$-\frac{1}{3}$ (4)4 (5)−16 (6)$-\frac{3}{28}$**

解き方

除法は，逆数の乗法になおして計算します。
(1)$(-35)\div(-15)=(-35)\times\left(-\frac{1}{15}\right)=\frac{7}{3}$
(2)$(-12)\div45=(-12)\times\frac{1}{45}=-\frac{4}{15}$
(3)$\frac{1}{12}\div\left(-\frac{1}{4}\right)=\frac{1}{12}\times(-4)=-\frac{1}{3}$
(4)$\left(-\frac{5}{2}\right)\div\left(-\frac{5}{8}\right)=\left(-\frac{5}{2}\right)\times\left(-\frac{8}{5}\right)=4$
(5)$(-4)\div\frac{1}{4}=(-4)\times4=-16$
(6)$\frac{9}{14}\div(-6)=\frac{9}{14}\times\left(-\frac{1}{6}\right)=-\frac{3}{28}$

3 **(1)−18 (2)12 (3)−4 (4)−20 (5)1 (6)$-\frac{1}{12}$ (7)$-\frac{1}{9}$ (8)$\frac{7}{6}$**

解き方

乗法と除法の混じった式は，乗法だけの式になおして計算します。
(1)$12\times(-36)\div24=12\times(-36)\times\frac{1}{24}=-18$
(2)$18\div(-2)\times(-8)\div6$
$=18\times\left(-\frac{1}{2}\right)\times(-8)\times\frac{1}{6}$
$=12$
(3)$4^2\div(-2)^2\times(-1)^3=16\times\frac{1}{4}\times(-1)=-4$

(4) $(-15)\div 3\times(-2)^2=(-15)\times\frac{1}{3}\times 4=-20$

(5) $\left(-\frac{4}{15}\right)\times\left(-\frac{5}{3}\right)\div\left(-\frac{2}{3}\right)^2$

$=\left(-\frac{4}{15}\right)\times\left(-\frac{5}{3}\right)\times\frac{9}{4}$

$=1$

(6) $(-0.2)^2\times\frac{1}{4}\div\left(-\frac{3}{25}\right)=\frac{4}{100}\times\frac{1}{4}\times\left(-\frac{25}{3}\right)$

$=-\frac{1}{12}$

(7) $\left(-\frac{3}{4}\right)\div(-6)\times\left(-\frac{8}{9}\right)$

$=\left(-\frac{3}{4}\right)\times\left(-\frac{1}{6}\right)\times\left(-\frac{8}{9}\right)$

$=-\frac{1}{9}$

(8) $\frac{7}{5}\times\left(-\frac{5}{6}\right)\div(-1)=\frac{7}{5}\times\left(-\frac{5}{6}\right)\times(-1)$

$=\frac{7}{6}$

4 **(1)30 (2)24 (3)1573 (4)14 (5)$\frac{7}{6}$ (6)$-\frac{5}{18}$**

解き方

四則の混じった計算は，①累乗→②かっこの中→③乗除→④加減の順で行います。

(1) $16-7\times 8\div(-4)=16+14=30$

$7\times 8\times\left(-\frac{1}{4}\right)=-14$

(2) $0\div 7-6\times(5-3^2)=0-(-24)=24$

0　　$6\times(5-9)=6\times(-4)=-24$

(3) $(-3)^3-(-2^4)\div(-0.1)^2$

-27　　$(-16)\div 0.01=-1600$

$=-27+1600$

$=1573$

(4) $4^2-\{(-5+13)\div(-2)^2\}=16-2=14$

16　　$8\div 4=2$

(5) $\frac{1}{4}-\left(-\frac{2}{3}\right)-\frac{5}{4}\times\left(-\frac{1}{5}\right)=\frac{1}{4}+\frac{2}{3}+\frac{1}{4}$

$-\frac{1}{4}$　　$=\frac{7}{6}$

(6) $\frac{1}{2}+\frac{2}{3}\times\left\{-\frac{5}{6}+\frac{1}{2}\times\left(-\frac{2}{3}\right)\right\}$

$-\frac{5}{6}+\left(-\frac{1}{3}\right)=-\frac{7}{6}$

$=\frac{1}{2}+\frac{2}{3}\times\left(-\frac{7}{6}\right)=\frac{1}{2}+\left(-\frac{7}{9}\right)=-\frac{5}{18}$

5 **(1)3700 (2)1728 (3)1 (4)−11**

解き方

(1) $87\times 37-(-13)\times 37$

$=87\times 37+13\times 37$

$=(87+13)\times 37$

$=3700$

(2) $-96\times(-18)$

$=(4-100)\times(-18)$

$=4\times(-18)-100\times(-18)$

$=-72+1800$

$=1728$

(3) $(-12)\times\left(\frac{3}{4}-\frac{5}{6}\right)$

$=(-12)\times\frac{3}{4}+(-12)\times\left(-\frac{5}{6}\right)$

$=-9+10$

$=1$

(4) $\left(-\frac{7}{3}+\frac{8}{5}\right)\times 15$

$=\left(-\frac{7}{3}\right)\times 15+\frac{8}{5}\times 15$

$=-35+24$

$=-11$

6 **(1)977.2 人**

(2)A…998 人　B…890 人　C…1019 人

D…955 人　E…1025 人

解き方

(1)(例)1000 人を基準にして

$1000+\{28+(-135)+6+(-30)+17\}\div 5$

$=977.2$(人)

(2)A…$1028-(+30)=998$(人)

B…$865-(-25)=890$(人)

C…$1006-(-13)=1019$(人)

D…$970-(+15)=955$(人)

E…$1017-(-8)=1025$(人)

7 **②−3　③0　④−2　⑥−1　または,**

②−2　③−3　④−1　⑥0

解き方

右の図のように，3 つの円をそれぞれ A，B，C とします。

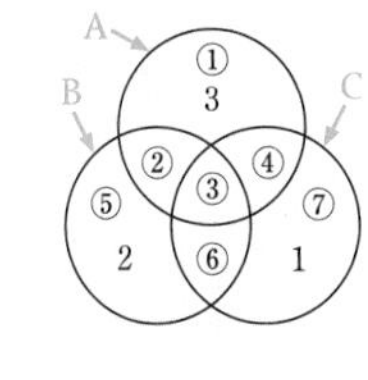

・A と B に着目する。

3 つの円の中に入る数の和を等しくするから，

① ＋ ②＋③ ＋ ④ ＝ ⑤ ＋ ②＋③ ＋ ⑥

(3)　　　　(2)

②＋③は共通で，①は⑤より 1 大きいから，④は⑥より 1 小さくなる。…(ア)

・同様に，

B と C に着目すると，②は④より 1 小さくなる。…(イ)

C と A に着目すると，②は⑥より 2 小さくなる。…(ウ)

(ア), (イ), (ウ)より ②$\xrightarrow{+1}$④$\xrightarrow{+1}$⑥（②→⑥ +2）

②, ③, ④, ⑥に入る数は, 0, −1, −2, −3のどれかになるから,

②を −3にすると, ④−2, ⑥−1 ⟶③ 0

②を −2にすると, ④−1, ⑥ 0 ⟶③−3

理解のコツ

・3つ以上の乗法や除法の混じった式では, 乗法だけの式になおして計算しよう。

・四則の混じった計算では, ①累乗→②かっこの中→③乗除→④加減の順で計算するよ。

p.34〜35 ぴたトレ3

1 **(1)−50 m (2)A…−2 B…+3.5**

(3)①−7<0<+6(+6>0>−7)

②$-\frac{9}{2}<-3.5<+3\left(+3>-3.5>-\frac{9}{2}\right)$

解き方 (1)反対の性質をもつ量は, 一方を正の数で表すと, 他方が負の数で表されます。

上へ〜m(正) ⟺ 下へ〜m(負)

(2)大きい1目もりは1, 小さい1目もりは0.5を表しています。

A…0より左へ2なので, −2

B…0より右へ3.5なので, +3.5

(3)①負の数<0<正の数だから,

−7<0<+6 (+6>0>−7)

不等号の向きは, 1つの式の中ではそろえないといけません。0>−7<+6は誤りです。

②負の数は, 絶対値が大きいほど小さくなります。また, 分数は小数になおします。

$-\frac{9}{2}=-4.5$

−4.5<−3.5<+3だから

$-\frac{9}{2}<-3.5<+3\ \left(+3>-3.5>-\frac{9}{2}\right)$

$-3.5<+3>-\frac{9}{2}$ は誤りです。

2 **(1)−3 (2)+2, +4 (3)−0.2**

(4)+1.5, $-\frac{3}{2}$ (5)0, −0.2, $+\frac{1}{10}$ (6)$+\frac{1}{10}$

解き方 自然数, 整数, 小数, 分数は, 右のようなものです。数や絶対値の大小を比べるために, まず分数を小数になおしておきます。

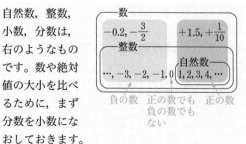

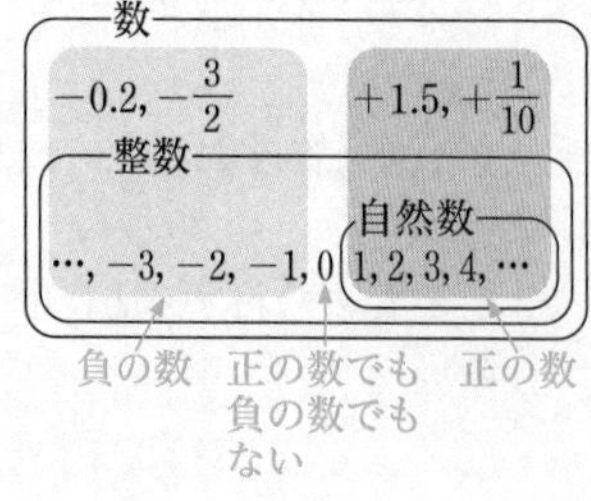

$-\frac{3}{2}=-1.5$, $+\frac{1}{10}=+0.1$

(3)負の数のなかで, 絶対値のもっとも小さい数。

(4)+1.5と−1.5の絶対値は等しい。0以外の数は, 絶対値が同じである数は2つずつあります。

(5)−1と1の間にある数。

(6)0以外で, 絶対値のもっとも小さい数。

3 **(1)10歳(さい)…+0.6秒 12歳…−0.3秒 (2)7秒**

解き方 (1)11歳のときのタイム8.1秒を基準にし, 10歳, 12歳のときのタイムの, それとのちがいを求めます。

10歳…基準にする8.1秒より長い。

8.7−8.1=0.6より, +0.6秒

12歳…基準にする8.1秒より短い。

8.1−7.8=0.3より, −0.3秒

(2)7.8秒が, 基準にする量より0.8秒長いから,

(基準にする量)+0.8=7.8

基準にする量は, 7.8−0.8=7より, 7秒

4 **(1)−14 (2)−16 (3)39 (4)−4 (5)−10**

解き方 (1), (2)は, 項を書き並べた式に表します。

(1)(+13)+(−27)=13−27=−14

(2)(−31)−(−15)=−31+15=−16

(3)まず積の符号を決め, 絶対値を計算します。

(−3)×(−13)=+(3×13)=+39=39

(4)先に累乗を計算し, 除法を乗法になおします。

$(-2)^3\times(-6)\div(-12)$

$=(-8)\times(-6)\div(-12)$

$=(-8)\times(-6)\times\left(-\frac{1}{12}\right)$

$=-\frac{\overset{2}{\cancel{8}}\times\overset{2}{\cancel{6}}}{\underset{\underset{1}{\cancel{3}}}{\cancel{12}}}$

$=-4$

(5)$\left(-\frac{5}{9}\right)\times\left(-\frac{2}{3}\right)\div\left(-\frac{1}{3}\right)^3$

$=\left(-\frac{5}{9}\right)\times\left(-\frac{2}{3}\right)\div\left(-\frac{1}{27}\right)$

$=\left(-\frac{5}{9}\right)\times\left(-\frac{2}{3}\right)\times(-27)$

$=-\frac{5\times2\times\overset{\overset{1}{\cancel{3}}}{\cancel{27}}}{\underset{1}{\cancel{9}}\times\underset{1}{\cancel{3}}}$

$=-10$

5 (1)−88　(2)26　(3)−16

解き方 ①累乗→②かっこの中→③乗除→④加減の順に計算します。

(1) $(-46)-(-14)\times(-3)=(-46)-42$
$=-46-42$
$=-88$

(2) $\{(-3)+2\times(-5)\}\times(-2)$
$=\{-3+(-10)\}\times(-2)$
$=(-13)\times(-2)$
$=26$

(3) $(-6^2)\times\frac{5}{9}-0.5^2\times(-16)$
$=(-36)\times\frac{5}{9}-0.25\times(-16)$
$=-20+4$
$=-16$

6 記号…㊀　例…(例) $1\div3\left(=\frac{1}{3}\right)$

解き方 ㊀… $1\div3=\frac{1}{3}$ のように，商は整数にならないことがあります。
数の範囲と四則の可能性についての問題です。右の図のように整理して理解しておきましょう。

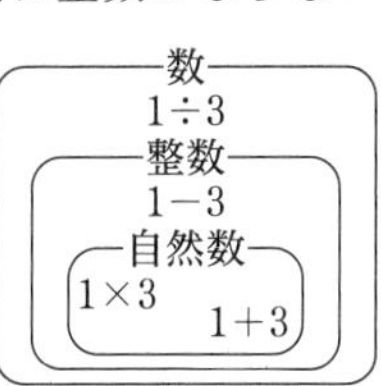

7 (1)曜日…木曜日　気温…18 °C　(2) 7 °C
(3)21 °C

解き方 (1)もっとも気温が低かったのは，基準にした 20 °C よりも −2 °C であった木曜日です。
20−2=18 で，18 °C
(2)もっとも気温が高かったのは，基準にした 20 °C よりも +5 °C であった日曜日です。
20+5=25 で，25 °C
25−18=7 より，差は 7 °C
(別解①)気温を求めなくても，基準にした気温とのちがいを表した数を使って求めることもできます。(+5)−(−2)=5+2=7　7 °C
(別解②)絶対値を考えて求めることもできます。

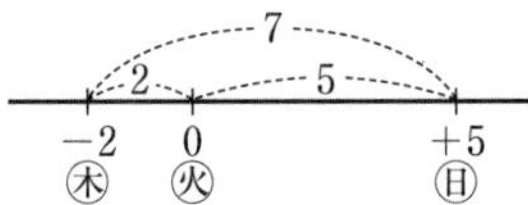

(3) $20+\{(+5)+(-1)+0+(+2)+(-2)+(-1)+(+4)\}\div7$ ←基準とのちがいの平均
$=20+1$
$=21$ より，21 °C

2章　文字と式

p.37　ぴたトレ0

1 (1)680 円　(2) $x\times6+200=y$　(3)740

解き方 (2)ことばの式を使って考えるとわかりやすいです。(1)で考えた値段 80 円のところを x 円におきかえて式をつくります。上の答え以外の表し方でも，意味があっていれば正解です。

2 (1)ノート 8 冊の代金
(2)ノート 1 冊と鉛筆 1 本をあわせた代金
(3)ノート 4 冊と消しゴム 1 個をあわせた代金

解き方 式の中の数が，それぞれ何を表しているのかを考えます。
(3) $x\times4$ はノート 4 冊，70 円は消しゴム 1 個の代金です。

p.38〜39　ぴたトレ1

1 (1) $(150\times x)$ 円　(2) $(5\times x)$ 個　(3) $(200\times x)$ 円

解き方 ことばの式に数，文字をあてはめます。
(1)(1 個の値段)×(個数)より 150×(個数)
単位「円」をつけます。
(2)(1 人分の個数)×(人数)より 5×(人数)
単位は個
(3)(1 m の値段)×(長さ)より 200×(長さ)
単位は円

2 (1) $(n-16)$ 人，㋐　(2) $(a\times8)$ cm^2，㋑
(3) $(x\div6)$ L，㋑　(4) $(18-t)$°C，㋒
(5) $(x+2)$ kg，㋑　(6) $(12\times x)$ 本，㋐

解き方 文字が表す数は，文字が個数や人数のときは自然数の代わりとして使われているから㋐，長さや重さ，かさのときは，小数もふくめた数の代わりとして使われているから㋑，気温など基準を決めた量のときは，小数や負の数もふくめた数の代わりとして使われているから㋒となります。
(1)女子の人数は，(全体の人数)−(男子の人数)
より (全体の人数)−16　単位は人
(2)長方形の面積は，(縦)×(横)
より (縦)×8　単位は cm^2
(3) 1 人分の量は，(全部の量)÷(人数)
より (全部の量)÷6　単位は L
(4)気温の差は，(ふもとの気温)−(山頂の気温)
より 18−(山頂の気温)　単位は°C
(5)全体の重さは，(荷物の重さ)+(箱の重さ)
より (荷物の重さ)+2　単位は kg
(6)鉛筆の本数は，12×(箱の数)　単位は本

p.40~41　ぴたトレ1

1 (1)$7ab$　(2)$5(x+y)$　(3)$\frac{3}{4}x$　(4)$\frac{7}{6}a$

(5)$-9x$　(6)$-y$

解き方
積の表し方のきまり　①文字の混じった乗法では，記号×をはぶく。②数は文字の前に書く。
(1)7 は文字の前に書きます。
(2)$(x+y)$ は 1 つの文字とみて，5 の後ろに書きます。かっこははぶきません。
(3)記号×をはぶきます。
(4)分数も 1 つの数だから，文字の前に書きます。
(5)かっこをはぶき，$-9x$ と表します。
(6)$-1y$ の 1 ははぶき，$-y$ と表します。

2 (1)$4ab^2$　(2)a^2x^3

解き方
同じ文字の積は，累乗の指数を使って表します。
(1)同じ文字 b の 2 個の積は b^2 と書きます。a と b^2 と 4 の積で，$4ab^2$
(2)同じ文字 x の 3 個の積は x^3，a の 2 個の積は a^2，文字は，ふつうアルファベット順に書くので，a^2x^3

3 (1)$\frac{a+4}{3}$ $\left(\frac{1}{3}(a+4)\right)$　(2)$-\frac{x}{4}$ $\left(-\frac{1}{4}x\right)$

解き方
文字の混じった除法では，記号 ÷ を使わずに，分数の形で書きます。
(1)分数の形の式では，分母，分子はそれぞれひとかたまりのものとみることができます。したがって，$(a+4)$ が分子になるときは，(　) はつけません。
(2)負の符号 − は，分数の前に書きます。

4 $\left(x+\frac{y}{1000}\right)$ kg

解き方
1 kg=1000 g より，1 g= $\frac{1}{1000}$ kg
したがって，y g は $\frac{y}{1000}$ kg

5 (1)$\frac{3}{10}x$ L　(2)$\frac{7}{10}a$ 円

解き方
割合は分数で表します。
(1)30 % は，$\frac{30}{100}=\frac{3}{10}$ であるから
$x\times\frac{3}{10}=\frac{3}{10}x$
したがって，$\frac{3}{10}x$ L
(2)7 割は，$\frac{7}{10}$ であるから，$a\times\frac{7}{10}=\frac{7}{10}a$
したがって，$\frac{7}{10}a$ 円

6 分速 $\frac{y}{40}$ m

解き方
(速さ)=(道のり)÷(時間)より
このときの速さは，$y\div40=\frac{y}{40}$
したがって，分速 $\frac{y}{40}$ m

7 (1)$4\pi r^2$ cm^2　(2)円周　cm

解き方
π は円周率を表します。
(1)(円の面積)=(半径)×(半径)×(円周率)
より $(2r)\times(2r)\times\pi=4\pi r^2$ (cm^2)
π は文字の前に書きます。
(2)半径が $2r$ であるから
$4\pi r=2\times2\times\pi\times r$
乗法の交換法則を使うと
$4\pi r=2\times2\times\pi\times r=2\times r\times2\times\pi=2r\times2\times\pi$
$2r\times2$ は直径を表すから，
(円周)=(直径)×(円周率)より
$4\pi r$ は円周を表している。単位は cm

p.42~43　ぴたトレ1

1 (1)12　(2)13　(3)4　(4)27　(5)−10　(6)−21

解き方
積は記号×を使って計算します。
(1)$2\times6=12$
(2)$6+7=13$
(3)$10-6=4$
(4)$4\times6+3=27$
(5)$-3\times6+8=-18+8=-10$
(6)$9-5\times6=9-30=-21$

2 (1)−35　(2)3　(3)9　(4)−11　(5)19　(6)31

解き方
負の数は(　)をつけて代入します。
(1)$7\times(-5)=-35$
(2)$(-5)+8=3$
(3)$4-(-5)=4+5=9$
(4)$3\times(-5)+4=-15+4=-11$
(5)$-2\times(-5)+9=10+9=19$
(6)$6-5\times(-5)=6+25=31$

3 (1)6 (2)−9 (3)−3

解き方
分数の形の式に代入するか，
$\frac{18}{x}=18\div x$ としてから代入します。
(1)$\frac{18}{3}=6$ または，$18\div3=6$
(2)$\frac{18}{(-2)}=-\frac{18}{2}=-9$ または，$18\div(-2)=-9$
(3)$\frac{18}{(-6)}=-\frac{18}{6}=-3$ または，$18\div(-6)=-3$

4 (1)16 (2)−16 (3)16

解き方
負の数は，( )をつけて代入します。
(1)$(-4)^2=(-4)\times(-4)=16$
(2)$-(-4)^2=-\{(-4)\times(-4)\}=-16$
(3)$\{-(-4)\}^2=4\times4=16$

5 (1)19 (2)−1 (3)4

解き方
負の数は，( )をつけて代入します。
(1)$-(-4)-5\times(-3)=4+15=19$
(2)$-2\times(-4)+3\times(-3)=8-9=-1$
(3)$(-4)^2+4\times(-3)=16-12=4$

p.44〜45 ぴたトレ2

1 (1)$3xy$ (2)$3(x+y)$ (3)$3x+y$
(4)$-5a+2$ (5)$-a+b$ (6)$x-0.1y$

解き方
文字の混じった乗法では，記号×をはぶきます。
加法の記号＋は，はぶいてはいけません。
文字と数の積では，数を文字の前に書きます。
(1)$x\times y\times3=3xy$
(2)$(x+y)\times3=3(x+y)$
(3)$x\times3+y=3x+y$
(4)$a\times(-5)+2=(-5)\times a+2=-5a+2$
$(-5)\times a$ は $-5a$ と表します。
(5)$(-1)\times a+b\times1=-a+b$
$(-1)\times a$ は $-a$，$b\times1$ は b と表します。
(6)$x-y\times0.1=x-0.1y$
0.1 の 1 ははぶけません。

2 (1)$7\times a\times b$ (2)$-3\times x\times x$
(3)$a\times a\times a\times b\times b$ (4)$\frac{3}{5}\times x$ $(3\div5\times x)$
(5)$x-y\div3$ (6)$(a+b)\div2$

解き方
分数で表されたものが除法となります。
(6)分数の形の式を除法になおすときは，分子の $a+b$ はひとかたまりのものとして，かっこをつけます。
$a+b\div2$ は，$a+\frac{b}{2}$ と同じ式となります。

3 (1)$(120x+70)$ 円 (2)$(90-5a)$ cm
(3)$(4a-3x)$ 円 (4)$(3x+4y)$ g
(5)$\frac{a}{5}$ L (6)$\frac{56+x}{3}$ 点

解き方
文字式の表し方にしたがって答えます。
単位をつけておきます。
(1)$120\times x+70=120x+70$(円)
(2)$90-a\times5=90-5a$(cm)
(3)$a\times4-x\times3=4a-3x$(円)
(4)$x\times3+y\times4=3x+4y$(g)
(5)$a\div5=\frac{a}{5}$(L)
(6)$\frac{32+x+24}{3}=\frac{56+x}{3}$(点)

4 (1)$\left(x-\frac{y}{1000}\right)$ L または $(1000x-y)$ mL
(2)$\frac{7}{100}a$ m

解き方
(1)1 mL$=\frac{1}{1000}$ L
y mL$=\left(\frac{1}{1000}\times y\right)L=\frac{y}{1000}$ L
1 L$=$1000 mL，x L$=1000x$ mL
(2)7 % は $\frac{7}{100}$，$a\times\frac{7}{100}=\frac{7}{100}a$(m)

5 (1)体積 cm^3
(2)①面積 cm^2 ②周の長さ cm

解き方
(1)$a\times b\times c$ は，(縦)×(横)×(高さ)の式だから，直方体の体積を表します。
(2)円の半径が r cm のとき，πr^2 は円の面積，$2\pi r$ は円の周の長さを表します。
①$\frac{1}{4}\pi r^2=\pi r^2\div4$
②πr は半円の曲線部分の長さ，$\frac{1}{2}\pi r$ は円の $\frac{1}{4}$ の曲線部分の長さを表します。
また，$2r$ は直線部分の長さを表します。

6 (1)24 (2)−19 (3)11 (4)$-\frac{1}{3}$ (5)−18 (6)39

解き方
負の数は，( )をつけて代入します。
(1)$-8\times(-3)=24$
(2)$5\times(-3)-4=-15-4$
$=-19$
(3)$2-3\times(-3)=2+9$
$=11$

(5) $-2\times(-3)^2=-2\times(-3)\times(-3)$
$=-18$

(6) $4\times(-3)^2-(-3)=4\times9+3$
$=36+3$
$=39$

7 (1)**11** (2)**−9** (3)**13** (4)**35**

解き方
負の数は，( )をつけて代入します。

(1) $-(-5)+3\times2=5+6$
$=11$

(2) $(-5)-2\times2=-5-4$
$=-9$

(3) $-3\times(-5)-2=15-2$
$=13$

(4) $(-5)^2+5\times2=25+10$
$=35$

理解のコツ
- 文字式の表し方，代入のしかたなど，基本的なことは必ず守ろう。
- これまでに学習したことばの式は，確実なものにし，文字式で表すときに生かそう。

p.46~47
ぴたトレ1

1 (1)項は $4x$，$7y$
x の係数は 4，y の係数は 7

(2)項は $-x$，$\frac{1}{2}y$
x の係数は -1，y の係数は $\frac{1}{2}$

(3)項は $-3a$，$-b$，2
a の係数は -3，b の係数は -1

(4)項は $7a$，$-\frac{b}{6}$，$-\frac{1}{5}$
a の係数は 7，b の係数は $-\frac{1}{6}$

解き方
和の形になおしてから項を考えます。

(2) $-x=(-1)\times x$ だから，x の係数は -1

(3) $-3a-b+2=-3a+(-b)+2$

(4) $7a-\frac{b}{6}-\frac{1}{5}=7a+\left(-\frac{b}{6}\right)+\left(-\frac{1}{5}\right)$
$-\frac{b}{6}=-\frac{1}{6}\times b$ だから，b の係数は $-\frac{1}{6}$

2 (1)$9x$ (2)$-3y$ (3)$5a$ (4)$-3x$ (5)$6b$
(6)$-8x$ (7)$7x-9$ (8)$a-3$ (9)$3a-2$
(10)$-4x$

解き方
文字の部分が同じ項は，係数の和を計算して，1つの項にまとめることができます。

(1) $4x+5x=(4+5)x=9x$

(2) $-5y+2y=(-5+2)y=-3y$

(3) $6a-a=(6-1)a=5a$

(4) $x+(-4x)=\{1+(-4)\}x=-3x$

(6) $-2x-6x=(-2-6)x=-8x$

(7) $5x-3+2x-6=5x+2x-3-6$
$=(5+2)x-3-6$
$=7x-9$

(8) $7a-8-6a+5=7a-6a-8+5$
$=(7-6)a-8+5$
$=a-3$

(10) $x-6-5x+6=x-5x-6+6$
$=(1-5)x-6+6$
$=-4x$

3 (1)$2x+4$ (2)$5x+2$ (3)$9x-5$
(4)$7x-10$ (5)$4a+3$ (6)$-3x$

解き方
加法は，文字の部分が同じ項どうし，数の項どうしを加えます。

(1) $5x+(4-3x)=5x+4-3x$
$=5x-3x+4$
$=2x+4$

(2) $(2x-5)+(3x+7)=2x-5+3x+7$
$=2x+3x-5+7$
$=5x+2$

(3) $(4x+3)+(5x-8)=4x+3+5x-8$
$=4x+5x+3-8$
$=9x-5$

(4) $(6x-5)+(x-5)=6x-5+x-5$
$=6x+x-5-5$
$=7x-10$

(5) $(-3a+9)+(7a-6)=-3a+9+7a-6$
$=-3a+7a+9-6$
$=4a+3$

(6) $(5x-2)+(-8x+2)=5x-2-8x+2$
$=5x-8x-2+2$
$=-3x$

4 (1)$5x+3$ (2)$2x-11$ (3)$-5a+9$
(4)$-a-5$ (5)$-4y-14$ (6)$9x-6$

解き方
減法は，ひくほうの式の各項の符号を変えて加えます。

(1) $(8x+5)-(3x+2)=(8x+5)+(-3x-2)$
$=8x+5-3x-2$
$=5x+3$

(2) $(4x-3)-(2x+8)=(4x-3)+(-2x-8)$
$=4x-3-2x-8$
$=2x-11$
(3) $(a+4)-(6a-5)=(a+4)+(-6a+5)$
$=a+4-6a+5$
$=-5a+9$
(4) $(2a-9)-(3a-4)=(2a-9)+(-3a+4)$
$=2a-9-3a+4$
$=-a-5$
(5) $(-3y-8)-(y+6)=(-3y-8)+(-y-6)$
$=-3y-8-y-6$
$=-4y-14$
(6) $(7x-3)-(3-2x)=(7x-3)+(-3+2x)$
$=7x-3-3+2x$
$=9x-6$

p.48~49　ぴたトレ1

1 (1) $\mathbf{28a}$　(2) $\mathbf{-20x}$　(3) $\mathbf{-6a}$　(4) $\mathbf{b}$　(5) $\mathbf{8x}$
(6) $\mathbf{3x}$　(7) $\mathbf{\frac{3}{7}a}$　(8) $\mathbf{\frac{1}{2}x}$　(9) $\mathbf{-\frac{8}{5}x}$

解き方
除法は乗法になおして計算します。
(1) $4a\times7=4\times a\times7$
$=4\times7\times a$
$=28a$
(2) $(-5x)\times4=(-5)\times x\times4$
$=(-5)\times4\times x$
$=-20x$
(3) $(-3)\times2a=(-3)\times2\times a$
$=-6a$
(4) $\frac{1}{3}b\times3=\frac{1}{3}\times3\times b$
$=b$
(5) $(-x)\times(-8)=(-1)\times x\times(-8)$
$=(-1)\times(-8)\times x$
$=8x$
(6) $18x\div6=18x\times\frac{1}{6}$
$=3x$
(7) $\frac{6}{7}a\div2=\frac{6}{7}a\times\frac{1}{2}$
$=\frac{3}{7}a$
(8) $4x\div8=4x\times\frac{1}{8}$
$=\frac{1}{2}x$
(9) $\frac{2}{3}x\div\left(-\frac{5}{12}\right)=\frac{2}{3}x\times\left(-\frac{12}{5}\right)$
$=-\frac{8}{5}x$

2 (1) $\mathbf{20a-35}$　(2) $\mathbf{-8x+20}$　(3) $\mathbf{-5a+2}$
(4) $\mathbf{-6a-18}$　(5) $\mathbf{6x+16}$　(6) $\mathbf{3x+2}$
(7) $\mathbf{2x+5}$　(8) $\mathbf{-3a-4}$　(9) $\mathbf{-14x+9}$　(10) $\mathbf{6x-4}$

解き方
乗法は，分配法則を使って計算します。
除法は乗法になおして計算します。
(1) $5(4a-7)=5\times4a+5\times(-7)$
$=20a-35$
(2) $(2x-5)\times(-4)=2x\times(-4)+(-5)\times(-4)$
$=-8x+20$
(3) $-(5a-2)=(-1)\times(5a-2)$
$=(-1)\times5a+(-1)\times(-2)$
$=-5a+2$
(4) $-6(a+3)=(-6)\times(a+3)$
$=(-6)\times a+(-6)\times3$
$=-6a-18$
(5) $8\left(\frac{3}{4}x+2\right)=8\times\frac{3}{4}x+8\times2=6x+16$
(6) $\frac{1}{3}(9x+6)=\frac{1}{3}\times9x+\frac{1}{3}\times6=3x+2$
(7) $(4x+10)\div2=(4x+10)\times\frac{1}{2}$
$=4x\times\frac{1}{2}+10\times\frac{1}{2}$
$=2x+5$
(8) $(15a+20)\div(-5)=(15a+20)\times\left(-\frac{1}{5}\right)$
$=15a\times\left(-\frac{1}{5}\right)+20\times\left(-\frac{1}{5}\right)$
$=-3a-4$
(9) $(42x-27)\div(-3)=(42x-27)\times\left(-\frac{1}{3}\right)$
$=42x\times\left(-\frac{1}{3}\right)+(-27)\times\left(-\frac{1}{3}\right)$
$=-14x+9$
(10) $\frac{3x-2}{4}\times8=(3x-2)\times2=6x-4$

3 (1) $\mathbf{14x-15}$　(2) $\mathbf{7x-16}$　(3) $\mathbf{11x-6}$
(4) $\mathbf{a+12}$　(5) $\mathbf{-a-11}$　(6) $\mathbf{-1}$

解き方
分配法則を使ってかっこをはずし，文字の部分が同じ項をまとめます。
(1) $8x+3(2x-5)=8x+6x-15$
$=14x-15$
(2) $4(x-3)+(3x-4)=4x-12+3x-4$
$=4x+3x-12-4$
$=7x-16$
(3) $5(x+3)+3(2x-7)=5x+15+6x-21$
$=5x+6x+15-21$
$=11x-6$

(4) $2(2a+3)-3(a-2)=4a+6-3a+6$
$=4a-3a+6+6$
$=a+12$

(5) $3(a-1)-4(a+2)=3a-3-4a-8$
$=3a-4a-3-8$
$=-a-11$

(6) $2(7x-4)-7(2x-1)=14x-8-14x+7$
$=14x-14x-8+7$
$=-1$

p.50～51 ぴたトレ2

1 (1)項は $5a$, $-b$

a の係数は 5, b の係数は -1

(2)項は $-\frac{2}{3}x$, $\frac{y}{4}$

x の係数は $-\frac{2}{3}$, y の係数は $\frac{1}{4}$

解き方
和の形になおして項，係数を考えます。
(1) $5a-b=5a+(-b)$, $-b=(-1)\times b$
(2) $\frac{y}{4}=\frac{1}{4}y$, y の係数は $\frac{1}{4}$

2 (1) $-2a$ (2) $-7b$ (3) $\frac{3}{10}x$ (4) $\frac{1}{3}x$

(5) $a-3$ (6) -5 (7) $\frac{5}{8}x-\frac{1}{2}$ (8) $\frac{1}{3}x+\frac{10}{3}$

解き方
文字の部分が同じ項をまとめます。
(1) $3a-7a+2a=(3-7+2)a$
$=-2a$

(2) $-8b+6b-5b=(-8+6-5)b$
$=-7b$

(3) $\frac{9}{10}x-\frac{3}{5}x=\frac{9}{10}x-\frac{6}{10}x$
$=\frac{3}{10}x$

(4) $-\frac{1}{2}x+\frac{5}{6}x=-\frac{3}{6}x+\frac{5}{6}x$
$=\frac{2}{6}x$
$=\frac{1}{3}x$

(5) $-6a+5+7a-8$
$=-6a+7a+5-8$
$=a-3$

(6) $4x+3+5x-8-9x$
$=4x+5x-9x+3-8$
$=-5$

(7) $\frac{3}{4}x-2-\frac{1}{8}x+\frac{3}{2}=\frac{3}{4}x-\frac{1}{8}x-2+\frac{3}{2}$
$=\frac{5}{8}x-\frac{1}{2}$

(8) $4-\frac{5}{3}x+2x-\frac{2}{3}=-\frac{5}{3}x+2x+4-\frac{2}{3}$
$=\frac{1}{3}x+\frac{10}{3}$

3 (1) 2 (2) -14 (3) $a+5$

(4) $-\frac{1}{3}x+2$ (5) $x+\frac{2}{9}$ (6) $-\frac{1}{2}x+\frac{1}{4}$

解き方
減法は，ひくほうの式の各項の符号を変えて加えます。
(1) $(-3+2a)+(5-2a)$
$=-3+2a+5-2a$
$=2$

(2) $(-3x-7)-(7-3x)$
$=(-3x-7)+(-7+3x)$
$=-3x-7-7+3x$
$=-14$

(3) $\left(\frac{2}{5}a-3\right)+\left(\frac{3}{5}a+8\right)=\frac{2}{5}a-3+\frac{3}{5}a+8$
$=a+5$

(4) $\left(\frac{2}{3}x-3\right)+(5-x)=\frac{2}{3}x-3+5-x$
$=-\frac{1}{3}x+2$

(5) $\left(\frac{3}{4}x+\frac{5}{9}\right)-\left(\frac{1}{3}-\frac{1}{4}x\right)$
$=\left(\frac{3}{4}x+\frac{5}{9}\right)+\left(-\frac{1}{3}+\frac{1}{4}x\right)$
$=\frac{3}{4}x+\frac{5}{9}-\frac{1}{3}+\frac{1}{4}x$
$=x+\frac{2}{9}$

(6) $\left(\frac{1}{6}x-\frac{1}{4}\right)-\left(\frac{2}{3}x-\frac{1}{2}\right)$
$=\left(\frac{1}{6}x-\frac{1}{4}\right)+\left(-\frac{2}{3}x+\frac{1}{2}\right)$
$=\frac{1}{6}x-\frac{1}{4}-\frac{2}{3}x+\frac{1}{2}$
$=-\frac{1}{2}x+\frac{1}{4}$

4 (1)和…$3x-2$，差…$-5x-12$

(2)和…$2x-4$，差…$8x$

解き方 かっこを使って式に表してから計算します。また，文字の部分が同じ項どうし，数の項どうしを上下にそろえて書き，計算してもよいです。

(1)和…$(-x-7)+(4x+5)$
$=-x-7+4x+5$
$=3x-2$

$$\begin{array}{r} -x-7 \\ +)\ 4x+5 \\ \hline 3x-2 \end{array}$$

差…$(-x-7)-(4x+5)$
$=-x-7-4x-5$
$=-5x-12$

$$\begin{array}{r} -x\ -7 \\ +)-4x\ -5 \\ \hline -5x-12 \end{array}$$

(2)和…$(5x-2)+(-3x-2)$
$=5x-2-3x-2$
$=2x-4$

$$\begin{array}{r} 5x-2 \\ +)-3x-2 \\ \hline 2x-4 \end{array}$$

差…$(5x-2)-(-3x-2)$
$=5x-2+3x+2$
$=8x$

$$\begin{array}{r} 5x-2 \\ +)+3x+2 \\ \hline 8x \end{array}$$

5 (1)$6x-8$ (2)$8x-15$ (3)$2a+\frac{3}{4}$

(4)$\frac{3}{5}x-\frac{2}{3}$ (5)$4x-6$ (6)$-20a-30$

(7)$6x+15$ (8)$-12a+16$

解き方 除法は乗法になおして計算します。

(1)$\left(\frac{1}{2}x-\frac{2}{3}\right)\times 12=\frac{1}{2}x\times 12+\left(-\frac{2}{3}\right)\times 12$
$=6x-8$

(2)$\left(\frac{4}{9}x-\frac{5}{6}\right)\times 18=\frac{4}{9}x\times 18+\left(-\frac{5}{6}\right)\times 18$
$=8x-15$

(3)$(16a+6)\div 8=(16a+6)\times\frac{1}{8}$
$=16a\times\frac{1}{8}+6\times\frac{1}{8}$
$=2a+\frac{3}{4}$

(4)$(9x-10)\div 15=(9x-10)\times\frac{1}{15}$
$=9x\times\frac{1}{15}+(-10)\times\frac{1}{15}$
$=\frac{3}{5}x-\frac{2}{3}$

(5)$(14x-21)\div\frac{7}{2}=(14x-21)\times\frac{2}{7}$
$=14x\times\frac{2}{7}-21\times\frac{2}{7}$
$=4x-6$

(6)$(36a+54)\div\left(-\frac{9}{5}\right)=(36a+54)\times\left(-\frac{5}{9}\right)$
$=36a\times\left(-\frac{5}{9}\right)+54\times\left(-\frac{5}{9}\right)$
$=-20a-30$

(7)$9\times\frac{2x+5}{3}=3(2x+5)$
$=6x+15$

(8)$\frac{3a-4}{5}\times(-20)=(3a-4)\times(-4)$
$=-12a+16$

6 (1)$7x+6$ (2)x (3)$19a-11$ (4)$5x+3$

(5)$-\frac{2}{9}a$ (6)$-\frac{1}{10}x+\frac{1}{10}$ (7)$\frac{7}{6}x+\frac{13}{6}$

(8)$\frac{1}{18}a+\frac{11}{18}$

解き方 (1)$4(-2x+3)+3(5x-2)$
$=-8x+12+15x-6$
$=7x+6$

(2)$-2(10-3x)-5(x-4)$
$=-20+6x-5x+20$
$=x$

(3)$3(6a-2)-(-a+5)$
$=18a-6+a-5$
$=19a-11$

(4)$\frac{1}{3}(6x-9)+\frac{3}{4}(4x+8)=2x-3+3x+6$
$=5x+3$

(5)$\frac{1}{3}(a-1)-\frac{1}{9}(5a-3)=\frac{1}{3}a-\frac{1}{3}-\frac{5}{9}a+\frac{1}{3}$
$=-\frac{2}{9}a$

(6)$\frac{1}{5}(7x-2)-\frac{1}{2}(3x-1)=\frac{7}{5}x-\frac{2}{5}-\frac{3}{2}x+\frac{1}{2}$
$=-\frac{1}{10}x+\frac{1}{10}$

(7)$\frac{x+7}{2}+\frac{2x-4}{3}=\frac{3(x+7)}{6}+\frac{2(2x-4)}{6}$
$=\frac{3x+21+4x-8}{6}$
$=\frac{7}{6}x+\frac{13}{6}$

(8)$\frac{a+3}{6}-\frac{a-1}{9}=\frac{3(a+3)}{18}-\frac{2(a-1)}{18}$
$=\frac{3a+9-2a+2}{18}$
$=\frac{1}{18}a+\frac{11}{18}$

理解のコツ

・係数が分数の式でも計算方法は同じだよ。約分に気をつけよう。

・❻(7)，(8)のような計算をするときは，分子に( )をつけて計算しよう。

p.52~53 ぴたトレ1

1 (1)8の倍数 (2)2の倍数(偶数) (3)3の倍数

解き方

(1)$8n$ は，$8\times$(整数)の形であるから，8の倍数を表しています。

(2)n が整数ならば $n+1$ も整数です。
したがって，$2(n+1)$ は $2\times$(整数)の形であるから，2の倍数(偶数)を表しています。

(3)$(n-1)+n+(n+1)=n+n+n-1+1$
$=3n$
$3n$ は，$3\times$(整数)の形であるから，3の倍数です。

2 (1)$4x+3y=900$ (2)$a-b\leqq 10$ (3)$\dfrac{x}{60}\geqq y$
(4)$4a+b<25$ (5)$5x=y-3$

解き方

不等号は，向きをふくめると，≦，≧，<，>の4種類あります。
a は b 以下……$a\leqq b$
a は b 以上……$a\geqq b$
a は b より小さい……$a<b$
a は b より大きい……$a>b$
と表されます。

(1)(かきの代金)+(なしの代金)=900(円) であるから
$x\times 4+y\times 3=900$ より $4x+3y=900$

(2)残りの生徒は $(a-b)$ 人で，10人以下であるから $a-b\leqq 10$

(3)(時間)=(道のり)÷(速さ) より
かかった時間は，$x\div 60=\dfrac{x}{60}$(分)
これが y 分間以上だったので
$\dfrac{x}{60}\geqq y$

(4)(便せんの重さ)+(封筒の重さ)<25(g)より
$a\times 4+b<25$ から $4a+b<25$

(5)x の5倍は，$y-3$ に等しいから
$5x=y-3$
$y-5x=3$，$5x-y=-3$，$5x+3=y$ とも表されます。

3 (1)おとな1人の運賃は子ども1人の運賃より120円高い。
(2)おとな1人と子ども1人の運賃の合計は400円より安い。
(3)おとな2人と子ども5人の運賃の合計は1000円以上である。

解き方

左辺の式が表す数量を考えます。

(1)$a-b=120$ において，左辺は，おとなと子どもの運賃の差で，これが120円であることから，おとな1人の運賃は子ども1人の運賃より120円高いことを表しています。

(2)$a+b<400$ において，左辺は，おとなと子どもの運賃の合計であり，これが400円より安いことを表しています。

(3)$2a+5b\geqq 1000$ において，左辺はおとな2人と子ども5人の運賃の合計であり，これが1000円以上であることを表しています。

p.54~55 ぴたトレ2

❶ (1)6の倍数 (2)5の倍数

解き方

(1)$3n$ は，$3\times$(整数)の形であるから，3の倍数を表しています。
$3n+3n=6n$ より，$6n$ は $6\times$(整数)の形であるから，6の倍数を表しています。

(2)$(n-2)+(n-1)+n+(n+1)+(n+2)$
$=n-2+n-1+n+n+1+n+2$
$=5n-2-1+1+2$
$=5n$
$5n$ は $5\times$(整数)の形であるから，5の倍数を表しています。

❷ (1)$1000-6x=y$ (2)$a-b<5$
(3)$x=y+450$ (4)$x-4a\geqq 30$ (5)$50<3n$
(6)$\dfrac{ax}{100}\leqq 800$ (7)$\left(1-\dfrac{p}{100}\right)x<2000$
(8)$-5a+2>b$ (9)$x-y^2\leqq -6$

解き方

(1)おつりは，1000−(ノート6冊の代金)と表され，y に等しくなります。
$1000-6x=y$

(2)兄の年齢と弟の年齢の差 $a-b$ が5歳未満なので $a-b<5$

(3)日曜日の客 x 人は，土曜日の客 y 人に450人を加えた数 $(y+450)$ 人に等しいから
$x=y+450$

(4)残りのテープの長さは $(x-4a)$cm で，これが30 cm以上の長さなので
$x-4a\geqq 30$

(5)n 人に 3 本ずつ分けると，$3n$ 本必要になるが，50 本の鉛筆ではたりなかったことから，$3n$ 本の方が 50 本より多いので

$50<3n$

(6)100 g が a 円のお茶は，1 g あたり $\frac{a}{100}$ 円

x g の代金は，$\frac{a}{100}\times x=\frac{ax}{100}$(円)

これが 800 円以下なので　$\frac{ax}{100}\leqq 800$

(7)p % 引きだから，代金の割合は $\left(1-\frac{p}{100}\right)$ となります。定価が x 円だから

$\left(1-\frac{p}{100}\right)x$(円)

この金額が 2000 円より安かったので

$\left(1-\frac{p}{100}\right)x<2000$

(8)$a\times(-5)$ に 2 を加えた数が b より大きいから

$-5a+2>b$

(9)$x-y^2$ が -6 以下になるから

$x-y^2\leqq -6$

3 **(1)水を流し出してから 5 分後に，水そうの中に残っている水の量。**

(2)①水を流し出してから 5 分後は，水そうの中に水が残っている。

②水を流し出してから 7 分後に，水そうは空になる。

解き方

(1)毎分 x L ずつ水を流し出すのだから，$5x$ は，5 分間に流し出される水の量を表しています。したがって，$a-5x$ は，水を流し出してから 5 分後に残っている水の量を表しています。

(2)①$a-5x$ は 5 分後に残っている水の量であり，これが 0 より大きいから，水そうの中に水はまだ残っています。

②$a-7x$ は，7 分後に残っている水の量であり，これが 0 に等しいから，7 分後に水そうの中の水がなくなったことを表しています。

4 **(1)残りの道のり　(2)全体の道のり**

解き方

x，$3a$，b はそれぞれ，全体の道のり，3 分間に歩いた道のり，残りの道のりを表しています。

(1)$x-3a=b$ は，

(全体の道のり)－(歩いた道のり)

＝(残りの道のり)

より，残りの道のりとなります。

(2)$3a+b=x$ は，

(歩いた道のり)＋(残りの道のり)

＝(全体の道のり)

より，全体の道のりとなります。

5 **(1)$4(x-1)$**

(2)①

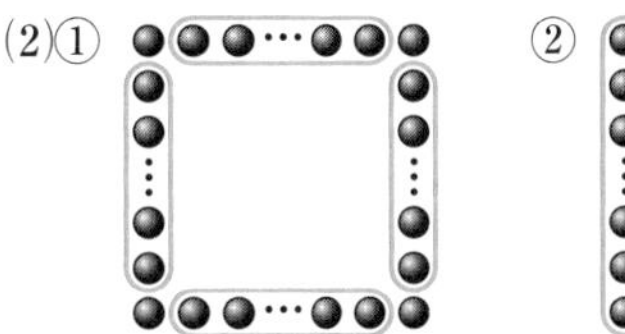

②

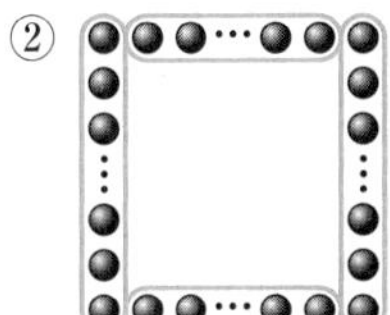

(3)$(4x-4)$ 個　($4(x-1)$ 個でもよい。)

解き方

(1)1 つの□で囲まれた部分には $(x-1)$ 個の碁石が並んでおり，全部の碁石の数はこれの 4 倍です。

(2)①それぞれの辺の両端を除くと，碁石の個数は $(x-2)$ 個になります。

②x 個，$(x-2)$ 個それぞれ 2 つの部分に分けます。

(3)碁石の数は

$4(x-1)=4x-4$ から $(4x-4)$ 個となります。

理解のコツ

・式に表す力だけでなく，式の意味を読みとる力もつけていこう。

・文字の式は，結果だけでなく，求め方も表している。なぜ，どうしてこの式になったのかを考えるようにしよう。1 つの数，1 つの文字が何を表し，四則のうちのどれでつながっているかがポイント。

p.56～57　ぴたトレ 3

1 **(1)$8xy$　(2)$\frac{x+y}{5}$　(3)$-a+2b$**

(4)$-3x+0.1y$

解き方

(1)文字と数の積では，数を文字の前に，文字はアルファベット順に並べることが多いです。

(2)分数の形になります。$(x+y)$ は分子になるので，かっこをはずします。

(3)$a\times(-1)=(-1)\times a$ は，$-a$ と表します。

(4)$y\times 0.1=0.1y$　0.1 の 1 ははぶけません。

2 **(1)$-6\times a\times a\times b$　(2)$(x+4)\div 5$**

解き方

(1)$-6a^2b$ の a^2 は，a が 2 つかけ合わさっています。

(2)$x+4$ はひとかたまりと見て，かっこをつけます。

3 **(1)-22　(2)60**

解き方

-6 に ( )をつけて代入します。

(1)$5\times(-6)+8=-30+8=-22$

(2)$(-6)^2-4\times(-6)=36+24=60$

4 (1)㋐…5　㋑…−1　(2)㋐…$\frac{1}{2}$　㋑…$-\frac{1}{3}$

解き方

式を和の形になおして，項を見つけます。

(1) $5x-y=\boxed{5}\,x+(\boxed{-}\,y)$　← yの係数は −1

(2) $\frac{a}{2}-\frac{b}{3}-\frac{1}{6}=\boxed{\frac{1}{2}}a+\left(\boxed{-\frac{1}{3}}b\right)+\left(-\frac{1}{6}\right)$

5 (1)$x-5$　(2)$-x+4$　(3)$-\frac{3}{4}a$　(4)$8x-5$

(5)$2x+7$　(6)$-8x+20$

解き方

(1) $2x+3-6x-8+5x$
$=2x-6x+5x+3-8$
$=x-5$

(2) $(4x-5)-(5x-9)=4x-5-5x+9$
$=-x+4$

(3) $\frac{2}{3}a\div\left(-\frac{8}{9}\right)=\frac{2}{3}a\times\left(-\frac{9}{8}\right)$
$=-\frac{3}{4}a$

(4) $\left(\frac{2}{5}x-\frac{1}{4}\right)\times 20=\frac{2}{5}x\times 20-\frac{1}{4}\times 20$
$=8x-5$

(5) $(160x+560)\div 80=(160x+560)\times\frac{1}{80}$
$=160x\times\frac{1}{80}+560\times\frac{1}{80}$
$=2x+7$

(別解)　$(160x+560)\div 80=\frac{160x+560}{80}$
$=\frac{160x}{80}+\frac{560}{80}$
$=2x+7$

(6) $\frac{2x-5}{\cancel{3}_1}\times(-\cancel{12}^4)=(2x-5)\times(-4)$
$=-8x+20$

6 (1)$11x+8$　(2)$8a-7$　(3)$5x+6$　(4)$\frac{3}{20}a-\frac{1}{20}$

解き方

分配法則を使ってかっこをはずします。(4)は，4と10の最小公倍数20で通分します。

(1) $2(4x-5)+3(x+6)$
$=8x-10+3x+18$
$=11x+8$

(2) $6(3a-2)-5(2a-1)$
$=18a-12-10a+5$
$=8a-7$

(3) $\frac{1}{2}(4x-6)+\frac{3}{5}(5x+15)$
$=2x-3+3x+9$
$=5x+6$

(4) $\frac{a-3}{4}-\frac{a-7}{10}=\frac{5(a-3)}{20}-\frac{2(a-7)}{20}$
$=\frac{5a-15-2a+14}{20}$
$=\frac{3}{20}a-\frac{1}{20}$

7 (1)16π cm^2　(2)$(60x+y)$ 分

(3)①長方形の周の長さ　②速さ(時速)

解き方

(1)(円の面積)＝(半径)×(半径)×(円周率)
より，$4\times4\times\pi=16\pi$　16π cm^2

(2) 1時間＝60分，x時間＝$60x$分より
$(60x+y)$分

(3)①$a+8$は，縦と横の合計の長さだから，
$2(a+8)$は長方形の周の長さを表しています。
②(速さ)＝(道のり)÷(時間)
より，$x\div3=\frac{x}{3}$は速さを表します。

8 (1)$\left(1+\frac{p}{100}\right)x\geqq 350$　(2)$x^2+2y<20$

解き方

(1)日曜日の利用者は，土曜日の利用者よりp%増えたから，割合は$\left(1+\frac{p}{100}\right)$となります。
日曜日の利用者は
$\left(1+\frac{p}{100}\right)x$(人)

(2) xの2乗… $x\times x=x^2$
yの2倍… $y\times2=2y$
これらの和は，x^2+2y

9 (1)$(5+7x)$個

(2)(図)

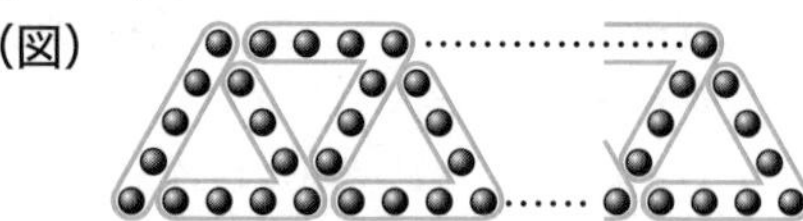

x個の正三角形は，左端の5個と，7個のまとまりがx個でできている。

解き方

次のような求め方もあります。

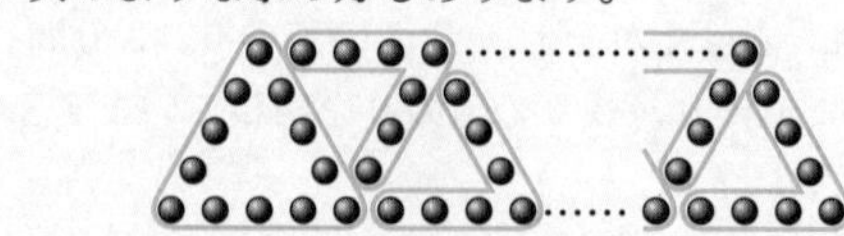

左端の12個に，7個ずつ$(x-1)$回増えて，x個の正三角形ができます。
$12+7(x-1)=7x+5$(個)

3章　方程式

p.59　ぴたトレ0

1 (1)分速 80 m　(2)80 km　(3) 0.2 時間

解き方
(1)速さ＝道のり÷時間　だから
$400 \div 5 = 80$
(2) 1 時間 20 分 $= \frac{80}{60}$ 時間　だから
$60 \times \frac{80}{60} = 80$ (km)
(3) 1 時間は (60×60) 秒　だから，
秒速 75 m を時速になおすと
$75 \times 3600 = 270000$ (m)
270000 m = 270 km
です。時間＝道のり÷速さ　だから
$54 \div 270 = 0.2$ (時間)
12 分もしくは 720 秒でも正解です。

2 (1) $\frac{2}{5}$ (0.4)　(2) $\frac{8}{5}\left(1\frac{3}{5},\ 1.6\right)$　(3) $\frac{5}{6}$

解き方
$a : b$ の比の値は，$a \div b$ で求められます。
(2) $4 \div 2.5 = 40 \div 25 = \frac{40}{25} = \frac{8}{5}$
(3) $\frac{2}{3} \div \frac{4}{5} = \frac{2}{3} \times \frac{5}{4} = \frac{5}{6}$

3 (1)17：19　(2)36：19

解き方
(2)クラス全体の人数は，17+19=36(人)です。

p.60〜61　ぴたトレ1

1 2

解き方
x にそれぞれの数を代入して，等式が成り立つかどうかを調べます。
$x=2$ のとき　$4 \times 2 + 7 = 15$

2 (1) $x=-6$　(2) $y=8$　(3) $x=4$　(4) $x=-3$
(5) $x=-\frac{1}{4}$　(6) $x=10$

解き方
(3)両辺を 3 でわる。両辺に $\frac{1}{3}$ をかけると考えてもよいです。
(6)両辺に 5 をかける。両辺を $\frac{1}{5}$ でわると考えてもよいです。

3 (1) $x=13$　(2) $x=4$　(3) $x=2$　(4) $x=-3$
(5) $x=-4$　(6) $x=-2$　(7) $x=\frac{1}{3}$
(8) $x=-7$　(9) $x=-8$　(10) $x=3$　(11) $x=1$
(12) $x=-5$

解き方
[1] x をふくむ項を左辺に，数の項を右辺に移項し，[2] $ax=b$ の形にして，[3]両辺を a でわって x を求めます。

(3)
$$\begin{aligned} 2x &= -3x+10 \quad &[1]\\ 2x+3x &= 10 \quad &[2]\\ 5x &= 10 \quad &[3]\\ x &= 2 \end{aligned}$$

(9)
$$\begin{aligned} 8x+9 &= 6x-7 \quad &[1]\\ 8x-6x &= -7-9 \quad &[2]\\ 2x &= -16 \quad &[3]\\ x &= -8 \end{aligned}$$

(11)
$$\begin{aligned} 7-2x &= 1+4x \quad &[1]\\ -2x-4x &= 1-7 \quad &[2]\\ -6x &= -6 \quad &[3]\\ x &= 1 \end{aligned}$$

p.62〜63　ぴたトレ1

1 (1) $x=4$　(2) $x=-3$　(3) $x=3$　(4) $x=-7$

解き方
かっこをはずしてから解きます。

(3)
$$\begin{aligned} 4x-3(5-x) &= 6 \quad &\text{かっこをはずす}\\ 4x-15+3x &= 6 \quad &[1]\\ 4x+3x &= 6+15 \quad &[2]\\ 7x &= 21 \quad &[3]\\ x &= 3 \end{aligned}$$

(4)
$$\begin{aligned} 7x+4 &= 5(x-2) \quad &\text{かっこをはずす}\\ 7x+4 &= 5x-10 \quad &[1]\\ 7x-5x &= -10-4 \quad &[2]\\ 2x &= -14 \quad &[3]\\ x &= -7 \end{aligned}$$

2 (1) $x=9$　(2) $x=3$　(3) $x=6$　(4) $x=4$

解き方
係数を整数になおしてから解きます。

(1)
$$0.3x-1.4 = 1.3$$
両辺に 10 をかけると
$$\begin{aligned} (0.3x-1.4)\times 10 &= 1.3\times 10 \quad &\text{係数を整数に}\\ 3x-14 &= 13 \quad &[1]\\ 3x &= 13+14 \quad &[2]\\ 3x &= 27 \quad &[3]\\ x &= 9 \end{aligned}$$

(3)
$$0.16x-0.26 = 0.7$$
両辺に 100 をかけると
$$\begin{aligned} (0.16x-0.26)\times 100 &= 0.7\times 100\\ 16x-26 &= 70\\ 16x &= 70+26\\ 16x &= 96\\ x &= 6 \end{aligned}$$

(4)　$0.13x+0.38=0.9$

両辺に **100** をかけると

$(0.13x+0.38)\times100=0.9\times100$

$13x+38=90$

$13x=90-38$

$13x=52$

$x=4$

3　(1)$\boldsymbol{x=60}$　(2)$\boldsymbol{x=-21}$　(3)$\boldsymbol{x=-7}$　(4)$\boldsymbol{x=-2}$
(5)$\boldsymbol{x=9}$　(6)$\boldsymbol{x=11}$　(7)$\boldsymbol{x=-60}$　(8)$\boldsymbol{x=3}$

解き方　分母の最小公倍数を両辺にかけて，分母をはらってから解きます。

(1)　$\frac{1}{4}x-3=\frac{1}{5}x$

両辺に **20** をかけると

$\left(\frac{1}{4}x-3\right)\times20=\frac{1}{5}x\times20$　　係数を整数に

$5x-60=4x$

$5x-4x=60$　　1

$x=60$　　2，3

(2)　$\frac{x}{3}+4=\frac{x}{7}$

両辺に **21** をかけると

$\left(\frac{x}{3}+4\right)\times21=\frac{x}{7}\times21$

$7x+84=3x$

$7x-3x=-84$

$4x=-84$

$x=-21$

(3)　$\frac{x}{10}-\frac{2}{5}=\frac{x}{5}+\frac{3}{10}$

両辺に **10** をかけると

$\left(\frac{x}{10}-\frac{2}{5}\right)\times10=\left(\frac{x}{5}+\frac{3}{10}\right)\times10$

$x-4=2x+3$

$x-2x=3+4$

$-x=7$

$x=-7$

(4)　$\frac{3}{4}x+\frac{1}{2}=\frac{1}{6}x-\frac{2}{3}$

両辺に **12** をかけると

$\left(\frac{3}{4}x+\frac{1}{2}\right)\times12=\left(\frac{1}{6}x-\frac{2}{3}\right)\times12$

$9x+6=2x-8$

$9x-2x=-8-6$

$7x=-14$

$x=-2$

(5)　$\frac{x-5}{4}=\frac{1}{9}x$

両辺に **36** をかけると

$\frac{x-5}{4}\times36=\frac{1}{9}x\times36$

$(x-5)\times9=4x$

$9x-45=4x$

$9x-4x=45$

$5x=45$

$x=9$

(6)　$\frac{x-1}{2}=\frac{2x+3}{5}$

両辺に **10** をかけると

$\frac{x-1}{2}\times10=\frac{2x+3}{5}\times10$

$(x-1)\times5=(2x+3)\times2$

$5x-5=4x+6$

$5x-4x=6+5$

$x=11$

(7)　$\frac{2}{5}x+6=\frac{1}{3}x+2$

両辺に **15** をかけると

$\left(\frac{2}{5}x+6\right)\times15=\left(\frac{1}{3}x+2\right)\times15$

$\frac{2}{5}x\times15+6\times15=\frac{1}{3}x\times15+2\times15$

$6x+90=5x+30$

$6x-5x=30-90$

$x=-60$

(8)　$\frac{3x-1}{4}=5-x$

両辺に **4** をかけると

$\frac{3x-1}{4}\times4=(5-x)\times4$

$3x-1=20-4x$

$3x+4x=20+1$

$7x=21$

$x=3$

p.64～65　ぴたトレ2

1　㋑，㋒

解き方　それぞれの方程式の x に -6 を代入して，等式が成り立つかどうかを調べます。

㋐$x+6=-6+6=0$
右辺は1であるから，成り立たない。

㋑$3x+8=3\times(-6)+8=-10$
$x-4=-6-4=-10$　　成り立つ。

㋒$\frac{1}{3}x+5=\frac{1}{3}\times(-6)+5=3$
$x+9=-6+9=3$　　成り立つ。

㋓$3(1-x)=3\times\{1-(-6)\}=21$
$2x+3=2\times(-6)+3=-9$　　成り立たない。

 (1)$\boldsymbol{x=-3}$　**等式の両辺から同じ数や式をひいても，等式は成り立つ。**

(2)$\boldsymbol{x=4}$　**等式の両辺に同じ数や式を加えても，等式は成り立つ。**

(3)$\boldsymbol{x=-6}$　**等式の両辺を0でない同じ数でわっても，等式は成り立つ。**

(4)$\boldsymbol{x=18}$　**等式の両辺に同じ数をかけても，等式は成り立つ。**

(5)$\boldsymbol{x=-2}$　(6)$\boldsymbol{x=10}$

解き方

(5)等式の両辺を入れかえても，等式は成り立ちます。

(6)両辺に x の係数の逆数をかけます。

$$\frac{4}{5}x=8$$

両辺に $\frac{5}{4}$ をかけると

$$\frac{4}{5}x\times\frac{5}{4}=8\times\frac{5}{4}$$

$$x=10$$

 (1)$\boldsymbol{x=-3}$　(2)$\boldsymbol{x=-\frac{1}{2}}$　(3)$\boldsymbol{x=-4}$

(4)$\boldsymbol{x=-1}$　(5)$\boldsymbol{x=8}$　(6)$\boldsymbol{x=-2}$

(7)$\boldsymbol{x=-3}$　(8)$\boldsymbol{x=\frac{1}{3}}$　(9)$\boldsymbol{x=0}$　(10)$\boldsymbol{x=\frac{1}{4}}$

解き方

移項し，$ax=b$ の形にしてから解きます。

(2)
$$\begin{aligned}7&=-6x+4\\6x&=4-7\\6x&=-3\\x&=-\frac{1}{2}\end{aligned}$$

(4)
$$\begin{aligned}-5x-7&=2x\\-5x-2x&=7\\-7x&=7\\x&=-1\end{aligned}$$

(5)
$$\begin{aligned}8x-7&=5x+17\\8x-5x&=17+7\\3x&=24\\x&=8\end{aligned}$$

(8)
$$\begin{aligned}8-x&=5x+6\\-x-5x&=6-8\\-6x&=-2\\x&=\frac{1}{3}\end{aligned}$$

(9)
$$\begin{aligned}-4x+3&=-x+3\\-4x+x&=3-3\\-3x&=0\\x&=0\end{aligned}$$

(10)
$$\begin{aligned}15x-2&=1+3x\\15x-3x&=1+2\\12x&=3\\x&=\frac{1}{4}\end{aligned}$$

4 (1)$\boldsymbol{x=-3}$　(2)$\boldsymbol{x=4}$　(3)$\boldsymbol{x=-5}$　(4)$\boldsymbol{x=2}$

解き方

かっこをはずすときの符号に注意します。

(3)
$$\begin{aligned}5x-2(x-6)&=-3\\5x-2x+12&=-3\\3x&=-15\\x&=-5\end{aligned}$$

(4)
$$\begin{aligned}4-3(x-3)&=2x+3\\4-3x+9&=2x+3\\-5x&=-10\\x&=2\end{aligned}$$

5 (1)$\boldsymbol{x=-7}$　(2)$\boldsymbol{x=2}$　(3)$\boldsymbol{x=-9}$　(4)$\boldsymbol{x=1}$

(5)$\boldsymbol{x=9}$　(6)$\boldsymbol{x=6}$

解き方

(1)　$0.4x+1=-1.8$

両辺に10をかけると

$$\begin{aligned}(0.4x+1)\times10&=-1.8\times10\\4x+10&=-18\\4x&=-28\\x&=-7\end{aligned}$$

(3)　$-0.8x+1.7=-3.7-1.4x$

両辺に10をかけると

$$\begin{aligned}(-0.8x+1.7)\times10&=(-3.7-1.4x)\times10\\-8x+17&=-37-14x\\6x&=-54\\x&=-9\end{aligned}$$

(4)　$2.21-0.04x=4.2x-2.03$

両辺に100をかけると

$$\begin{aligned}(2.21-0.04x)\times100&=(4.2x-2.03)\times100\\221-4x&=420x-203\\-424x&=-424\\x&=1\end{aligned}$$

(5)　$0.3(x-4)-1.1=0.4$

両辺に10をかけると

$$\begin{aligned}\{0.3(x-4)-1.1\}\times10&=0.4\times10\\3(x-4)-11&=4\\3x-12-11&=4\\3x&=27\\x&=9\end{aligned}$$

(6) $0.9(3x-2)=1.4x+6$

両辺に 10 をかけると

$$0.9(3x-2)\times10=(1.4x+6)\times10$$
$$9(3x-2)=14x+60$$
$$27x-18=14x+60$$
$$13x=78$$
$$x=6$$

6 (1)$\boldsymbol{x=-11}$ (2)$\boldsymbol{x=-10}$ (3)$\boldsymbol{x=-6}$ (4)$\boldsymbol{x=3}$

(5)$\boldsymbol{x=13}$ (6)$\boldsymbol{x=-2}$

解き方 分母をはらってから解きます。

(1) $\dfrac{x}{6}-\dfrac{3}{4}=\dfrac{x}{4}+\dfrac{1}{6}$

両辺に 12 をかけると

$$\left(\frac{x}{6}-\frac{3}{4}\right)\times12=\left(\frac{x}{4}+\frac{1}{6}\right)\times12$$
$$2x-9=3x+2$$
$$2x-3x=2+9$$
$$-x=11$$
$$x=-11$$

(2) $\dfrac{2}{5}x-\dfrac{1}{6}=\dfrac{x}{3}-\dfrac{5}{6}$

両辺に 30 をかけると

$$\left(\frac{2}{5}x-\frac{1}{6}\right)\times30=\left(\frac{x}{3}-\frac{5}{6}\right)\times30$$
$$12x-5=10x-25$$
$$12x-10x=-25+5$$
$$2x=-20$$
$$x=-10$$

(3) $\dfrac{x}{7}-2=\dfrac{9}{14}x+1$

両辺に 14 をかけると

$$\left(\frac{x}{7}-2\right)\times14=\left(\frac{9}{14}x+1\right)\times14$$
$$2x-28=9x+14$$
$$2x-9x=14+28$$
$$-7x=42$$
$$x=-6$$

(4) $\dfrac{1-3x}{4}=x-5$

両辺に 4 をかけると

$$\frac{1-3x}{4}\times4=(x-5)\times4$$
$$1-3x=4x-20$$
$$-3x-4x=-20-1$$
$$-7x=-21$$
$$x=3$$

(5) $\dfrac{3x-4}{5}=\dfrac{2x-5}{3}$

$$\frac{3x-4}{5}\times15=\frac{2x-5}{3}\times15$$
$$(3x-4)\times3=(2x-5)\times5$$
$$9x-12=10x-25$$
$$9x-10x=-25+12$$
$$-x=-13$$
$$x=13$$

(6) $\dfrac{2x+4}{7}=\dfrac{6+3x}{5}$

$$\frac{2x+4}{7}\times35=\frac{6+3x}{5}\times35$$
$$(2x+4)\times5=(6+3x)\times7$$
$$10x+20=42+21x$$
$$10x-21x=42-20$$
$$-11x=22$$
$$x=-2$$

理解のコツ

・移項は「符号を変えて他方の辺に移す」ことだから，符号には十分注意しよう。また，等式の性質[1]～[4]のうちのどれを用いて式を変形したか，表現できるようにもしておこう。

・小数や分数をふくむ方程式は，等式の性質を使って整数になおしてから解こう。

p.66～67 ぴたトレ 1

1 **ボールペン…8 本，鉛筆…6 本**

解き方 ボールペンを x 本買うとすると，

鉛筆の本数は，$(14-x)$ 本と表されるから

$$130x+80(14-x)=1520$$
$$50x=400$$
$$x=8$$

鉛筆の本数は $14-8=6$

これは問題に適しています。

2 (1)$\boldsymbol{6x-4=5x+12}$ (2)$\boldsymbol{\dfrac{x+4}{6}=\dfrac{x-12}{5}}$

(3)**子ども…16 人，いちご…92 個**

解き方 (1)x 人に 6 個ずつ配ると 4 個たりないから，いちごの個数は $6x-4$

x 人に 5 個ずつ配ると 12 個余るから，

いちごの個数は $5x+12$

よって $6x-4=5x+12$

(2)いちご x 個に 4 個たすと，1 人に 6 個ずつ配れるから，子どもの人数は $\dfrac{x+4}{6}$

いちご x 個から 12 個とると，1 人に 5 個ずつ配れるから，子どもの人数は $\dfrac{x-12}{5}$

よって　$\dfrac{x+4}{6}=\dfrac{x-12}{5}$

(3)(1)の方程式を解くと　$x=16$

いちごの個数は　$6\times16-4=92$

これは問題に適しています。

(2)の方程式を解いてもよいです。

3　**10時10分**

解き方

10時x分に追いつくとすると

$$200(x-6)=80x$$
$$200x-1200=80x$$
$$120x=1200$$
$$x=10$$

これは問題に適しています。

4　**25個**

解き方

黒の碁石が70個あるので，$3(x-2)=70$の方程式をつくって解を求めると，$x=25.33\cdots$

xは整数なので，$x=25$(個)とすると，黒の碁石は$3\times(25-2)=69$(個)となり，1辺に25個の碁石が並ぶ正三角形をつくることができます。

p.68～69　ぴたトレ1

1　(1)$x=8$　(2)$x=2$　(3)$x=40$　(4)$x=24$　(5)$x=9$　(6)$x=17$　(7)$x=9$　(8)$x=28$

解き方

$a:b=m:n$　ならば　$an=bm$

(1)$x:20=2:5$

$$x\times5=20\times2$$
$$5x=40$$
$$x=8$$

$x:20=2:5$（内側 20×2，外側 $x\times5$）

(2) $x:5=16:40$

$$x\times40=5\times16$$
$$40x=80$$
$$x=2$$

$x:5=16:40$（内側 5×16，外側 $x\times40$）

(3)$9:30=12:x$

$$9\times x=30\times12$$
$$9x=360$$
$$x=40$$

$9:30=12:x$（内側 30×12，外側 $9\times x$）

(4) $6:9=x:36$

$$6\times36=9\times x$$
$$216=9x$$
$$x=24$$

$6:9=x:36$（内側 $9\times x$，外側 6×36）

(5)$24:x=16:6$

$$24\times6=x\times16$$
$$144=16x$$
$$x=9$$

$24:x=16:6$（内側 $x\times16$，外側 24×6）

(6)$9:12=(x-2):20$

$$9\times20=12\times(x-2)$$
$$180=12x-24$$
$$-12x=-204$$
$$x=17$$

$9:12=(x-2):20$（内側 $12(x-2)$，外側 9×20）

(7)$x:(x-3)=9:6$

$$x\times6=(x-3)\times9$$
$$6x=9x-27$$
$$-3x=-27$$
$$x=9$$

$x:(x-3)=9:6$（内側 $(x-3)\times9$，外側 $x\times6$）

(8)$2x:(x-4)=7:3$

$$2x\times3=(x-4)\times7$$
$$6x=7x-28$$
$$6x-7x=-28$$
$$-x=-28$$
$$x=28$$

$2x:(x-4)=7:3$（内側 $(x-4)\times7$，外側 $2x\times3$）

2　**175 mL**

解き方

コーヒーがx mLあればよいとすると

$$x:105=5:3$$
$$x\times3=105\times5$$
$$3x=525$$
$$x=175$$

これは問題に適しています。

3　**1250円**

解き方

弟の金額をx円とすると

$3000:x=(7+5):5$　←全体：弟

$$3000\times5=x\times12$$
$$15000=12x$$
$$x=1250$$

これは問題に適しています。

(別解①)$3000\times\dfrac{5}{12}=1250$(円)

(別解②)弟の金額をx円とすると

$x:(3000-x)=5:7$　←弟：兄

$$7x=5(3000-x)$$
$$12x=15000$$
$$x=1250$$

4　**112.8 km**

解き方

地図上の長さと実際の距離の比が等しいから，2地点A，Bの間の実際の距離をx kmとすると，

$$6:72=9.4:x$$

の比例式ができます。これを解くと

$$6\times x=72\times9.4$$
$$6x=676.8$$
$$x=112.8$$

これは問題に適しています。

1 姉…105 cm，妹…75 cm

解き方
姉のリボンの長さを x cm とすると
$x+(x-30)=180$
$x=105$
妹のリボンの長さは　$180-105=75$
これは問題に適しています。

2 お茶…7 本，ジュース…3 本

解き方
お茶を x 本買うとすると
$120x+140(x-4)=1260$
$260x=1820$
$x=7$
ジュースの本数は　$7-4=3$
これは問題に適しています。

3 男子生徒…8 人，女子生徒…14 人

解き方
男子生徒を x 人とすると
$4x+7(22-x)=130$
$-3x=-24$
$x=8$
女子生徒の人数は　$22-8=14$
これは問題に適しています。

4 ケーキ…230 円，持っている金額…1700 円

解き方
安いほうのケーキ 1 個の値段を x 円とすると，持っている金額について
$7x+90=6(x+50)+20$
$x=230$
持っている金額は　$7\times230+90=1700$
これは問題に適しています。

5 (1)10 分後　(2)追いつくことはできない。

解き方
(1)兄が出発して x 分後に弟に追いつくとすると
$50(x+6)=80x$
$-30x=-300$
$x=10$
これは問題に適しています。
(2)兄の歩く道のりは，(1)より
$80\times10=800$(m)
家から学校までの道のりは 700 m だから，弟が学校に着く前に追いつくことはできません。

6 20 分後

解き方
速さの単位が時間，km であたえられているから，単位はこれにそろえます。
出発してから 2 人が最初に出会うのが x 時間後とすると
$10x+8x=6$
$18x=6$
$x=\frac{1}{3}$
$60\times\frac{1}{3}=20$ より，20 分後
これは問題に適しています。

7 (例) 1 本 40 円の鉛筆を何本かと 1 冊 60 円のノートを 2 冊買ったら，代金の合計は 600 円でした。鉛筆は何本買いましたか。

解き方
単位をそろえた問題をつくります。
(例)600 km の道のりを自動車で行くのに，はじめは時速 40 km で走ったあと，時速 60 km で 2 時間走りました。時速 40 km で走ったのは何時間ですか。

8 (1)$x=20$　(2)$x=19$　(3)$x=48$　(4)$x=\frac{1}{3}$

解き方
$a:b=m:n$ ならば　$an=bm$
(4)$3\times x=5\times\frac{1}{5}$
$3x=1$
$x=\frac{1}{3}$

9 (1)A…135 匹，B…75 匹　(2)25 mL　(3) 8 本

解き方
(1)A の水そうのメダカを x 匹とすると
$210:x=(9+5):9$ ←全体：A
$210\times9=x\times14$
$x=135$
これは問題に適しています。
B の水そうのメダカの数は　$210-135=75$
(別解) $x:(210-x)=9:5$ ←A：B
$5x=9(210-x)$
$5x=1890-9x$
$14x=1890$
$x=135$
(2)酢があと x mL あればよいとすると
$(100+x):200=5:8$
$(100+x)\times8=200\times5$
$x=25$
これは問題に適しています。
(3)移した鉛筆を x 本とすると
$(40-x):(40+x)=2:3$
$(40-x)\times3=(40+x)\times2$
$x=8$
これは問題に適しています。

理解のコツ

・本書 p.66 プラスワンの1～4の手順をしっかり身につけておこう。

・数量を図や表に整理すると，関係がわかりやすくなるよ。

p.72～73 ぴたトレ3

❶ ㋒

解き方 ㋒の左辺に $x=-5$ を代入すると
$1-4\times(-5)=21$ 等式は成り立ちます。

❷ **(1)(例)等式の両辺から同じ数や式をひいても，等式は成り立つ。**

(2)(例)等式の両辺を 0 でない同じ数でわっても，等式は成り立つ。

解き方 (1)-7 を加えるとみれば「等式の両辺に同じ数や式を加えても，等式は成り立つ」と答えても正解です。

(2)同じように「$\frac{1}{2}$をかける」とみてもよいです。

❸ (1)$\boldsymbol{x=14}$ (2)$\boldsymbol{x=-20}$ (3)$\boldsymbol{x=-5}$ (4)$\boldsymbol{x=\frac{1}{4}}$

解き方 1 x をふくむ項を左辺に，数の項を右辺に移項する。2 $ax=b$ の形にする。3 両辺を x の係数 a でわる。という手順で解きます。

(2)両辺に -4 をかけます。

❹ (1)$\boldsymbol{x=5}$ (2)$\boldsymbol{x=-3}$ (3)$\boldsymbol{x=-7}$ (4)$\boldsymbol{x=10}$

解き方 (1)まず，かっこをはずします。

(2)両辺に 100 をかけて，係数を整数にします。

(3)(4)分母の最小公倍数をかけて分母をはらい，係数を整数にします。

❺ (1)$\boldsymbol{x=15}$ (2)$\boldsymbol{x=8}$

解き方 $a:b=m:n$ ならば $an=bm$

(2)$x:8=(x-3):5$

$x\times5=8\times(x-3)$

$5x=8x-24$

$-3x=-24$

$x=8$

❻ (1)**11** (2)$\boldsymbol{x=-2}$

解き方 (1)$3*(-4)=3+(-4)-3\times(-4)=11$

(2) $4*x=10$

$4+x-4x=10$

$x-4x=10-4$

$-3x=6$

$x=-2$

❼ **A…120 円，持っている金額…800 円**

解き方 A 1 個の値段を x 円とすると，B 1 個の値段は $(x-30)$ 円と表せるから

$7x-40=8(x-30)+80$

$7x-40=8x-240+80$

$-x=-120$

$x=120$

持っている金額は $7\times120-40=800$

これは問題に適しています。

❽ **9 分間**

解き方

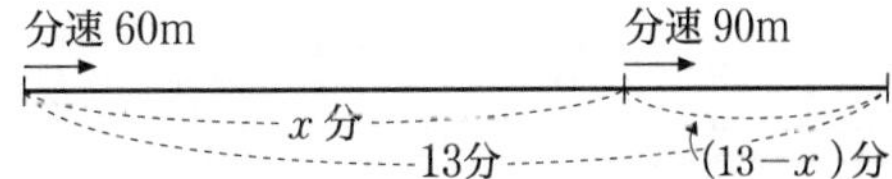

歩いた時間を x 分間とすると，走った時間は $(13-x)$ 分間と表せるから

$60x+90(13-x)=900$

$60x+1170-90x=900$

$60x-90x=900-1170$

$-30x=-270$

$x=9$

これは問題に適しています。

❾ **135 cm**

解き方 兄のロープの長さを x cm とすると

$240:x=(9+7):9$ ←全体：兄

$240\times9=x\times16$

$2160=16x$

$x=135$

これは問題に適しています。

(別解)$x:(240-x)=9:7$ ←兄：弟

$7x=9(240-x)$

$7x=2160-9x$

$16x=2160$

$x=135$

❿ **25 個**

解き方 A から B へ x 個移すとすると

A…$(200-x)$ 個，B…$(100+x)$ 個

$(200-x):(100+x)=7:5$

$(200-x)\times5=(100+x)\times7$

$1000-5x=700+7x$

$-5x-7x=700-1000$

$-12x=-300$

$x=25$

これは問題に適しています。

4章　比例と反比例

p.75　ぴたトレ0

1 (1)$y=1000-x$

(2)$y=90x$，○

(3)$y=\dfrac{100}{x}$，△

解き方　式は上の表し方以外でも，意味があっていれば正解です。
(2)xの値が2倍，3倍，…になると，yの値も2倍，3倍，…になります。
(3)xの値が2倍，3倍，…になると，yの値は$\dfrac{1}{2}$，$\dfrac{1}{3}$，…になります。

2

x (cm)	1	2	3	4	5	6	7
y (cm^2)	3	6	9	12	15	18	21

解き方　表から決まった数を求めます。
y=決まった数×x　だから，
12÷4=3　で，決まった数は3になります。

3

x (cm)	1	2	3	4	5	6
y (cm)	48	24	16	12	9.6	8

解き方　表から決まった数を求めます。
y=決まった数÷x　だから，
3×16=48　で，決まった数は48になります。

p.76～77　ぴたトレ1

1 (1)(左から順に)0，5，10，15，(20)，25，30
いえる
(2)6分後

解き方　(1)$x=0$のとき$y=0$　xが1増えるごとにyは5ずつ増えます。また，表がつくれたように，xの値を決めれば，yの値もただ1つ決まるから，yはxの関数であるといえます。
(2)水の深さは毎分5 cmずつ増えるから，20 cmから30 cmになるのは，あと2分後です。したがって，水の深さが30 cmになるのは，入れ始めてから6分後です。

2 (1)$x<8$　(2)$0<x\leqq 3$

解き方　(1)「8未満」は「8より小さい」と同じ意味で使い，8をふくみません。
(2)数直線上では，ふくまない0は○，ふくむ3は●で表します。

3 (1)いえる　(2)いえない　(3)いえる

解き方　(1)正方形の周の長さは，(1辺)×4
1辺の長さを決めると周の長さもただ1つ決まります。
(2)長方形の縦の長さを決めても周の長さは決まりません。横の長さも必要です。
(3)円の面積は，(半径)×(半径)×(円周率)
半径を決めれば面積もただ1つ決まります。

4 ㋑，㋓，㋔

解き方　㋐…たとえば$x=3$に決めると，絶対値が3になる数は3，−3の2つあり，yの値はただ1つに決まりません。
㋑…正方形の2本の対角線の長さは等しく，面積は(対角線)×(対角線)÷2で求められます。対角線の長さを決めれば面積はただ1つ決まります。
㋒…高さも必要で，体積はただ1つに決まりません。
㋓…$y=1000-x$　㋔…$y=2000\div x$
それぞれxの値を決めるとyもただ1つ決まります。

5 A…250枚，B…75枚

解き方　コピー用紙の重さは紙の枚数に比例します。100枚を裁断したときの重さは400 gであるから，1 gあたりの枚数は$\dfrac{100}{400}=0.25$(枚)です。したがって，
A：0.25×1000=250(枚)
B：0.25×300=75(枚)

p.78～79　ぴたトレ1

1 (1)(左から順に) 8，16，24，32，40，48
(2)$y=8x$　(3)比例する　比例定数…8
比例定数が表している量…高さ

解き方　(1)順に，1×8=8，2×8=16，……，6×8=48
(2)(1)よりyはxの関数であるから，$y=8x$の式が成り立ちます。
(3)(2)の式は$y=ax$の形だからyはxに比例し，比例定数の8は，平行四辺形の高さを表しています。

2 (1)$y=2\pi x$となり，yはxに比例する。
比例定数は2π
(2)$y=\dfrac{1}{4}x$となり，yはxに比例する。
比例定数は$\dfrac{1}{4}$

解き方

(1)(円周)＝(直径)×(円周率)

$y=x\times2\times\pi$　したがって　$y=2\pi x$

(2)(時間)＝(道のり)÷(速さ)であるから

$y=x\div4$　したがって　$y=\frac{1}{4}x$

3 (1)**(左から順に)36，18，12，9，6，4**

(2)$\boldsymbol{y=\frac{36}{x}}$　(3)**反比例する　比例定数…36**

比例定数が表している量…面積

解き方

(1)順に，$36\div1=36$，$36\div2=18$，……，$36\div9=4$

(2)(1)より y は x の関数であるから，$y=\frac{36}{x}$ の式が成り立ちます。

(3)(2)の式は $y=\frac{a}{x}$ の形だから y は x に反比例し，比例定数の 36 は，平行四辺形の面積を表しています。

4 (1)$\boldsymbol{y=\frac{1500}{x}}$ **となり，y は x に反比例する。**

比例定数は 1500 で，全体の道のりを表す。

(2)$\boldsymbol{y=\frac{5}{x}}$ **となり，y は x に反比例する。**

比例定数は 5 で，全体のジュースの量を表す。

解き方

y が x に反比例することを示すには，式 $y=\frac{a}{x}$ の形に書けることをいえばよいのです。

(1)(速さ)＝(道のり)÷(時間)だから，

$y=1500\div x$　$y=\frac{1500}{x}$

(2)$y=5\div x$ より　$y=\frac{5}{x}$

この x のように，変数のとりうる値が自然数にかぎられることもあります。

p.80～81　ぴたトレ 2

1 (1)**あと 4 時間**

(2)**(左から順に)0，10，20，30，40，50，(60)，70，80，90，100　いえる**

(3)$\boldsymbol{0\leqq x\leqq10}$

解き方

(1)水の深さは，毎時 10 cm ずつ増えるから，60 cm から 100 cm にするには，あと 4 時間水を入れればよいです。

(2)$x=0$ のとき $y=0$　x が 1 増えるごとに y は 10 ずつ増えます。また，表がつくれたように，x の値を決めると，y の値もただ 1 つに決まるから，y は x の関数であるといえます。

(3)表より x は 0 以上 10 以下となります。

2 (1)$\boldsymbol{2<x\leqq5}$　(2)$\boldsymbol{0\leqq x<4}$

(3)$\boldsymbol{3\leqq x<8}$　(4)$\boldsymbol{6\leqq x\leqq10}$

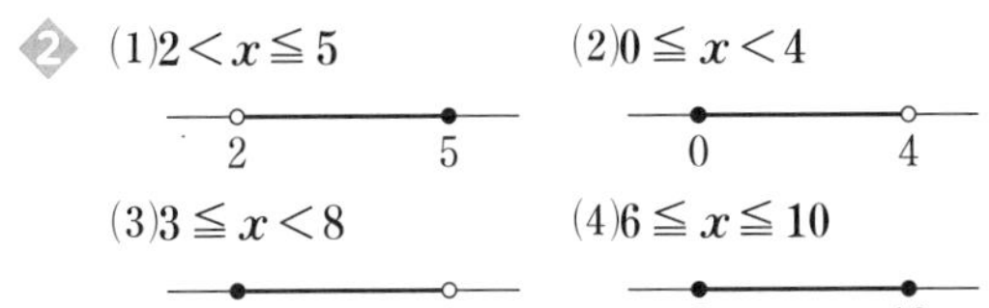

解き方

数直線上では，ふくまない数は○，ふくむ数は●で表します。

(3)「8 未満」は「8 より小さい」と同じ意味で使い，8 をふくみません。

3 ㋐，㋓

解き方

㋐…正方形の周の長さを決めると 1 辺の長さも決まり，面積は(1 辺)×(1 辺)であるから，面積もただ 1 つに決まります。

㋑…たとえば長方形の周の長さを 10 cm に決めても，

縦 1 cm，横 4 cm のとき，面積は 4 cm^2

縦 2 cm，横 3 cm のとき，面積は 6 cm^2　…

面積は 1 つに決まりません。

㋒…たとえば時間を 10 分と決めても，

残りの道のりは

分速 50 m のとき，$1000-50\times10=500$(m)

分速 60 m のとき，$1000-60\times10=400$(m)，…

1 つに決まりません。

㋓…$y=20-x$ と書けて，x の値を決めると，y の値もただ 1 つに決まります。

4 (1)**(左から順に)15，10，(6)，3，2**　(2)**いえる**

(3)**3 cm**

解き方

(1)順に $30\div2=15$，$30\div3=10$，$30\div10=3$，$30\div15=2$

(2)表がつくれたように，x の値を決めれば，y の値もただ 1 つに決まるから，y は x の関数であるといえます。

(3)y を x の式で表すと，$y=\frac{30}{x}$　これより

$x=\frac{30}{y}$ となるから，$y=10$ を代入して

$x=3$ (cm)

5 (1)**(左から順に)12，14，16，18，20，22**

(2)$\boldsymbol{y=2x+10}$　**いえる**

解き方

(1)長方形の周の長さは，

(縦)×2＋(横)×2

順に，$1\times2+5\times2$，$2\times2+5\times2$，$3\times2+5\times2$，……，$6\times2+5\times2$

(2)(長方形の周の長さ)＝(縦)×2＋(横)×2

に y，x，5 をあてはめて　$y=2x+10$

表でも式でも，x の値を決めると，y の値もただ 1 つに決まります。

6 **$y=2x+10$ であり，$y=ax$ の形で表されないから。**

解き方　$y=ax$ の形で表されるとき，y は x に比例するといいます。

7 (1)**$y=\frac{1}{6}x$ となり，y は x に比例する。**

比例定数は $\frac{1}{6}$

(2)**$y=\frac{80}{x}$ となり，y は x に反比例する。**

比例定数は 80

(3)**$y=\frac{30}{x}$ となり，y は x に反比例する。**

比例定数は 30

(4)**$y=9\pi x$ となり，y は x に比例する。**

比例定数は 9π

解き方　式が $y=ax$ の形に書ければ，y は x に比例し，$y=\frac{a}{x}$ の形に書ければ，y は x に反比例します。

(1)$y=x\div6$ より　$y=\frac{1}{6}x$

(2)$xy=80$ より　$y=\frac{80}{x}$

(3)(三角形の面積) $=\frac{1}{2}\times$(底辺)$\times$(高さ)

$\frac{1}{2}\times x\times y=15$ より　$y=\frac{30}{x}$

(4)(円柱の体積)＝(底面積)×(高さ)

半径 3 cm のとき，底面積は

$3\times3\times\pi=9\pi(\text{cm}^2)$

$y=9\pi\times x$　したがって　$y=9\pi x$

8 **(例)毎分 60 m で x 分間歩いたときの残りの道のりを y m とすると　$y=900-60x$**

$y=\frac{a}{x}$(a は比例定数)の形の式に書くことができないから，y は x に反比例しない。

解き方　次のように答えてもよいです。

1 分間歩いたときの残りの道のりは 840 m

2 分間歩いたときの残りの道のりは 780 m

時間を 2 倍にしても残りの道のりは $\frac{1}{2}$ 倍にならないから，残りの道のりは歩いた時間に反比例しない。

理解のコツ

・y が x の関数であるものと，y は x に比例するものを混乱しないようにしておこう。

・比例は，$y=ax$ の式で表されるものになるよ。

・反比例の式は $y=\frac{a}{x}$ になることをしっかり理解しておこう。

p.82～83　ぴたトレ1

1 (1)**P 地点から西へ 180 m の位置**

(2)**(左から順に)-240，-180，-120，-60，(0)，60，120**

(3)**2 倍，3 倍，4 倍になる。**

解き方　(1)「3 分前」は「-3 分後」と表すことができるから，$y=60x$ の x に -3 を代入すると

$y=60\times(-3)=-180$

「東へ -180 m」は「西へ 180 m」を表します。

(2)順に，$60\times(-4)$，$60\times(-3)$，……，60×2

(3)

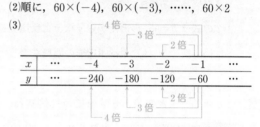

x	…	-4	-3	-2	-1	…
y	…	-240	-180	-120	-60	…

（2 倍，3 倍，4 倍）

2 (1)**(左から順に)20，15，10，5，0，-5，-10，-15，-20**

(2)**2 倍，3 倍，4 倍になる。**

解き方　(1)順に，$-5\times(-4)$，$-5\times(-3)$，……，-5×4

(2)

x	…	1	2	3	4	…
y	…	-5	-10	-15	-20	…

（2 倍，3 倍，4 倍）

x の変域が負のときも同じようになります。

3 (1)**$y=2x$**

(2)**$y=-\frac{1}{3}x$　(順に)$y=2$，$y=-2$**

解き方　比例定数を a とすると $y=ax$ と書くことができます。

(1)$x=6$ のとき $y=12$ であるから

$12=a\times6$　$a=2$　したがって　$y=2x$

(2)$x=9$ のとき $y=-3$ であるから

$-3=a\times9$　$a=-\frac{1}{3}$　したがって　$y=-\frac{1}{3}x$

$x=-6$ のとき　$y=-\frac{1}{3}\times(-6)=2$

$x=6$ のとき　$y=-\frac{1}{3}\times6=-2$

p.84～85 ぴたトレ 1

1 (1)A(2, 1)
B(−4, 3)
C(−2, −3)
D(1, −2)
E(3, 0)
F(0, −4)

(2)

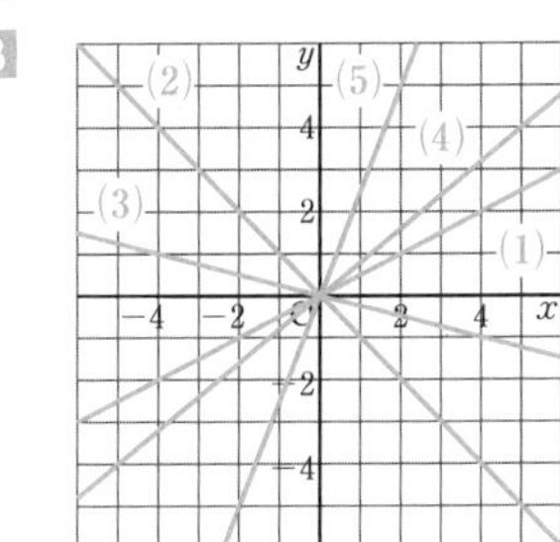

解き方
(1)点Eのy座標は0，点Fのx座標は0です。
(2)Pは原点から右へ4，上へ1だけ進んだ点です。
Qは原点から左へ3，上へ2だけ進んだ点です。
Rは原点から左へ3，下へ3だけ進んだ点です。
Sは原点から右へ3，下へ4だけ進んだ点です。

2 (1)㋐増加する ㋑減少する
(2)㋐3ずつ増加する ㋑3ずつ減少する
(3)㋐右上がり ㋑右下がり

解き方
(2)㋐点(0, 0)から右へ1だけ進むと，グラフ上の点は(1, 3)になり，yは3増加しています。(1, 3)から(2, 6)でも同じです。

3

解き方
式のxに適当な数を代入し，グラフが通る原点以外の点を1つ見つけます。
(1)$x=2$のとき$y=1$ 点(2, 1)を通ります。
(3)$x=4$のとき$y=-1$ 点(4, −1)を通ります。
(4)$x=5$のとき$y=4$ 点(5, 4)を通ります。
(5)$x=2$のとき$y=5$ 点(2, 5)を通ります。

p.86～87 ぴたトレ 1

1 (1)一定であり，その値は2 (2)$y=2x$

解き方
(1)$\frac{-8}{-4}=2$，$\frac{-6}{-3}=2$，……，$\frac{8}{4}=2$
(2)$\frac{y}{x}$の値は一定で比例定数に等しいです。
(1)から，求める式は $y=2x$

2 (1)−8ずつ増加する (2)$y=-8x$

解き方
(1)

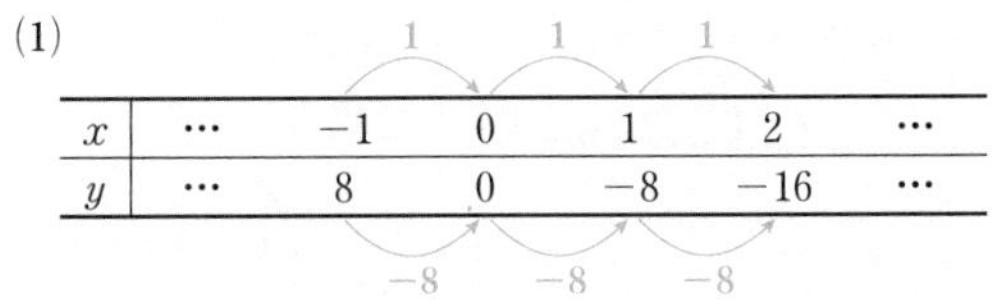

x	…	−1	0	1	2	…
y	…	8	0	−8	−16	…

(2)xの値が1ずつ増加するときのyの値の増加量は一定で，比例定数に等しいです。
(1)から，求める式は $y=-8x$

3 (1)㋐(1, 1) ㋑(1, 5) ㋒(1, −4)
(2)㋐$y=x$ ㋑$y=5x$ ㋒$y=-4x$

解き方
(1)点(1, 0)を通るy軸に平行な直線と，それぞれの直線が交わる点の座標を読みます。
(2)$x=1$のときのyの値は比例定数に等しいです。
(1)で読んだy座標が，それぞれの式の比例定数になります。

4 (1)$y=\frac{3}{4}x$ (2)$y=-\frac{5}{2}x$ (3)$y=-\frac{3}{5}x$

解き方
比例定数をaとすると$y=ax$と書くことができます。グラフが通る点のうち，x座標，y座標の値がともに整数である点を見つけ，それぞれの値を$y=ax$に代入して，aの値を求めます。
(1)グラフは，点(4, 3)を通るから
$y=ax$に$x=4$，$y=3$を代入して
$3=a\times4$ $a=\frac{3}{4}$ したがって $y=\frac{3}{4}x$
(2)グラフは，点(2, −5)を通るから
$y=ax$に$x=2$，$y=-5$を代入して
$-5=a\times2$
$a=-\frac{5}{2}$ したがって $y=-\frac{5}{2}x$
(3)グラフは，点(5, −3)を通るから
$y=ax$に$x=5$，$y=-3$を代入して
$-3=a\times5$
$a=-\frac{3}{5}$ したがって $y=-\frac{3}{5}x$

p.88～89 ぴたトレ 2

❶ (1)(左から順に)−200，−150，−100，−50，(0)，50，100
(2)2倍，3倍，4倍になる。

解き方
(1)順に50×(−4)，50×(−3)，……，50×2
(2)

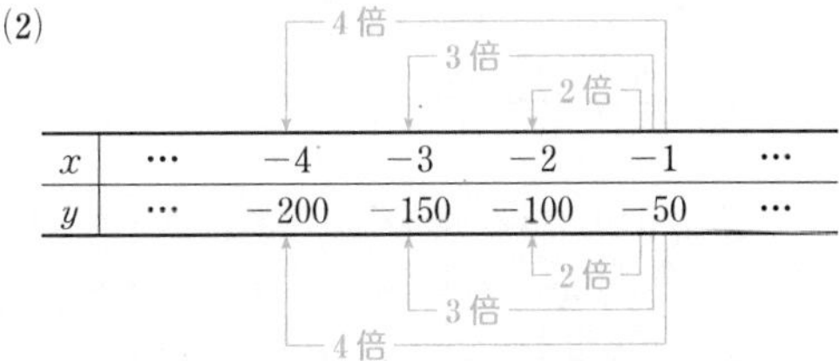

x	…	−4	−3	−2	−1	…
y	…	−200	−150	−100	−50	…

❷ (1)$y=4x$ (2)$y=-5x$ (3)$y=-\frac{3}{4}x$
(4)$y=-\frac{7}{10}x$

解き方

比例定数を a とすると $y=ax$ と書くことができます。

(1) $x=2$ のとき $y=8$ であるから

$8=a\times2$　$a=4$　したがって　$y=4x$

(2) $x=-1$ のとき $y=5$ であるから

$5=a\times(-1)$　$a=-5$　したがって　$y=-5x$

(3) $x=8$ のとき $y=-6$ であるから

$-6=a\times8$　$a=-\frac{3}{4}$　したがって　$y=-\frac{3}{4}x$

(4) $x=10$ のとき $y=-7$ であるから

$-7=a\times10$　$a=-\frac{7}{10}$

したがって　$y=-\frac{7}{10}x$

3 (1) $\boldsymbol{y=-\frac{1}{2}x}$

(2) $\boldsymbol{x=-6\cdots y=3}$　$\boldsymbol{x=10\cdots y=-5}$

解き方

(1)比例しているから，$y=ax$ と書くことができます。

$x=-4$ のとき $y=2$ であるから

$2=a\times(-4)$　$a=-\frac{1}{2}$　$y=-\frac{1}{2}x$

(2) $x=-6$ のとき　$y=-\frac{1}{2}\times(-6)=3$

$x=10$ のとき　$y=-\frac{1}{2}\times10=-5$

4 (1) $\boldsymbol{y=-\frac{2}{3}x}$

(2) $\boldsymbol{x=3\cdots y=-2}$　$\boldsymbol{x=-9\cdots y=6}$

解き方

(1)比例しているから，$y=ax$ と書くことができます。

$x=6$ のとき $y=-4$ であるから

$-4=a\times6$　$a=-\frac{2}{3}$　$y=-\frac{2}{3}x$

(2) $x=3$ のとき　$y=-\frac{2}{3}\times3=-2$

$x=-9$ のとき　$y=-\frac{2}{3}\times(-9)=6$

5 (1) $\boldsymbol{y=\frac{5}{3}x}$　(2) $\frac{35}{3}$ L

解き方

(1)水そうから出る水の量 y(L)は，水を出す時間 x(分)に比例するから，

$y=ax$ と書くことができます。

$x=3$ のとき $y=5$ であるから

$5=a\times3$　$a=\frac{5}{3}$　$y=\frac{5}{3}x$

(2) $y=\frac{5}{3}\times7=\frac{35}{3}$ より，$\frac{35}{3}$ L

6 (1)**O(0, 0),**

A(−3, 4)

(2)**右の図**

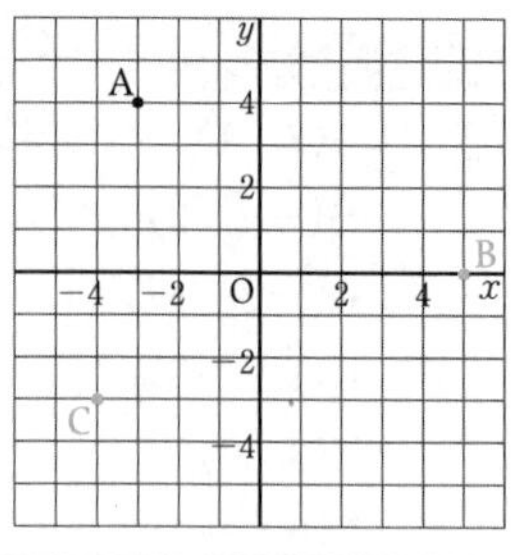

解き方

(1)原点 O の座標は (0, 0) です。

(2)B(5, 0) は，原点から x 軸の正の方向に 5 だけ進んだ位置にあります。

C(−4, −3) は，原点から左へ 4，下へ 3 だけ進んだ位置にあります。

7

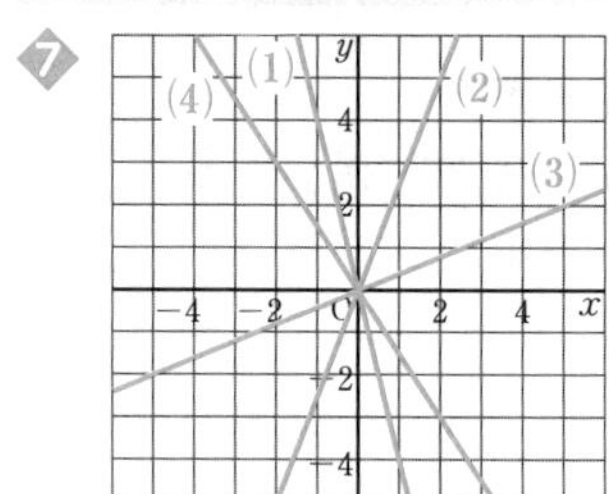

解き方

(1) $y=-4x$ は，$x=1$ のとき $y=-4$ となるから，グラフは，点(1, −4)を通ります。

原点と点(1, −4)を通る直線をひきます。

(2) $y=\frac{5}{2}x$ は，$x=2$ のとき $y=5$ となるから，

グラフは，点(2, 5)を通ります。

原点と点(2, 5)を通る直線をひきます。

(3) $y=0.4x$ は，$x=5$ のとき $y=2$ となるから，グラフは，点 (5, 2) を通ります。

原点と点 (5, 2) を通る直線をひきます。

(4) $y=-\frac{3}{2}x$ は，$x=2$ のとき $y=-3$ となるから，

グラフは，点 (2, −3) を通ります。

原点と点 (2, −3) を通る直線をひきます。

8 (1) $\boldsymbol{y=\frac{5}{4}x}$　(2) $\boldsymbol{y=-\frac{2}{3}x}$　(3) $\boldsymbol{y=\frac{2}{3}x}$

(4) $\boldsymbol{y=-3x}$

解き方

比例のグラフであるから，式は $y=ax$ と書くことができます。

(1)グラフは，点 (4, 5) を通るから

$y=ax$ に $x=4$，$y=5$ を代入して

$5=a\times4$　$a=\frac{5}{4}$　$y=\frac{5}{4}x$

(2)グラフは，点 (3, −2)を通るから

$y=ax$ に $x=3$，$y=-2$ を代入して

$-2=a\times3$　$a=-\frac{2}{3}$　$y=-\frac{2}{3}x$

(3)グラフは，点(3, 2)を通るから

$y=ax$ に $x=3$，$y=2$ を代入して

$2=a\times3$　$a=\dfrac{2}{3}$　$y=\dfrac{2}{3}x$

(4)グラフは，点(−1, 3)を通るから

$y=ax$ に $x=-1$，$y=3$ を代入して

$3=a\times(-1)$　$a=-3$　$y=-3x$

理解のコツ

・小学校で学習した比例の性質は，すべてそのまま成り立つよ。ただ，比例定数の正と負で異なる点もあるから注意しよう。

・y は x に比例する ⇄ $y=ax$　これが基本。⟶ と ⟵ は問題に応じて使い分けよう。

・グラフは原点を通る直線。直線は2点で1つに決まる。原点以外の点は座標が読みやすい点を選ぼう。

p.90〜91　ぴたトレ1

1 **(1)(左から順に)** -2，$-\dfrac{12}{5}$，-3，-4，-6，-12，(×)，12，6

(2) $\dfrac{1}{2}$ **倍，** $\dfrac{1}{3}$ **倍，** $\dfrac{1}{4}$ **倍になる。**

解き方　(1)順に，$\dfrac{12}{-6}=-2$，$\dfrac{12}{-5}=-\dfrac{12}{5}$，…，$\dfrac{12}{2}=6$

(2)

4倍　3倍　2倍

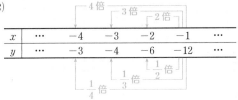

x	…	−4	−3	−2	−1	…
y	…	−3	−4	−6	−12	…

$\dfrac{1}{2}$倍　$\dfrac{1}{3}$倍　$\dfrac{1}{4}$倍

2 **(1)(左から順に)3，4，6，12，(×)，−12，−6，−4，−3**

(2) $\dfrac{1}{2}$ **倍，** $\dfrac{1}{3}$ **倍，** $\dfrac{1}{4}$ **倍になる。**

解き方　(1)順に，$-\dfrac{12}{-4}=(-12)\div(-4)=3$，

$-\dfrac{12}{-3}=(-12)\div(-3)=4$，…，$-\dfrac{12}{4}=-3$

(2)

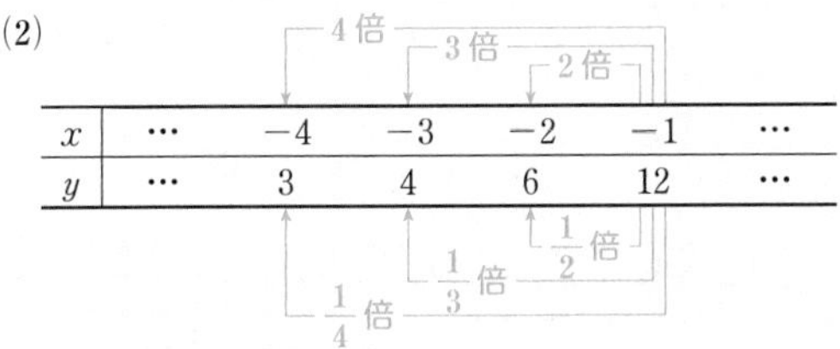

4倍　3倍　2倍

x	…	−4	−3	−2	−1	…
y	…	3	4	6	12	…

$\dfrac{1}{2}$倍　$\dfrac{1}{3}$倍　$\dfrac{1}{4}$倍

3 **(1)** $y=\dfrac{20}{x}$　**(2)** $y=-\dfrac{10}{x}$　**(3)** $y=-\dfrac{28}{x}$

(4) $y=-\dfrac{8}{x}$

解き方　反比例しているから，$y=\dfrac{a}{x}$ と書けます。

(1)$x=5$ のとき $y=4$ であるから

$4=\dfrac{a}{5}$　$a=20$　したがって　$y=\dfrac{20}{x}$

(2)$x=2$ のとき $y=-5$ であるから

$-5=\dfrac{a}{2}$　$a=-10$　したがって　$y=-\dfrac{10}{x}$

(3)$x=-14$ のとき $y=2$ であるから

$2=\dfrac{a}{-14}$　$a=-28$　したがって　$y=-\dfrac{28}{x}$

(4)$x=16$ のとき $y=-\dfrac{1}{2}$ であるから

$-\dfrac{1}{2}=\dfrac{a}{16}$　$a=-8$　したがって　$y=-\dfrac{8}{x}$

(別解)y が x に反比例するとき，x と y の積は比例定数 a に等しい。すなわち　$xy=a$

(1)$a=5\times4=20$　(2)$a=2\times(-5)=-10$

(3)$a=(-14)\times2=-28$　(4)$a=16\times\left(-\dfrac{1}{2}\right)=-8$

p.92〜93　ぴたトレ1

1

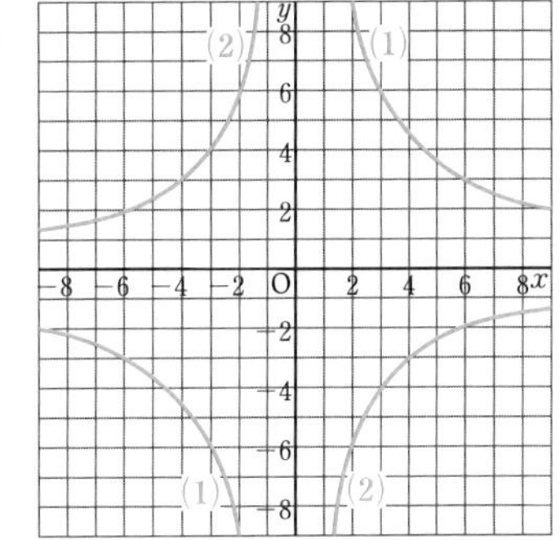

解き方　式が成り立つような x，y の値の組を座標とする点をいくつか(なるべく多く)とって，なめらかな曲線でつなぎます。双曲線になります。

(1)

x	…	−9	−6	−3	−2	−1
y	…	−2	−3	−6	−9	−18

0	1	2	3	6	9	…
×	18	9	6	3	2	…

(2)

x	…	−6	−3	−2	−1
y	…	2	4	6	12

0	1	2	3	6	…
×	−12	−6	−4	−2	…

2 **(1)(順に) 1，0.1，0.01**

グラフは x 軸に近づいていくが，x 軸とは交わらない。

(2)(順に)100，1000，10000

グラフは y 軸に近づいていくが，y 軸とは交わらない。

解き方

(1)x の値を大きくしていくと，y の値は小さくなっていくが，どれだけ小さくなっても正の数だから，グラフが x 軸と交わったり，x 軸の下側にくることはありません。

(2)$x>0$ だから，グラフが y 軸と交わったり，y 軸の左側にくることはありません。

3 (1)**増加する。** (2)**増加する。**

解き方

$a<0$ の場合の，$y=\frac{a}{x}$ のグラフの形から調べます。

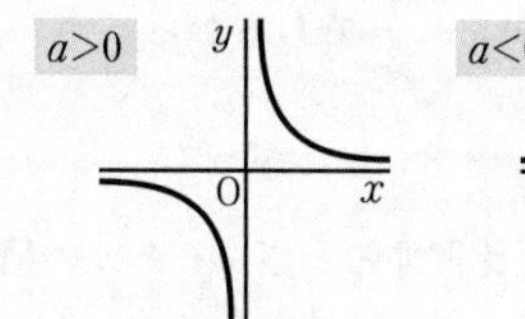

4 (1)$\boldsymbol{y=\frac{8}{x}}$ (2)$\boldsymbol{y=-\frac{4}{x}}$

解き方

反比例のグラフであるから，$y=\frac{a}{x}$ と書くことができます。

(1)グラフは，点 (2, 4) を通るから

$y=\frac{a}{x}$ に $x=2$，$y=4$ を代入して

$4=\frac{a}{2}$ $a=8$ したがって $y=\frac{8}{x}$

(2)グラフは，点 (−1, 4) を通るから

$y=\frac{a}{x}$ に $x=-1$，$y=4$ を代入して

$4=\frac{a}{-1}$ $a=-4$ したがって $y=-\frac{4}{x}$

(注)点は他の点を使ってもよいです。

また，$xy=a$ から比例定数を求めてもよいです。

p.94~95 ぴたトレ1

1 **6分**

解き方

弁当を買い終わるまでの時間は，人数に比例すると考えられます。1人あたりの待ち時間は，$\frac{3}{5}$分であるから，$\frac{3}{5}\times10=6$(分)

2 (1)$\boldsymbol{V}$ **は** $\boldsymbol{x}$ **に比例する。** (2)$\boldsymbol{y}$ **は** $\boldsymbol{x}$ **に反比例する。**
(3)$\boldsymbol{V}$ **は** $\boldsymbol{y}$ **に比例する。**

解き方

$V=xy$ が成り立ちます。

(1)$y=15$ のとき，$V=15x$

$V=ax$ の式に書けるから V は x に比例します。

(2)$V=120$ のとき，$xy=120$

x と y の積が一定だから y は x に反比例します。

$\left(y=\frac{120}{x}\right.$ と書けるから y は x に反比例します。$\left.\right)$

(3)$x=18$ のとき $V=18y$

$V=ay$ の式に書けるから V は y に比例します。

3 (1)**右の図**
(2)**150 m**
(3)**200 m 手前**

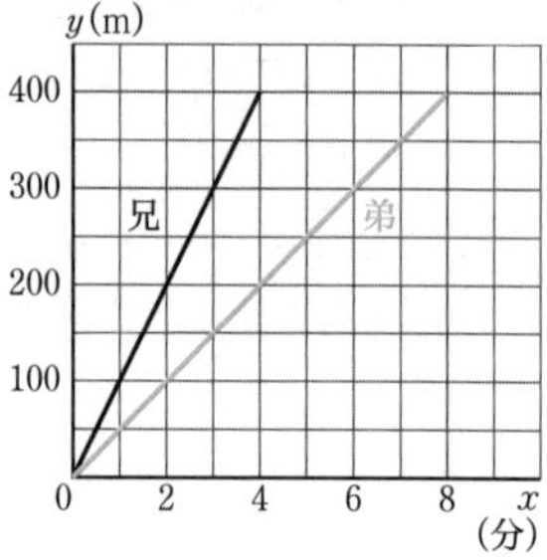

解き方

(1)400 m の道のりを毎分 50 m で歩くときにかかる時間は $400\div50=8$(分間)

グラフは原点と (8, 400) を通る直線になります。

(2)$x=3$ のときの2つのグラフの y 座標の差を読みとります。1目もりは 50 m を表しています。

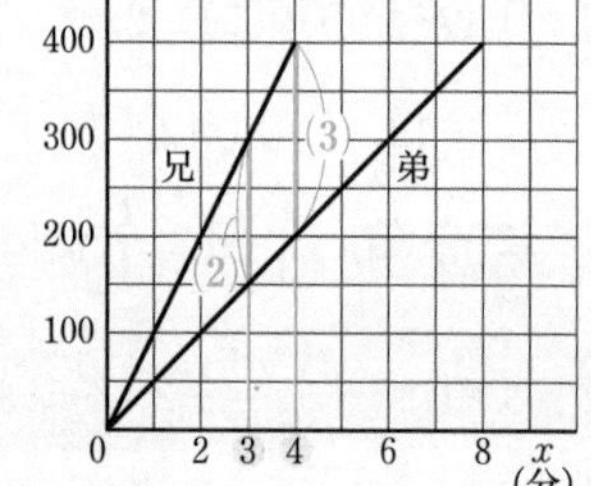

(3)$x=4$ のときについて，差を読みとります。

p.96~97 ぴたトレ2

1 (1)$\boldsymbol{y=\frac{72}{x}}$ $\boldsymbol{x=4\cdots y=18}$ $\boldsymbol{x=-6\cdots y=-12}$

(2)$\boldsymbol{y=\frac{4}{x}}$

解き方

反比例しているから，式は $y=\frac{a}{x}$ と書くことができます。比例定数 a は対応する x，y の値の積として求めることができます。

(1)$a=(-8)\times(-9)=72$ したがって $y=\frac{72}{x}$

$x=4$ のとき $y=\frac{72}{4}=18$

$x=-6$ のとき $y=\frac{72}{-6}=-12$

(2)$a=12\times\frac{1}{3}=4$ したがって $y=\frac{4}{x}$

2 (左から順に) -4, -5, $-\frac{20}{3}$, -10, -20,

(×), 20, 10, $\frac{20}{3}$, 5, 4

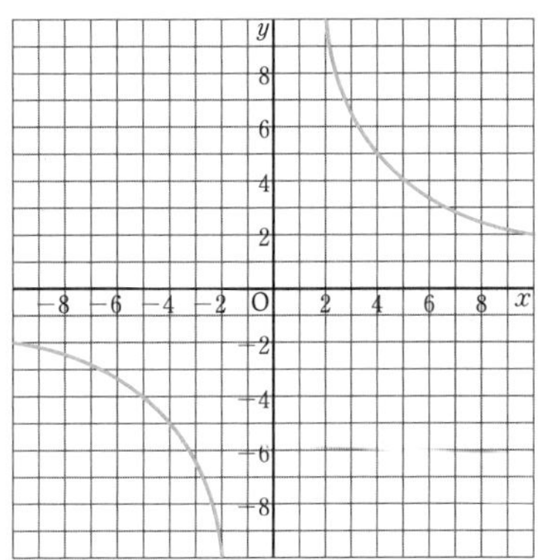

解き方　表の x 座標, y 座標の組の点のほかに, 点 $(10,\ 2)$, $(-10,\ -2)$ も通ります。

3 **ちがっていること…(例) グラフ上の点の x 座標と y 座標は, $a>0$ のときは同符号であり, $a<0$ のときは異符号である。**

どちらにもいえること…(例) 座標軸と交わらない双曲線である。

解き方　次のようなこともいえます。

ちがっていること…$x>0$ の範囲で x の値が増加すると y の値は, $a>0$ のときは減少し, $a<0$ のときは増加します。

どちらにもいえること…原点を対称の中心とする点対称な曲線です。

4 (1) $y=\frac{2}{x}$　(2) $y=-\frac{6}{x}$

解き方　比例定数 a は, $a=xy$ として求めます。

(1)グラフが点 $(1,\ 2)$ を通るから,
$a=1\times2=2$

(2)グラフが点 $(2,\ -3)$ を通るから,
$a=2\times(-3)=-6$

5 (1) **z は x に比例する。**　(2) **y は x に反比例する。**
(3) **z は y に比例する。**

解き方　$z=xy$ が成り立ちます。

(1) $y=3$ のとき　$z=3x$
$z=ax$ の式に書けるから z は x に比例します。

(2) $z=70$ のとき　$70=xy$
x と y の積が一定だから y は x に反比例します。
$\left(y=\frac{70}{x}\right.$ と書けるから y は x に反比例します。$\left.\right)$

(3) $x=50$ のとき　$z=50y$
$z=ay$ の式に書けるから z は y に比例します。

6 **毎分 45 L**

解き方　毎分入れる水の量を x L, かかる時間を y 分とすると, $xy=1800$　$y=\frac{1800}{x}$

したがって, y は x に反比例します。

y の値を $\frac{1}{3}$ 倍にするには, x の値を 3 倍にすればよいです。$15\times3=45$

7 (1) **4 回転**
(2) **回転数は後ろのギアの歯数に反比例する。**
(3) **B…$\frac{5}{2}$ 回転　C…2 回転**

解き方　ペダルを 1 回転させると, 前のギアが 1 回転して, 歯は 40 進みます。チェーンでつながっている後ろのギアの歯も同じように 40 だけ進みます。

(1)歯数 10 のギア A の歯が 40 進むときの回転数は
$40\div10=4$　4 回転

(2)後ろのギアの歯数を x, 回転数を y 回とすると進む歯の数は $x\times y$ と表されます。
この値が 40 に等しいから　$xy=40$　$y=\frac{40}{x}$
したがって, y(回転数) は x(後ろのギアの歯数) に反比例します。

(3) B…$y=\frac{40}{x}$ の x に 16 を代入して
$y=\frac{40}{16}=\frac{5}{2}$
C…$y=\frac{40}{x}$ の x に 20 を代入して
$y=\frac{40}{20}=2$

8 (1) **弟は出発してから 5 分後には家から 1000 m はなれていること。**　(2) **800 m 手前**

解き方　(1)弟の進む速さも求められます。
$1000\div5=200$　毎分 200 m

(2)時間を x 分, 道のりを y m として考えます。
$x=8$ のとき 2 つのグラフの y 座標の差を読みとります。

理解のコツ

・比例, 反比例のちがいを整理しておく。

・比例➡ $y=ax$ と書ける。$x\neq0$ のとき, $\frac{y}{x}$ の値は一定。x の値が n 倍になると y の値も n 倍になる。

・反比例➡ $y=\frac{a}{x}$ と書ける。xy の値は一定。x の値が n 倍になると y の値は $\frac{1}{n}$ 倍になる。

ぴたトレ3

❶ ㋐，㋓

解き方
㋐…定価が決まると代金も1つに決まります。
㋑…高さも決めないと面積は決まりません。
㋒…面積を決めても縦の長さは1つに決まりません。
㋓…1辺を決めると体積は1つに決まります。

❷ (1)$\boldsymbol{y=4x}$，○　(2)$\boldsymbol{y=2x+12}$　(3)$\boldsymbol{y=\frac{20}{x}}$，△

解き方
(1)ひし形は4辺の長さがすべて等しいです。
(2)(長方形の周の長さ)＝(縦)×2＋(横)×2
(3)$xy=20$

❸ (1)$\boldsymbol{y=-\frac{3}{5}x}$　(2)$\boldsymbol{y=-\frac{2}{x}}$　(3)$\boldsymbol{y=\frac{2}{3}x}$

解き方
(1)$y=ax$ に $x=-10$，$y=6$ を代入して
$6=a\times(-10)$　$a=-\frac{3}{5}$
(2)$y=\frac{a}{x}$ に $x=8$，$y=-\frac{1}{4}$ を代入して
$-\frac{1}{4}=\frac{a}{8}$　$a=-\frac{1}{4}\times8=-2$
(3)$y=ax$ に $x=3$，$y=2$ を代入して
$2=a\times3$　$a=\frac{2}{3}$

❹
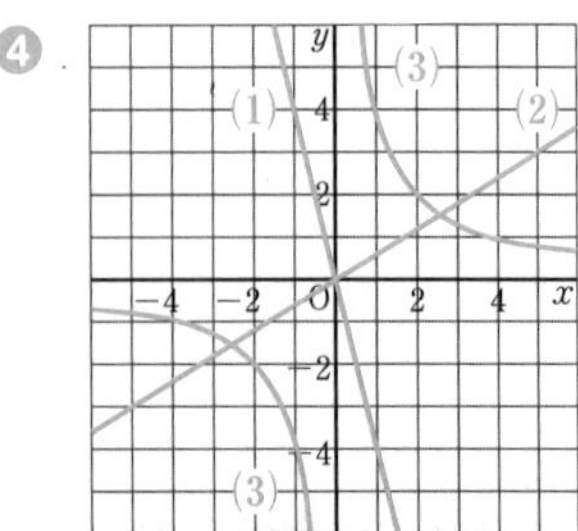

解き方
(1)$x=1$ とすると $y=-4$　原点Oと点$(1,\ -4)$を通る直線です。
(2)$x=5$ とすると $y=3$　原点Oと点$(5,\ 3)$を通る直線です。
(3)

x	…	−4	−2	−1	0	1	2	4	…
y	…	−1	−2	−4	×	4	2	1	…

原点Oを対称の中心とする点対称な双曲線です。

❺ (1)$\boldsymbol{a=\frac{4}{3}}$，$\boldsymbol{b=48}$　(2)**20個**

解き方
(1)①のグラフはA(9, 12)を通るから，$y=ax$ に $x=9$，$y=12$ を代入して　$12=a\times9$　$a=\frac{4}{3}$
点Pのy座標は，①の式 $y=\frac{4}{3}x$ の x に6を代入して　$y=\frac{4}{3}\times6=8$　P(6, 8)
②のグラフはP(6, 8)を通るから，
$y=\frac{b}{x}$ に $x=6$，$y=8$ を代入して　$8=\frac{b}{6}$
$b=48$
(2)$y=\frac{48}{x}$ は，x が48の正の約数のとき，y も正の整数になります。48の正の約数は，次の10個あります。1，2，3，4，6，8，12，16，24，48。点$(1,\ 48)$，$(2,\ 24)$，…，$(48,\ 1)$は②のグラフ上にあります。x の変域に負の数もふくめると，$(-1,\ -48)$，$(-2,\ -24)$，…，$(-48,\ -1)$も②のグラフ上にあります。合わせて20個です。

❻ (1)$\boldsymbol{y=4x}$
(2)$\boldsymbol{x}$**の変域**…$\boldsymbol{0\leqq x\leqq6}$　$\boldsymbol{y}$**の変域**…$\boldsymbol{0\leqq y\leqq24}$

解き方
(1)(三角形の面積)＝$\frac{1}{2}$×(底辺)×(高さ)
底辺をBP，高さをABとみると
$y=\frac{1}{2}\times x\times8$　したがって　$y=4x$
(2)点Pは長さ6 cmの辺BC上を動くから，
$0\leqq x\leqq6$
また，$x=6$ のとき，$y=4\times6=24$ となるから，
$0\leqq y\leqq24$

❼ $\boldsymbol{y=45x}$

解き方
代金y(円)は長さx(m)に比例するから，
$y=ax$ と書くことができます。
この針金1 gあたりの代金は $\frac{150}{100}$ 円です。
$x=6$ のとき，重さは180 gだから
代金y(円)は，$y=\frac{150}{100}\times180=270$
すなわち，$x=6$ のとき $y=270$ だから
$270=a\times6$　$a=45$
したがって　$y=45x$

❽ (1)**16分40秒**　(2)**毎分18 L**

解き方
(1)待ち時間は人数に比例すると考えられます。
人数が $\frac{40}{12}$ 倍になると，待ち時間も $\frac{40}{12}$ 倍になります。$5\times\frac{40}{12}=\frac{50}{3}=16\frac{2}{3}$(分)
$60\times\frac{2}{3}=40$(秒)
(2)毎分x Lの割合でy分間入れると満水になるとすれば，$xy=15\times24$　yはxに反比例します。
この式のyに20を代入すると
$x\times20=15\times24$　$x=18$

5章　平面図形

p.101　ぴたトレ0

1 (1)
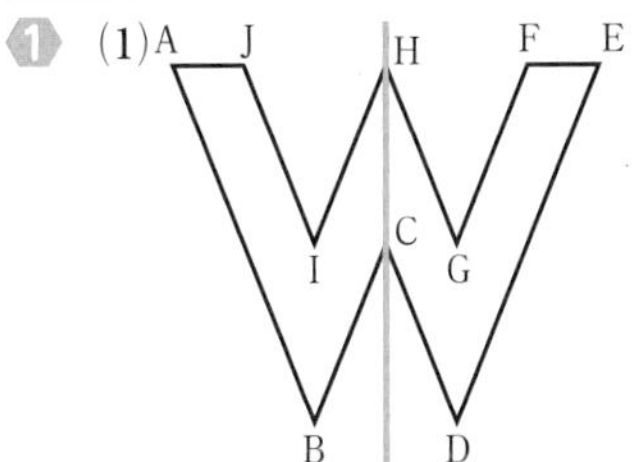

(2)垂直に交わる。　(3) 3 cm

解き方　線対称な図形は，対称の軸を折り目にして折ると，ぴったりと重なります。対応する2点を結ぶと対称の軸と垂直に交わり，軸からその2点までの長さは等しくなります。
(3)点Hは，対称の軸上にあるので，
AH＝EHです。

2 (1)下の図の点O　(2)点H　(3)下の図の点Q
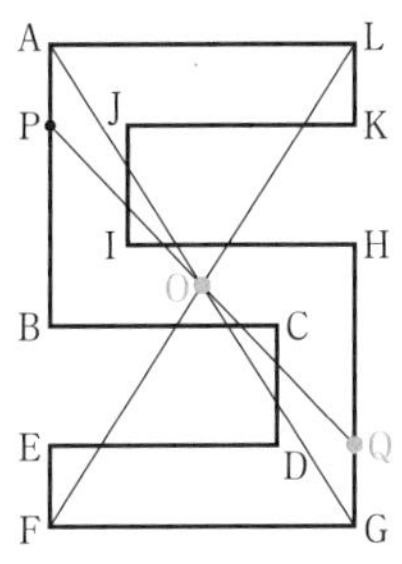

解き方　(1)例えば，点Aと点G，点Fと点Lを直線で結び，それらの線の交わった点が対称の中心Oです。
(3)点Pと点Oを結ぶ直線をのばし，辺GHと交わる点がQとなります。

p.102〜103　ぴたトレ1

1 (1)
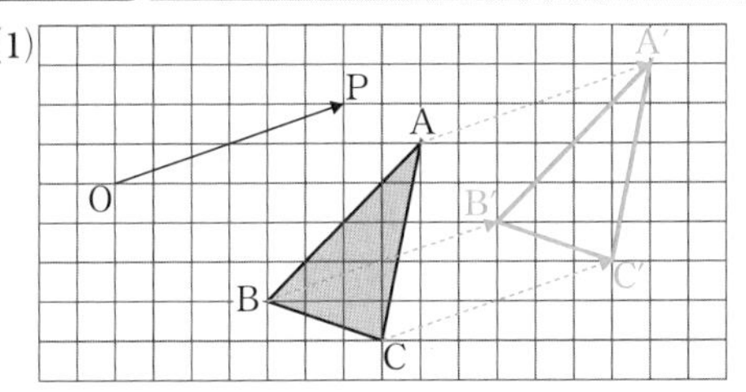

(2)対応する頂点を結ぶ3つの線分は，長さが等しく，平行である。

解き方　(1)各頂点を右へ6，上へ2だけ移動します。

2 (1)
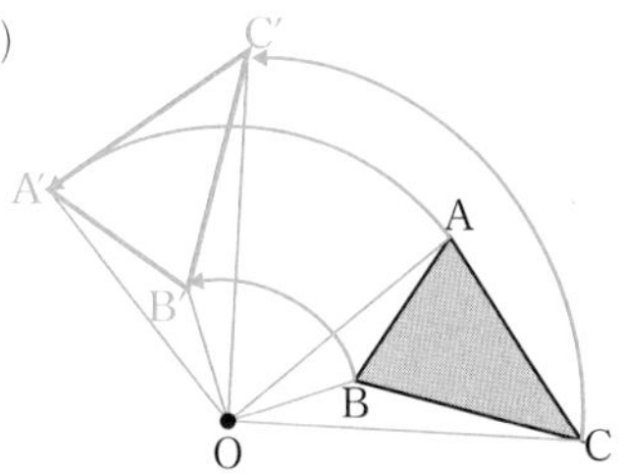

(2)OB＝OB′，OB⊥OB′
∠AOA′＝∠BOB′＝∠COC′(＝90°)

解き方　(1)点Oを中心として，A，B，Cをそれぞれ反時計回りに90°回転させます。90°の角は三角定規を使ってかいてもよいです。
(2)回転移動では，対応する点は回転の中心から等しい距離にあります。また，対応する点と回転の中心を結んでできる角の大きさはすべて等しくなります。

3 (1)
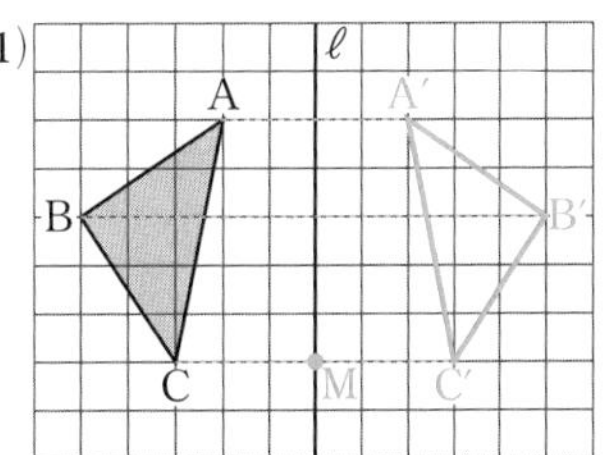

(2)㋐上の図
㋑直線 ℓ は線分CC′の垂直二等分線である。
$CC' \perp \ell$，$CM=C'M\left(CM=\frac{1}{2}CC'\right)$

(3)
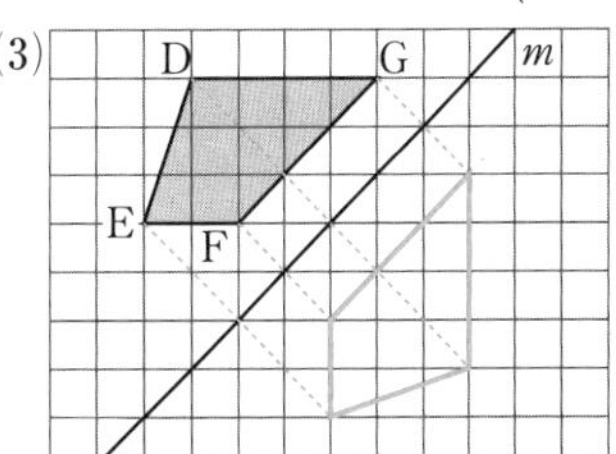

解き方　(3)方眼を利用して，各頂点から直線 m に垂線をひきます。

p.104〜105　ぴたトレ2

1
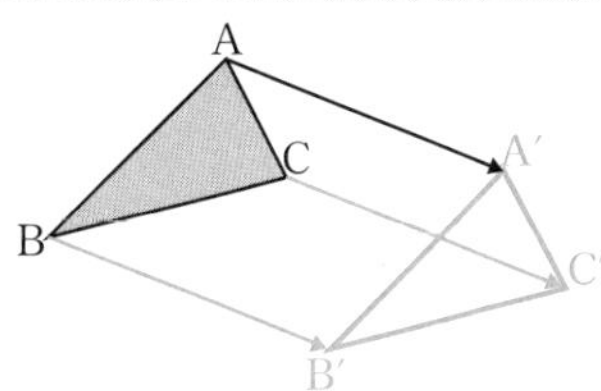

解き方　B，Cからそれぞれ矢印と平行で長さが等しい線分BB′，CC′をひきます。平行な直線は，一組の三角定規を使ってひいてもよいです。なお，四角形ABB′A′，ACC′A′，BB′C′Cはみな平行四辺形になります。

❷

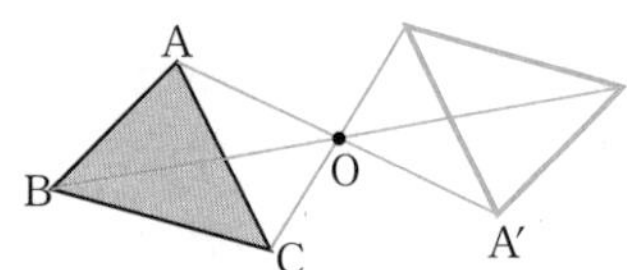

解き方　線分 AO を O の方に延長し，半直線上に OA′=OA となる点 A′ をとります。同じようにして，B，C のそれぞれと対応する点をとります。

❸

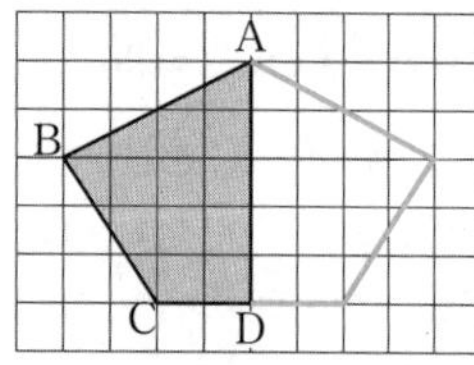

線対称な図形

解き方　AD を折り目として折り返すとぴったり重なるから，線対称な図形です。

❹ ㋑対称移動　㋒回転移動（点対称移動）
㋓平行移動

解き方　直線 CD を対称の軸として対称移動すると㋑に重なります。点 C を回転の中心として 180°回転すると㋒に重なります。図形を 180°回転移動することを点対称移動ともいいます。また，直線 AC にそって平行移動すると㋓に重なります。

❺ (1)㋒，下の図　(2)下の図　(3)㋐と㋑，下の図

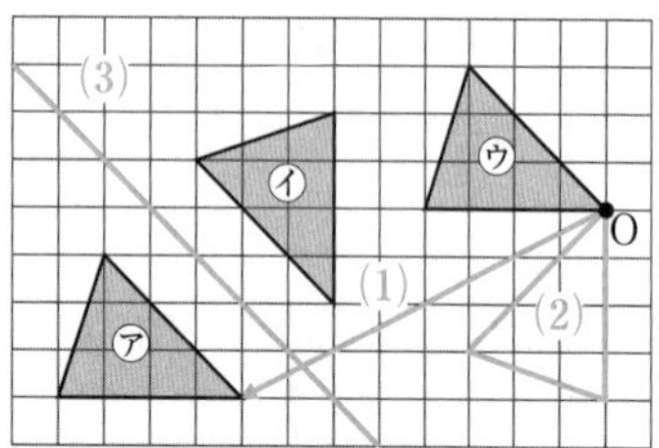

解き方　(1)対応する点を結ぶ線分が平行で長さの等しいものをさがします。
(2)方眼を利用して 90°の角をつくります。
(3)対応する点を結ぶ線分が対称の軸によって垂直に 2 等分されるものをさがします。

❻ (例)点 C を回転の中心として反時計回りに 90°だけ回転移動し，続いて，点 C が点 C′ に重なるまで平行移動する。

解き方　下の図のように①，②の順に移動します。

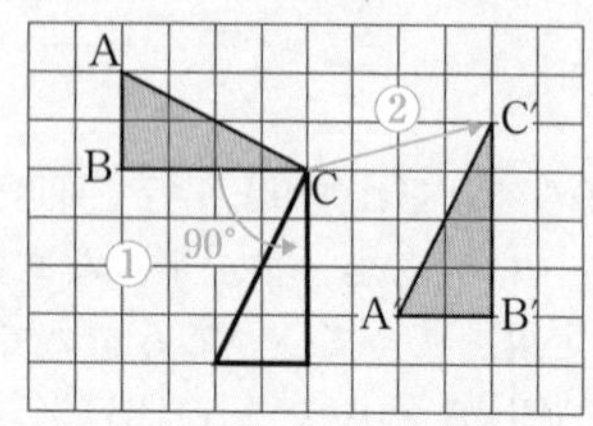

次のように移動してもよいです。点 C が点 C′ に重なるまで平行移動し，続いて，点 C(C′) を回転の中心として反時計回りに 90°だけ回転移動します。

❼ (1)・点 O を回転の中心として 180°だけ回転移動する。
・線分 CG を対称の軸として対称移動する。
(2)・線分 BH を対称の軸として対称移動し，続いて，点 B が点 D に重なるまで平行移動する。
・線分 BO，続いて，線分 OD をそれぞれ対称の軸として対称移動する。
・点 B，続いて，点 D をそれぞれ回転の中心として時計回りに 90°回転移動する。

解き方　(1)180°回転する回転移動は，「点対称移動」と説明してもよいです。
(2)対称移動と平行移動の順は逆でもよいです。
対称移動を 2 回する方法では，線分 OH，続いて線分 OF をそれぞれ対称の軸としてもよいです。
回転移動を 2 回する方法では，点 H，続いて点 F をそれぞれ回転の中心として反時計回りに 90°回転してもよいです。

❽ (1)AB∥DC，AD∥BC
(2)∠BAC＝∠DAC
(3)AO＝CO，BO＝DO　(4)AC⊥BD

解き方　(2)∠CAB＝∠CAD や
∠BAO＝∠DAO などと表してもよいです。
(3)AO＝$\frac{1}{2}$AC，BO＝$\frac{1}{2}$BD としてもよいです。

❾ (1)∠BCE＝∠BCA＋∠ACE
＝60°＋∠ACE
∠ACD＝∠ECD＋∠ACE
＝60°＋∠ACE
したがって　∠BCE＝∠ACD
(2)∠BCE＝∠BCA－∠ECA
＝60°－∠ECA
∠ACD＝∠ECD－∠ECA
＝60°－∠ECA
したがって　∠BCE＝∠ACD

解き方　∠BCE は，角の位置だけでなく，その角の大きさを表します。このとき，文字の式のように，計算や変形をすることができます。

理解のコツ

・回転移動では，対応する点と回転の中心の関係，対称移動では，対応する点を結ぶ線分と対称の軸の関係を理解しておく。

・移動の方法の説明を問われることも多い。1回の移動ですむか，2回以上の移動の組み合わせが必要か，考える習慣をつけよう。

p.106~107 ぴたトレ 1

1

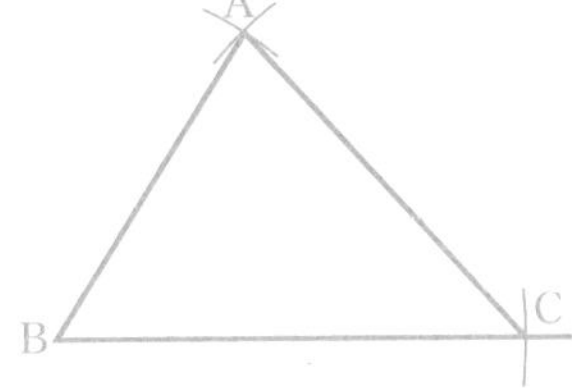

解き方 Bを端(はし)の点として半直線をひき，コンパスでBCの長さを移し，点Cの位置を決めます。Bを中心とする半径ABの円と，Cを中心とする半径ACの円をかき，交点をAとします。

2 (1) (2)

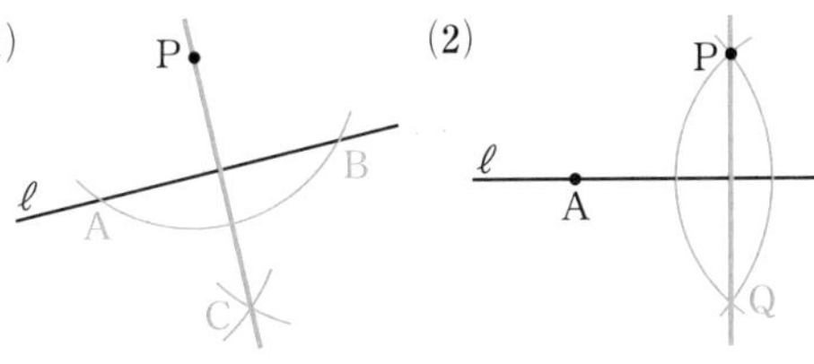

解き方 (1)次の手順で作図します。

1 点Pを中心として直線ℓに交わる円をかき，ℓとの交点をA，Bとする。

2 A，Bを中心として等しい半径の円をかき，その交点の1つをCとする。

3 直線PCをひく。

(2)次の手順で作図します。

1 点Aを中心として半径APの円をかく。

2 点Bを中心として半径BPの円をかく。

3 2つの円のもう1つの交点をQとする。

4 直線PQをひく。

3 (1) (2)

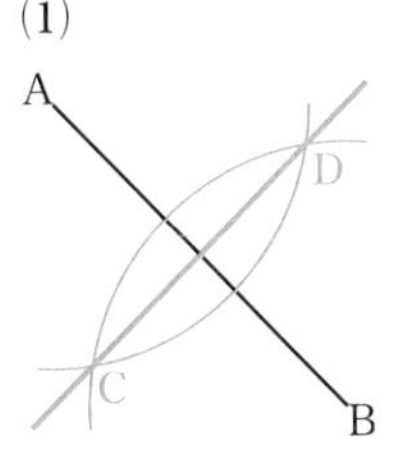

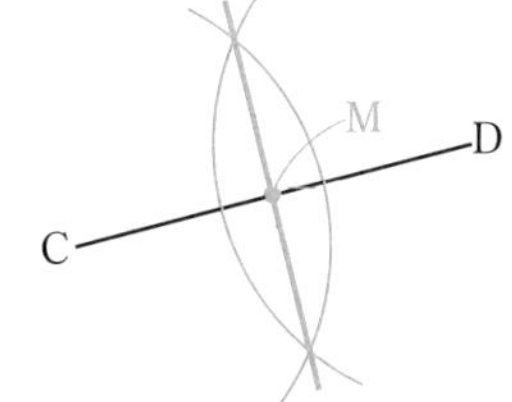

解き方 (1)次の手順で作図します。

1 点A，Bを中心として，等しい半径の円をかき，その交点をC，Dとする。

2 直線CDをひく。

(2)(1)と同様にして線分CDの垂直二等分線を作図し，CDとの交点をMとします。

4 (1)

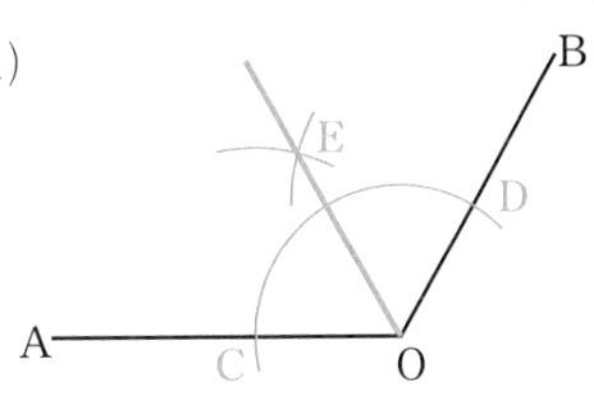

(2)

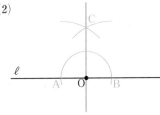

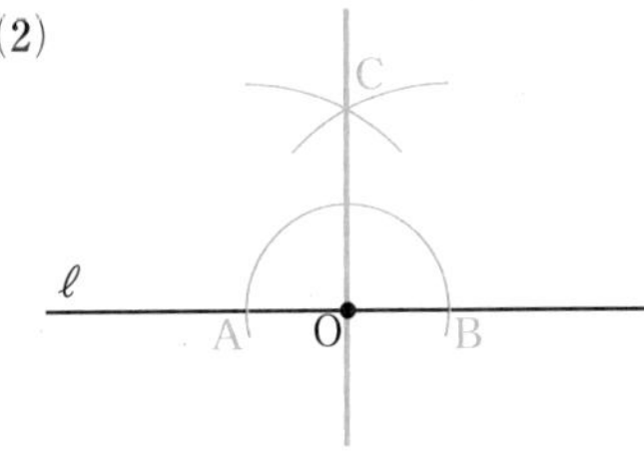

解き方 (1)次の手順で作図します。

1 角の頂点Oを中心とする円をかき，OA，OBとの交点をC，Dとする。

2 C，Dを中心として等しい半径の円をかき，その交点をEとする。

3 半直線OEをひく。

(2)180°の角の二等分線と考えて，次の手順で作図します。

1 点Oを中心とする円をかき，ℓとの交点をA，Bとする。

2 A，Bを中心として等しい半径の円をかき，その交点をCとする。

3 直線OCをひく。

p.108~109 ぴたトレ 1

1

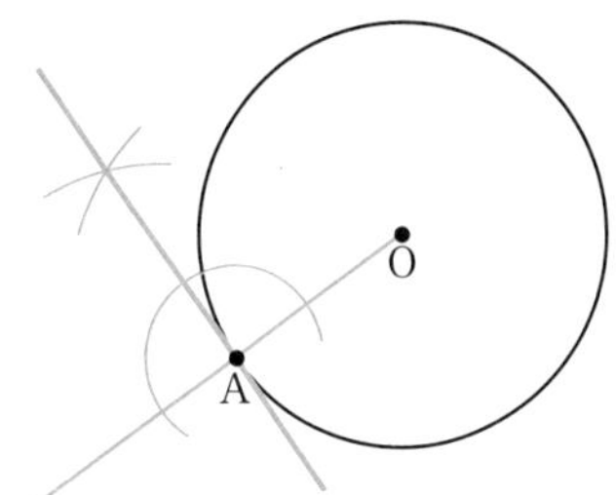

解き方 はじめに半直線OAをひき，Aを通り，半直線OAに垂直な直線をひきます。

2

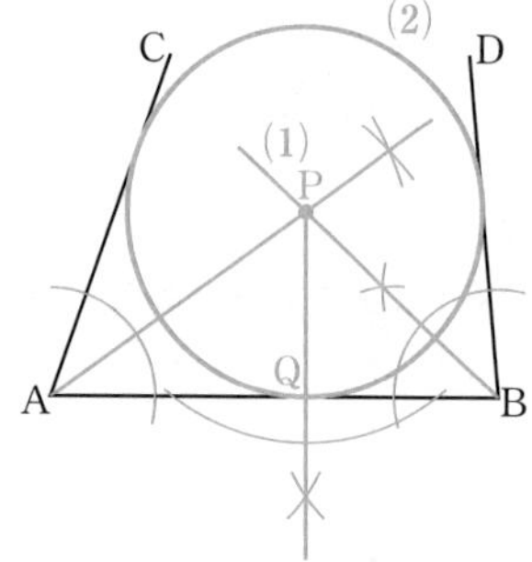

解き方

(1)角の２辺までの距離が等しい点は，その角の二等分線上にあることを利用します。
∠CAB，∠ABD それぞれの角の二等分線の交点をＰとします。

(2)点Ｐから線分 AB へ垂線をひき，AB との交点をＱとします。次に，Ｐを中心として半径 PQ の円をかきます。
ここまでで正しく作図していると，AC，AB，BD のどれにも接する円がかけます。

3 (例)

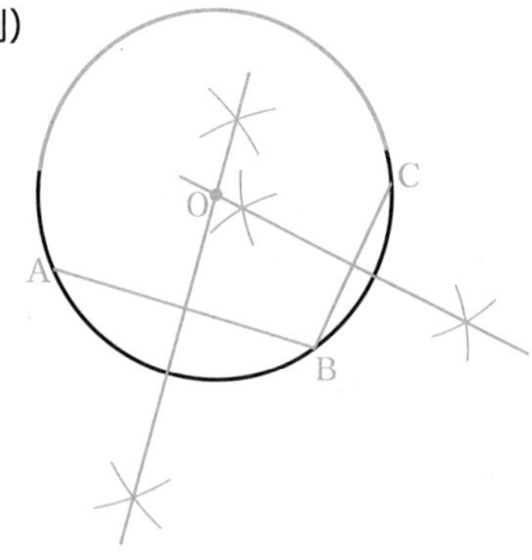

解き方

円の中心Ｏは，円周上のすべての点から等しい距離(半径)にあります。２点Ａ，Ｂからの距離が等しい点は，線分 AB の垂直二等分線上にあることを利用します。
弧の上に３点Ａ，Ｂ，Ｃをとり，２本の弦 AB，BC それぞれの垂直二等分線をひいて，その交点をＯとします。Ｏを中心として半径 OA の円をかきます。

4 (1)

(2)

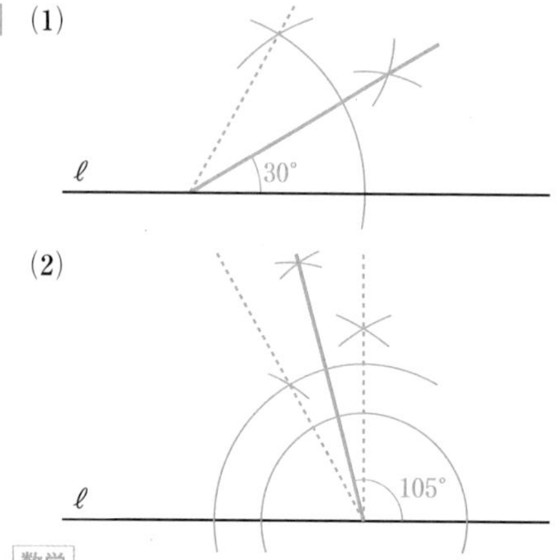

解き方

(1)正三角形の作図を利用して 60°の角をつくり，その角の二等分線をひきます。

(2) 105°＝90°＋15° を使って作図します。
ℓ上の１点を通る垂線と，正三角形の作図から 30° の角をつくり，その二等分線をひきます。
または，105°＝45°＋60° を使って，次のように作図することもできます。

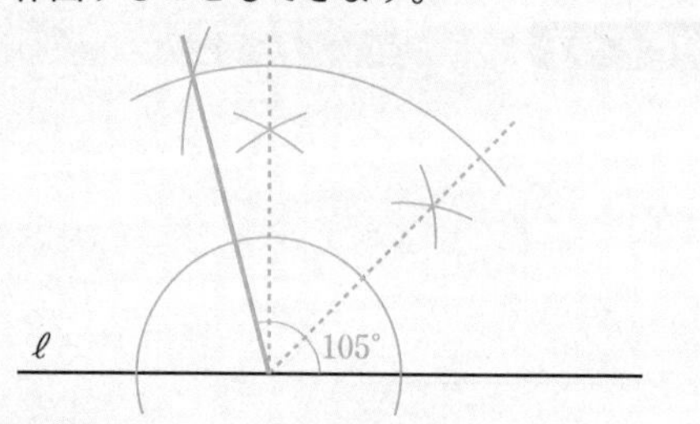

p.110～111 ぴたトレ２

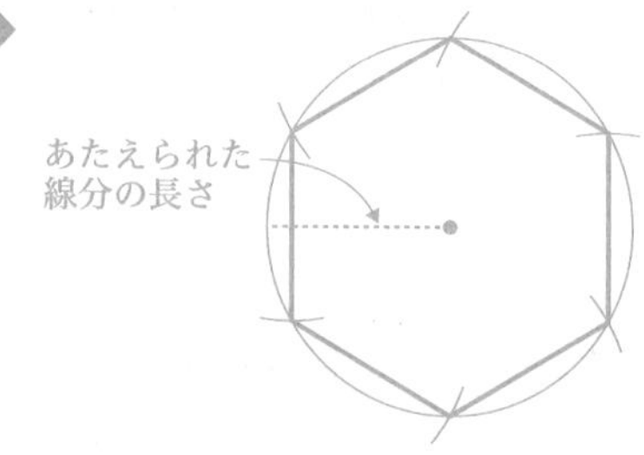

解き方

正三角形の作図を利用します。
はじめにあたえられた線分の長さを半径とする円をかきます。コンパスの幅(はば)を変えずに円周を切っていくと，円周が６等分され，正六角形の６個の頂点をとることができます。

❷ (1)**AC＝AD，BC＝BD，CE＝DE**
(2)**∠DBA** (3) **CD⊥AB**
(4)**円Ａと円Ｂの半径が等しい場合**

解き方

(1)全体の図形は，直線 AB を対称の軸とする線対称な図形になります。
(3)対応する点を結ぶ線分と対称の軸だから垂直。
(4)AE＝BE のとき，CE＝DE，CD⊥AB だから，四角形 ADBC はひし形になり，AC＝BC すなわち，２つの円の半径は等しくなります。

❸ **もっとも短い点…B，もっとも長い点…E**

解き方

点Ｐから直線ℓまでの距離は，Ｐからℓにひいた垂線とℓとの交点をＱとしたとき，線分 PQ の長さです。
方眼を利用して各点からℓまでの距離を比べます。

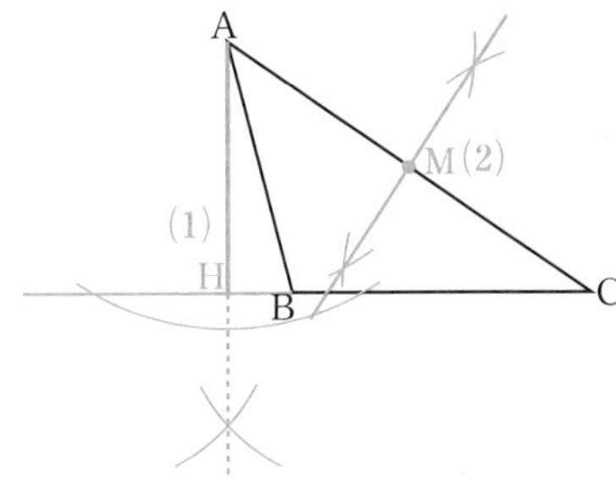

解き方

(1)点 H は辺 BC 上にはありません。作図も，辺 BC を B のほうへのばした半直線 CB をひくことから始めます。
点 A から半直線 CB への垂線 AH は，次のようにして作図してもよいです。

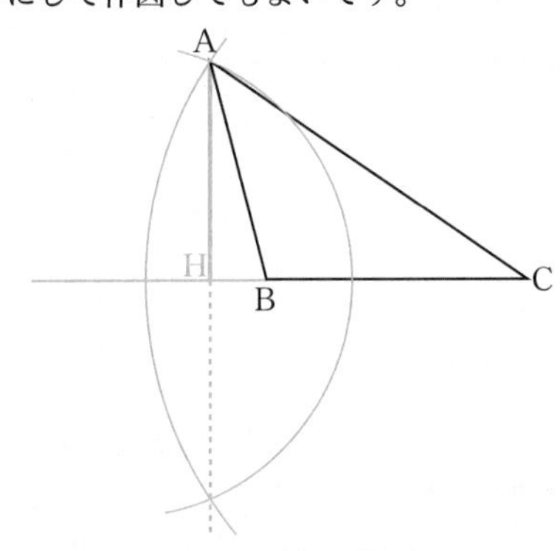

(2)辺 AC の垂直二等分線を作図し，AC との交点を M とします。

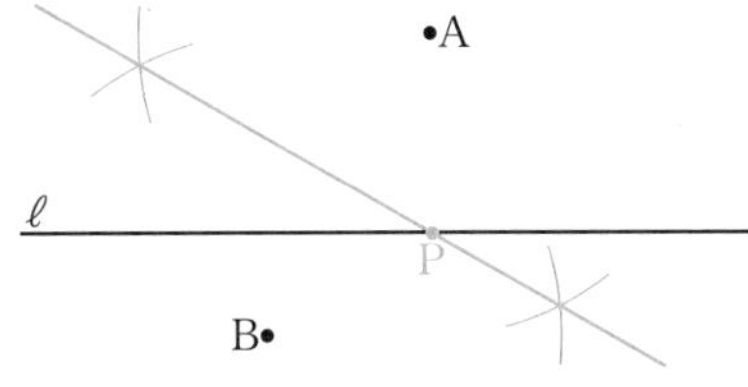

解き方

線分 AB の垂直二等分線を作図し，ℓ との交点を P とします。

6 (1)

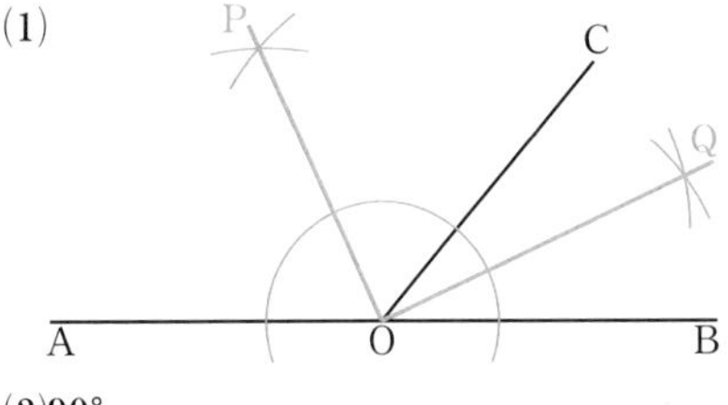

(2)**90°**

解き方

(2)$\angle POQ = \angle POC + \angle COQ$

$= \frac{1}{2}\angle AOC + \frac{1}{2}\angle COB$

$= \frac{1}{2}(\angle AOC + \angle COB)$

$= \frac{1}{2}\angle AOB$

$= 90°$

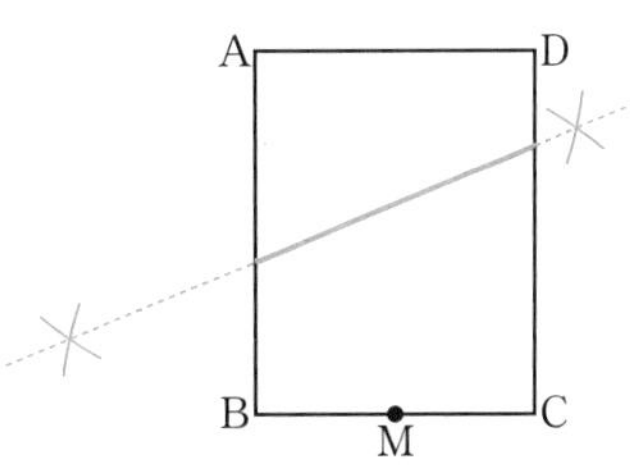

解き方

右の図のように，折り目の線分を PQ とすると，図形 APMEQD は，PQ を対称の軸とする線対称の図形です。このとき，PQ は対応する 2 点 A，M を結ぶ線分 AM を垂直に 2 等分します。

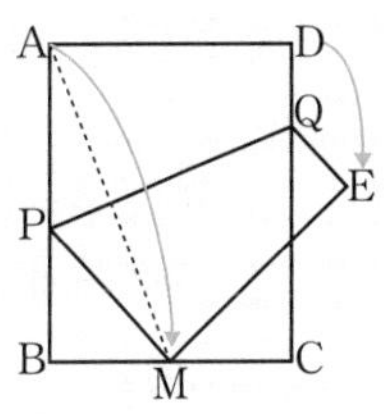

線分 AM の垂直二等分線を作図すればよいです。

8 **(1)∠BCD の二等分線 k を作図する。点 B を通る直線 k の垂線 ℓ を作図する。直線 k と直線 ℓ の交点を P とする。**

(2)線分 AB の垂直二等分線 m を作図する。線分 AD の垂直二等分線 n を作図する。直線 m と直線 n の交点を Q とする。

解き方

(1)学園通りと市役所通りまでの距離が同じ点，すなわち，直線 BC，CD までの距離が等しい点は，∠BCD の二等分線 k 上にあります。直線 k 上の点のうち，点 B からの距離がもっとも近い点 P は，BP⊥k となるときの P です。

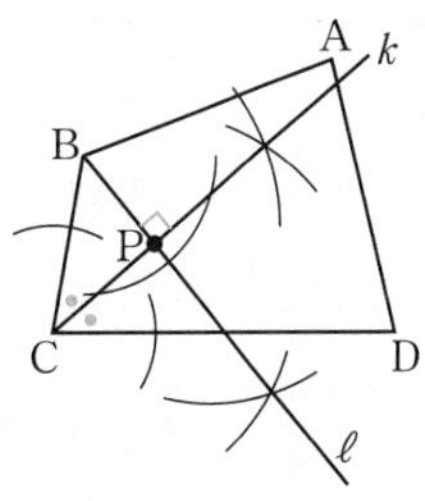

(2)北門と西門から等しい距離にある点は線分 AB の垂直二等分線上にあり，北門と東門から等しい距離にある点は，線分 AD の垂直二等分線上にあります。

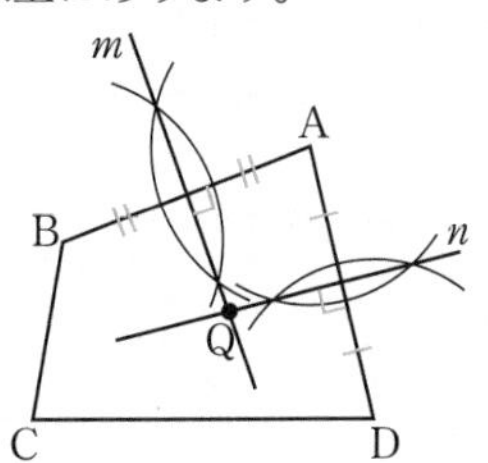

理解のコツ

・基本の作図をおさえたうえで，垂直二等分線，角の二等分線の活用法を理解しておこう。

・作図法に迷ったときは，条件に合う図をフリーハンドでかいてみて，解決法を見つけよう。

p.112～113 ぴたトレ1

1 **(1)おうぎ形　(2)㋐…75°　㋑…310°**

解き方

(1)円の一部で，弧と弧の両端を通る半径で囲まれた図形をおうぎ形といいます。

(2)㋑…360°－50°＝310°

2 **(1)弧の長さ…π cm，面積…3π cm^2**
(2)弧の長さ…2π cm，面積…3π cm^2
(3)弧の長さ…12π cm，面積…48π cm^2

解き方

弧の長さを ℓ cm，面積を S cm^2 とします。

(1)$\ell = 2\pi \times 6 \times \frac{30}{360} = \pi$ (cm)

$S = \pi \times 6^2 \times \frac{30}{360} = 3\pi$ (cm^2)

(2)$\ell = 2\pi \times 3 \times \frac{120}{360} = 2\pi$ (cm)

$S = \pi \times 3^2 \times \frac{120}{360} = 3\pi$ (cm^2)

(3)$\ell = 2\pi \times 8 \times \frac{270}{360} = 12\pi$ (cm)

$S = \pi \times 8^2 \times \frac{270}{360} = 48\pi$ (cm^2)

3 **(1)弧の長さ…4π cm，面積…18π cm^2**
(2)弧の長さ…6π cm，面積…24π cm^2
(3)弧の長さ…14π cm，面積…84π cm^2

解き方

先に約分してから計算します。

(1)$\ell = 2\pi \times \overset{1}{\cancel{9}} \times \frac{\overset{2}{\cancel{80}}}{\underset{\underset{1}{\cancel{40}}}{\cancel{360}}} = 4\pi$ (cm)

$S = \pi \times 9^2 \times \frac{80}{360} = 18\pi$ (cm^2)

(2)$\ell = 2\pi \times 8 \times \frac{135}{360} = 6\pi$ (cm)　← $\frac{135}{360} = \frac{3}{8}$

$S = \pi \times 8^2 \times \frac{135}{360} = 24\pi$ (cm^2)

(3)$\ell = 2\pi \times 12 \times \frac{210}{360} = 14\pi$ (cm)　← $\frac{210}{360} = \frac{7}{12}$

$S = \pi \times 12^2 \times \frac{210}{360} = 84\pi$ (cm^2)

4 **半径 6 cm の円を 5 等分してできる図形**

解き方

半径 6 cm の円の面積は，$\pi \times 6^2 = 36\pi$

これを 5 等分してできる 1 つの図形の面積は

$\frac{36}{5}\pi$ (cm^2)

半径 8 cm の円の面積は　$\pi \times 8^2 = 64\pi$

これを 9 等分してできる 1 つの図形の面積は

$\frac{64}{9}\pi$ (cm^2)

$\frac{36}{5}\pi = \frac{324\pi}{45}$，$\frac{64}{9}\pi = \frac{320}{45}\pi$　より

$\frac{36}{5}\pi > \frac{64}{9}\pi$　したがって，半径 6 cm の円を 5 等分した図形の面積のほうが大きくなります。

p.114～115 ぴたトレ2

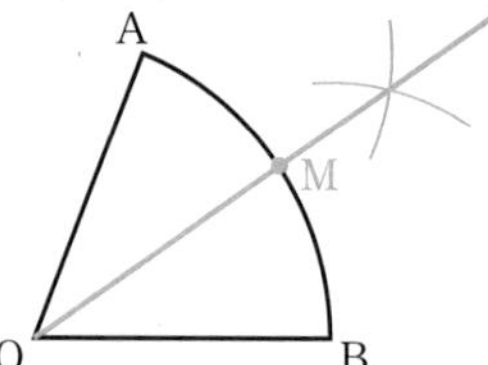

解き方

1 つの円では，おうぎ形の弧の長さは，中心角に比例するから，∠AOM＝∠BOM のとき，$\overset{\frown}{AM} = \overset{\frown}{BM}$ となり，M は $\overset{\frown}{AB}$ を 2 等分します。

∠AOB の二等分線を作図し，$\overset{\frown}{AB}$ との交点を M とします。上の解答は，半径 OA，OB を利用して作図したものです。

2 **(1)90°，120°，150°　(2)75π cm^2**

解き方

弧の長さ，面積は中心角に比例します。

∠AOB：∠BOC：∠COA＝3：4：5 です。

(1)$\angle AOB = 360° \times \frac{3}{3+4+5} = 90°$

$\angle BOC = 90° \times \frac{4}{3} = 120°$

$\angle COA = 90° \times \frac{5}{3} = 150°$

(2)$225\pi \times \frac{120}{360} = 75\pi$ (cm^2)

3 (弧の長さ，面積の順に)

(1)3π cm，18π cm^2　(2)6π cm，54π cm^2
(3)6π cm，30π cm^2　(4)12π cm，90π cm^2
(5)10π cm，45π cm^2　(6)11π cm，33π cm^2

解き方

(1)$\ell=2\pi\times12\times\frac{45}{360}$　← $\frac{45}{360}=\frac{1}{8}$

$=2\pi\times12\times\frac{1}{8}=3\pi$(cm)

$S=\pi\times12^2\times\frac{45}{360}$

$=\pi\times12^2\times\frac{1}{8}=18\pi$(cm^2)

(2)$\ell=2\pi\times18\times\frac{60}{360}$　← $\frac{60}{360}=\frac{1}{6}$

$=2\pi\times18\times\frac{1}{6}=6\pi$(cm)

$S=\pi\times18^2\times\frac{60}{360}$

$=\pi\times18^2\times\frac{1}{6}=54\pi$(cm^2)

(3)$\ell=2\pi\times10\times\frac{108}{360}$　← $\frac{108}{360}=\frac{3}{10}$

$=2\pi\times10\times\frac{3}{10}=6\pi$(cm)

$S=\pi\times10^2\times\frac{108}{360}$

$=\pi\times10^2\times\frac{3}{10}=30\pi$(cm^2)

(4)$\ell=2\pi\times15\times\frac{144}{360}$　← $\frac{144}{360}=\frac{2}{5}$

$=2\pi\times15\times\frac{2}{5}=12\pi$(cm)

$S=\pi\times15^2\times\frac{144}{360}$

$=\pi\times15^2\times\frac{2}{5}=90\pi$(cm^2)

(5)$\ell=2\pi\times9\times\frac{200}{360}$　← $\frac{200}{360}=\frac{5}{9}$

$=2\pi\times9\times\frac{5}{9}=10\pi$(cm)

$S=\pi\times9^2\times\frac{200}{360}$

$=\pi\times9^2\times\frac{5}{9}=45\pi$(cm^2)

(6)$\ell=2\pi\times6\times\frac{330}{360}$　← $\frac{330}{360}=\frac{11}{12}$

$=2\pi\times6\times\frac{11}{12}=11\pi$(cm)

$S=\pi\times6^2\times\frac{330}{360}$

$=\pi\times6^2\times\frac{11}{12}=33\pi$(cm^2)

4 (弧の長さ，面積の順に)

(1)$\frac{6}{5}\pi$ cm，$\frac{12}{5}\pi$ cm^2　(2)$\frac{10}{3}\pi$ cm，$\frac{40}{3}\pi$ cm^2

(3)$\frac{13}{2}\pi$ cm，$\frac{65}{2}\pi$ cm^2

(4)$\frac{15}{2}\pi$ cm，$\frac{45}{2}\pi$ cm^2　(5)$\frac{14}{3}\pi$ cm，7π cm^2

解き方

(1)$\ell=2\pi\times4\times\frac{\overset{3}{\cancel{54}}}{\underset{20}{\cancel{360}}}=\frac{6}{5}\pi$(cm)

$S=\pi\times4^2\times\frac{\overset{3}{\cancel{54}}}{\underset{20}{\cancel{360}}}=\frac{12}{5}\pi$(cm^2)

(2)$\ell=2\pi\times8\times\frac{75}{360}=\frac{10}{3}\pi$(cm)　← $\frac{75}{360}=\frac{5}{24}$

$S=\pi\times8^2\times\frac{75}{360}=\frac{40}{3}\pi$(cm^2)

(3)$\ell=2\pi\times10\times\frac{117}{360}=\frac{13}{2}\pi$(cm)　← $\frac{117}{360}=\frac{13}{40}$

$S=\pi\times10^2\times\frac{117}{360}=\frac{65}{2}\pi$(cm^2)

(4)$\ell=2\pi\times6\times\frac{225}{360}=\frac{15}{2}\pi$(cm)　← $\frac{225}{360}=\frac{5}{8}$

$S=\pi\times6^2\times\frac{225}{360}=\frac{45}{2}\pi$(cm^2)

(5)$\ell=2\pi\times3\times\frac{280}{360}=\frac{14}{3}\pi$(cm)　← $\frac{280}{360}=\frac{7}{9}$

$S=\pi\times3^2\times\frac{280}{360}=7\pi$(cm^2)

5 L サイズのピザ

解き方

直径 20 cm のピザ(M サイズ)の面積は

$\pi\times\left(\frac{20}{2}\right)^2=100\pi$ (cm^2)　これを 6 等分してできる 1 人分のピザの面積は　$\frac{100}{6}\pi$ (cm^2)

直径 24 cm のピザ(L サイズ)の面積は

$\pi\times\left(\frac{24}{2}\right)^2=144\pi$ (cm^2)　これを 8 等分してできる 1 人分のピザの面積は　$\frac{144}{8}\pi=18\pi$ (cm^2)

$18\pi=\frac{108}{6}\pi$ より　$\frac{100}{6}\pi<18\pi$　したがって，

L サイズの 1 人分のピザの面積のほうが大きい。

6 (1)150π cm^2　(2)$(15\pi+40)$ cm

解き方

右の図の色をつけた図形になります。

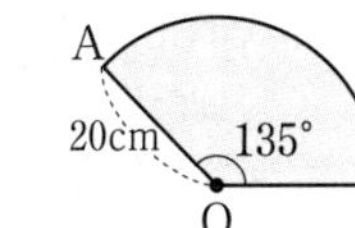

(1)$\pi\times20^2\times\frac{135}{360}=\pi\times20^2\times\frac{3}{8}=150\pi$ (cm^2)

(2) 2つの線分と弧の長さの和になります。

$2\pi\times20\times\frac{135}{360}+20\times2=15\pi+40$ (cm)

理解のコツ

・おうぎ形の弧の長さ，面積は中心角に比例することが基本。これをおさえた上で，公式を覚え，使いこなそう。

・半径 r，弧の長さ ℓ のおうぎ形の面積を S とすると，$S=\frac{1}{2}\ell r$ が成り立つ。》》教 p.214「数学のまど」

これまでの問題で確かめてみよう。検算にも使える。

p.116～117 ぴたトレ3

❶ (1)**△ODE**

(2)**△AHO，△CBO，△EDO，△GFO**

(3)**△CDO，△EFO，△GHO**

解き方

(1)平行移動は，図形を一定の方向に，一定の距離だけ動かす移動であるから，△ABO について，一定の方向に一定の距離だけ移動した△ODE が求める三角形となります。

(2)対称移動は，図形を対称の軸を折り目として折り返す移動であるから，△ABO について，AO，BO，CO，HO をそれぞれ対称の軸とする△AHO，△CBO，△EDO，△GFO が求める三角形となります。対応する頂点を，△ABO と同じ順に並べて書きます。

(3)回転移動は，図形をある点を中心として一定の角度だけ回転する移動であるから，△ABO について，O を回転の中心として，それぞれ 90°，180°，270°回転した△CDO，△EFO，△GHO が求める三角形となります。

❷ (1)**△ABC を，直線 ℓ と垂直な方向に 18 cm だけ平行移動する。**

(2)**△ABC を，点 O を中心として，時計回りに 120° だけ回転移動する。**

解き方

(1)△ABC を直線 ℓ を対称の軸として対称移動した図形を △A′B′C′ とすると，ℓ は線分 CC′ の垂直二等分線だから，

CC′＝3×2＝6(cm)

同じように　C′R＝6×2＝12(cm)

平行移動する距離は　6＋12＝18(cm)

(2)△ABC を半直線 OX を対称の軸として対称移動した図形を △A′B′C′ とすると，2つの三角形は OX を折り目として折り返すと重なるから

∠COX＝∠C′OX

同じように　∠ROY＝∠C′OY

したがって，回転する角の大きさは，

∠COR＝∠COX×2＋∠ROY×2

＝∠XOY×2＝60°×2＝120°

❸ (1)**周の長さ…(16π＋36) cm**

面積…144π cm²

(2)**①96°　②240π cm²**

解き方

(1)周の長さは，2つの半径と弧の長さの和になります。

$2\pi\times18\times\frac{160}{360}+18\times2=16\pi+36$ (cm)

おうぎ形の面積は

$\pi\times18^2\times\frac{160}{360}=\pi\times18^2\times\frac{4}{9}=144\pi$ (cm^2)

(2)①中心角を x° とすると，$2\pi\times30\times\frac{x}{360}=16\pi$

これを解くと　$x=96$

②$\pi\times30^2\times\frac{96}{360}=240\pi$ (cm^2)

❹

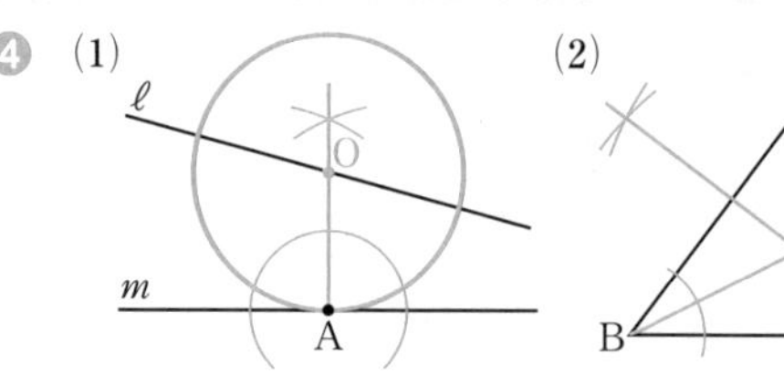

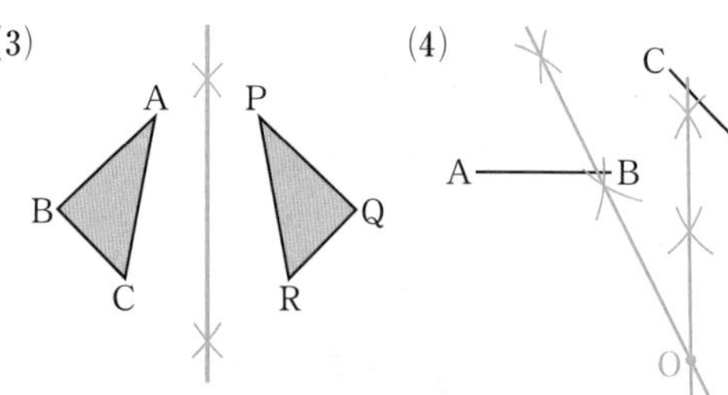

解き方

(1)OA⊥m となることを利用します。

(2)どれか2つの角の二等分線を作図します。

(3)対応する点を結ぶ線分 AP，BQ，CR のどれか1つの垂直二等分線を作図します。

(4)A を点 O を中心として回転すると C に重なるから，OA＝OC　したがって，点 O は線分 AC の垂直二等分線上にあります。

同じように，OB＝OD であるから，点 O は線分 BD の垂直二等分線上にあります。

6章　空間図形

p.119　ぴたトレ 0

1 (1)**四角柱**　(2)**三角柱**

解き方　それぞれの展開図を，点線にそって折りまげ，組み立てた図を考えます。
見取図をかくと，次のようになります。

(1) 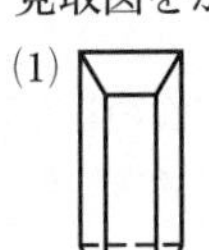 (2) 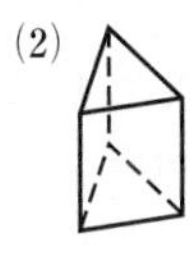

2 (1)**辺 IH**　(2)**頂点 A，頂点 I**

解き方　わかりにくいときは，見取図をかき，頂点をかき入れてみます。

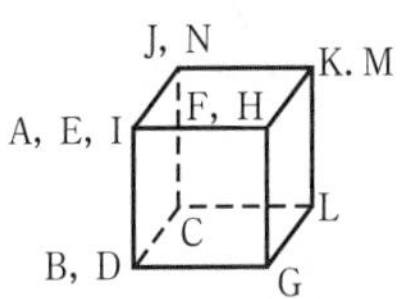

(1)辺 HI としても正解です。

3 (1)**120 cm³**　(2)**180 cm³**
(3)**2198 cm³**　(4)**401.92 cm³**

解き方　それぞれ，(底面積)×(高さ)　で求めます。
(1)$(5\times3)\times8=120$(cm³)
(2)$(6\times10\div2)\times6=180$(cm³)
(3)$(10\times10\times3.14)\times7=2198$(cm³)
(4)底面は，半径が 4 cm の円です。
$(4\times4\times3.14)\times8=401.92$(cm³)

p.120〜121　ぴたトレ 1

1 (1)㋐**五面体**，㋑**四面体**，㋒**六面体**，㋓**五面体**
(2)㋑，㋓，㋕　(3)㋖

解き方　(1)平面だけで囲まれた立体を選び，面の数を調べます。
(2)語尾(ごび)に「錐」がつく立体です。

2 (1)**底面が正方形の多面体で，4 つの側面がある。**
(2)**正四角柱は，4 つの側面が合同な長方形の六面体である。正四角錐は，4 つの側面が合同な二等辺三角形の五面体である。**

解き方　(1)底面の形，多面体であることをいいます。
(2)側面の形のちがいをいいます。また，底面の数のちがいもあるが，六面体と五面体であることをいえば，それでよいです。

3 (1)**1 つの頂点に集まる面の数が 3 つある。**
(2)**正四面体は，面の形が正三角形，面の数が 4 つ，辺の数が 6 つ，頂点の数が 4 つであるが，正六面体は，面の形が正方形，面の数が 6 つ，辺の数が 12，頂点の数が 8 つである。**

解き方　正四面体と正六面体を，面の形，1 つの頂点に集まる面の数，面の数，辺の数，頂点の数について調べます。正六面体は立方体のことです。
なお，正多面体は，次の 2 つの性質をもち，へこみのないものをいいます。
1 どの面もすべて合同な正多角形である。
2 どの頂点にも面が同じ数だけ集まっている。
正多面体には，正四面体，正六面体，正八面体，正十二面体，正二十面体の 5 種類があります。

4 (1)①**3**　②**6**　③**4**　④**正方形**　⑤**3**　⑥**8**
⑦**正五角形**　⑧**20**　⑨**5**　⑩**30**
(2)**正四面体… 2，正六面体… 2，正八面体… 2，正十二面体… 2，正二十面体… 2**
(面の数)−(辺の数)＋(頂点の数)は，すべて 2 に等しい。

解き方　(1)本書 p.120 **例題2**「プラスワン」の図で調べます。
(2)順に，$4-6+4=2$，$6-12+8=2$
$8-12+6=2$，$12-30+20=2$
$20-30+12=2$
なお，このことは，正多面体にかぎらず，多面体であれば成り立つことが知られています。

p.122〜123　ぴたトレ 1

1 (1)**辺 AB**　(2)**面 AEHD，面 EFGH**

解き方　(1)2 つの面は辺 AB で交わっています。
(2)直線 BC と出あわない面です。面 AEHD や面 EFGH は，かぎりなくひろがっているものと考えても，直線 BC と交わることはありません。

2 (1)**平行な辺…辺 BF，辺 CG，辺 DH**
ねじれの位置…辺 BC，辺 CD，辺 FG，辺 GH
(2)**辺 AB，辺 AE，辺 BC，辺 CG，辺 EH，辺 GH**

解き方　(1)1 つの平面上にあって交わらない 2 つの直線は平行です。直線 AE と平行な辺は，面 AEFB 上の辺 BF，面 AEHD 上の辺 DH，面 AEGC 上の辺 CG の 3 つあります。
平行でなく交わらない 2 つの直線は，ねじれの位置にあります。

辺 AE と平行な辺，交わる辺に×印をつけると右の図のようになります。これを除いた残りの 4 つの辺です。

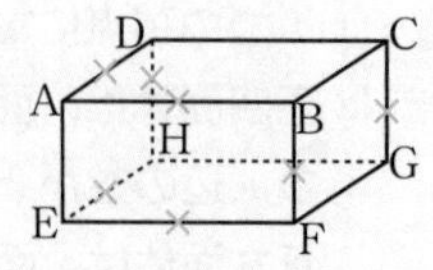

(2)対角線 DF と平行な辺はありません。交わる辺に×印をつけると右の図のようになります。これを除いた残りの 6 つの辺です。

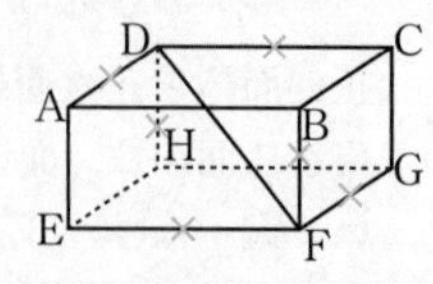

(注)上の図で，線分 DF をこの直方体の対角線といいます。AG，BH，CE も対角線です。

3 (1)60°　(2)**面 ABC，面 DEF，面 BEFC**

解き方 (1)直方体を 2 つに分けてできたものだから，△ABC で ∠ACB=90°です。よって，
∠BAC=90−∠ABC=90°−30°=60°
面 ABED と面 ACFD の交線は辺 AD であり，AB⊥AD，AC⊥AD だから，この 2 つの面のつくる角は，∠BAC に等しく 60°です。

(2)面 ACFD と交わる面は，(1)で調べた面 ABED のほかに 3 つあります。
面 ABC…交線は AC，AC⊥CF，BC⊥AC であり　∠BCF=90°
面 DEF…交線は DF，CF⊥DF，EF⊥DF であり　∠EFC=90°
面 BEFC…交線は CF，AC⊥CF，BC⊥CF であり　∠ACB=90°
3 つの面はどれも面 ACFD と垂直です。

4 (1)**円柱**　(2)**(1 辺が 3 cm の)立方体**

解き方 それぞれ次の図のようになります。

(1)

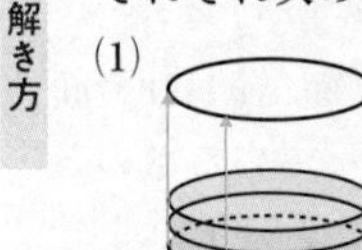

(2)

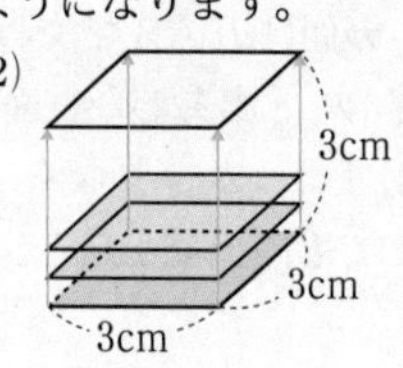

5 (1)

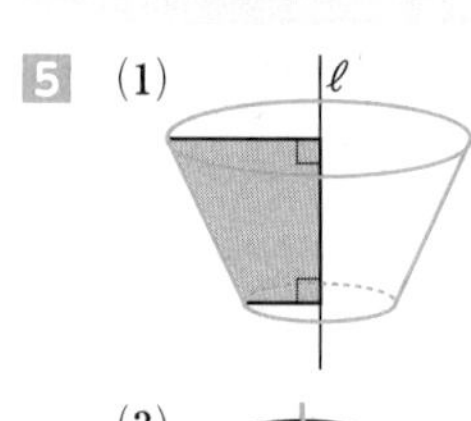

(2)

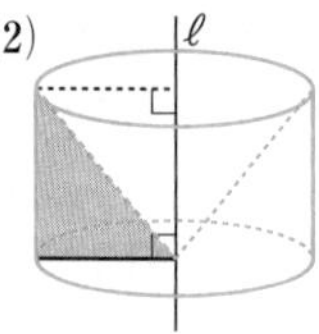

(3)

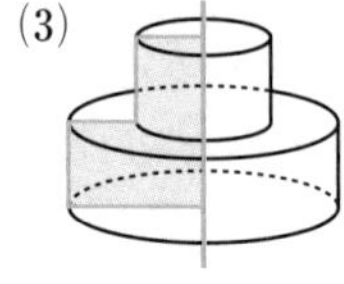

解き方 (1)(2)はじめに，ℓを対称の軸として線対称な図形を考えてからかくとよいです。見取図で見えない線は破線------でかきます。(2)は，円柱から円錐をくりぬいた立体になります。
(3)線対称な図形の左半分をかきます。

p.124〜125　ぴたトレ 1

1 **8π cm**

解き方 側面になる長方形の横の長さは，底面の円周に等しいから，$2\pi\times4=8\pi$(cm)

2

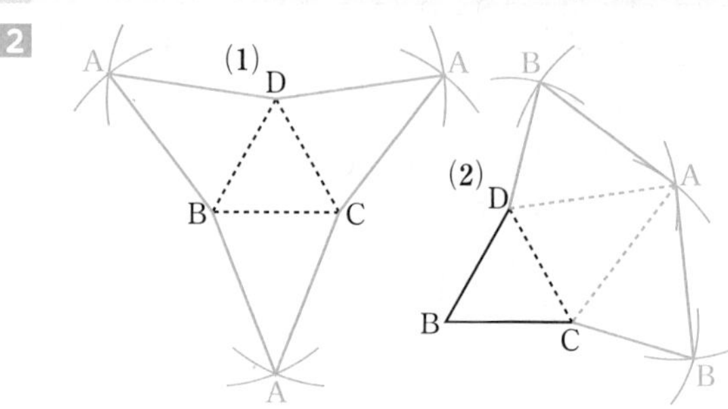

解き方 3 つの側面は合同な二等辺三角形になります。
(1)辺 BC，CD，DB をそれぞれ底辺として，等しい辺の長さが 2 cm の二等辺三角形をかきます。
(2)はじめに，AC=AD=2 cm の二等辺三角形をかいて，頂点 A の位置を求めます。その点を使って，残りの側面をかきます。
なお，底面の辺の数を増やしていくと，その立体は円錐に近づき，底面の形や展開図の側面をつないだ形は円錐の展開図に近づいていきます。

3 (1)**180°**　(2)**150°**

解き方 (1)側面になるおうぎ形の弧の長さは，底面の円周に等しいから　$2\pi\times3=6\pi$(cm)
一方，側面のおうぎ形をふくむ，半径 6 cm (母線)の円の円周は　$2\pi\times6=12\pi$(cm)
おうぎ形の中心角は弧の長さに比例するから，
求める中心角は　$360°\times\dfrac{6\pi}{12\pi}=180°$

(2)$360°\times\dfrac{2\pi\times5}{2\pi\times12}=150°$

4 (1)**三角柱**　(2)**三角錐**　(3)**四角錐**

解き方 立体を投影図で表すときには，真上から見た平面図と，正面から見た立面図を使って表すことが多いです。立面図と平面図からどの立体を表しているか判断します。
(1)は角柱，(2)(3)は角錐で，底面の形はそれぞれ三角形，三角形，四角形です。

(1)は，三角柱を右の図のように置いて，真上と正面から見た投影図になっています。

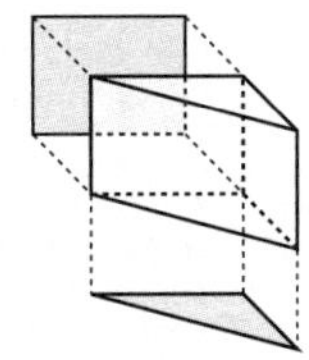

5 **立方体…正方形，円柱…円**
三角柱…(直角二等辺)三角形

解き方
次のような場合が考えられます。

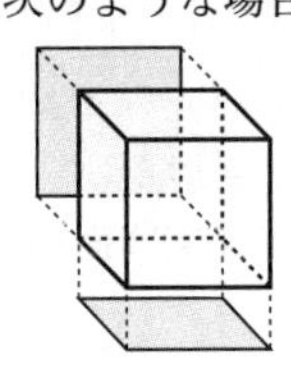 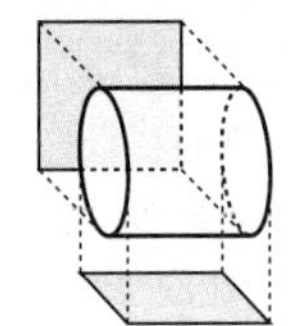 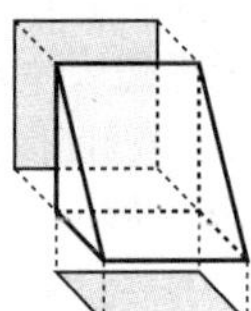

(注)立面図と平面図だけでは，その立体の形がよくわからないことがあります。このようなときには，横から見た図をつけ加えて表すこともあります。

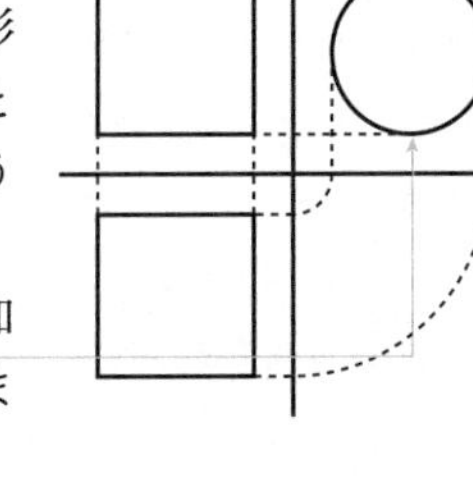

p.126〜127 ぴたトレ 2

1 (1)**八面体** (2)**八面体**

解き方
(1)角錐には，すべての側面が集まる頂点が1つあります。残りの頂点は底面の多角形の頂点になります。$8-1=7$ より，底面は七角形です。
(2)角柱では，底面の辺の数と側面全体の辺の数は等しいです。底面は2つあるから，1つの底面の辺の数は，$18\div3=6$ したがって，この角柱は六角柱で，八面体です。

2 (1)**正四面体，正八面体，正二十面体**
(2)**正六面体，正八面体**

解き方
正多面体には，正四面体，正六面体，正八面体，正十二面体，正二十面体の5種類しかありません。面の形が正三角形になるものが，正四面体，正八面体，正二十面体であり，正方形になるものが正六面体，正五角形になるものが正十二面体です。辺の数は，正四面体が6，正六面体と正八面体が12，正十二面体と正二十面体が30となります。

3 **㋑，㋒，㋓**

解き方
㋐2点で1つの直線が決まるが，1つの直線をふくむ平面はいくつもあります。
㋑1つの直線とその直線上にない点をふくむ平面は1つに決まります。すなわち，1直線上にない3点をふくむ平面は1つに決まります。
㋒㋓平行な2直線，交わる2直線は，それぞれ同じ平面上にあります。

4 **直線 ℓ，m は同じ平面上にあって交わらないから平行である。**

解き方
ℓ，m は1つの平面R上にあります。P∥Qで2平面P，Qは交わらないから，P上にある ℓ とQ上にある m は交わることはありません。

5 (1)**4組** (2)**辺ED，辺KJ，辺GH** (3)**4つ**
(4)**8本** (5)**面ABCDEF，面GHIJKL**

解き方
正六角形ABCDEFでは，AB∥ED，BC∥FE，CD∥AFとなっています。
(1)底面の1組と，側面に3組あります。
(2)平面ABJK上で，AB∥KJです。
(3)面CIJD，面DJKE，面EKLF，面AGLFの4つです。
(4)辺DJと平行な辺，交わる辺に×印をつけると，右の図のようになります。
残りの辺AB，BC，AF，EF，GH，HI，GL，LKの8本が辺DJとねじれの位置にあります。

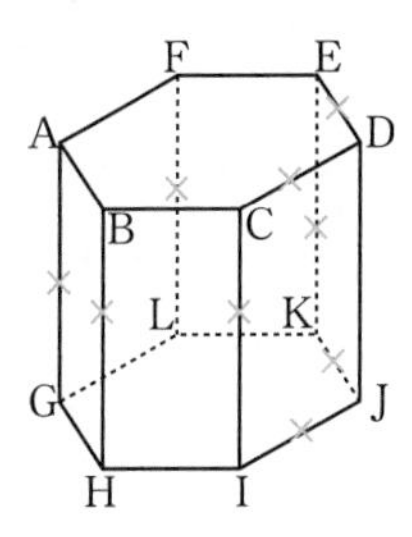

(5)AG⊥AB，AG⊥AFだから，2辺AB，AFをふくむ平面ABCDEFは辺AGと垂直です。同じように，面GHIJKLも垂直です。

6 (1)

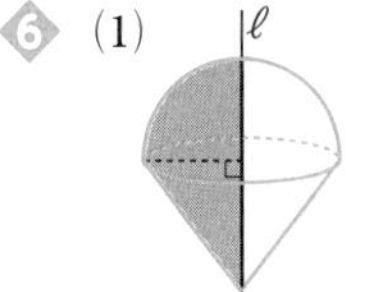

(2)

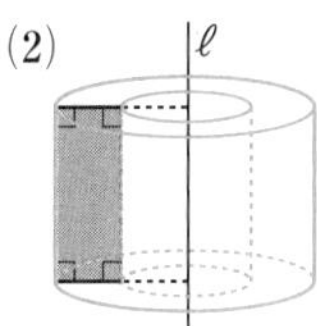

解き方
はじめに，ℓ を対称の軸として線対称な図形を考えて，それをもとにして見取図をかきます。
(1)半球と円錐を合わせた立体になります。
(2)円柱の真ん中から小さい円柱を取り除いた立体になります。

 (1)

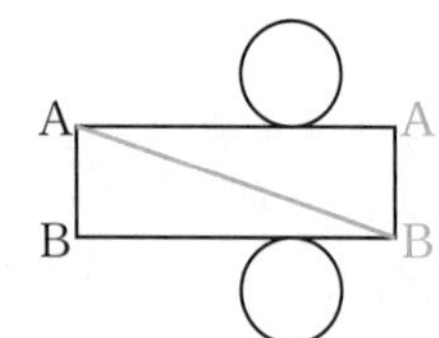

(2)

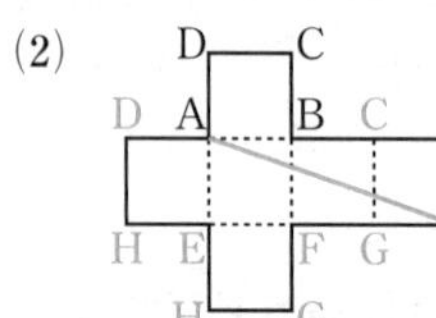

解き方 ひもの長さがもっとも短くなるときのひもは，展開図の上では，2点を結ぶ線分になります。
(1)展開図に母線のもう一端の点A，Bをかき加えます。側面になる長方形に線分ABをひきます。
(2)正方形ABCDをもとに，展開図の各点に，頂点C～Hをかき入れます。辺BF，CGを通るように線分AHをひきます。

8 **半径…10 cm，弧の長さ…14π cm**
中心角…252°

解き方 側面のおうぎ形の半径は，母線の長さに等しいです。また，弧の長さは底面の円周に等しいから $2\pi\times7=14\pi$(cm)

中心角は　$360°\times\dfrac{14\pi}{2\pi\times10}=252°$

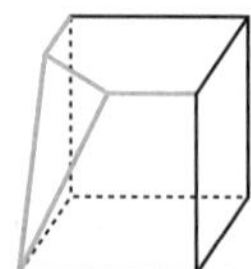

解き方 まず立方体をかき，以下のようにしてもよいです。上側の面には平面図と同じ線分を，手前の面には立面図と同じ線分をそれぞれかき入れます。左側の面の線分をおぎないます。

10 **・光の方向に対して，辺ABが垂直になるように置く。**
・光の方向に対して，辺CDが平行になるように置く。

解き方 光の方向に対して，辺ABが垂直であるとき，光に対して垂直な面Pにできる線分ABの影は，AB∥Pとなるので，実際の長さと等しくなります。しかし，平行でないときは実際の長さより短くなります。

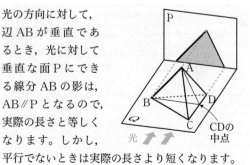

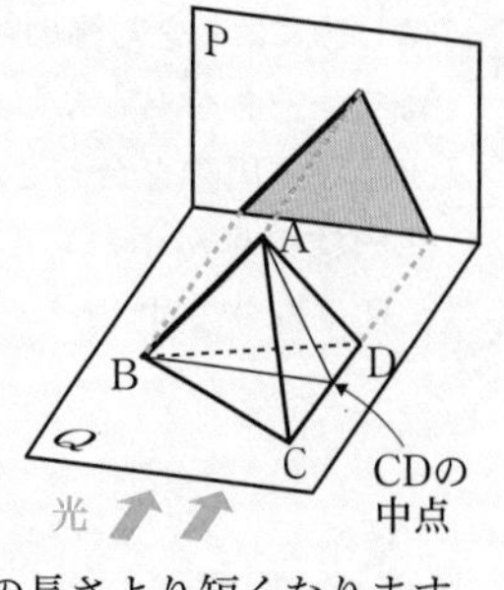

左下の図は，P⊥Qの面Q上に正三角錐の面BCDを，AB∥Pとなるように置いた例を示しています。このとき，光の方向に対して，辺CDは平行になるので，辺CDは面Pに垂直になっています。

理解のコツ
・正多面体は5種類あるが，その面の形は正三角形，正方形，正五角形の3種類しかない。
・ねじれの位置にある辺を見つけるには，平行な辺と交わる辺に×をつけ，残りの辺を確認するとよい。
・円錐の展開図は，側面になるおうぎ形がポイント。おうぎ形の　半径⇒母線，弧の長さ⇒底面の円周，弧の長さは中心角に比例する⇒中心角。

p.128～129　ぴたトレ1

1 (1)63π cm³　(2)320 cm³

解き方 角柱，円柱の底面積をS，高さをhとすると，体積Vを求める式は$V=Sh$です。
(1)$(\pi\times3^2)\times7=63\pi$(cm³)
(2)台形の面を底面とみると

底面積は　$\dfrac{1}{2}\times(7+9)\times5=40$(cm²)

体積は　$40\times8=320$(cm³)

2 (1)84 cm³　(2)$\dfrac{200}{3}$ cm³　(3)15π cm³
(4)192π cm³

解き方 角錐，円錐の底面積をS，高さをhとすると，体積Vを求める式は$V=\dfrac{1}{3}Sh$です。

(1)$\dfrac{1}{3}\times(6\times6)\times7=84$(cm³)

(2)$\dfrac{1}{3}\times(5\times5)\times8=\dfrac{200}{3}$(cm³)

(3)$\dfrac{1}{3}\times(\pi\times3^2)\times5=15\pi$(cm³)

(4)$\dfrac{1}{3}\times(\pi\times8^2)\times9=192\pi$(cm³)

3 (1)$V=\pi r^2h$　(2)$V=\dfrac{1}{3}\pi r^2h$

解き方 底面積は，πr^2と表されます。
なお，アルファベット順ではh，rになりますが，底面積，高さの順で表すため，r，hの順で書くことがふつうです。

4 **20 cm^3**

解き方

たとえば，手前に見える面を底面とみます。底面は，底辺が 6 cm で高さが 4 cm の三角形で，高さが 5 cm の三角錐とみることができます。体積は $\frac{1}{3}\times\left(\frac{1}{2}\times6\times4\right)\times5=20(\text{cm}^3)$

(別解)

右横に見える面を底面とみると，底面は底辺が 4 cm，高さが 5 cm の三角形で，高さが 6 cm の三角錐とみることができます。体積は

$\frac{1}{3}\times\left(\frac{1}{2}\times4\times5\right)\times6=20\ (\text{cm}^3)$

p.130～131 ぴたトレ 1

1 **底面積…30 cm^2，側面積…300 cm^2**
表面積…360 cm^2

解き方

底面は，右横の三角形になります。

底面積は $\frac{1}{2}\times12\times5=30(\text{cm}^2)$

側面積は $10\times(12+5+13)=300(\text{cm}^2)$

表面積は $300+30\times2=360(\text{cm}^2)$

2 **底面積…9π cm^2，側面積…36π cm^2**
表面積…54π cm^2

解き方

底面積は $\pi\times3^2=9\pi(\text{cm}^2)$

側面積は $6\times(2\pi\times3)=36\pi(\text{cm}^2)$

表面積は $36\pi+9\pi\times2=54\pi(\text{cm}^2)$

3 **(1)230 cm^2 (2)192π cm^2**

解き方

(1)側面積は $9\times(5\times4)=180(\text{cm}^2)$

底面積は $5\times5=25(\text{cm}^2)$

表面積は $180+25\times2=230(\text{cm}^2)$

(2)側面積は $10\times(2\pi\times6)=120\pi(\text{cm}^2)$

底面積は $\pi\times6^2=36\pi(\text{cm}^2)$

表面積は $120\pi+36\pi\times2=192\pi(\text{cm}^2)$

4 **96π cm^2**

解き方

長方形 ABCD を，辺 DC を軸として回転させてできる立体は，底面の半径が 4 cm，高さが 8 cm の円柱になります。

側面積は $8\times(2\pi\times4)=64\pi(\text{cm}^2)$

底面積は $\pi\times4^2=16\pi(\text{cm}^2)$

表面積は $64\pi+16\pi\times2=96\pi(\text{cm}^2)$

5 **(1) 45π cm^2 (2) 25π cm^2 (3) 70π cm^2**

解き方

(1)$\pi\times9^2\times\frac{2\pi\times5}{2\pi\times9}=45\pi(\text{cm}^2)$

(別解)

半径 r，弧の長さ ℓ のおうぎ形の面積 S は，

$S=\frac{1}{2}\ell r$ と表すことができます。側面を示すおうぎ形の弧の長さは，底面の円の円周に等しいから，弧の長さは $2\times\pi\times5=10\pi$

したがって，側面積は $\frac{1}{2}\times10\pi\times9=45\pi\ (\text{cm}^2)$

(2)$\pi\times5^2=25\pi(\text{cm}^2)$

(3)$45\pi+25\pi=70\pi(\text{cm}^2)$

6 **184π cm^2**

解き方

側面積は

$\pi\times15^2\times\frac{2\pi\times8}{2\pi\times15}=120\pi(\text{cm}^2)$

(別解)$\frac{1}{2}\times(2\times\pi\times8)\times15=120\pi\ (\text{cm}^2)$

底面積は $\pi\times8^2=64\pi(\text{cm}^2)$

表面積は $120\pi+64\pi=184\pi(\text{cm}^2)$

p.132～133 ぴたトレ 1

1 **(1)体積…128π cm^3，側面積…64π cm^2**

(2)① $\frac{256}{3}\pi$ cm^3 ②$64\pi$ cm^2 ③2：3

(3)2：1

解き方

(1)体積は $(\pi\times4^2)\times8=128\pi(\text{cm}^3)$

側面積は $8\times(2\pi\times4)=64\pi(\text{cm}^2)$

(2)①$128\pi\times\frac{2}{3}=\frac{256}{3}\pi(\text{cm}^3)$

③円柱の表面積は $64\pi+\pi\times4^2\times2=96\pi(\text{cm}^2)$

球と円柱の表面積の比は $64\pi：96\pi=2：3$

(3)円錐の体積は円柱の $\frac{1}{3}$ だから，円柱の体積をもとにすると，球と円錐の体積の比は

$\frac{2}{3}：\frac{1}{3}=2：1$

なお，右の図のような円柱，球，円錐の体積の比は，3：2：1 と表すことができます。

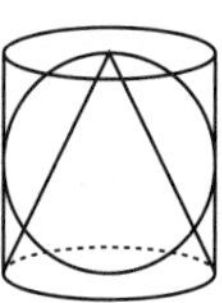

2 **(1)体積…288π cm^3，表面積…144π cm^2**

(2)体積…$\frac{32000}{3}\pi$ cm^3，表面積…1600π cm^2

解き方

球の体積，表面積の公式を使います。

(1)体積は $\frac{4}{3}\pi\times6^3=288\pi(\text{cm}^3)$

表面積は $4\pi\times6^2=144\pi(\text{cm}^2)$

(2)体積は $\frac{4}{3}\pi\times20^3=\frac{32000}{3}\pi(\text{cm}^3)$

表面積は $4\pi\times20^2=1600\pi(\text{cm}^2)$

3 (1)**体積…486π cm^3，表面積…243π cm^2**
(2)**体積…36π cm^3，表面積…39π cm^2**

解き方
(1)回転体は，右の図のような半球になります。体積は

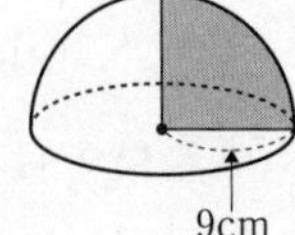

$\frac{4}{3}\pi\times9^3\times\frac{1}{2}=486\pi(\text{cm}^3)$

表面積は，半球の球面と円の面積の和になります。

$4\pi\times9^2\times\frac{1}{2}+\pi\times9^2=243\pi(\text{cm}^2)$

(2)右の図のような半球と円柱を合わせた立体になります。体積は

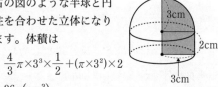

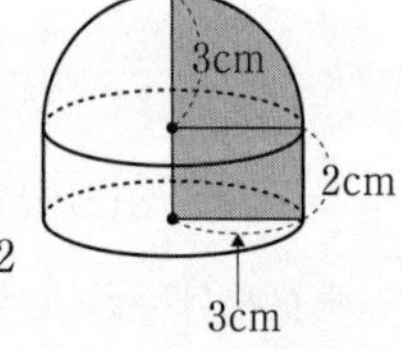

$\frac{4}{3}\pi\times3^3\times\frac{1}{2}+(\pi\times3^2)\times2$
$=36\pi(\text{cm}^3)$

表面積は，半球の球面，円柱の側面と底面の和になります。

$4\pi\times3^2\times\frac{1}{2}+2\times(2\pi\times3)+\pi\times3^2=39\pi(\text{cm}^2)$

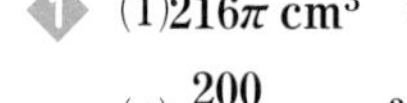

p.134～135 ぴたトレ2

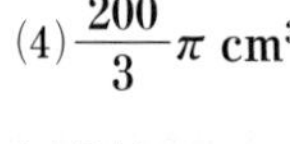

1 (1)**216π cm^3** (2)**690 cm^3** (3)**60 cm^3**
(4)**$\frac{200}{3}\pi$ cm^3**

解き方
(1)半径は 6 cm だから，
体積は $(\pi\times6^2)\times6=216\pi(\text{cm}^3)$
(2)台形の面を底面とみると
底面積は $\frac{1}{2}\times(8+15)\times6=69(\text{cm}^2)$
体積は $69\times10=690(\text{cm}^3)$
(3)$\frac{1}{3}\times6^2\times5=60(\text{cm}^3)$
(4)$\frac{1}{3}\times(\pi\times5^2)\times8=\frac{200}{3}\pi(\text{cm}^3)$

2 **見取図で手前に見える面を底面とみると底面積が等しく，高さも等しいから，体積は等しい。**

解き方
(ア)の底面積は $3\times5(\text{cm}^2)$，(イ)の底面積は $5\times3(\text{cm}^2)$で，等しいです。

3 (1)**20 cm^3** (2)**128 cm^3**

解き方
(1)底面が底辺 6 cm，高さ 5 cm の三角形で，高さが 4 cm の三角錐とみると，
体積は $\frac{1}{3}\times\left(\frac{1}{2}\times6\times5\right)\times4=20(\text{cm}^3)$
(2)底面は 1 辺 8 cm の正方形で，高さ 6 cm の四角錐なので，
体積は $\frac{1}{3}\times8^2\times6=128(\text{cm}^3)$

4 **288 cm^3**

解き方
高さが 6 cm の正四角錐を 2 つ合わせた形とみることができます。
底面積は，右の図から，

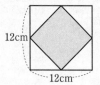

$12\times12\times\frac{1}{2}=72(\text{cm}^2)$
したがって，体積は
$\left(\frac{1}{3}\times72\times6\right)\times2=288(\text{cm}^3)$

5 (1)**520 cm^2** (2)**500π cm^2** (3)**39π cm^2**
(4)**133π cm^2**

解き方
(1)側面積は $10\times(8+15+17)=400(\text{cm}^2)$
底面積は $\frac{1}{2}\times15\times8=60(\text{cm}^2)$
表面積は $400+60\times2=520(\text{cm}^2)$
(2)側面積は $15\times(2\pi\times10)=300\pi(\text{cm}^2)$
底面積は $\pi\times10^2=100\pi(\text{cm}^2)$
表面積は $300\pi+100\pi\times2=500\pi(\text{cm}^2)$
(3)側面積は $\pi\times10^2\times\frac{2\pi\times3}{2\pi\times10}=30\pi(\text{cm}^2)$
底面積は $\pi\times3^2=9\pi(\text{cm}^2)$
表面積は $30\pi+9\pi=39\pi(\text{cm}^2)$
(4)側面積は $\pi\times12^2\times\frac{2\pi\times7}{2\pi\times12}=84\pi(\text{cm}^2)$
底面積は $\pi\times7^2=49\pi(\text{cm}^2)$
表面積は $84\pi+49\pi=133\pi(\text{cm}^2)$

6 (1)**体積…75 cm^3，表面積…110 cm^2**
(2)**体積…128π cm^3，表面積…144π cm^2**
(3)**体積…$\frac{1372}{3}\pi$ cm^3，表面積…196π cm^2**

解き方
(1)体積は $15\times5=75(\text{cm}^3)$
側面を横につないだ展開図をかくと，側面は縦 5 cm，横 16 cm の長方形になります。
表面積は $5\times16+15\times2=110(\text{cm}^2)$
(2)体積は $\frac{1}{3}\times(\pi\times8^2)\times6=128\pi(\text{cm}^3)$
側面積は $\pi\times10^2\times\frac{2\pi\times8}{2\pi\times10}=80\pi(\text{cm}^2)$
底面積は $\pi\times8^2=64\pi(\text{cm}^2)$
表面積は $80\pi+64\pi=144\pi(\text{cm}^2)$
(3)体積は $\frac{4}{3}\pi\times7^3=\frac{1372}{3}\pi(\text{cm}^3)$
表面積は $4\pi\times7^2=196\pi(\text{cm}^2)$

 (1)

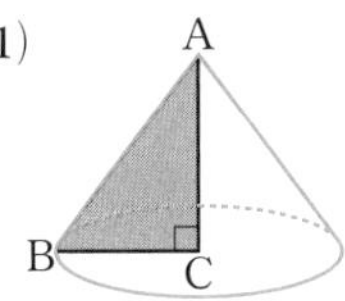

(2)**体積…12π cm^3，表面積…24π cm^2**

解き方

(2)体積は　$\frac{1}{3}\times(\pi\times3^2)\times4=12\pi$(cm^3)

側面積は　$\pi\times5^2\times\frac{2\pi\times3}{2\pi\times5}=15\pi$(cm^2)

底面積は　$\pi\times3^2=9\pi$(cm^2)

表面積は　$15\pi+9\pi=24\pi$(cm^2)

理解のコツ

・角錐や円錐の体積の公式は，係数の $\frac{1}{3}$ を忘れず覚えておく。どの面を底面とみるかもカギ。

・表面積は，円柱，円錐の出題が多い。底面の円周が，側面積を求めるときのポイントになる。

・上の❼(2)の側面積を計算する式で約分すると，$\pi\times5\times3$ となる。$\pi\times$(母線)$\times$(底面の半径)だ。他の例でも確かめてみよう。計算が少し楽になる。ただし答案では 解き方 のように書くほうがよい。

p.136～137　ぴたトレ3

❶ (1)㋐，㋑，㋓　(2)㋒，㋔，㋕　(3)㋑，㋒，㋓

解き方

(1)平面だけで囲まれた立体です。

(2)底面に平行な平面で切ったときの切り口が円になる㋒，㋔と，どこを切っても円になる㋕です。

(3)角柱または円柱です。直方体も四角柱です。

❷ (1)12　(2)6　(3)**正六面体(立方体)**

解き方

(1)(2)正八面体の見取図をかいて調べてもよいです。辺の数は12，頂点の数は6。

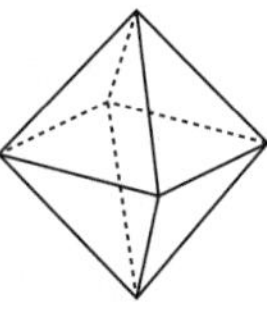

次のようにして求めることもできます。

正三角形が8つあると辺の数は $3\times8=24$

2つの辺が重なって正八面体の1つの辺になるから，正八面体の辺の数は，$24\div2=12$ また，正三角形が8つあると，頂点の数は $3\times8=24$

正八面体では1つの頂点に正三角形の4つの頂点が集まるから，正八面体の頂点の数は，

$24\div4=6$

(3)正八面体の8つの面の真ん中の点を結ぶから，頂点の数が8の正多面体ができます。右の図のように，正六面体ができます。

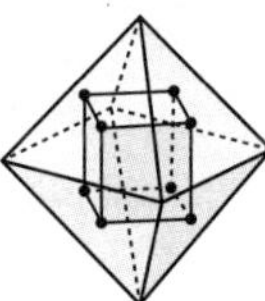

❸ **3本の脚の先が，同じ直線上にない3点であれば，その3点で決まる1つの平面の上にのるから，がたがたしない。**

解き方

4本の脚の場合，その先をA，B，C，Dとすると，3点A，B，Cで決まる1つの平面上に点Dがないとき，テーブルは安定せず，がたがたします。

❹ (1)**2つ**　(2)**4つ**　(3)**2つ**　(4)**45°**

解き方

(1)面CDHG，面EFGHの2つです。

(2)辺AD，辺CD，辺EH，辺GHの4つです。

(3)BC⊥BA，BC⊥BFより，面AEFB

BC⊥CD，BC⊥CGより，面DHGC

したがって，2つあります。

(4)2つの面の交線は辺ADで，AB⊥AD，AF⊥ADより，2つの面のつくる角は∠BAFに等しいです。

∠BAF＝45°

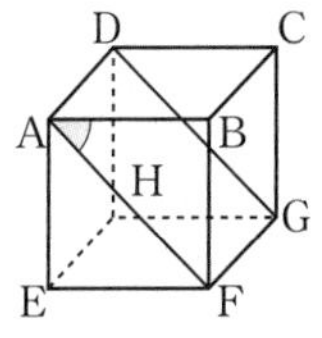

❺ (1)**辺CE，辺JH**　(2)**168°**

解き方

(1)組み立てると，次の図で矢印で示した点どうしが重なります。

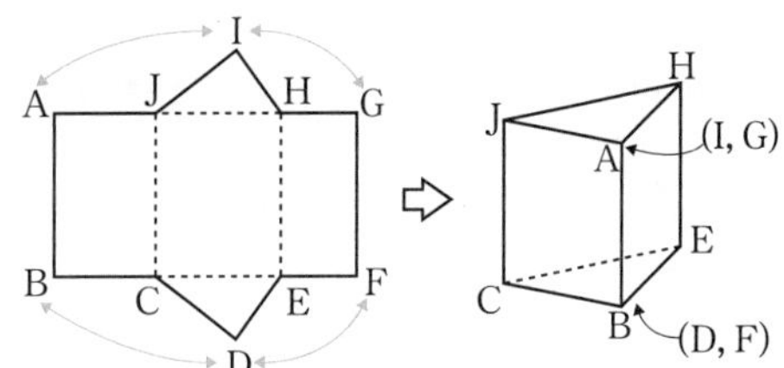

辺ABと辺CE，辺JHは，空間内で平行でなく，また交わりません。したがって，辺ABとねじれの位置にある辺は，辺CE，辺JHです。

(2)おうぎ形の弧の長さは底面の円周に等しく，また，弧の長さは中心角に比例します。

$360°\times\frac{2\pi\times7}{2\pi\times15}=168°$

❻ (1)**立体…円錐，体積…18π cm^3**

(2)**立体…四角錐，体積…72 cm^3**

(3)**立体…三角錐，体積…36 cm^3**

解き方

(1)底面の半径が3 cm，高さが6 cmの円錐です。

底面積は　$\pi\times3^2=9\pi$ (cm^2)

体積は　$\frac{1}{3}\times9\pi\times6=18\pi$ (cm^3)

(2)底面が1辺6 cmの正方形で高さが6 cmの正四角錐です。

底面積は　$6^2=36$ (cm^2)

体積は　$\frac{1}{3}\times36\times6=72$ (cm^3)

(3)右の図のような，底面が底辺と高さが 6 cm の三角形で，高さが 6 cm の三角錐になります。

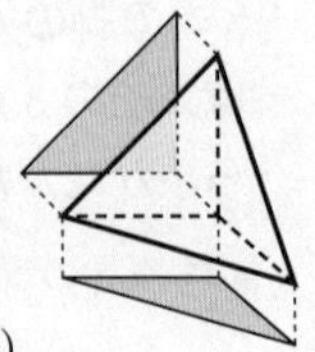

底面積は　$\frac{1}{2}\times6\times6=18\ (\text{cm}^2)$

体積は　$\frac{1}{3}\times18\times6=36\ (\text{cm}^3)$

7 **(1)立体…正四面体，体積…72 cm³**
(2)65π cm²　(3)52π cm²
(4)体積…$\frac{16}{3}\pi$ cm³，表面積…12π cm²

解き方
(1)四面体ができます。
各辺は合同な正方形の対角線だから，長さがすべて等しいです。4 つの面が合同な正三角形の四面体で，正四面体です。立体は，立方体から，同じ形，同じ大きさの 4 つの三角錐を取り除いたものとみることができます。
三角錐 ABCF の体積は，△ABF を底面とみて，
$\frac{1}{3}\times\left(\frac{1}{2}\times6\times6\right)\times6=36(\text{cm}^3)$
したがって，求める立体の体積は
$6\times6\times6-36\times4=72(\text{cm}^3)$

(2)側面積は　$\pi\times8^2\times\frac{2\pi\times5}{2\pi\times8}=40\pi(\text{cm}^2)$
(別解)　$\frac{1}{2}(2\pi\times5)\times8=40\pi\ (\text{cm}^2)$
底面積は　$\pi\times5^2=25\pi(\text{cm}^2)$
表面積は　$40\pi+25\pi=65\pi(\text{cm}^2)$

(3)右の図のような円錐と円柱を合わせた立体ができます。

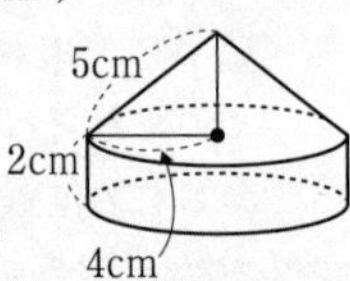

円錐部分の側面積は
$\pi\times5^2\times\frac{2\pi\times4}{2\pi\times5}=20\pi(\text{cm}^2)$
(別解)　$\frac{1}{2}(2\pi\times4)\times5=20\pi\ (\text{cm}^2)$
円柱部分の側面積は　$2\times(2\pi\times4)=16\pi(\text{cm}^2)$
底面積は　$\pi\times4^2=16\pi(\text{cm}^2)$
表面積は　$20\pi+16\pi+16\pi=52\pi(\text{cm}^2)$

(4)体積は　$\frac{4}{3}\pi\times2^3\times\frac{1}{2}=\frac{16}{3}\pi(\text{cm}^3)$
表面積は，半球の球面と円の面積の和になります。
$4\pi\times2^2\times\frac{1}{2}+\pi\times2^2=12\pi(\text{cm}^2)$

7章　データの分析と活用

p.139　ぴたトレ 0

1 **(1)24 m　(2)23.5 m　(3)23 m**

(4)

距離(m)	人数(人)
以上 未満 15 ～ 20	3
20 ～ 25	5
25 ～ 30	4
30 ～ 35	2
合計	14

(5)

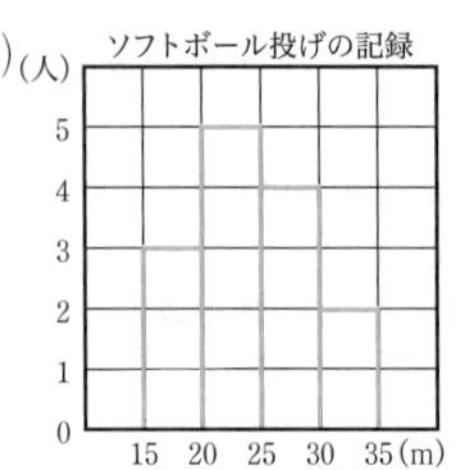

解き方
(1)データの値の合計は 336，データの数は 14 だから，$336\div14=24$(m)
(2)データの数が 14 だから，7 番目と 8 番目の値の平均値を求めます。
$(23+24)\div2=23.5$(m)

p.140～141　ぴたトレ 1

1 **(1)0.6 秒　(2)7.0 秒以上 7.6 秒未満**
(3)7.6 秒以上 8.2 秒未満，度数は 12 人，累積度数は 18 人

(4)

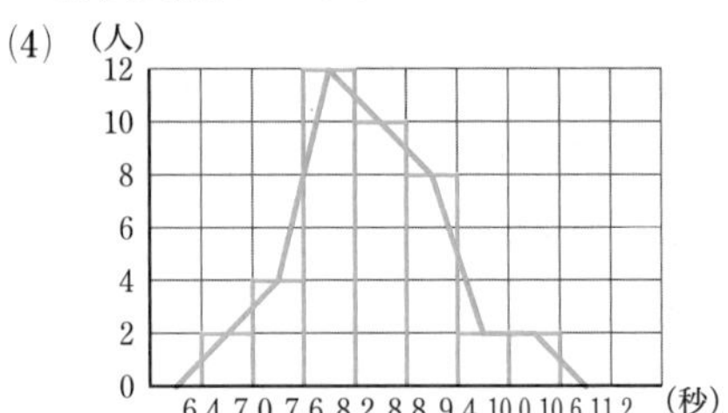

(5)㋐0.10　㋑0.30　㋒0.20　㋓0.05
(6)0.45

解き方
(1)$7.0-6.4=0.6$(秒)
(2)7.0 未満は 7.0 より小さく，7.0 をふくみません。
(3)もっとも多い度数は 12 人です。
累積度数は　$2+4+12=18$(人)
(4)度数折れ線は，その左端は 1 つ手前の階級の度数を 0 とし，右端は 1 つ先の階級の度数を 0 としてつくります。両端は 0 を示す点につないでおきます。
(5)小数第 2 位まで表します。
㋐…$\frac{4}{40}=0.1\rightarrow0.10$　㋑…$\frac{12}{40}=0.3\rightarrow0.30$
㋒…$\frac{8}{40}=0.2\rightarrow0.20$　㋓…$\frac{2}{40}=0.05$
(6)最初の階級から 7.6 秒以上 8.2 秒未満の階級までの相対度数を合計したものだから
$0.05+0.10+0.30=0.45$

2 (1)㋐…0.25　㋑…0.14　㋒…0.86　㋓…1.00

㋔…0.22　㋕…0.35　㋖…0.29　㋗…0.64

(2)通学時間が 20 分未満の割合は，1 年生が 0.61 全校生徒が 0.64 で，通学時間が短い生徒の割合は 1 年生のほうが少ない。

解き方

(1)㋐…$\frac{16}{64}=0.25$　㋑…$\frac{9}{64}=0.140\cdots$

㋒…0.06+0.19+0.36+0.25=0.86　または 0.61+0.25=0.86

㋓…0.86+0.14=1.00

㋔…$\frac{40}{180}=0.222$　㋕…$\frac{63}{180}=0.35$

㋖…0.07+0.22=0.29

㋗…0.07+0.22+0.35=0.64　または 0.29+0.35=0.64

(2) 1 年生と全校生徒の通学時間が 20 分未満の割合は，累積相対度数から比べればよいです。通学時間が 20 分未満の生徒の累積相対度数は 1 年生が 0.61，全校生徒が 0.64 です。

p.142～143 ぴたトレ 1

1 (1)A…38 点，B…23 点

A のほうが範囲が大きく，得点の分布にばらつきがある。

(2)A…54 点，B…52.5 点

A のほうが平均値が大きく，極端に大きい値が平均値に大きく影響している。

(3)A…49 点，B…51.5 点

(4)1 組…67.5 点，2 組…53.5 点

解き方

値の小さい順に並べかえると

A…42，45，47，48，49，56，58，61，80

B…44，46，46，47，51，52，54，56，62，67

(1)A…80−42=38(点)，B…67−44=23(点)

(2)A…$\frac{42+45+\cdots+80}{9}=\frac{486}{9}=54$(点)

B…$\frac{44+46+\cdots+67}{10}=\frac{525}{10}=52.5$(点)

(3)A のデータは 9 個だから，中央値は 5 番目の値です。B のデータは 10 個だから，中央値は，5 番目と 6 番目の値の平均値で

$\frac{51+52}{2}=51.5$(点)

(4)度数分布表では，度数のもっとも多い階級の階級値(階級の真ん中の値)を最頻値とします。

1 組…$\frac{64+71}{2}=67.5$(点)

2 組…$\frac{50+57}{2}=53.5$(点)

2 (例)連続して跳べた回数の記録を度数分布表に整理すると次のようになる。

記録(回)	並び方 A 度数(回)	並び方 B 度数(回)
以上　未満		
5 ～ 10	2	1
10 ～ 15	3	3
15 ～ 20	5	7
20 ～ 25	3	3
25 ～ 30	2	3
30 ～ 35	0	1
合　計	15	18

25 回以上連続して跳べた割合は，

並び方 A は約 13 %，B は約 22 %

20 回以上については，

並び方 A は約 33 %，B は約 39 % となる。連続して跳んだ回数で競うから，その割合の大きい並び方 B のほうがよい記録が出せると考えられる。

解き方

25 回以上連続して跳べた割合は

A…$\frac{2}{15}=0.133\cdots$，B…$\frac{3+1}{18}=0.222\cdots$

それぞれ約 13 %，約 22 %

20 回以上までひろげると

A…$\frac{3+2}{15}=0.333\cdots$，B…$\frac{3+3+1}{18}=0.388\cdots$

それぞれ約 33 %，約 39 %

p.144～145 ぴたトレ 2

1 (1)9.0 秒以上 9.5 秒未満　(2)2 人　(3)7.75 秒

(4)8.0 秒以上 8.5 秒未満

(5)

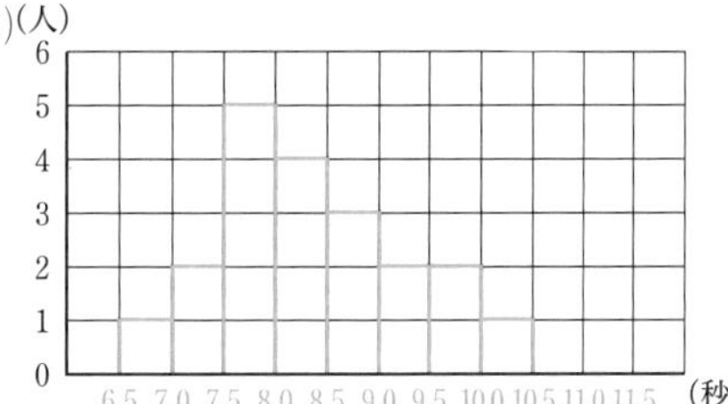

解き方

(1)9.0 秒未満は，9.0 秒をふくみません。

(3)最頻値は度数がもっとも多い階級の真ん中の値で，$\frac{7.5+8.0}{2}=7.75$(秒)

(4)データの総数が 20 だから，中央値は記録のよい順に並べたときの 10 番目と 11 番目の記録の平均値です。この 2 つの記録は，度数分布表の 8.0 秒以上 8.5 秒未満に入っているから，中央値はこの階級にあると考えます。

(5)横の軸に階級の両端の値を書き並べてから，ヒストグラムをかきます。

2 (1)①0.07　②0.20　③0.33　④0.27　⑤0.13
⑥0.16　⑦0.32　⑧0.24　⑨0.18　⑩0.10

(2) A 中学校…0.60　B 中学校…0.72

(3)

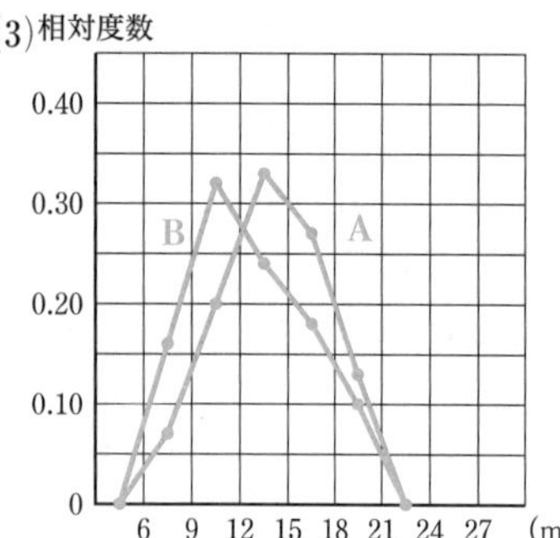

解き方

(1)四捨五入して小数第 2 位まで求めます。

① $\frac{2}{30}=0.066\cdots$　③ $\frac{10}{30}=0.333\cdots$

④ $\frac{8}{30}=0.266\cdots$　⑤ $\frac{4}{30}=0.133\cdots$

(2)累積相対度数は，最初の階級(6 m 以上 9 m 未満)から，12 m 以上 15 m 未満の階級までの累積度数を度数の合計でわったものだから，

A 中学校… $\frac{2+6+10}{30}=0.60$

B 中学校… $\frac{8+16+12}{50}=0.72$

(3)度数折れ線と同じように，両端に度数 0 の階級があるものとして，線をつなぎます。

3 (1) 16 分　(2) 14.5 分　(3) 12.5 分

解き方

データを小さい順にならべると

8, 8, 10, 10, 11, 12, 13, 14, 18, 22, 24, 24

(1)(範囲)＝(最大値)－(最小値)より

24－8＝16(分)

(2)データ 12 個の値の和を求めると，174 分だから，平均値は $\frac{174}{12}=14.5$(分)

(3)データの総数が 12 だから，中央値は小さいほうから 6 番目と 7 番目の値の平均値となります。

$\frac{12+13}{2}=12.5$(分)

4 (1)(例)1970 年は，20〜24 歳の人口がもっとも多く，年齢層が高くなればなるほど人口が少なくなり，80 歳以上の年齢層がもっとも少ない。

2019 年は，80 歳以上の人口が男女を合わせるともっとも多く，45〜49 歳から年齢層が低くなればなるほど人口は少なくなっている。

(2)1970 年　15 歳未満の人口…0.24,
65 歳以上の人口…0.07

2019 年　15 歳未満の人口…0.13,
65 歳以上の人口…0.28

解き方

(1)1970 年の分布はピラミッド型に近いが，2019 年は 65 歳以上の人口が増えて，ピラミッドとはいえなくなっています。

(2)万人の単位で計算します。

1970 年の 15 歳未満の人口の相対度数は

$\frac{456+434+423+404+407+391}{10467}=\frac{2515}{10467}$

$=0.240\cdots$

1970 年の 65 歳以上の人口の相対度数は

$\frac{141+160+97+118+54+74+33+62}{10467}$

$=\frac{739}{10467}=0.070\cdots$

2019 年の 15 歳未満の人口の相対度数は

$\frac{248+235+269+265+279+266}{12478}=\frac{1562}{12478}$

$=0.125\cdots$

2019 年の 65 歳以上の人口の相対度数は

$\frac{441+469+386+434+309+383+387+695}{12478}$

$=\frac{3504}{12478}=0.280$

1970 年と 2019 年とでは，15 歳未満と 65 歳以上の人口の相対度数がほぼ逆転しています。

理解のコツ

・新しい用語が数多く出てくるが，意味そのものは理解しやすいものであるから，使ううちに覚えることができるはずだ。

・平均値はもっとも身近な代表値だが，極端な値に大きく影響されることを理解しておく。

・中央値は，データの総数が偶数の場合，奇数(きすう)の場合とに分けて，求め方を覚えておこう。

・最頻値は，データがその値のままあたえられた場合の求め方と，度数分布表から求める場合とにちがいがある。どちらもできるようにしておく。

p.146～147　ぴたトレ 1

1 (1)**ア…0.392，イ…0.391**

(2)

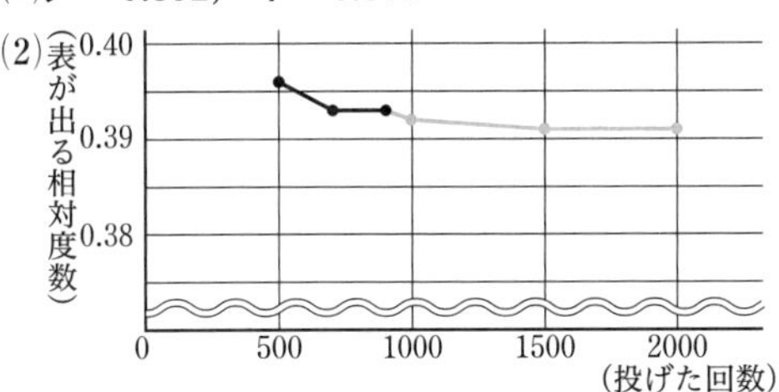

(3)**0.391**　(4)**0.39**　(5)**裏が出る場合**

解き方

(1)ア…$\frac{392}{1000}=0.392$，イ…$\frac{782}{2000}=0.391$

(3)表が出る相対度数は，0.391 に近づいていきます。

(4)0.391 に近づいていく相対度数の値が，王冠の表の出る確率とみなすことができます。

(5)表が出る相対度数と裏が出る相対度数の合計が 1 となるから，裏が出る相対度数のほうが大きい値を示します。すなわち
表が出る相対度数 < 裏が出る相対度数
となります。

2 (1)**平均値…24 cm，中央値…23.5 cm，最頻値…23 cm**

(2)**23 cm**

解き方

(1)靴のサイズを小さいほうから順に並べると，
22，23，23，23，23，24，24，25，26，27
平均値は，22 cm を仮の平均として計算して

$$\frac{0+1\times4+2\times2+3+4+5}{10}+22=24\ (\mathrm{cm})$$

靴は 10 足で，偶数である。よって，
中央値は小さいほうから 5 番目と 6 番目のサイズの平均値となるから

$$\frac{23+24}{2}=23.5\ (\mathrm{cm})$$

最頻値は，もっとも多い靴のサイズだから
23 cm

(2)最頻値が 23 cm であるから，このサイズの靴を多く仕入れればよい。

p.148～149　ぴたトレ 2

1 (1)**ア…0.58，イ…0.58**

(2)

(針が上に向く相対度数)
0.60
0.59
0.58
0.57
0.56
0.55
0.54
0.53
0.52
0.51
0.50
0　100　200　300　400　500　600　700　800
(投げた回数)

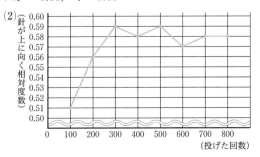

(3)**0.58**

(4)**0.58**

(5)**上に向く場合**

解き方

(1)ア…$\frac{232}{400}=0.58$　イ…$\frac{406}{700}=0.58$

(3)表から，針が上に向く相対度数は 0.58 に近づいています。

(4)針が上に向く相対度数は 0.58 に近づくので，画びょうが上に向く確率は 0.58 といえます。

(5)上に向く確率は 0.58 で，0.5 より大きいので，上に向く場合のほうが，下に向く場合より起こりやすいといえます。

2 (1)**0.50**

(2)**0.50** $\left(\frac{1}{2}\right)$

解き方

(1)投げる回数が多くなるに従い，表の出る相対度数は 0.50 に近づいていきます。

(2)相対度数が 0.50 に近づいていくので，表の出る確率は 0.50 とみることができます。

3 **$\frac{1}{2}$ であるとはいえない。**

理由…男子の生まれた相対度数はおよそ 0.51 だから，男子の生まれる確率はおよそ 0.51 で，$\frac{1}{2}$ よりやや多いから。

解き方

表より，男子の生まれる相対度数はおよそ 0.51 で，ほぼ一定であることがわかります。つまり，男子の生まれる確率は，およそ 0.51 で，$\frac{1}{2}$ よりやや多くなります。

4 (1)**適切でない。**

(2)**38 足**

解き方

(1)平均値である 25 cm の靴の相対度数は 0.063 で，他のサイズの相対度数と比べていちばん大きいわけではありません。相対度数のいちばん大きいサイズは 25.5 cm の 0.190 です。

(2)25.5 cm の相対度数は 0.190　これが 25.5 cm の売れる確率とみなしてよいから，全部で 200 足仕入れる場合，25.5 cm の靴は
200×0.190＝38(足)仕入れればよいことになります。

理解のコツ

- あることがらが起きることについての実験を多数回くり返したとき，その起こりやすさの相対度数が一定の値に近づくとき，その値をそのことがらが起こる確率とみることができることをおさえておこう。
- あることがらが起こる確率がわかっている場合，それが起こらない確率は，1からあることがらが起こる確率をひけばよいことを理解しておこう。
- 同じ傾向がくり返し見られる場合に，過去の多数のデータにおける相対度数を確率とみなして，起こりやすさを予測することができる。

p.150〜151 ぴたトレ3

❶ (1) **4 m**　(2)**0.17**

(3)**19 人**　(4)**0.89**

(5)

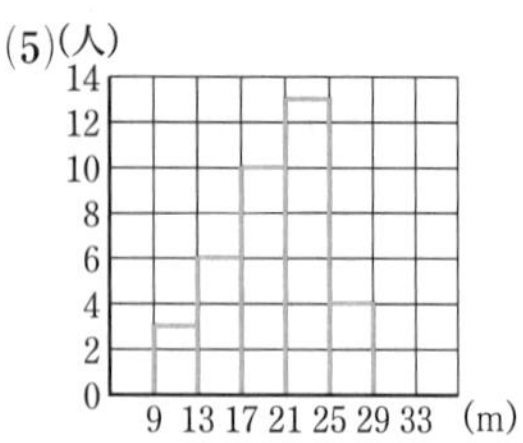

解き方

(1)13−9=4(m)

(2)13 m 以上 17 m 未満の階級の度数は 6 人だから，

$\frac{6}{36}=0.1\dot{6}6\cdots$

(3)累積度数は，各階級について，最初の階級からその階級までの度数を合計したものだから，17 m 以上 21 m 未満まででは，

3+6+10=19(人)

(4)21 m 以上 25 m 未満の階級の累積度数は

3+6+10+13=32(人)

だから，この階級の累積相対度数は

$\frac{32}{36}=0.8\dot{8}8\cdots$

❷ **62 g**

解き方

データの順に，右のような表をつくって調べるとよいです。

61	63	62	60
𠀋 4	正一 6	正丁 ⑦	下 3

最頻値は，度数がもっとも多い 62 g です。

❸ (1)**13 点**　(2)**10.5 点**　(3)**9.5 点**　(4)**入る**

解き方

はじめにデータを値の小さい順に並べます。

5, 6, 6, 8, 9, 10, 14, 14, 15, 18

(1) 18−5=13(点)

(2)データの 10 個の値の和を求めると，105 点だから，平均値は $\frac{105}{10}=10.5$(点)

(3)データの総数が 10 だから，並べかえたデータの 5 番目の値と 6 番目の値の平均値が中央値となります。$\frac{9+10}{2}=9.5$(点)

(4)さとるさんの 10 点は，中央値の 9.5 点より高いので，高いほうに入ります。

❹ (1)**正しいとはいえない。**

理由…この考えは，27 歳が中央値の場合にあてはまるものであり，平均値は中央値と等しくないこともあるから。

(2)**正しいとはいえない。**

理由…この考えは，27 歳が最頻値の場合にあてはまるものであり，平均値は最頻値と等しくないこともあるから。

解き方

平均値は，全体の分布からはずれた極端な数値があるときは，その値に大きく影響されます。中央値や最頻値は少数の極端な数値にはあまり影響されません。

❺ (1)**A…重さがさまざまである。**

B…重さがそろっているものが多い。

(2)**B のパック**

理由…重さがそろっている B のパックのいちごのほうがデコレーションがきれいにできるから。

解き方

(1)ヒストグラムの山が 1 つで高いほど，データの大きさがそろっています。一方，山の形がはっきりしないヒストグラムは，データの大きさがさまざまであることを表しています。

❻ (1)**0.17**　(2)**0.17**

解き方

(1)表の投げた回数 1000 回，1500 回，2000 回における 1 の目が出る相対度数を計算すると，いずれも 0.17 となります。したがって，0.17 に近づくと考えられます。

(2)相対度数は 0.17 に近づくので，1 の目の出る確率は，0.17 とみることができます。

定期テスト予想問題〈解答〉 p.154~167

p.154~155 予想問題 1

出題傾向

正負の数の計算問題は，必ず何問か出題される。ここで確実に点をとれるようにしておこう。
また，基準になる数量を決めて，それとのちがいを正負の数で表したり，それを利用して平均を求めたりする問題もよく出る。このような問題にも慣れておこう。

1 (1)−500円 (2)(気温が現在より) 4℃下がる。

解き方
(1)収入⇔支出，(2)上がる⇔下がる，のように，反対の性質をもつ数量は，基準を決めて一方を正の数で表すと，他方を負の数で表すことができます。
(1)収入を正の数で表すから，支出は負の数で表されます。
(2)気温が現在より上がることを正の数で表すから，下がることは負の数で表されます。

2 (1)A…−5 B…+1.5

(2)$-\frac{5}{3}<-\frac{5}{4}<0<+4.5$

$\left(+4.5>0>-\frac{5}{4}>-\frac{5}{3}\right)$

解き方
数直線上では，数は右へ行くほど大きく，左へ行くほど小さくなります。絶対値は，原点からの距離なので，正の数は絶対値が大きいほど大きく，負の数は絶対値が大きいほど小さくなります。

3 (1)−5 (2)0 (3)−21 (4)7 (5)6 (6)$-\frac{38}{15}$

解き方
(1)$(+3)+(-8)=-(8-3)=-5$
(2)$(-15)+(+15)=0$
(3)$(-9)-(+12)=(-9)+(-12)$
$=-(9+12)$
$=-21$
(4)$0-(-7)=0+7=7$
(5)$-5+12+8-9=12+8-5-9$
$=20-14$
$=6$
(6)$-\frac{5}{6}+0-(-0.3)+(-2)$
$=-\frac{5}{6}+\frac{3}{10}-2$
$=-\frac{25}{30}+\frac{9}{30}-\frac{60}{30}$
$=-\frac{\overset{38}{\cancel{76}}}{\underset{15}{\cancel{30}}}$
$=-\frac{38}{15}$

4 (1)−35 (2)−64 (3)$\frac{4}{9}$ (4)$-\frac{10}{7}$

解き方
(1)$(+5)\times(-7)=-(5\times7)=-35$
(2)$-8^2\times(-1)^2=-64\times1=-64$
(3)$(-2)^2\times\left(\frac{1}{3}\right)^2=4\times\frac{1}{9}=\frac{4}{9}$
(4)$4\div\left(-\frac{14}{5}\right)=4\times\left(-\frac{5}{14}\right)=-\left(\overset{2}{\cancel{4}}\times\frac{5}{\underset{7}{\cancel{14}}}\right)=-\frac{10}{7}$

5 (1)$\frac{1}{7}$ (2)$-\frac{27}{2}$

解き方
除法は逆数の乗法になおします。小数は分数になおし，累乗(るいじょう)の計算に注意します。
(1)$\frac{15}{7}\div(-3)\times(-0.2)=\frac{15}{7}\times\left(-\frac{1}{3}\right)\times\left(-\frac{1}{5}\right)$
(2)$-\left(\frac{1}{2}\right)^2\div\frac{1}{6}\times(-3)^2=-\frac{1}{4}\times6\times9$

6 (1)−3 (2)−10 (3)29 (4)$-\frac{1}{6}$ (5)−100
(6)−12.56

解き方
①累乗→②かっこの中→③乗除→④加減
の順に計算します。
(1)$5+(-4)\times2=5+(-8)=5-8=-3$
(2)$-7+15\div(-2-3)=-7+15\div(-5)$
$=-7+(-3)$
$=-10$
(3)$20-3^2\times(-1)^3=20-9\times(-1)$
$=20-(-9)$
$=29$
(4)$\frac{1}{6}-\left(-\frac{2}{3}\right)^2\times\frac{3}{4}=\frac{1}{6}-\frac{4}{9}\times\frac{3}{4}$
$=\frac{1}{6}-\frac{1}{3}$
$=-\frac{1}{6}$

(5) $-5^2\times\{-8\div(2-4)\}=-25\times\{-8\div(-2)\}$
$=-25\times4$
$=-100$

(6) $8\times3.14-12\times3.14=(8-12)\times3.14$
$=-4\times3.14$
$=-12.56$

❼ $29\times(-38)+71\times(-38)$
$=(29+71)\times(-38)$
$=100\times(-38)$
$=-3800$

解き方
分配法則を利用します。

$(a+b)\times c=a\times c+b\times c$

$c\times(a+b)=c\times a+c\times b$

「＝」は縦にそろえて，計算過程をていねいに書きます。

❽ 記号…㋐　例…(例) $2+3-7(=-2)$

記号…㋒　例…(例) $(2+3)\div7\left(=\frac{5}{7}\right)$

解き方
自然数の加法と乗法の結果は，いつでも自然数になります。

❾ (1)77 点　(2)97 点

解き方
(1) $80+\{(-8)+(+3)+0+(-7)\}\div4$
$=77$(点)
(2) 4 教科の合計は，(77×4) 点，5 教科の合計は，(81×5) 点だから，数学の得点は
$81\times5-77\times4=97$(点)
となります。

p.156～157　予想問題 2

出題傾向
1 次式の計算問題は，必ず何問か出題される。ここで確実に点をとれるようにしておこう。
また，文字を使っていろいろな数量や式を表したり，それを利用して数量の間の関係を，等号または不等号で表したりする問題もよく出る。このような問題にも慣れておこう。

❶ (1) $4x$ cm　(2) $(t+4)$ ℃

解き方
(1)正方形の周の長さは，(1 辺の長さ)×4
より，$x\times4=4x$(cm)
(2)福岡の最高気温は，東京より 4 ℃高くなったのだから
(福岡の最高気温)＝(東京の最高気温)＋4
よって，$t+4$ (℃)

❷ (1) $7(a-b)$　(2) $-2x+y$　(3) $4x^2y^2$　(4) $\frac{a}{9}$

解き方
(1)，(2)文字の混じった乗法では，記号 × をはぶきます。また，数を文字の前に書きます。
(3)同じ文字の積は，累乗の指数を使って表します。
(4)文字の混じった除法では，記号 ÷ を使わずに，分数の形で書きます。

❸ (1) $-\frac{3}{2}\times x$ $(-3\div2\times x)$

(2) $a+b\div5$
(3) $(-1)\times a\times a\times a\times b\times b$
(4) $(x-y)\div6$

解き方
(1)記号 × がはぶかれています。
(2)分数は記号 ÷ を使って分子 ÷ 分母と表します。
(3)累乗の指数は，記号 × を使って表します。
$-a^3=(-1)\times a\times a\times a$ になることに注意しましょう。
(4) $x-y$ を 6 でわるのだから，$x-y$ を $(x-y)$ と表します。

❹ (1) $(100a-3b)$ cm　$\left(\left(a-\frac{3}{100}b\right)\text{m}\right)$

(2) $\frac{9}{100}x$ 人

解き方
(1)単位をそろえてから計算します。
1 m＝100 cm，a m＝$100a$ cm
1 cm＝$\frac{1}{100}$ m，3 cm＝$\frac{3}{100}$ m
cm で表すと　$100a-3b$(cm)
m で表すと　$a-\frac{3}{100}b$ (m)

(2) $1\% = \frac{1}{100}$，$9\% = \frac{9}{100}$ より

$x \times \frac{9}{100} = \frac{9}{100}x$ (人)

5 $\left(円の\frac{1}{3}の形の\right)$ 周の長さ

解き方

$2r$ は(半径)×2 で，直線部分の長さを表します。

(円周の長さ)＝(直径)×(円周率)＝$2\pi r$

図は円の $\frac{1}{3}$ の形だから，曲線部分の長さは

$\frac{1}{3} \times$(直径)×(円周率)$= \frac{1}{3} \times 2\pi r = \frac{2}{3}\pi r$

6 (1) **13**　(2) $-\frac{2}{3}$　(3) **−13**　(4) **7**

解き方

負の数は(　)をつけて代入します。

(1) $-3x+1 = -3 \times (-4) + 1 = 12 + 1 = 13$

(2) $\frac{x}{6} = \frac{-4}{6} = -\frac{2}{3}$

(3) $-x^2 + y = -(-4) \times (-4) + 3 = -16 + 3 = -13$

(4) $(-x)^2 - 3y = \{-(-4)\}^2 - 3 \times 3 = 4^2 - 9$
$= 16 - 9 = 7$

7 (1) $-7x+2$　(2) $-\frac{15}{4}a - \frac{7}{4}$　$\left(\frac{-15a-7}{4}\right)$

(3) $8x-5$　(4) $5a-11$

解き方

文字の部分が同じ項(こう)どうし，数の項どうしを計算します。

(1) $x+4-8x-2 = x-8x+4-2$
$= -7x+2$

(2) $\frac{9}{4}a - 3 + \frac{5}{4} - 6a = \frac{9}{4}a - 6a - 3 + \frac{5}{4}$
$= -\frac{15}{4}a - \frac{7}{4}$

(3) $(5x+1)+(3x-6) = 5x+1+3x-6$
$= 8x-5$

(4) $(7a-1)-(2a+10) = 7a-1-2a-10$
$= 5a-11$

8 (1) $-10x$　(2) $27x-10$　(3) $-4x+5$

(4) $-12a-8$　(5) $-14x+8$　(6) $-8a-5$

(7) $-x-\frac{9}{8}$　(8) $\frac{17}{12}a - \frac{25}{12}$　$\left(\frac{17a-25}{12}\right)$

解き方

1次式と数の乗法は，分配法則を使って計算します。除法は乗法になおして計算します。かっこのある式の計算は，分配法則を使ってかっこをはずし，文字の部分が同じ項をまとめます。

(1) $2x \times (-5) = -10x$

(2) $18\left(\frac{3}{2}x - \frac{5}{9}\right) = 18 \times \frac{3}{2}x - 18 \times \frac{5}{9} = 27x - 10$

(3) $(28x-35) \div (-7) = (28x-35) \times \left(-\frac{1}{7}\right)$
$= -4x+5$

(4) $\frac{6a+4}{3} \times (-6) = (6a+4) \times (-2) = -12a-8$

(5) $6x+4(-5x+2) = 6x-20x+8$
$= -14x+8$

(6) $-3(2a-1)-2(a+4) = -6a+3-2a-8$
$= -8a-5$

(7) $\frac{1}{4}(2x+3) + \frac{3}{8}(-4x-5)$
$= \frac{2}{4}x + \frac{3}{4} + \frac{3}{8} \times (-4x) + \frac{3}{8} \times (-5)$
$= \frac{1}{2}x + \frac{3}{4} + \left(-\frac{3}{2}\right)x - \frac{15}{8}$
$= \frac{1}{2}x - \frac{3}{2}x + \frac{3}{4} - \frac{15}{8}$
$= -x - \frac{9}{8}$

(8) $\frac{5a-1}{3} - \frac{a+7}{4} = \frac{4(5a-1)-3(a+7)}{12}$
$= \frac{20a-4-3a-21}{12}$
$= \frac{17}{12}a - \frac{25}{12}$

9 (1) $4a+2b=520$　(2) $5x^2 = y+4$

(3) $50 < 3a$

解き方

いろいろな数や数量を，文字を使って表してから，等号や不等号を使って数量の間の関係を表します。

(1)(鉛筆の代金)＋(消しゴムの代金)は 520 円。

(2) $5x^2$ は，$y+4$ と等しいです。

(3) a 人に 3 個ずつ分けたら，りんごがいくつかたりなくなったので，50 個は $3a$ 未満です。
＜か ≦ に注意しましょう。

10 (1) **水そう A は水そう B より，3 L 多く水が入る。**

(2) **水そう A と水そう B に入る水の量の和は 12 L 以上。**

解き方

(1) $a-b$ は水そう A と水そう B に入る水の量の差。

(2) $a+b$ は水そう A と水そう B に入る水の量の和。
「≧12」は「12 以上」

p.158~159　予想問題 3

出題傾向

方程式の計算問題は，必ず何問か出題される。小数や分数をふくむ方程式の計算にも慣れ，ここで確実に点をとれるようにしておこう。
また，1次方程式の利用では，「代金に関する問題」「過不足に関する問題」「速さに関する問題」もよく出る。このような問題にも慣れておこう。

1 ㋑，㋓

解き方
x に -2 を代入して，等式が成り立つかどうか調べます。
㋐(左辺)$=3\times(-2)-7=-6-7=-13$
(右辺)$=-1$　(左辺)$\neq$(右辺)
㋑(左辺)$=4\times(-2)+6=-2$
(右辺)$=-2$　(左辺)$=$(右辺)
㋒(左辺)$=2\times\{(-2)-3\}=2\times(-5)=-10$
(右辺)$=-2+5=3$　(左辺)$\neq$(右辺)
㋓(左辺)$=\frac{1}{2}\times(-2)+3=-1+3=2$
(右辺)$=-2+4=2$　(左辺)$=$(右辺)

2 (1)㋑(㋐)　(2)㋓(㋒)

解き方
(1)両辺から2をひきます。両辺に -2 をたすとみれば，㋐でも正解です。
(2)両辺を5でわります。$\frac{1}{5}$ をかけるとみれば，㋒も正解です。

3 (1)$x=-9$　(2)$x=-12$　(3)$x=2$
(4)$x=-2$　(5)$x=-13$　(6)$x=\frac{5}{8}$

解き方
x をふくむ項を左辺に，数の項を右辺に移項する→ $ax=b$ の形にする→両辺を x の係数 a でわるという手順で解きます。
(1)$x+15=6$
$x=6-15$
$x=-9$
(2)$-\frac{x}{3}=4$
$x=-12$
(3)　$2x=-6x+16$
$2x+6x=16$
$8x=16$
$x=2$
(4)　$-5x=8-x$
$-5x+x=8$
$-4x=8$
$x=-2$
(5) $8x+9=7x-4$
$8x-7x=-4-9$
$x=-13$
(6)　$13-9x=7x+3$
$-9x-7x=3-13$
$-16x=-10$
$x=\frac{5}{8}$

4 (1)$x=-5$　(2)$x=3$　(3)$x=-3$
(4)$x=-1$　(5)$x=\frac{8}{9}$　(6)$x=8$

解き方
(1)，(2)はかっこをはずしてから解きます。
(1) $5x+4=3(x-2)$
$5x+4=3x-6$
$5x-3x=-6-4$
$2x=-10$
$x=-5$
(2)$-2(x-1)-3(x-4)=-1$
$-2x+2-3x+12=-1$
$-2x-3x=-1-2-12$
$-5x=-15$
$x=3$
(3)　$0.4x-3=1.2x-0.6$
$(0.4x-3)\times10=(1.2x-0.6)\times10$
$4x-30=12x-6$
$4x-12x=-6+30$
$-8x=24$
$x=-3$
(4)　$-0.3(2x-1)=0.9$
$-0.3(2x-1)\times10=0.9\times10$
$-3(2x-1)=9$
$-6x+3=9$
$-6x=9-3$
$x=-1$
(5)　$\frac{5}{4}x-\frac{2}{3}=\frac{1}{2}x$
$\left(\frac{5}{4}x-\frac{2}{3}\right)\times12=\frac{1}{2}x\times12$
$15x-8=6x$
$15x-6x=8$
$9x=8$
$x=\frac{8}{9}$

(6) $\frac{x+2}{2}=\frac{3x+1}{5}$

$\frac{x+2}{2}\times 10=\frac{3x+1}{5}\times 10$

$5(x+2)=2(3x+1)$

$5x+10=6x+2$

$5x-6x=2-10$

$-x=-8$

$x=8$

5 **1冊50円のノート…4冊**
1冊60円のノート…6冊

解き方

1冊50円のノートを x 冊買うとすると

$50x+60(10-x)=560$

$50x+600-60x=560$

$50x-60x=560-600$

$-10x=-40$

$x=4$

これは問題に適しています。

したがって，1冊50円のノートを4冊，1冊60円のノートを6冊買ったことになります。

6 (1)**方程式…$5x-2=4x+6$**
みかんの個数…38個

(2)①**1人に5個ずつ，または4個ずつみかんを配るときに必要なみかんの個数**

②**子どもの人数**

解き方

(1)

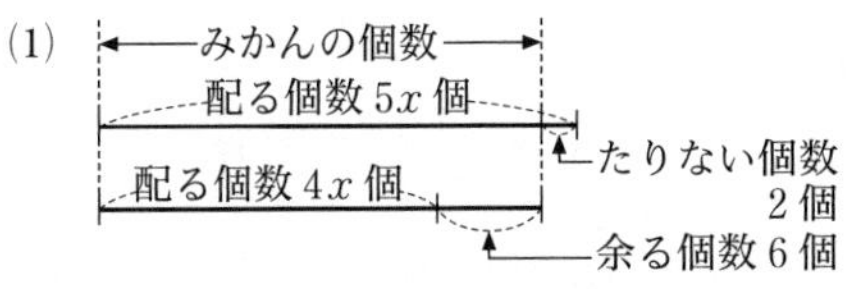

$5x-2=4x+6$

$x=8$ これは問題に適しています。

子どもの人数は8人だから，みかんの個数は

$8\times 5-2=38$(個)

(2)①みかん x 個に2個たすと，1人に5個ずつ配れます。また，みかん x 個から6個とると，1人に4個ずつ配れるから，$x+2$ や $x-6$ は配るために必要なみかんの個数を表しています。

7 **4分後**

解き方

2人が最初に出会うまでの時間を x 分とすると

1.5 km＝1500 m

$225x+150x=1500$

$375x=1500$

$x=4$ これは問題に適しています。

したがって，4分後となります。

8 (1)**9時6分** (2)**ない**

解き方

(1)Bの水の量がAの水の量の $\frac{1}{2}$ になる時間を x 分後とすると，

$\frac{1}{2}(180-4x)=60+3x$

$180-4x=2(60+3x)$

$-10x=-60$

$x=6$

これは問題に適しています。

したがって，9時6分になります。

(2)Aの水の量がBの水の量の4倍になる時間を，x 分後とすると

$180-4x=4(60+3x)$

$-16x=60$

$x=-\frac{15}{4}$

x の値が負の数になるから，Aの水の量がBの水の量の4倍になることはありません。

9 (1)$\boldsymbol{x=5}$ (2)$\boldsymbol{x=20}$ (3)$\boldsymbol{x=25}$ (4)$\boldsymbol{x=5}$

解き方

$a:b=m:n$ ならば $an=bm$

(1) $3:x=27:45$

$3\times 45=27x$

$x=5$

(2) $6:5=24:x$

$6x=5\times 24$

$x=20$

(3) $7:2=(x-4):6$

$42=2(x-4)$

$-2x=-8-42$

$x=25$

(4) $8:3=(x+3):(x-2)$

$8(x-2)=3(x+3)$

$8x-16=3x+9$

$5x=25$

$x=5$

10 **375 mL**

解き方

牛乳が x mLあればよいとすると，牛乳とコーヒーの割合が3：4の割合で混ぜるということから

$3:4=x:500$

$1500=4x$

$x=375$

これは問題に適しています。

したがって，牛乳は375 mLあればよいことになります。

p.160~161 予想問題 4

出題傾向

比例や反比例のグラフをかいたり，比例や反比例の式を求める問題は必ず何問か出題される。それぞれのグラフの特徴(とくちょう)などをしっかり確認し，ここで確実に点をとれるようにしておこう。
また，動点の問題やグラフから速さなどを読みとる問題もよく出る。このような問題にも慣れておこう。

1 ㋐，㋒

解き方

x の値を決めると，それにともなって y の値もただ1つ決まるかを調べます。

㋐周の長さ x を決めれば，正方形の面積 y はただ1つに決まります。

㋑長方形の周の長さ x を決めても，縦と横の長さはいくつもあるから，面積はただ1つには決まりません。

㋒円周の長さ x を決めれば，半径はただ1つに決まるから，円の面積 y はただ1つに決まります。

2 (1)320円　(2)900枚

解き方

(1)x 枚の金額を y 円とすると，y は x に比例します。x の値が $\frac{200}{500}=\frac{2}{5}$(倍)になると，$y$ の値も $\frac{2}{5}$ 倍になります。$800\times\frac{2}{5}=320$

(2)y 枚の重さを x kg とすると，y は x に比例します。x の値が $\frac{5.4}{3}$ 倍になると，y の値も $\frac{5.4}{3}$ 倍になります。$500\times\frac{5.4}{3}=900$

3 (1)①$\boldsymbol{y=3x}$ となり，$\boldsymbol{y=ax}$ の形で表せるから，$\boldsymbol{y}$ は $\boldsymbol{x}$ に比例する。　②3

(2)①$\boldsymbol{y=\frac{4}{3}x}$　②$\boldsymbol{y=-20}$

解き方

(1)①$y=\frac{1}{2}\times x\times 6=3x$

②比例定数は3

(2)①$y=ax$ と書けます。$x=6$，$y=8$ を代入すると　$8=a\times 6$　$a=\frac{4}{3}$

②$y=\frac{4}{3}\times(-15)=-20$

4 (1)

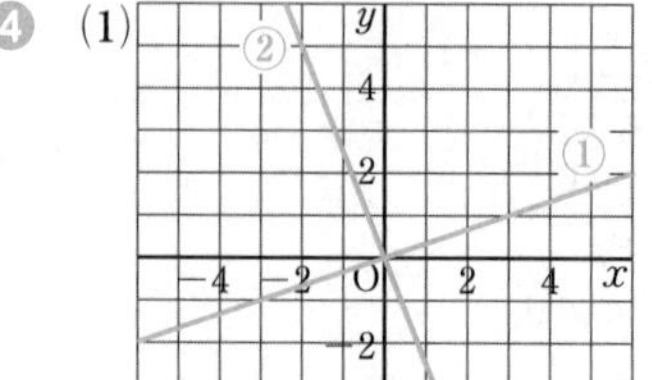

(2)①$\boldsymbol{y=2x}$　②$\boldsymbol{y=-\frac{2}{3}x}$

解き方

(1)比例のグラフは，原点を通る直線だから，原点と，原点以外に通る1点がわかればかくことができます。x と y が両方整数になる次の点を考えます。

①(3，1)　②(2，−5)

(2)グラフが通る点のうち，x 座標，y 座標がともに整数である座標を求めます。この x 座標，y 座標の値を $y=ax$ の x，y に代入して a の値を求め，y を x の式で表します。

①(2，4)　$4=2a$　$a=2$　より　$y=2x$

②(3，−2)　$-2=3a$　$a=-\frac{2}{3}$　より

$y=-\frac{2}{3}x$

5 (1)$\boldsymbol{y=\frac{180}{x}}$ となり，$\boldsymbol{y=\frac{a}{x}}$ の形で表せるから，$\boldsymbol{y}$ は $\boldsymbol{x}$ に反比例する。

(2)走る道のり

解き方

(1)(時間)$=\frac{(道のり)}{(速さ)}$ より　$y=\frac{180}{x}$

(2)比例定数は180です。道のりを表しています。

6 式…$\boldsymbol{y=\frac{100}{x}}$　$\boldsymbol{x=-4}$

解き方

y は x に反比例するとき，比例定数を a とすると，$y=\frac{a}{x}$ と書くことができます。この式に $x=2$，$y=50$ を代入して a の値を求めます。

$50=\frac{a}{2}$ より　$a=100$　したがって

$y=\frac{100}{x}$

$y=-25$ を代入すると

$-25=\frac{100}{x}$ より　$x=-\frac{100}{25}=-4$

❼ (1)

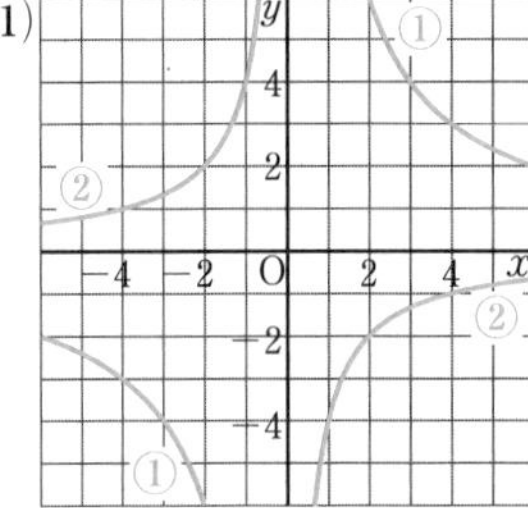

(2)① $y=\frac{6}{x}$ ② $y=-\frac{2}{x}$

解き方

(1) x の値に対応する y の値を求め，x，y の値の組を座標とする点を図にかき入れて，その点をなめらかな曲線になるようにつなぎます。

(2)①点 (2，3) を通るから

$3=\frac{a}{2}$ より　$a=6$　$y=\frac{6}{x}$

②点 (1，-2) を通るから

$-2=\frac{a}{1}$ より　$a=-2$　$y=-\frac{2}{x}$

❽ 12 人

解き方

1 人あたりの個数を x 個，人数を y 人とすると

$xy=180$　$y=\frac{180}{x}$　y は x に反比例します。x の値を $\frac{1}{3}$ 倍にするには，y の値を 3 倍にします。

$4\times3=12$

❾ (1)

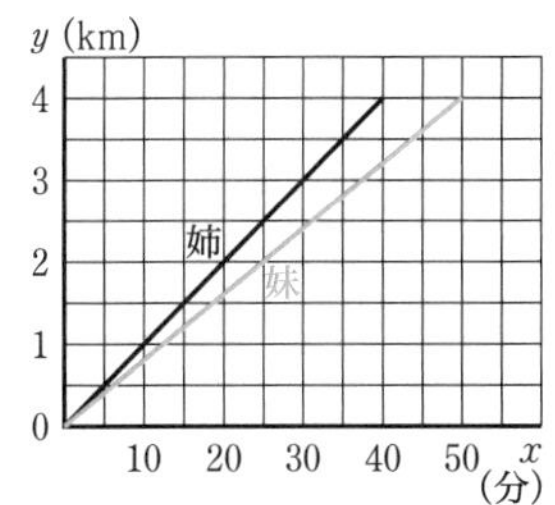

(2)10 分後につく

解き方

(1)妹は 4 km＝4000 m の道のりを分速 80 m で走ったから，家からゴールまでの時間は

$4000\div80=50$(分)　グラフは原点と (50，4) を通る直線になります。

(2) $y=4$ のときの，姉と妹の x 座標の差を読みとります。姉と妹の時間の差は $50-40=10$(分)

p.162〜163　予想問題 5

出題傾向

平行移動，回転移動，対称(たいしょう)移動などの移動に関する問題や垂線，垂直二等分線，角の二等分線などの基本の作図は，必ず何問か出題される。ここで，確実に点をとれるようにしておこう。また，おうぎ形や交わる 2 つの円の性質，基本の作図を活用したいろいろな作図もよく出る。このような問題にも慣れておこう。

❶ (1) 直線 AB　(2) 線分 AB　(3) 半直線 AB

解き方

(1)直線は，両方にかぎりなくのびています。

(2)直線 AB のうち，A から B までの部分です。

(3)線分 AB を B のほうへかぎりなくのばしたものです。

❷ (1)△EFO を，E から H の方向へ，線分 EH の長さだけ平行移動させる。

(2)△EFO を，点 O を中心として 180°だけ回転移動させる。

(3)△EFO を，線分 EO を対称の軸として対称移動させる。

解き方

(1)線分 FG を使って説明してもよいです。

(2)180°の回転移動であるから，時計回り，反時計回りのどちらでもよいです。また，「点 O を中心として点対称移動させる」と説明してもよいです。

(3)線分 EO を折り目として折り返すと重ね合わせることができます。

❸ (1)

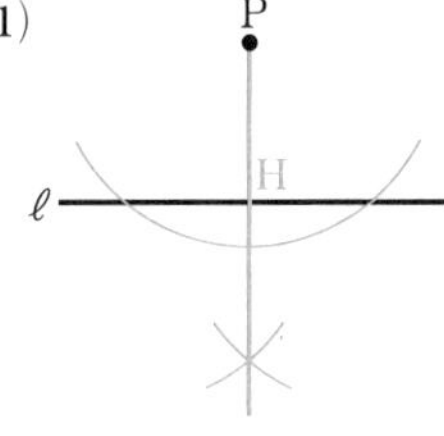

(別解)

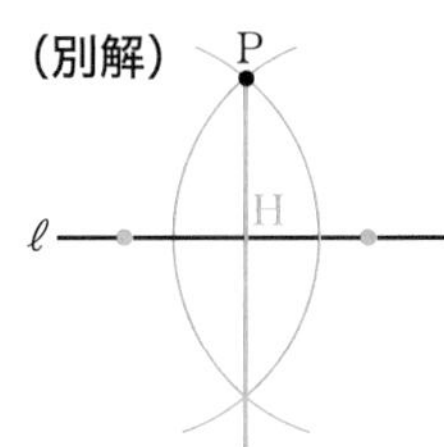

(2)

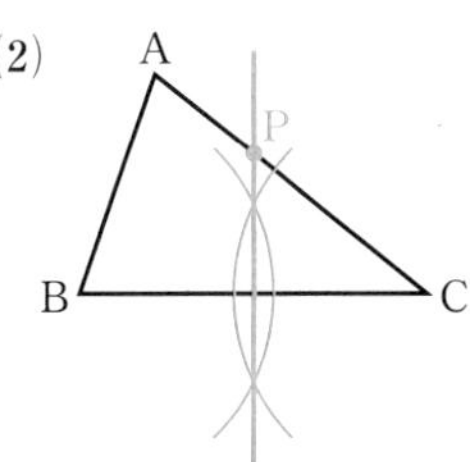

解き方

(1)点Pと直線ℓとの距離は，点Pからℓにひいた垂線とℓの交点をHとするとき，線分PHの長さです。

(2)2点B，Cからの距離が等しい点は，線分BCの垂直二等分線上にあります。

(1)

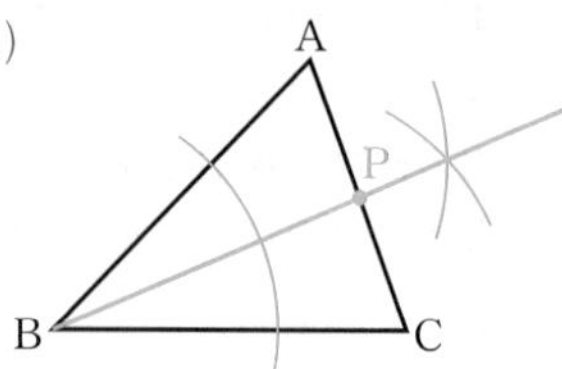

(2)

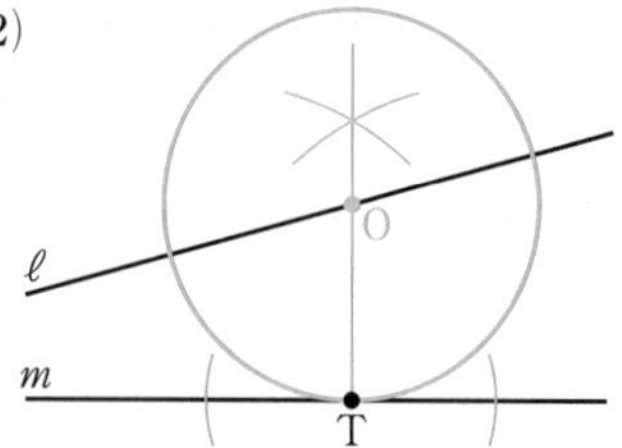

解き方

(1)角の内部にあって，その角の2辺までの距離が等しい点は，その角の二等分線上にあります。

(2)円の接線は，接点を通る半径に垂直です。

(1)

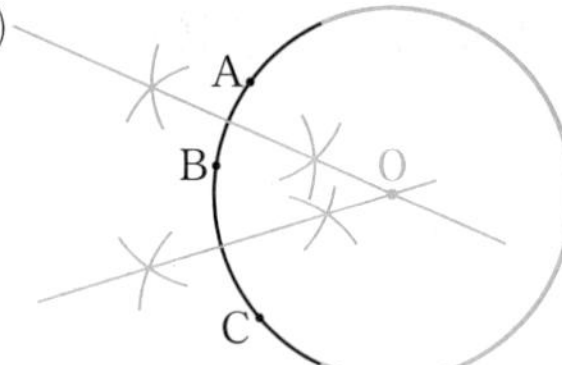

(2)(例)

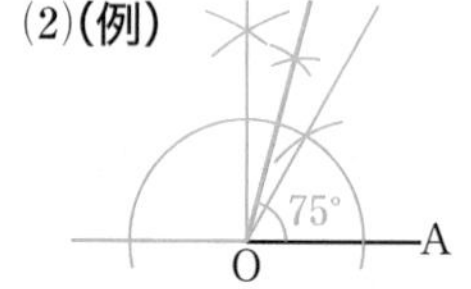

解き方

(1)線分AB，BCそれぞれの垂直二等分線を作図し，その交点を円の中心Oとします。

(2)上の解答は，$75^\circ=60^\circ+15^\circ$を用いて作図したものです。
ほかに　$75^\circ=45^\circ+30^\circ$，$75^\circ=180^\circ-60^\circ-45^\circ$と考えて作図する方法もあります。

6 **(1)弧の長さ…16π cm，面積…144π cm^2**

(2)$\dfrac{75}{2}\pi$ cm^2

解き方

(1)弧の長さ…$2\pi\times18\times\dfrac{160}{360}=16\pi$(cm)

面積…$\pi\times18^2\times\dfrac{160}{360}=144\pi$(cm^2)

(2)$\pi\times10^2\times\dfrac{135}{360}=\dfrac{75}{2}\pi$(cm^2)

p.164〜165　予想問題 6

出題傾向

直線や平面の平行と垂直，ねじれの位置などの位置関係や，立体の体積，表面積を求める問題は，必ず何問か出題される。ここで確実に点をとれるようにしておこう。また，回転体，展開図，投影図についての問題もよく出る。このような問題にも慣れておこう。

1 ①5　②60　③2　④3　⑤30　⑥20

解き方

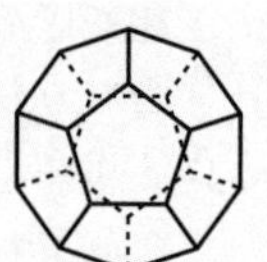

12個の正五角形には，辺の数が5×12(本)，頂点の数が5×12(個)あります。
これを組み立てると，2つの辺が重なります。また，どの頂点にも面が3つずつ集まることから，3つの頂点が重なって，正十二面体の1つの頂点になります。
②の60では，辺は2度ずつ，頂点は3度ずつ数えられていることになります。

2 **(1)面FGHIJ　(2)辺AF，辺DI，辺EJ**
(3)7つ　(4)面ABCDE，面FGHIJ

解き方

辺はかぎりなくのびている直線と考え，面はかぎりなくひろがっている面と考えて調べます。
空間内での交わらない2直線には，平行である場合とねじれの位置にある場合があります。

(1)辺ABが出あわないのは下側の底面だけであり，これが辺ABと平行になります。

(2)上下の底面上にある辺は，すべて面BGHCと出あうので，これ以外の辺が面BGHCと平行になります。

(3)辺CDと平行な辺は辺HI，交わる辺は辺AB，BC，DE，EA，CH，DIで，これらを除いた辺がねじれの位置にあります。この辺は，辺AF，BG，EJ，FG，GH，IJ，JFの7つです。

(4)一般に，平面Pに垂直な直線をふくむ平面Qは，平面Pに垂直です。
辺AFは上下2つの底面それぞれに垂直であるから，辺AFをふくむ面AFGBは2つの底面と垂直です。

❸

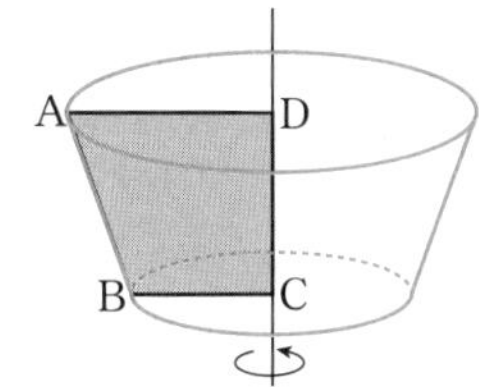

解き方

回転体は，回転の軸をふくむ平面で切ると，切り口は，回転の軸を対称の軸とする線対称な図形になります。このことを利用して見取図をかくとよいです。

❹ (1) **4π cm** (2) **240°**

解き方

(1)側面になるおうぎ形の弧の長さは，底面の円周に等しくなります。

$2\pi\times2=4\pi$(cm)

(2)円錐の展開図は右の図のようになります。

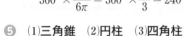

円 O の円周は $2\pi\times3=6\pi$(cm)

おうぎ形の弧の長さは 4π cm だから

$360°\times\dfrac{4\pi}{6\pi}=360°\times\dfrac{2}{3}=240°$

❺ (1)**三角錐** (2)**円柱** (3)**四角柱**

解き方

投影図では，平面図(下側の図)で底面の形を判断し，立面図(上側の図)で○○柱か○○錐かを判断します。

(1)底面が三角形，立面図が三角形であるから角錐，よって三角錐。

(2)底面が円，立面図が長方形であるから，円柱。

(3)底面が四角形，立面図が長方形であるから角柱，よって四角柱。

❻ (1)**192 cm^3**

(2)**体積…126 cm^3，表面積…162 cm^2**

解き方

(1) $\dfrac{1}{3}\times(8\times8)\times9=192$(cm^3)

(2)手前の面の台形を底面と見ます。

底面積は $\dfrac{1}{2}\times(3+6)\times4=18$(cm^2)

体積は $18\times7=126$(cm^3)

側面積は $7\times(4+6+5+3)=126$(cm^2)

表面積は $126+18\times2=162$(cm^2)

❼ (1)**体積…112π cm^3，表面積…88π cm^2**

(2)**体積…100π cm^3，表面積…90π cm^2**

解き方

(1)底面の半径が 4 cm，高さが 7 cm の円柱になります。

底面積は $\pi\times4^2=16\pi$(cm^2)

体積は $16\pi\times7=112\pi$(cm^3)

側面積は $7\times(2\pi\times4)=56\pi$(cm^2)

表面積は $56\pi+16\pi\times2=88\pi$(cm^2)

(2)底面の半径が 5 cm，高さが 12 cm，母線が 13 cm の円錐になります。

底面積は $\pi\times5^2=25\pi$(cm^2)

体積は $\dfrac{1}{3}\times25\pi\times12=100\pi$(cm^3)

側面積は $\pi\times13^2\times\dfrac{2\pi\times5}{2\pi\times13}=65\pi$(cm^2)

表面積は $65\pi+25\pi=90\pi$(cm^2)

❽ (1)**表面積…100π cm^2，円柱の側面積と等しい。**

(2) **$\dfrac{500}{3}\pi$ cm^3**

解き方

(1)球の表面積は $4\pi\times5^2=100\pi$(cm^2)

円柱の側面積は $10\times(2\pi\times5)=100\pi$(cm^2)

(2) $\dfrac{4}{3}\pi\times5^3=\dfrac{500}{3}\pi$(cm^3)

p.166～167　予想問題 7

出題傾向

度数分布表から，相対度数，代表値として平均値や中央値(メジアン)，最頻値(モード)を求める問題，ことがらの起こりやすさを調べる問題は，必ず何問か出題される。ここで，確実に点をとれるようにしておこう。また，ヒストグラムや度数折れ線をかく問題もよく出る。このような問題にも慣れておこう。

1　(1)**4 cm**　(2)**4 人**　(3)**11 人**

(4)
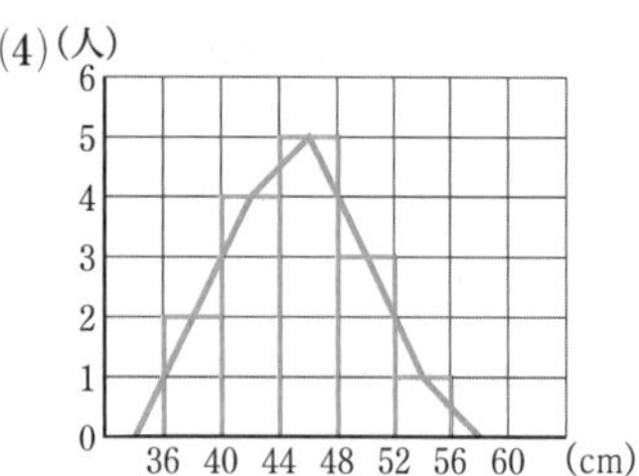

(5)**46 cm**

解き方

(1)40−36＝4(cm)，44−40＝4(cm)，…

(2)上から 2 段目の階級の度数を読んで，4 人。

(3)最初の階級から，44 cm 以上 48 cm 未満までの階級の度数の合計を求めます。

2＋4＋5＝11(人)

(4)度数折れ線は，左端(はし)は 1 つ手前の階級の度数を 0 とし，右端は 1 つ先の階級の度数を 0 としてつくります。両端(りょうたん)とも 0 を表す点と結んでおきます。

(5)度数分布表で，度数のもっとも多い階級の階級値を最頻値(モード)といいます。

$\dfrac{44+48}{2}=46$

2　(1)**0.40**

(2)**A 中学校…0.34 または 0.33，B 中学校…0.30**

(3)**A 中学校**

理由…(例)記録がよいほうの 3 つの階級を合わせた，6.5 秒以上 8.0 秒未満の相対度数は，A 中学校は 0.34(または 0.33)，B 中学校は 0.30 だから，A 中学校のほうが記録がよいといえる。

解き方

(1)$\dfrac{24}{60}=0.40$

(2)最初の階級から，7.5 秒以上 8.0 秒未満までの階級の相対度数の合計を求めます。

A 中学校…0.02＋0.07＋0.25＝0.34

B 中学校…0.02＋0.07＋0.21＝0.30

(別解)最初の階級から，7.5 秒以上 8.0 秒未満までの階級の累積相対度数を度数の合計でわって求めます。

A 中学校…$\dfrac{1+4+15}{60}=0.333\cdots$

B 中学校…$\dfrac{3+10+32}{150}=0.30$

(3)50 m 走の場合，秒数が小さいほどよい記録といえます。分布の傾向を比べるときは，1 つの階級だけでなく，いくつかの階級にわたって調べます。

3　(1)**2.4 秒**　(2)**8.5 秒**　(3)**8.3 秒**

解き方

記録を値の小さいほうから順に並べると，

7.5，7.9，8.2，8.4，9.1，9.9

(1)(範囲)＝(最大の値)－(最小の値)

9.9−7.5＝2.4(秒)

(2)$\dfrac{7.5+7.9+8.2+8.4+9.1+9.9}{6}=\dfrac{51}{6}=8.5$(秒)

(3)データの総数が 6 であるから，並べかえたデータの 3 番目の値と 4 番目の値の平均値が中央値になります。したがって

$\dfrac{8.2+8.4}{2}=8.3$(秒)

4　(1)**①12.5　②180.0　③27.5　④110.0**

(2)**18.3 分**

解き方

(1)階級値は，その階級の真ん中の値です。

①$\dfrac{10+15}{2}=12.5$　　②22.5×8＝180.0

③$\dfrac{25+30}{2}=27.5$　　④27.5×4＝110.0

(2)度数分布表から平均値を求めるには，(階級値)×(度数)の合計を，度数の合計でわり，その商を，平均値とします。

$\dfrac{22.5+62.5+210.0+180.0+110.0}{32}$

$=\dfrac{585.0}{32}=18.28\cdots$

5　(1)**0.63**　(2)**0.63**　(3)**1850 回**

解き方

(1)$\dfrac{947}{1500}=0.631\cdots$

(2)裏が出る相対度数は 0.63 とみなすことができるので，この値が裏の出る確率とみることができます。

(3)裏が出る確率と表が出る確率の合計が 1 となるから，表が出る確率は，1−0.63＝0.37 とみることができます。

したがって，5000 回投げたときの表の出る回数は，5000×0.37＝1850(回)と予測されます。

教科書ぴったりトレーニング付録

赤シート×直前対策！

ぴたトレ mini book

テストに出る！

重要問題チェック！

数学1年

赤シートでかくしてチェック！

お使いの教科書や学校の学習状況により，ページが前後したり，学習されていない問題が含まれていたり，表現が異なる場合がございます。
学習状況に応じてお使いください。

←「ぴたトレ mini book」は取り外してお使いください。

正の数・負の数

●正の符号，負の符号
●絶対値

テストに出る！重要問題

〈特に重要な問題は□の色が赤いよ！〉

□200 円の収入を，＋200 円と表すとき，300 円の支出を表しなさい。

〔 −300 円 〕

□次の数を，正の符号（ふごう），負の符号をつけて表しなさい。

(1) 0 より 3 大きい数 〔 ＋3 〕

(2) 0 より 1.2 小さい数 〔 −1.2 〕

□下の数直線で，A，B にあたる数を答えなさい。

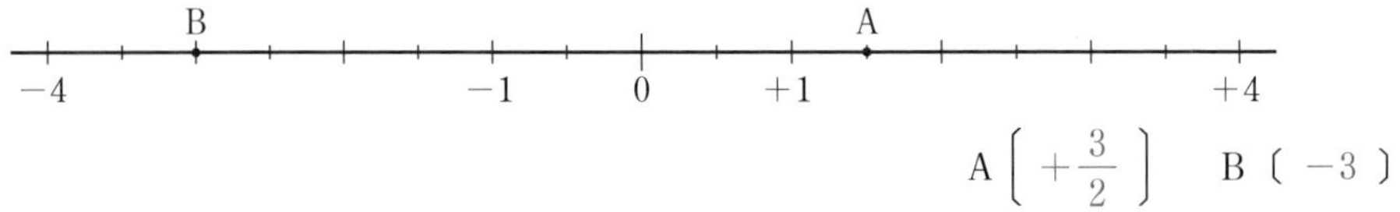

A $\left[+\frac{3}{2} \right]$ B 〔 −3 〕

□絶対値が 2 である整数をすべて答えなさい。

〔 ＋2，−2 〕

□次の 2 数の大小を，不等号を使って表しなさい。

(1) 2.1 $\boxed{>}$ −1

(2) −3 $\boxed{<}$ −1

□次の数を，小さい方から順に並べなさい。

$-4,\ \frac{2}{3},\ 3,\ -2.6,\ 0$

$\left[-4,\ -2.6,\ 0,\ \frac{2}{3},\ 3 \right]$

テストに出る！重要事項

〈テスト前にもう一度チェック！〉

□負の数＜0＜正の数

□正の数は絶対値が大きいほど大きい。

□負の数は絶対値が大きいほど小さい。

正の数・負の数

●正の数・負の数の計算

テストに出る！重要問題

〈特に重要な問題は□の色が赤いよ！〉

□次の計算をしなさい。

(1) $(-7)+(-5)=\boxed{-12}$

(2) $(+4)-(-2)=\boxed{+6}$

□次の計算をしなさい。

$-8-(-10)+(-13)+21=-8+\boxed{10}-\boxed{13}+21$

$=31-\boxed{21}=\boxed{10}$

□次の計算をしなさい。

(1) $(-2)\times5=\boxed{-10}$

(2) $(-20)\div(-15)=\boxed{\frac{4}{3}}$

(3) $\frac{4}{15}\div\left(-\frac{8}{9}\right)=\frac{4}{15}\times\left(\boxed{-\frac{9}{8}}\right)$

$=-\left(\frac{4}{15}\times\boxed{\frac{9}{8}}\right)=\boxed{-\frac{3}{10}}$

□次の計算をしなさい。

(1) $(-3)^2\times(-1^3)$

$=\boxed{9}\times(\boxed{-1})=\boxed{-9}$

(2) $8+2\times(-5)$

$=8+(\boxed{-10})=\boxed{-2}$

□分配法則を使って，次の計算をしなさい。

$(-6)\times\left(-\frac{1}{2}+\frac{2}{3}\right)=\boxed{3}+(\boxed{-4})=\boxed{-1}$

テストに出る！重要事項

〈テスト前にもう一度チェック！〉

□ 同符号(ふごう)の 2 つの数の和…2 つの数と同じ符号に，2 つの数の絶対値の和
異符号の 2 つの数の和…絶対値の大きい方の符号に，2 つの数の絶対値の差

□ 同符号の 2 つの数の積，商の符号…正の符号
異符号の 2 つの数の積，商の符号…負の符号

正の数・負の数

●素数と素因数分解
●正の数・負の数の利用

テストに出る！重要問題

〈特に重要な問題は□の色が赤いよ！〉

□10 以下の素数をすべて答えなさい。

〔 2, 3, 5, 7 〕

□次の自然数を，素因数分解しなさい。

(1) 45

3) 45
3) 15
　　5

$45 = 3^2 \times 5$

(2) 168

2) 168
2) 84
2) 42
3) 21
　　7

$168 = 2^3 \times 3 \times 7$

□次の表は，5 人のあるテストの得点を，A さんの得点を基準にして，それより高い場合には正の数，低い場合には負の数を使って表したものです。

	A	B	C	D	E
基準との違い(点)	0	+5	−3	−8	−9

A さんの得点が 89 点のとき，5 人の得点の平均を求めなさい。

［解答］ 基準との違いの平均は，

$(0+5-3-8-9) \div 5 = -3$

A さんの得点が 89 点だから，5 人の得点の平均は，

$89 + (-3) = 86$ (点)

テストに出る！重要事項

〈テスト前にもう一度チェック！〉

□ 1 とその数のほかに約数がない自然数を素数という。
ただし，1 は素数にふくめない。

□自然数を素数だけの積で表すことを，素因数分解するという。

文字の式

●文字を使った式

テストに出る！重要問題

〈特に重要な問題は□の色が赤いよ！〉

□次の式を，文字式の表し方にしたがって書きなさい。

(1) $x\times x\times 13=\boxed{13x^2}$

(2) $(a+3b)\div 2=\boxed{\dfrac{a+3b}{2}}$

□次の式を，記号 ×，÷ を使って表しなさい。

(1) $5a^2b=\boxed{5\times a\times a\times b}$

(2) $50-\dfrac{x}{4}=\boxed{50-x\div 4}$

□次の数量を表す式を書きなさい。

(1) 1 本 a 円のペン 2 本と 1 冊 b 円のノート 4 冊を買ったときの代金

〔 $2a+4b$ (円) 〕

(2) x km の道のりを 2 時間かけて歩いたときの時速

〔 $\dfrac{x}{2}$ (km/h) 〕

(3) y L の水の 37% の量

〔 $\dfrac{37}{100}y$ (L) 〕

□ $x=-3$，$y=2$ のとき，次の式の値を求めなさい。

(1) $-x^2=-(\boxed{-3})^2$

$=-\{(\boxed{-3})\times(\boxed{-3})\}$

$=\boxed{-9}$

(2) $3x+4y=3\times(\boxed{-3})+4\times\boxed{2}$

$=\boxed{-9}+\boxed{8}$

$=\boxed{-1}$

テストに出る！重要事項

〈テスト前にもう一度チェック！〉

□$b\times a$ は，ふつうはアルファベットの順にして，ab と書く。

□$1\times a$ は，記号×と 1 を省いて，単に a と書く。

□$(-1)\times a$ は，記号×と 1 を省いて，$-a$ と書く。

□記号＋，－は省略できない。

文字の式

●文字式の計算

テストに出る！重要問題

〈特に重要な問題は□の色が赤いよ！〉

□次の計算をしなさい。

(1) $3x+(2x+1)$

$=3x+\boxed{2x}+\boxed{1}$

$=\boxed{5x+1}$

(2) $-a+4-(3-2a)$

$=-a+4-\boxed{3}+\boxed{2a}$

$=\boxed{a+1}$

□次の計算をしなさい。

(1) $-2(5x-2)=\boxed{-10x+4}$

(2) $(12x-8)\div4=\boxed{3x-2}$

□次の計算をしなさい。

(1) $3(7a-1)+2(-a+3)=\boxed{21a}-\boxed{3}-2a+6$

$=\boxed{19a+3}$

(2) $5(x+2)-4(2x+3)=5x+10-\boxed{8x}-\boxed{12}$

$=\boxed{-3x-2}$

□次の数量の関係を，等式か不等式に表しなさい。

(1) y 個のあめを，x 人に 5 個ずつ配ると，4 個たりない。

〔 $y=5x-4$ 〕

(2) ある数 x に 13 を加えると，40 より小さい。

〔 $x+13<40$ 〕

(3) 1 個 a 円のケーキ 4 個を，b 円の箱に入れると，代金は 1500 円以下になる。

〔 $4a+b\leqq1500$ 〕

テストに出る！重要事項

〈テスト前にもう一度チェック！〉

□$mx+nx=(m+n)x$ を使って，文字の部分が同じ項（こう）をまとめる。

□かっこがある式の計算は，かっこをはずし，さらに項をまとめる。

□等式や不等式で，等号や不等号の左側の式を左辺，右側の式を右辺，その両方をあわせて両辺という。

方程式

●方程式

テストに出る！重要問題

〈特に重要な問題は□の色が赤いよ！〉

□次の方程式を解きなさい。

(1) $x-4=2$

$x=\boxed{6}$

(2) $\dfrac{x}{2}=-1$

$x=\boxed{-2}$

(3) $-9x=63$

$x=\boxed{-7}$

□次の方程式を解きなさい。

(1) $-3x+5=-x+1$

$-3x+x=1-\boxed{5}$

$-2x=\boxed{-4}$

$x=\boxed{2}$

(2) $\dfrac{x+5}{2}=\dfrac{1}{3}x+2$

$\dfrac{x+5}{2}\times\boxed{6}=\left(\dfrac{1}{3}x+2\right)\times6$

$(x+5)\times\boxed{3}=2x+12$

$\boxed{3x+15}=2x+12$

$\boxed{3x}-2x=12-\boxed{15}$

$x=\boxed{-3}$

□パン 4 個と 150 円のジュース 1 本の代金は，パン 1 個と 100 円の牛乳 1 本の代金の 3 倍になりました。このパン 1 個の値段を求めなさい。

［解答］ パン 1 個の値段 を x 円とすると，

$4x+150=3(\boxed{x+100})$

$4x+150=\boxed{3x+300}$

$4x-\boxed{3x}=\boxed{300}-150$

$x=\boxed{150}$

この解は問題にあっている。 $\boxed{150}$ 円

テストに出る！重要事項

〈テスト前にもう一度チェック！〉

□方程式は，文字の項(こう)を一方の辺に，数の項を他方の辺に移項して集めて，$ax=b$ の形にして解く。

方程式

●比例式

テストに出る！重要問題

〈特に重要な問題は□の色が赤いよ！〉

□次の比例式を解きなさい。

(1)　$8:6=4:x$

$\boxed{8x}=24$

$x=\boxed{3}$

(2)　$(x-4):x=2:3$

$3(\boxed{x-4})=2x$

$\boxed{3x-12}=2x$

$\boxed{3x}-2x=\boxed{12}$

$x=\boxed{12}$

□100 g が 120 円の食品を，300 g 買ったときの代金を求めなさい。

［解答］　代金を x 円とすると，

$100:300=\boxed{120}:x$

$100x=300\times\boxed{120}$

$100x=\boxed{36000}$

$x=\boxed{360}$

この解は問題にあっている。　　$\boxed{360}$ 円

□玉が A の箱に 10 個，B の箱に 15 個はいっています。A の箱と B の箱に同じ数ずつ玉を入れると，A と B の箱の中の玉の個数の比が 3：4 になりました。あとから何個ずつ玉を入れましたか。

［解答］　A と B の箱に，それぞれ x 個ずつ玉を入れたとすると，

$(10+x):(15+x)=3:\boxed{4}$

$4(10+x)=3(15+x)$

$40+\boxed{4x}=45+\boxed{3x}$

$x=\boxed{5}$

この解は問題にあっている。　　$\boxed{5}$ 個

テストに出る！重要事項

〈テスト前にもう一度チェック！〉

□$a:b=c:d$　ならば，$ad=bc$

比例と反比例

テストに出る！重要問題

〈特に重要な問題は□の色が赤いよ！〉

□x の変域が，2 より大きく 5 以下であることを，不等号を使って表しなさい。

〔 $2<x\leqq 5$ 〕

□次の(1)，(2)について，y を x の式で表しなさい。(1)は比例定数も答えなさい。

(1) 分速 1.2 km の電車が，x 分走ったときに進む道のり y km

式〔 $y=1.2x$ 〕 比例定数〔 1.2 〕

(2) y は x に比例し，$x=-2$ のとき $y=10$ である。

［解答］ 比例定数を a とすると，$y=\boxed{ax}$

$x=-2$ のとき $y=10$ だから，

$\boxed{10}=a\times(\boxed{-2})$

$a=\boxed{-5}$

したがって，$y=\boxed{-5x}$

□右の図の点 A，B，C の座標を答えなさい。

点 A の座標は，($\boxed{1}$，$\boxed{4}$)

点 B の座標は，($\boxed{-2}$，$\boxed{-1}$)

点 C の座標は，($\boxed{3}$，$\boxed{0}$)

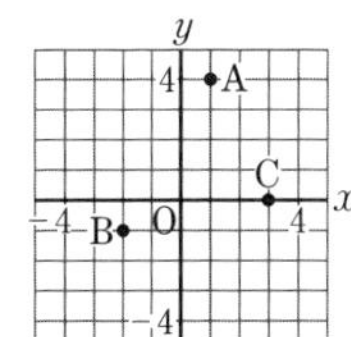

□次の関数のグラフをかきなさい。

(1) $y=\dfrac{1}{3}x$

(2) $y=-2x$

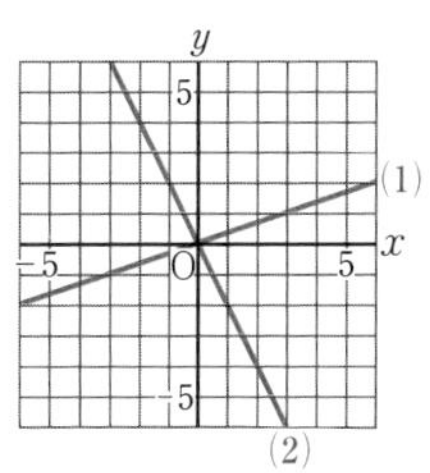

テストに出る！重要事項

〈テスト前にもう一度チェック！〉

□y が x に比例するとき，比例定数を a とすると，$y=ax$ と表される。

比例と反比例

テストに出る！重要問題

〈特に重要な問題は□の色が赤いよ！〉

□y は x に反比例し，$x=3$ のとき $y=4$ です。y を x の式で表しなさい。

［解答］ 比例定数を a とすると，$y=\boxed{\dfrac{a}{x}}$

$x=3$ のとき $y=4$ だから，

$\boxed{4}=\dfrac{a}{\boxed{3}}$

$a=\boxed{12}$

したがって，$y=\boxed{\dfrac{12}{x}}$

□次の関数のグラフをかきなさい。

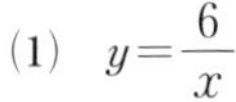
(1) $y=\dfrac{6}{x}$

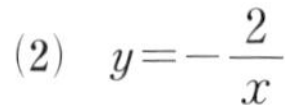
(2) $y=-\dfrac{2}{x}$

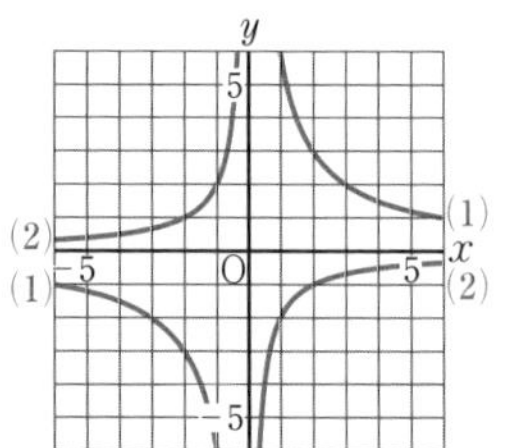

□ある板 4 g の面積は 120 cm^2 です。この板 x g の面積を y cm^2 とし，x と y の関係を式に表しなさい。また，この板の重さが 5 g のとき，面積は何 cm^2 ですか。

［解答］ y は x に比例するので，$y=ax$ と表される。

$x=4$ のとき $y=120$ だから，

$120=4a$

$a=\boxed{30}$

よって，$y=\boxed{30x}$となる。

$x=5$ を代入して，$y=\boxed{150}$

式…$y=\boxed{30x}$，面積…$\boxed{150}$cm^2

テストに出る！重要事項

〈テスト前にもう一度チェック！〉

□y が x に反比例するとき，比例定数を a とすると，$y=\dfrac{a}{x}$ と表される。

平面図形

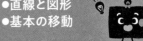

●直線と図形
●基本の移動

テストに出る！重要問題

〈特に重要な問題は□の色が赤いよ！〉

□右の図のように 4 点 **A**，**B**，**C**，**D** があるとき，次の図形をかきなさい。

(1) 線分 AB　　(2) 半直線 CD

□次の問いに答えなさい。

(1) 右の図で，垂直な線分を，記号 ⊥ を使って表しなさい。

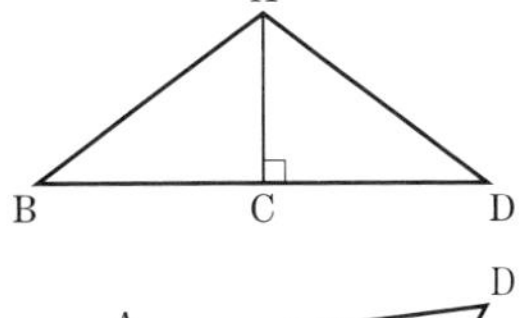

〔 AC⊥BD 〕

(2) 右の図の平行四辺形 ABCD で，平行な線分を，記号 ∥ を使ってすべて表しなさい。

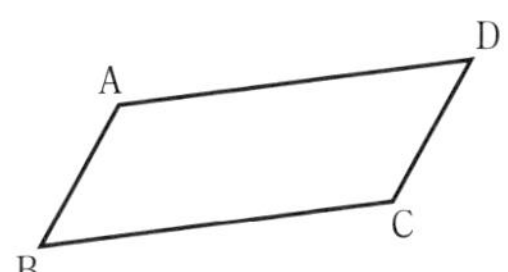

〔 AB∥DC，AD∥BC 〕

□長方形 **ABCD** の対角線の交点 **O** を通る線分を，右の図のようにひくと，合同な 8 つの直角三角形ができます。次の問いに答えなさい。

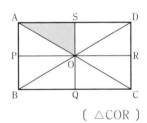

(1) △OAS を，平行移動すると重なる三角形はどれですか。

〔 △COR 〕

(2) △OAS を，点 O を回転の中心として回転移動すると重なる三角形はどれですか。

〔 △OCQ 〕

(3) △OAS を，線分 SQ を対称の軸（じく）として対称移動すると重なる三角形はどれですか。

〔 △ODS 〕

テストに出る！重要事項

〈テスト前にもう一度チェック！〉

□直線の一部で，両端（りょうたん）のあるものを線分という。

平面図形

●基本の作図

テストに出る！重要問題

〈特に重要な問題は□の色が赤いよ！〉

□右の図の △ABC で，辺 AB の垂直二等分線を作図しなさい。

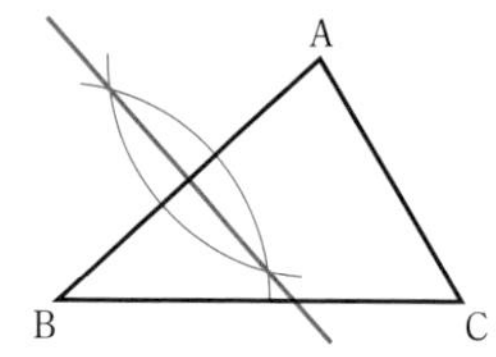

□右の図の △ABC で，∠ABC の二等分線を作図しなさい。

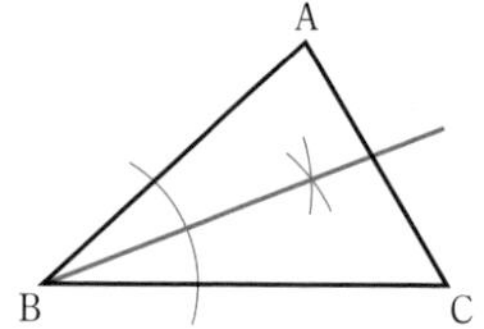

□右の図の △ABC で，頂点 A を通る辺 BC の垂線を作図しなさい。

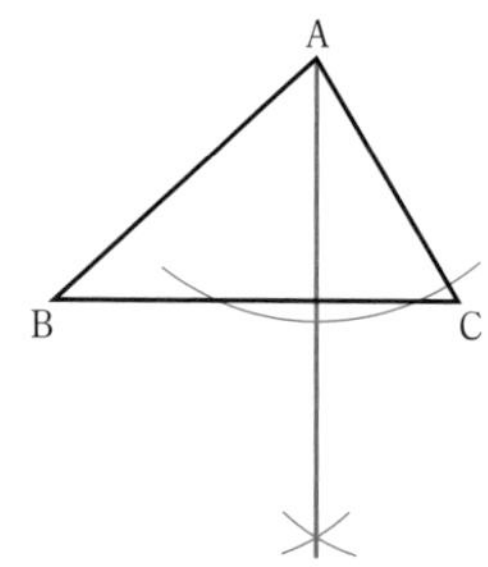

テストに出る！重要事項

〈テスト前にもう一度チェック！〉

□辺 AB の垂直二等分線を作図すると，垂直二等分線と辺 AB との交点が辺 AB の中点になる。

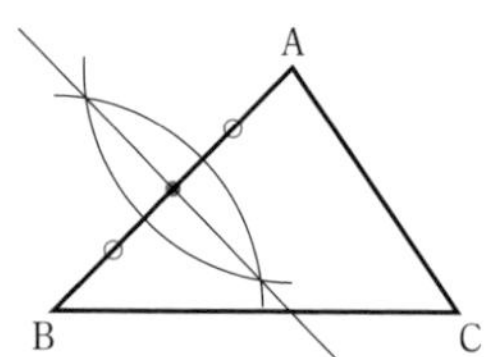

平面図形

●円とおうぎ形

テストに出る！重要問題

〈特に重要な問題は□の色が赤いよ！〉

□半径 4 cm の円があります。
次の問いに答えなさい。

(1) 円の周の長さを求めなさい。

[解答]　$2\pi \times \boxed{4} = \boxed{8\pi}$

$\boxed{8\pi}$ cm

(2) 円の面積を求めなさい。

[解答]　$\pi \times \boxed{4}^2 = \boxed{16\pi}$

$\boxed{16\pi}$ cm^2

□半径 3 cm，中心角 120° のおうぎ形があります。
次の問いに答えなさい。

(1) おうぎ形の弧(こ)の長さを求めなさい。

[解答]　$2\pi \times \boxed{3} \times \dfrac{\boxed{120}}{360} = \boxed{2\pi}$

$\boxed{2\pi}$ cm

(2) おうぎ形の面積を求めなさい。

[解答]　$\pi \times \boxed{3}^2 \times \dfrac{\boxed{120}}{360} = \boxed{3\pi}$

$\boxed{3\pi}$ cm^2

テストに出る！重要事項

〈テスト前にもう一度チェック！〉

□半径 r，中心角 $a°$ のおうぎ形の弧の長さを ℓ，面積を S とすると，

弧の長さ　$\ell = 2\pi r \times \dfrac{a}{360}$

面　　積　$S = \pi r^2 \times \dfrac{a}{360}$

□1 つの円では，おうぎ形の弧の長さや面積は，中心角の大きさに比例する。

空間図形

- 立体の表し方
- 空間内の平面と直線
- 立体の構成

テストに出る！重要問題　〈特に重要な問題は□の色が赤いよ！〉

□右の投影図で表された立体の名前を答えなさい。

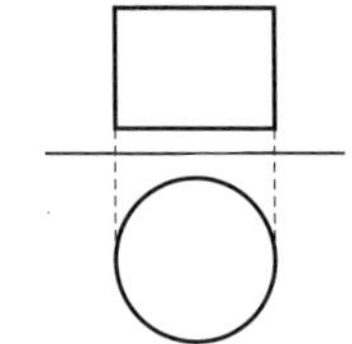

〔 円柱 〕

□右の図の直方体で，次の関係にある直線や平面をすべて答えなさい。

(1) 直線ADと平行な直線

〔 直線BC，直線EH，直線FG 〕

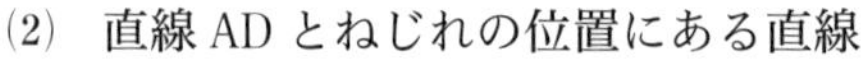

(2) 直線ADとねじれの位置にある直線

〔 直線BF，直線CG，直線EF，直線HG 〕

(3) 平面AEHDと垂直に交わる直線

〔 直線AB，直線EF，直線HG，直線DC 〕

(4) 平面AEHDと平行な平面

〔 平面BFGC 〕

□右の半円を，直線 ℓ を回転の軸（じく）として1回転させてできる立体の名前を答えなさい。

〔 球 〕

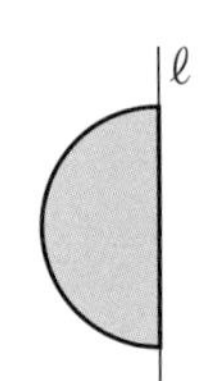

テストに出る！重要事項　〈テスト前にもう一度チェック！〉

□空間内の2直線の位置関係には，次の3つの場合がある。

交わる，平行である，ねじれの位置にある

□空間内の2つの平面の位置関係には，次の2つの場合がある。

交わる，平行である

空間図形

●立体の体積と表面積

テストに出る！重要問題

〈特に重要な問題は□の色が赤いよ！〉

□底面の半径が 2 cm，高さが 6 cm の円錐の体積を求めなさい。

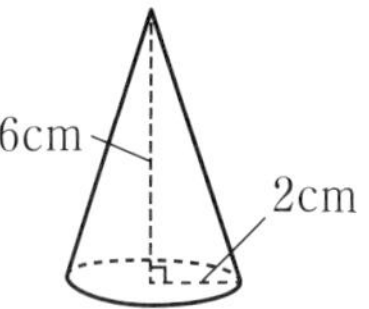

［解答］ $\frac{1}{3}\pi\times2^2\times6=\boxed{8\pi}$

$\boxed{8\pi}$ cm^3

□右の図の三角柱の表面積を求めなさい。

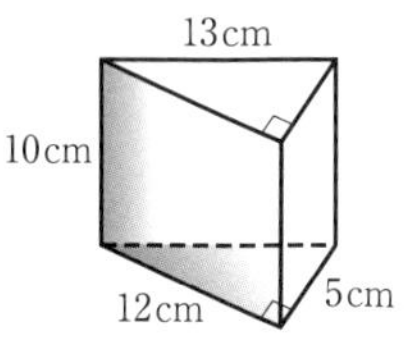

［解答］ 底面積は，

$\boxed{\frac{1}{2}}\times\boxed{5}\times12=30(\text{cm}^2)$

側面積は，

$\boxed{10}\times(5+12+\boxed{13})=\boxed{300}(\text{cm}^2)$

したがって，表面積は，

$30\times\boxed{2}+\boxed{300}=\boxed{360}(\text{cm}^2)$

$\boxed{360}$ cm^2

□半径 2 cm の球があります。

次の問いに答えなさい。

(1) 球の体積を求めなさい。

［解答］ $\frac{4}{3}\pi\times\boxed{2}^3=\boxed{\frac{32}{3}\pi}$

$\boxed{\frac{32}{3}\pi}$ cm^3

(2) 球の表面積を求めなさい。

［解答］ $4\pi\times\boxed{2}^2=\boxed{16\pi}$

$\boxed{16\pi}$ cm^2

テストに出る！重要事項

〈テスト前にもう一度チェック！〉

□円錐の側面の展開図は，半径が円錐の母線の長さのおうぎ形である。

データの活用

●相対度数
●確率

テストに出る！重要問題

〈特に重要な問題は□の色が赤いよ！〉

□下の表は，ある中学校の女子 20 人の反復横とびの結果をまとめたものです。
これについて，次の問いに答えなさい。

反復横とびの回数

階級（回）	度数（人）	相対度数	累積相対度数（るいせき）
38 以上 ～ 40 未満	3	0.15	0.15
40 ～ 42	4	0.20	0.35
42 ～ 44	6	0.30	0.65
44 ～ 46	5	□	□
46 ～ 48	2	0.10	1.00
計	20	1.00	

(1) 最頻値（さいひんち）を答えなさい。

[解答] $\frac{\boxed{42}+\boxed{44}}{2}=\boxed{43}$

$\boxed{43}$ 回

(2) 44 回以上 46 回未満の階級の相対度数を求めなさい。

[解答] $\frac{5}{\boxed{20}}=\boxed{0.25}$

$\boxed{0.25}$

(3) 反復横とびの回数が 46 回未満であるのは，全体の何 % ですか。

[解答] $0.15+0.20+0.30+\boxed{0.25}=\boxed{0.90}$

$\boxed{90}$ %

…に出る！重要事項

〈テスト前にもう一度チェック！〉

…級の度数
…度数の合計

…の起こりやすさの程度を表す数を，あることがらの起こる確率という。